高等学校电子信息类专业系列教材

现代通信网

主　编　郭　娟　杨武军

副主编　杨　光　蒋军敏

西安电子科技大学出版社

内 容 简 介

本书根据现代通信网"分组化、宽带化、移动化、融合化"的发展现状,围绕通信网络体系架构,系统地介绍了现代通信网的工作原理、体系结构、关键技术等。具体讲解时均以业务需求和网络关键技术为线索,从背景和原理入手,介绍了每一种网络技术的体系结构和各部分功能。本书主要内容包括绪论、传送网、分组交换原理、以太网、互联网及 TCP/IP 协议、传统电话网、IP 电话网、移动通信网、宽带接入网、网络管理、网络融合与演进等。

本书内容新颖、翔实,讲述深入浅出,便于自学,可以作为普通高等院校通信、信息、电子等专业的本科教材或教学参考用书,也可作为电信管理人员、工程技术人员的参考用书。

图书在版编目(CIP)数据

现代通信网/郭娟,杨武军主编. —西安:西安电子科技大学出版社,2016.6(2025.8 重印)
ISBN 978-7-5606-4102-7

Ⅰ. ① 现⋯ Ⅱ. ① 郭⋯ ② 杨⋯ Ⅲ. ① 通信网—高等学校—教材 Ⅳ. ① TN915

中国版本图书馆 CIP 数据核字(2016)第 114175 号

责任编辑 云立实 杨 璠 刘小莉
出版发行 西安电子科技大学出版社(西安市太白南路 2 号)
电 话 (029)88202421 88201467 邮 编 710071
网 址 www.xduph.com 电子邮箱 xdupfxb001@163.com
经 销 新华书店
印刷单位 陕西精工印务有限公司
版 次 2016 年 6 月第 1 版 2025 年 8 月第 6 次印刷
开 本 787 毫米×1092 毫米 1/16 印 张 25.5
字 数 608 千字
定 价 55.00 元
ISBN 978-7-5606-4102-7
XDUP 4394001-6
如有印装问题可调换

前　言

1876 年贝尔发明了电话，这可以认为是现代通信开始的标志。经过 100 多年的发展演进，现代通信网已经成为支撑"信息时代"的关键基础设施。在高校专业教学上，通信网课程也因此成为通信、信息类专业的必修课之一。随着 ICT(信息、计算机、通信)产业的深入融合，现代通信网络包含的内容广泛而庞杂，涉及诸多的概念、协议、技术与网络，且始终处于不断的演进发展之中，形成了目前多种网络技术体制并存的混合式结构。这导致了在有限的学时内通信网课程"难讲授，难学习"的情况。

针对以往通信网的教材内容主要以电路交换方式的电话网为主，不能反映现代通信网"分组化、宽带化、移动化、融合化"的发展现状，本教材在编写中尽可能充分地体现现代通信网的最新发展，根据通信网的发展现状和趋势，以分组化、融合化为特色组织全书内容。

本书围绕通信网络体系架构，系统地介绍了现代通信网涉及的原理、技术与网络结构。全书内容共 11 章，包括绪论、传送网、分组交换原理、以太网、互联网及 TCP/IP 协议、传统电话网、IP 电话网、移动通信网、宽带接入网、网络管理、网络融合与演进等。在章节的安排上，本书先介绍统一的传送平台和电路与分组交换原理，再介绍各业务网；先介绍核心网，再介绍接入网；最后介绍网络的发展演进与融合。对于支撑网，考虑到信令网主要用于基于电路方式的传统电话网和蜂窝网络，因此将信令网安排在传统电话网中，而同步的内容在通信原理等前修课程中已有学习，本书就不再作介绍。网络管理处于所有业务网络之上，因此该部分内容放在最后。这样的安排更符合目前的网络现状，不仅方便授课内容的取舍，也有利于学生的学习和理解。

本书的主要特点是：

(1) 突出网络的分组化。通信网的发展趋势将是"everything over IP"，IP 技术成为通信网络统一的传送平台，因此本书大幅减少了电路交换型网络的比重，摒弃了原电信网中 ATM、X.25 等已经退网或被淘汰的技术，而大幅增加了基于分组交换的以太网、IP 网络、分组传送网(PTN)等内容，旨在反映现代通信网的最新发展。

(2) 讲清网络的演进脉络。每一种网络都处于不断的变化和演进中，例如固定电话网从电路交换方式的传统电话网逐渐演进到分组交换方式的 IP 电话网；移动电话网从以电话交换为主、语音业务为主的 2G 网络逐步发展演进到全 IP、以数据业务为主的 4G 网络。可以看出，网络技术是随着业务需求的变化而发展的。因此在介绍每一种网络技术时，本书都沿着网络发展演进的思路介绍，便于读者理解。

(3) 体现网络的融合趋势。随着通信技术的发展，通信网络将实现统一的 IP 承载，原有各自独立的网络也将逐步趋于一致和融合，例如固定与移动的融合将为用户提供统一无缝的接入方式，计算机与通信的融合将更适合数据和视频业务的发展。本书在整个章节的安排上，也注重体现网络融合的这一发展趋势。

本书可作为普通高等院校通信、信息、电子等专业的本科教材或教学参考书，也可作为电信从业人员的培训教材。通过本书可使学生掌握以下基本知识：通信网的基本概念、组成，通信网要解决的基本问题；各类业务网的发展背景、设计目标、工作原理、发展演进；各类业务网之间的共性和个性差异；导致各类业务网之间产生技术差异的原因；促进通信网发展变化的因素；未来的通信网发展和变化的方式和方向。

本书的第 1、4、8 章由郭娟编写，第 3、5、10 章由杨武军编写，第 6、7、11 章由杨光编写，第 2、9 章由蒋军敏编写。四位作者均参加了所有章节的讨论，全书的统稿由郭娟、杨武军共同完成。

本书的编写得到了陕西省"现代通信网"精品资源共享课程的资助，也得到了很多老师、同仁和亲友的帮助与支持，本书的出版还得到了西安电子科技大学出版社的大力支持，作者在此表示衷心的感谢。

由于现代通信网涉及通信、计算机等多学科的交叉融合且发展迅速，而作者专业水平有限，书中难免存在不当之处，殷切希望广大专家、读者批评指正，以便作者在适当的时候，根据大家的反馈和建议，结合本领域的最新进展情况对书稿进行修订和补充。

编　者

2016 年 3 月

目　　录

第1章 绪 论

作为对信息进行传递和交换的网络，通信网已经深入到人类生活的方方面面，尤其在当今的信息社会中更离不开通信网。本章将介绍通信网的基本概念，主要内容包括：通信网的定义、构成、类型、业务；通信网中使用的交换技术；通信网的分层体系结构及标准化组织；通信网的发展历史及发展趋势等。

1.1 通信网的基本概念

1.1.1 从点到点通信到交换式通信网

信息是世界运行所依赖的血液、食物和生命力，在现代社会中扮演着越来越重要的角色，信息的传递已经成为人类社会生活的重要组成部分。为了实现任意两个或多个分处异地的用户之间的信息传递，需要采用某种方式将多个用户互联在一起，这样的互联系统就形成了一个用于信息传递的网络，称之为通信网。站在不同的角度看待通信网，会有不同的理解。从用户的角度来看，通信网是一个信息服务体系，用户可以从中获取信息、发送信息；而从工程师的角度来看，通信网则是一个由各种软硬件设施按照一定的规则互联在一起，完成信息传递任务的系统。

最简单的通信网在点到点之间进行信息传递，它是实际通信网的一个特例；而实际中大多采用交换式的通信网来实现任意用户之间的通信。

1. 点到点通信——通信网的特例

最简单的通信系统是点到点的通信系统，这种系统通常使用电信号或光信号在不同地点的用户之间进行信息传递，其基本功能是克服时间、空间的障碍，有效而可靠地传递信息。点到点通信系统可以抽象成如图 1-1 所示的模型，其基本组成包括信源、发送器、信道、接收器和信宿五部分。

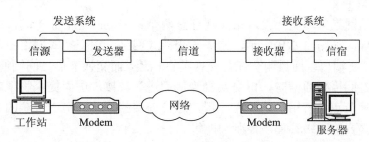

图 1-1 点到点的通信系统模型

(1) 信源：产生各种信息的信息源，它可以是人或机器(如计算机、手机等)。

(2) 信宿：与信源的功能相对，负责接收信息。

(3) 信道：信号的传输媒介，负责在信源和信宿之间传输信号。通常按传输媒介的种类可分为有线信道和无线信道；按传输信号的形式则可分为模拟信道和数字信道。

(4) 发送器：负责将信源发出的信息转换成适合在信道中传输的信号。对应不同的信源和信道，发送器会有不同的组成和信号变换功能，一般包含编码、调制、放大和加密等功能。

(5) 接收器：负责将从传输系统中收到的信号转换成信宿可以接收的信息形式。它的作用与发送器正好相反，主要功能包括信号的解码、解调、放大、均衡和解密等。

图 1-1 所示的通信系统可以完成点到点的通信，即两个特定用户之间的通信，这只是实现通信的一个特例。实际的通信需求是要实现任意用户间的通信，就需要将多个用户采用一定的方式连接在一起，使任意用户之间都能够进行通信。

要实现任意用户之间的通信，最简单的方法就是在任意两个用户之间进行点到点的连接，从而构成一个网状网的结构，如图 1-2(a)所示。这种方法为任意两个用户之间提供了一条专用的通信线路，从而实现任意用户之间的通信。显然，这种方法并不适用于构建大型通信网络，其主要原因如下：

(1) 在有 N 个用户的网状网中，任一用户到其他 N − 1 个用户都需要有直达线路，系统需要提供的通信线路将与用户数量的平方成正比，显然用户数目众多时，构建网状网成本太高，是不现实的。

(2) 每一对用户之间独占一个专用的通信线路，信道资源无法共享，会造成线路资源的巨大浪费。

(3) 这样的网络结构难以实施集中的控制和管理。

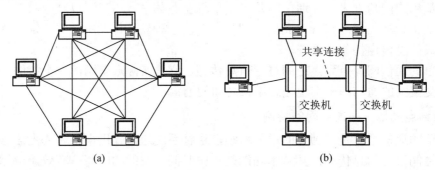

图 1-2　点到点的网络与交换式网络

2. 交换式通信网

实际的通信网是采用交换技术来实现任意两个用户之间通信需求的，即在网络中引入交换节点来实现，如图 1-2(b)所示，构成了交换式网络。在交换式网络中，用户之间不再直接连接，用户终端可以通过用户线与交换节点相连，而交换节点之间则通过中继线相连。任意两个用户之间需要通信时，由交换机为他们进行转接，进而提供物理或逻辑的连接。在网络中，交换节点负责用户的接入、用户通信连接的创建、信道资源的分配、用户信息的转发，以及必要的网络管理与控制功能等。

交换式网络主要有如下优点：

(1) 大量的用户可以通过交换节点连接到骨干通信网上。由于大多数用户并不是全天候需要通信服务，因此骨干网上交换节点间可以用少量的中继线路以共享的方式为大量用户服务，这样大大降低了骨干网的建设成本。

(2) 交换节点的引入增加了网络扩容的方便性，便于网络的控制与管理。

实际运行中的通信网均是交换式网络，为用户建立的通信连接往往涉及多段线路、多个交换节点。

3. 通信网的基本构成要素

从图 1-2(b)可知，最简单的交换式通信网的组成硬件至少包括终端节点、交换节点、传输系统，这三部分通常称为通信网的三要素。

1) 终端节点

终端节点是通信网中信息的源点和终点，是用户和网络设备之间的接口设备。最常见的终端节点有电话机、计算机、传真机、视频终端、手机等。其主要功能有：① 用户信息的处理：用户信息的发送和接收，将用户信息转换成适合传输系统传输的信号以及相应的反变换；② 信令信息的处理：产生和识别用于连接建立、业务管理等所需的控制信息。

2) 交换节点

交换节点是通信网的核心设备，负责集中、转发终端节点所产生的用户信息，在需要通信的任意两个或多个用户间建立通信链路。最常见的交换节点有电路交换机、分组交换机、软交换机、ATM 交换机、路由器等。

3) 传输系统

传输系统为信息的传输提供传输通道，包括传输链路和传输设备。传输链路是指信号传输的媒介，传输设备是指链路两端相应的变换设备。通常传输系统的硬件组成应包括线路接口设备、传输媒介、交叉连接设备等。

以上终端节点、交换节点、传输系统之所以称为通信网的三要素，是因为它们是构成通信网最基本的硬件需求，构建任何一个实际的网络都需要包含上述三要素。但需要强调的是，由以上三要素构成的网络是最简单的网络，是通信网的最初形式。随着用户业务需求的逐步增加，通信网也在逐步发展，不断出现新的网元，因此现代的通信网在实际构成时要复杂得多，不仅包含以上三要素，还需要包含诸如业务节点、控制节点、应用服务器等设备，以完成独立的业务控制、承载连接、应用服务等功能。例如，为了满足用户随时随地通信的需求，移动通信网中需要增加用于用户移动性管理的数据库 HLR(归属位置寄存器)、VLR(访问位置寄存器)等。

1.1.2 现代通信网的定义与构成

1. 现代通信网的定义

现代通信网是将一定数量的节点(包括终端节点、交换节点等)和连接这些节点的传输系统有机地组织在一起，按约定的信令或协议完成任意用户间信息交换的通信体系。用户使用通信网可以克服空间、时间等障碍来进行有效的信息交换。

从构成实体来看，实际的通信网是由软件和硬件按特定方式构成的一个通信系统，每一次通信都需要软硬件设施的协调配合来完成。从硬件构成来看，通信网最基本的要素为1.1.1 小节所述的三要素，它们完成通信网的接入、交换和传输等基本功能。软件设施则包括信令、协议、控制、管理、计费等，它们主要完成对通信网的控制、管理、运营和维护等。

通信网要解决的是任意两个用户间的通信问题，由于用户数目众多、地理位置分散，并且需要将采用不同技术体制的各类网络互联在一起，因此需要一个合理的拓扑结构将多个用户有机地连接在一起，并定义标准的通信规范(即信令或协议)，以使它们能协同工作。构建这样一个复杂的系统，必然涉及寻址、选路、控制、管理、接口标准、网络成本、可扩充性、服务质量保证等一系列的问题，这些因素增加了设计一个实际可用网络的复杂度，但也是设计一个网络所要考虑的基本问题。

在通信网上，信息的交换可以在两个用户间进行，在两个计算机进程间进行，也可以在一个用户和一个设备间进行。交换的信息包括用户信息(如话音、数据、图像等)、控制信息(如信令信息、路由信息等)和网络管理信息三类。

应该强调的是，网络不是目的，只是实现大规模、远距离通信的一种手段。与简单的点到点的通信系统相比，通信网的基本任务并未改变，通信的有效性和可靠性仍然是网络设计时要解决的两个基本问题，只是用户规模、业务量、服务区域的扩大，使解决这两个基本问题的手段变得复杂了。

2. 通信网的构成

现代通信网业务需求和功能需求多样，导致其实际组成复杂，可以从垂直和水平两个不同的维度去看通信网的构成。

1) 通信网的垂直划分

垂直划分是指从功能的角度看，一个完整的现代通信网可分为相互依存的三部分：业务网、传送网和支撑网，如图 1-3 所示。业务网是直接面向用户，给用户提供通信业务的网络；而传送网、支撑网则是为业务网服务的。业务网可以看做是传送网和支撑网的用户。

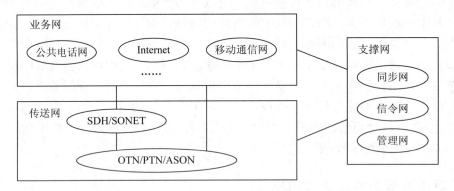

图 1-3　现代通信网的功能结构

(1) 业务网。

业务网负责向用户提供语音、数据、图像、多媒体、租用线、VPN 等各种通信业务，如常用的公共电话网、互联网(Internet)、移动通信网等。

最初的业务网大多是为某种业务独立设计的，不同的业务网为用户提供不同的业务，如表 1-1 所示。

表 1-1 主要业务网的类型

业务网	基本业务	交换节点设备	交换技术
传统电话网	电话业务	数字程控交换机	电路交换
IP 电话网	电话业务	软交换机、媒体网关	分组交换
移动通信网 PLMN	移动话音、数据	移动交换机	电路/分组交换
分组交换网(X.25)	低速数据业务(≤64 kb/s)	分组交换机	分组交换
帧中继网 FR	局域网互联(≥2 Mb/s)	帧中继交换机	帧交换
数字数据网 DDN	数据专线业务	DXC 和复用设备	电路交换
以太网	本地高速数据(≥10 Mb/s)	网桥、交换机	分组交换
Internet	综合业务	路由器、服务器	分组交换
ATM 网络	综合业务	ATM 交换机	信元交换

随着网络技术的发展，业务网逐步向提供综合业务方向演进，不同的业务网也将逐步融合。例如，目前提供固定语音的网络正逐步由基于电路交换的传统电话网演进到基于分组交换的 IP 电话网，而目前的互联网、第四代移动通信网都可提供包括语音、数据、图像、视频、多媒体等综合业务。与此同时，有些网络由于技术的原因已经退网或正在逐步退网，例如 X.25 分组交换网、帧中继网(FR)、数字数据网(DDN)、ATM 网络等。本书第 4、5、6、7、8 章将分别介绍以太网、互联网、传统电话网、IP 电话网、移动通信网，而 X.25、FR、DDN、ATM 等网将不再详细介绍。

构成一个业务网的主要技术要素有网络拓扑结构、交换节点技术、编号计划、信令协议、路由选择、业务类型、计费方式、服务性能保证机制等，其中交换节点设备是构成业务网的核心要素。这也将是本书后续业务网的章节所介绍的主要内容。

(2) 传送网。

传送网负责按需为交换节点、业务节点等之间提供信息的透明传输通道，包括分配互连通路和相应的管理功能，如电路调度、网络性能监视、故障切换等。传送网独立于具体的业务网，它可为所有的业务网提供公共的传送服务。

最初的传送功能是由传输线实现的，即通信网三要素中所描述的传输系统。典型的数字传输系统是脉冲编码调制(PCM，Pulse Code Modulation)系统，采用电信号在点到点之间实现简单的信号传递，但管理不便，无法进行调度。传送网是随着光传输技术的发展，在传统传输系统的基础上引入管理和交换功能之后形成的。通过组网，传送网能够实现灵活的支配、调度、管理等功能。

当前通信技术处于快速发展阶段，而传送网作为重要的通信基础设施，投资巨大，目前处于多种技术混合并存的状态，主要有同步数字序列(SDH，Synchronous Digital Hierarchy)、光传送网(OTN，Optical Transport Network)、分组传送网(PTN，Packet Transport Network)等，其发展的思路是从电信号的传递演进到光信号的传递，从电路传送方式演进到分组传送方式。构成传送网的主要技术要素有传输介质、复用体制、传送网节点技术等。分插复用设备(ADM)和交叉连接设备(DXC)是构成传送网的核心要素，读者在阅读和学习传送网时应重点关注这些问题。

(3) 支撑网。

支撑网不直接面向用户，而是负责提供业务网正常运行所必需的信令、同步、网络管理、业务管理、运营管理等功能。电信支撑网通常包含以下三种：

① 同步网。同步网处于数字通信网的最底层，负责实现各网络节点设备之间和节点设备与传输设备之间信号的时钟同步、帧同步以及全网的网同步，保证地理位置分散的物理设备之间数字信号的正确接收和发送。同步的概念读者应在其他前序课程中有所了解，故本书不再单独介绍。

② 信令网。对于采用公共信道信令体制的通信网，存在一个逻辑上独立于业务网的信令网，它负责在网络节点之间传送与业务相关或无关的控制信息流。目前这种类型的信令网是指七号信令网，主要使用在固定电话网和移动电话网中，因此将在本书第 6 章(传统电话网)中进行介绍。

③ 管理网。管理网的主要目标是实时或近实时地监视业务网的运行情况，并相应地采取各种控制和管理手段，以达到在各种情况下充分利用网络资源，确保通信服务质量的目的。管理网将在本书第 10 章进行介绍。

2) 通信网的水平划分

水平划分是指从地域的角度看通信网的构成。从垂直划分的构成可知，通信网中面向用户的是业务网，传送网和支撑网则不直接面向用户。从业务网所覆盖的物理位置来看，可分成用户驻地网(CPN，Customer Premises Network)、接入网(AN，Access Network)和核心网(CN，Core Network)三部分，而所有这三部分都需要同步网、信令网、管理网的支撑。

图 1-4(a)描述了单个通信网的情形；多个通信网之间则需要通过网关进行互联，如图 1-4(b)所示。图 1-5 所示是移动通信网 GSM 和传统固定电话网 PSTN 互连的实际例子。

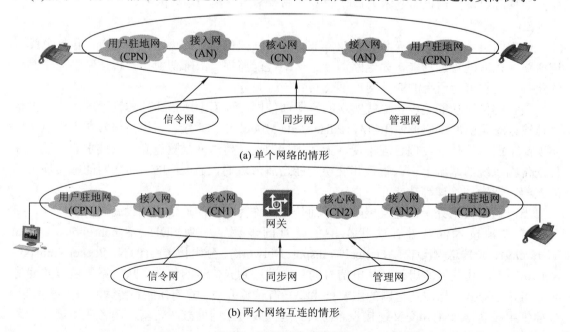

(a) 单个网络的情形

(b) 两个网络互连的情形

图 1-4　通信网的水平划分

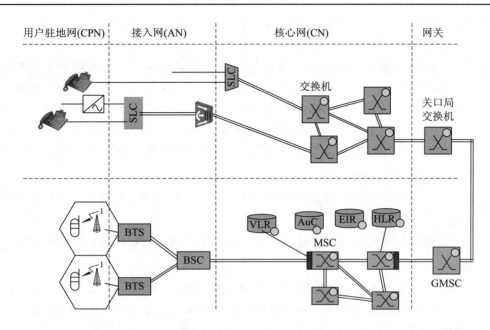

图 1-5 移动通信网和电话通信网互联

用户驻地网(CPN)是业务网在用户端的延伸,一般是指用户终端至用户网络接口之间的部分,由完成通信和控制功能的用户驻地布线系统组成,其功能是使用户终端可以灵活方便地接入网络。CPN 属用户所有,其部署和管理一般由用户完成。CPN 可能非常简单,例如传统电话网中最初的 CPN 只包含电话机,也称用户驻地设备(CPE,Customer Premises Equipment);也可能是很复杂的用户网络,例如企业内部局域网或家庭网络等。

核心网(CN)顾名思义就是网络的核心,是网络的主干部分,负责给用户提供各种业务。CN 一般由高速的骨干传输网和大型高速交换节点构成,是数据进行交换、转发、接续、路由的地方,用户的数据在核心网上被高速地传递和转发。

接入网(AN)介于用户驻地网和核心网之间,由最初的用户线逐步发展而来,用以实现从用户-网络接口 UNI(User Network Interface)到业务节点之间的传送承载功能。接入网负责使用有线或者无线的方式将大量的用户逐级汇接到核心网中,以实现与网络的连接。接入网是整个网络的边缘部分,与用户距离最近,是网络的"最后一公里"。

用户业务需求和接入环境等的多样性,使得接入网的介质种类丰富,技术多样,基本发展思路是功能由简单到复杂,由单一业务传递到公共承载平台。例如,传统电话网最初的接入方式采用铜线,仅传递用户的模拟话音,此时的接入网实质上是树形的用户环路;但随着业务需求的增加和网络技术的发展,需要在接入网部分传递语音、数据等信息,此时的接入网就成为一个公共的传送承载平台。接入网的具体内容将在本书第 9 章详细介绍。

1.1.3 通信网的类型与拓扑结构

1. 通信网的类型

从不同角度看,通信网可以分为不同的类型。通常可以根据所提供的业务类型、采用的交换技术、信号传输技术、服务范围、运营方式等来对通信网进行分类。

1) 按业务类型分

从发展历史看，原有的通信网大都提供单一的业务，因此可以按照业务类型将通信网分类，例如固定电话网、移动通信网、电报通信网、数据通信网、广播电视网等。但随着通信网的发展，人们希望单一的网络能够提供多种业务，逐步出现了综合业务网(如窄带综合业务数字网(ISDN)、基于 ATM 的宽带综合业务网、基于 IP 的互联网(Internet)，其中 ISDN 和 ATM 作为过渡网络目前已经逐步退出市场，基于 IP 的网络将为用户提供综合业务)。

2) 按采用的交换技术分

按通信网中交换节点所采用的交换技术分，可以分为电路交换网络和分组交换网络。

3) 按信号传输方式分

按所传输信号是模拟信号还是数字信号，可将通信网分为模拟通信网和数字通信网。

4) 按服务范围分

按网络所服务的空间范围，可以将通信网分为广域网(WAN，Wide Area Network)、城域网(MAN，Metropolitan Area Network)和局域网(LAN，Local Area Network)。

5) 按运营方式分

按运营方式，可以将通信网分为公用通信网和专用通信网。公用通信网是指由电信运营部门组建的网络，可为任何部门和任何用户使用；专用通信网是指某个部门为本系统的特殊业务工作需要而建造的网络，这种网络不向本系统以外的人提供服务，即不允许其他部门和单位使用，例如军用网、公安网等。

需要注意的是，从管理和工程的角度看，网络之间本质的区别在于所采用的实现技术的不同，其主要包括三方面：交换技术、控制技术以及业务实现方式。而采用何种技术实现网络的主要决定因素是用户的业务流量特征、用户要求的服务性能、网络服务的地理范围、网络的规模、当前可用的软硬件技术的信息处理能力等。

2. 通信网的拓扑结构

IEEE 定义"拓扑"为"网络中节点的互联模式"。通信网是由一组互连在一起的节点所构成的，因此通信网的拓扑结构是指"构成通信网的节点之间的互联方式"。构成通信网的基本拓扑结构有网状网、星型网、复合型网、总线型网、环型网等，如图 1-6 所示。

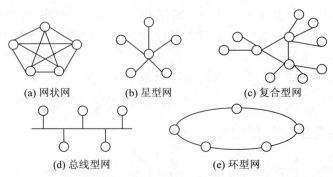

(a) 网状网　　　(b) 星型网　　　(c) 复合型网

(d) 总线型网　　　(e) 环型网

图 1-6　通信网的拓扑结构

1) 网状网

网状网又称"全互联网"或"各个相连网"，其结构如图 1-6(a) 所示。它是一种完全互连的网，网内任意两节点间均有链路直接相连，因此 N 个节点的网络需要 N(N − 1)/2 条传输链路。其优点是线路冗余度大，网络可靠性高，任意两点间可直接通信；缺点是线路利用率低，网络成本高，另外网络的扩容也不方便，每增加一个节点，就需增加 N 条线路。

如果网络中大部分节点相互之间有线路直接相连，只有小部分节点与其他节点之间没有线路直接相连，这样的网络是网状网的一种变形，也叫不完全网状网。哪些节点之间不需直达线路，要视具体情况而定(一般这些节点之间业务相对少一些)。

网状结构通常用于节点数目少，可靠性要求又很高的场合。

2) 星型网

星型网的结构如图 1-6(b) 所示。星型网又称辐射网，与网状网相比，星型网增加了一个中心转接节点，其他节点都与转接节点有线路相连。N 个节点的星型网需要 N − 1 条传输链路。其优点是降低了传输链路的成本，提高了线路的利用率；缺点是网络的可靠性差，一旦中心转接节点发生故障或转接能力不足，全网的通信都会受到影响。

通常在传输链路费用高于转接设备，可靠性要求又不高的场合采用星型结构，以降低建网成本。

3) 复合型网

复合型网的结构如图 1-6(c) 所示。它是由网状网和星型网复合而成的。它以星型网为基础，在业务量较大的转接交换中心之间采用网状网结构，因而整个网络结构比较经济，且稳定性较好。

由于复合型网络兼具了星型网和网状网的优点，因此，目前在规模较大的局域网和电信骨干网中广泛采用分级的复合型网络结构，但应注意在设计时要以转接设备和传输链路的总费用最小为原则。

4) 总线型网

总线型网的结构如图 1-6(d)所示。它属于共享传输介质型网络，网中的所有节点都连接至一个公共的总线上，任何时候都只允许一个用户占用总线发送或接收数据。该结构的优点是需要的传输链路少，节点间通信无需转接节点，控制方式简单，增减节点也很方便；缺点是网络服务性能的稳定性差，节点数目不宜过多，网络覆盖范围也较小。

总线结构主要用于计算机局域网中。

5) 环型网

环型网的结构如图 1-6(e)所示。该结构中所有节点首尾相连，组成一个环。具有 N 个节点的环型网需要 N 条传输链路。环型网可以是单向环，也可以是双向环。该网的优点是结构简单，容易实现，双向自愈环结构可以对网络进行自动保护；缺点是节点数较多时转接时延无法控制，并且环型结构不好扩容，每加入一个节点都要破坏原有传输链路。

环型结构目前主要用于计算机局域网、光纤接入网、城域网、光传输网等网络中。

1.1.4　通信网的业务

目前各种网络为用户提供了大量的不同业务，借鉴 ITU-T 建议的方式，根据信息类型的不同将业务分为四类：音频业务、视频业务、图像业务、数据业务，如图 1-7 所示。好的业务分类有助于运营商进行网络规划和运营管理(例如对商业用户和个人用户制定不同的价格策略和资源分配策略)，一般会受到实现技术和运营商经营策略的影响。

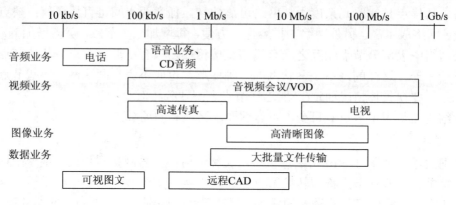

图 1-7 通信业务的带宽需求

1. 音频业务

目前通信网提供固定电话业务、移动电话业务、VoIP、会议电话业务和语音信息服务业务等。该类业务不需要复杂的终端设备，所需带宽小于 64 kb/s，采用电路或分组方式承载。

2. 数据业务

低速数据业务主要包括电报、电子邮件、数据检索、Web 浏览等，该类业务主要通过分组网络承载，所需带宽小于 64 kb/s。高速数据业务包括文件传输、面向事务的数据处理业务，所需带宽均大于 64 kb/s，采用电路或分组方式承载。

3. 图像业务

图像业务主要包括传真、CAD/CAM 图像传送、各种监控信息等。该类业务所需带宽差别较大，例如 G4 类传真需要 2.4～64 kb/s 的带宽，而高清晰度的 CAD/CAM 或监控信息图像则需要高达 20～30 Mb/s 的带宽(以 720P 的高清图像为例)。

4. 视频业务

视频业务包括可视电话、视频会议、视频点播、普通电视、高清晰度电视、蓝光电影等。该类业务所需的带宽差别很大，例如，可视电话需要 64 kb/s～1 Mb/s 的带宽，而高清晰度电视需要 50 Mb/s 以上的带宽，8K 视频则需要 100 Mb/s 以上的带宽。

未来通信网提供的业务应呈现以下特征：① 移动性，包括终端移动性、个人移动性；② 带宽按需分配；③ 多媒体性；④ 交互性。

1.1.5 通信网的服务质量

通信网的基本功能是在任意两个网络用户之间提供有效而可靠的信息传送服务，因此有效性和可靠性是其最主要的质量指标。其中有效性是指在给定的信道内传送信息的多少，可靠性是指信息传送的准确程度。具体来说，一般可通过可访问性、透明性和可靠性这三个方面来衡量通信网的服务质量。

1. 可访问性

可访问性是对通信网的基本要求之一，即网络保证合法用户随时能够快速、有保证地接入到网络以获得信息服务，并在规定的时延内传递信息的能力。它反映了网络保证有效通信的能力。

影响可访问性的主要因素有网络的物理拓扑结构、网络的可用资源数目以及网络设备的可靠性等。实际中常用接通率、接续时延等指标来评定可访问性。

2. 透明性

透明性也是对通信网的基本要求之一，即网络保证用户业务信息准确、无差错传送的能力。它反映了网络保证用户信息具有可靠传输质量的能力，不能保证信息透明传输的通信网是没有实际意义的。实际中常用用户满意度和信号的传输质量来评定透明性。

3. 可靠性

可靠性是指整个通信网连续、不间断地稳定运行的能力，它通常由组成通信网的各系统、设备、部件等的可靠性来确定。一个可靠性差的网络会经常出现故障，导致正常通信中断，但实现一个绝对可靠的网络实际上也不可能。网络可靠性设计不是追求绝对可靠，而是在经济性、合理性的前提下，满足业务服务质量要求即可。可靠性指标主要有以下几种：

(1) 失效率：系统在单位时间内发生故障的概率，一般用 λ 表示。

(2) 平均故障间隔时间(MTBF，Mean Time Between Failure)：相邻两个故障发生的间隔时间的平均值，$MTBF = 1/\lambda$。

(3) 平均修复时间(MTTR，Mean Time To Repair)：修复一个故障的平均处理时间，若 μ 表示修复率，则 $MTTR = 1/\mu$。

(4) 系统不可利用度(U)：在规定的时间和条件内，系统丧失规定功能的概率。通常假设系统在稳定运行时，μ 和 λ 都接近于常数，则

$$U = \frac{\lambda}{\lambda + \mu} = \frac{MTTR}{MTBF + MTTR}$$

以上的服务质量指标是衡量网络服务性能的通用指标，比较笼统。在实际网络运营中，针对具体的网络和通信业务，运营商和用户都需要一些更具体、可测量的指标来衡量通信服务的质量，因此目前电话网和数据网对业务都各自定义了详细的服务质量指标，具体内容见后续章节。

1.2 通信网的交换技术

网络的基本功能是将用户信息从一个实体传递到另一个实体，交换设备是交换式通信网中最核心的设备，其使用的交换技术、控制方式等对通信网的性能影响巨大，因此本节重点分析通信网中的交换技术。

1.2.1 交换的概念

在交换式通信网中，通信双方不直接相连，而是通过交换设备对信息进行交换和转发。交换设备需要根据一定的策略分配链路带宽、缓存等资源，完成信息的传递，实现间接通

信。根据资源复用的方式、是否建立连接等可以对不同交换技术进行定义和分类。

1. 资源复用方式

为了提高通信资源的利用率，通信网中一般要将多个用户信息在同一个物理链路中进行传输。所谓复用，是指采用一定的分割方式，把一条高速信道分成若干条低速信道，同时传输多个用户的信号，如图 1-8 所示。显然，复用方式就像我们的公路可供多部车辆通行一样。一般可用频率、时间等将信道的传输能力进行分割，分别形成频分复用(FDM)信道和时分复用(TDM)信道。FDM 是指将信道的总频带划分为若干个占用较小带宽的频道，每个频道就是一个通信信道，即一个子信道。TDM 是指将时间划分为基本时间单位，每个基本时间单位称为一帧，帧的时长是固定的(例如 125 μs)，每帧又分成若干个时隙。

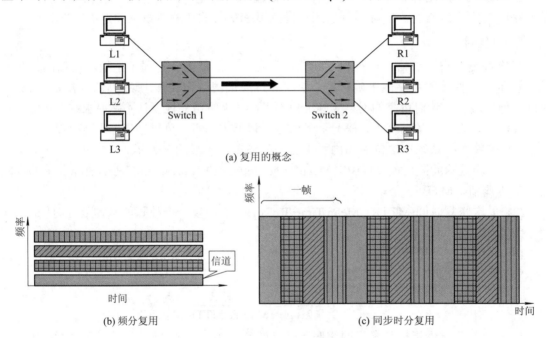

(a) 复用的概念

(b) 频分复用　　　　　　　　　　　(c) 同步时分复用

图 1-8　复用示意图

1) 静态复用

静态复用又称同步复用，是指将分割后的子信道(频带或时隙)静态地分给每个用户专用。常用的同步复用方式包括频分复用和同步时分复用。

如图 1-8(b)中所示，信道的频带被分为 4 个子信道，每个子信道分配给一个用户使用，显然，每个用户所使用的频带是固定的，并且为该用户专用。

图 1-8(c)中描述了同步时分复用方式。信道按时间分成帧和时隙后，每个时隙按顺序编号，所有帧中编号相同的时隙成为一个子信道，传递一路信息，并分配给一个用户使用。显然，由于时隙具有周期出现的特点，所以每个子信道的速率也是恒定的，并为某个用户专用。这种信道也称为位置化信道，因为根据它在时间轴上的位置，就可以知道是第几路信道。

静态复用的优点是一旦为某用户分配了信道，该用户的服务质量便不会受网络中其他用户的影响。但是为了保证用户所需带宽，静态复用必须按信息最大速率分配信道资源。

这一点对恒定比特率业务没有影响，但对可变比特率业务会有影响，它会降低信道利用率。

2) 动态复用

动态复用又称统计复用，是指在给用户分配资源时，不像静态复用那样固定分配，而是采用动态分配(即按需分配)，只有在用户有信息传送时才给它分配资源。这样每个用户所使用的资源不再是专用的，因此线路的利用率较高。下面以统计时分复用为例介绍。

如图 1-9 所示，来自终端的各分组按到达的顺序在复用器内进行排队，形成队列。复用器按照先进先出(FIFO)原则，从队列中逐个取出分组向线路上发送。当存储器空时，线路资源也暂时空闲，当队列中又有了新的分组时，又继续进行发送。如图所示，起初 A 用户有 a 分组要传送，B 用户有 1、2 分组要传送，C 用户有 x 分组要传送，它们按到达顺序进行排队：a、x、1、2，因此在线路上的传送顺序为：a、x、1、2，然后终端均暂时无数据传送，则线路空闲。后来，终端 C 有 y 分组要传送，终端 A 有 b 分组要传送，则线路上又顺序传送 y 分组和 b 分组。这样，在高速传输线上，形成了各用户分组的交织传输。输出数据的时间不是固定分配，而是根据用户的需要进行分配的。这些用户数据的区分不像同步时分复用那样靠位置来区分，而是靠各个用户数据分组头中的"标记"来区分。

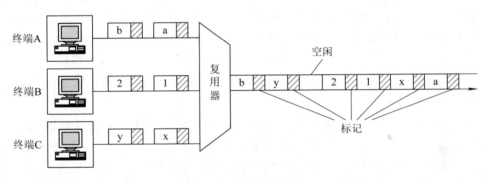

图 1-9 统计时分复用

动态复用的优点是可以获得较高的信道利用率。由于每个终端的数据使用一个自己独有的"标记"，可以把传送的信道按照需要动态地分配给每个终端用户，因此提高了传送信道的利用率。这样每个用户的传输速率可以大于平均速率，最高时可以达到线路的总的传输能力。

2. 面向连接和无连接

根据传递用户信息时是否预先建立源端到目的端的连接，网络的控制方式可分为面向连接和无连接。

1) 面向连接

在面向连接型的网络中，两个通信节点间典型的一次数据交换过程包含三个阶段：连接建立、数据传输和连接释放。其中连接建立和连接释放阶段传递的是控制信息，用户信息则在数据传输阶段传输。三个阶段中最复杂和最重要的阶段是连接建立，该阶段需要确定从源端到目的端的连接应走的路由，并在沿途的交换节点中保存该连接的状态信息，这些连接状态信息说明了属于该连接的信息在交换节点应被如何处理和转发。数据传输完毕后，网络负责释放连接。图 1-10 给出了面向连接的传送原理。

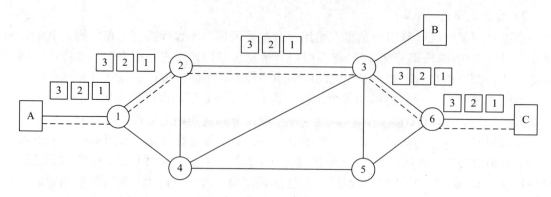

图 1-10　面向连接的传送原理

　　假定 A 站有三个数据块要送到 C 站，它首先发送一个"呼叫请求"消息到节点 1，要求到 C 站的连接。节点 1 通过路由表确定将该消息发送到节点 2，节点 2 又决定将该消息发送到节点 3，节点 3 又决定将该消息发送到节点 6，节点 6 最终将"呼叫请求"消息投送到 C 站。如果 C 站准备接收这些数据块的话，它就发出一个"呼叫接受"消息到节点 6，这个消息通过节点 3、2 和节点 1 送回到 A 站。现在，A 站和 C 站之间可以经由这条建立的连接(图中虚线所示)来交换数据块了。此后的每个数据块都经过这个连接来传送，不再需要选择路由。因此，来自 A 站的每个数据块，穿过节点 1、2、3、6，而来自 C 站的每个数据块穿过节点 6、3、2、1。数据传送结束后，由任意一端用一个"清除请求"消息来终止这一连接。

　　2) 无连接

　　在无连接型的网络中，数据传输前不需要在源端和目的端之间先建立通信连接，就可以直接进行通信。不管是否来自同一数据源，交换节点将分组看成互不依赖的基本单元，独立地处理每一个分组，并为其寻找最佳转发路由，因而来自同一数据源的不同分组可以通过不同的路径到达目的地。这里以图 1-11 为例来说明无连接网络是如何实现传送的。

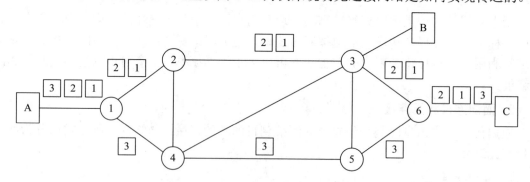

图 1-11　无连接网络的信息传送过程

　　假定 A 站有三个数据块要送到 C 站，它将数据块 1、2、3 一连串地发给节点 1。节点 1 需对每个数据块做出路由选择的决定。在数据块 1 到来后，节点 1 发现去往节点 2 的队列短于节点 4，于是它将数据块 1 排入到节点 2 的队列。数据块 2 也是如此。但是对于数据块 3，节点 1 发现现在到节点 4 的队列最短，因此将数据块 3 排在去节点 4 的队列中。

在以后通往 C 站路由的各节点上，都作类似的处理。这样，每个数据块虽都有同样的目的地址，但并不遵循同一路由。另外，数据块 3 先于数据块 2 到达节点 6 是完全有可能的，因此，这些数据块有可能以一种不同于它们发送时的顺序投送到 C 站，这就需要 C 站来重新排列它们，以恢复它们原来的顺序。

面向连接网络和无连接网络的主要区别如下：

(1) 面向连接网络用户的通信总要经过建立连接、信息传送、释放连接三个阶段；而无连接网络不为用户的通信过程建立和释放连接。

(2) 面向连接网络中的每一个节点为每一个呼叫选路，节点中需要有维持连接的状态表；而无连接网络中的每一个节点为每一个传送的信息选路，节点中不需要维持连接的状态表。

(3) 用户信息较长时，采用面向连接的通信方式的效率高；反之，信息较短时使用无连接的方式要好一些。

面向连接和无连接两种方式各有优缺点，适用于不同的场合。面向连接方式适用于大批量、可靠的数据传输业务，但网络控制机制复杂；无连接方式控制机制简单，适用于突发性强、数据量少的数据传输业务，以及控制面控制指令的传输。

3. 资源预留

当一台终端跨越网络向另一台终端发送信息时，需要经过一系列的节点和通信链路进行传输。"交换"背后的思想是：网络根据用户实际的需求为其分配通信所需的资源。用户有通信需求时，网络为其分配资源；通信结束后，网络回收所分配的资源，供其他用户使用，从而达到网络资源共享、降低通信成本的目的。其中，网络负责管理和分配的最重要的资源就是通信线路上的带宽资源和节点的缓存。

在无连接网络中，由于事先并未确定路由，而是在分组到达时才确定路由，即只有当信息到达时，网络才分配资源，因此沿途的节点无法进行缓存或链路资源的预留。

在面向连接网络中，通信双方所经过的路径在连接建立阶段已经确定，交换机需要保留有关该连接的"状态信息"，但是否为该次通信预留资源，则有不同的处理方式，如完全预留、部分预留、不预留方式。所谓完全预留，是指在连接建立阶段，通信所需的全部缓存和带宽等资源在沿途路径进行分配，并在通信会话期间进行预留。所谓不预留，是指在连接建立阶段仅仅确定了信息所经过的路径，但在沿途路径上并不进行所需资源的预留，当信息到达时，如果资源被占用，则需要排队等待。部分预留机制介于二者之间，是指在确定路由的同时，为通信预留一部分资源，这通常与所处理的信息类型相关。例如，可以为一个速率可变的业务预留平均带宽或最小带宽。

综上所述，为了实现资源的"按需分配"，网络需要一套控制机制来实现。因此从资源分配的角度来看，不同网络技术之间的差异主要体现在分配、管理网络资源的策略上，它们直接决定了网络中交换、传输、控制等具体技术的实现方式。一般来讲，简单的控制策略，通常资源利用率不高，若要提高资源利用率，则需要以提高网络控制复杂度为代价。现有的各类交换技术，都根据实际业务的需求，在资源利用率和控制复杂度之间做了某种程度的折中。

4. 交换技术的分类

交换技术的分类可由以上描述的几点来确定，即静态复用还是动态复用？是否建立连接？是否进行资源预留？这决定了交换技术的内涵及本质。通信网中典型的交换方式分为电路交换(CS，Circuit Switching)和分组交换(PS，Packet Switching)，分组交换又分为虚电路(VC，Virtual Circuit)和数据报(DG，Datagram)两种方式。虚电路方式中，以 X.25 为代表的网络不进行资源预留，而以 ATM 为代表的网络则实现了部分资源预留。表 1-2 描述了典型的交换方式。

表 1-2　典型交换方式

交换技术		复用方式	是否建立连接	是否进行资源预留
电路交换(CS)		静态复用	面向连接	完全预留
分组交换 (PS)	虚电路(VC)	动态复用	面向连接	不预留/部分预留
	数据报(DG)	动态复用	无连接	不预留

1.2.2　电路交换技术

电路交换(CS，Circuit Switching)采用面向连接方式，通过静态复用的方式进行比特流的传送，是最早出现的一种交换方式，也是电话通信中使用的交换方式。电话通信要求为用户提供双向连接以便进行对话式通信，它对时延和时延抖动敏感，但对差错不敏感。因此当用户需要通信时，交换机就在收、发终端之间建立一条临时的电路连接，该连接在通信期间始终保持接通，直至通信结束才被释放。通信中交换机不需要对信息进行差错检验和纠正，但要求交换机处理时延要小。交换机所要做的就是将入线和指定出线的开关闭合或断开，提供一条专用电路而不做差错检验和纠正。电路交换是一种实时的交换。

1. 电路交换的过程

电路交换是面向连接的交换技术。图 1-12 描述了电路交换的过程，它包括连接建立、信息传送(通话)和连接释放三个阶段。

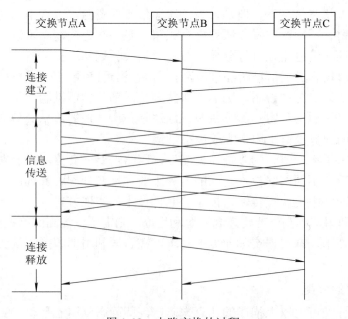

图 1-12　电路交换的过程

2. 电路交换的特点

电路交换采用同步时分复用和同步时分交换技术，它具有的特点是：

(1) 整个通信连接期间始终有一条电路被占用，即使在寂静期也是如此；信息传输时延小。

(2) 电路是"透明"的，即发送端用户送出的信息通过节点连接，毫无限制地被传送到接收端。所谓"透明"是指交换节点未对用户信息进行任何修正或解释。

(3) 对于一个固定的连接，其信息传输时延是固定的。

(4) 固定分配带宽资源，信息传送的速率恒定。

采用电路交换方式传送数据也有以下缺点：

(1) 所分配的带宽是固定的，造成网络资源的利用率降低，不适合突发业务的传送。

(2) 通信的传输通路是专用的，即使在没有信息传送时别人也不能利用，所以采用电路交换进行数据通信的效率较低。

(3) 通信双方在信息传输速率、编码格式、同步方式、通信规程等方面要完全兼容，这使不同速率和不同通信协议之间的用户无法接通。

(4) 存在着呼损。由于通信线路的固定分配与占用方式会影响其他用户的再呼入，因此造成线路利用率低。

电路交换适合于电话交换、文件传送、高速传真业务使用，但它不适合突发业务和对差错敏感的数据业务使用。

1.2.3　分组交换技术

分组交换(PS，Packet Switching)把一份要发送的数据报文分成若干个较短的、按一定格式组成的分组(Packet)，然后采用动态复用的方式将这些分组在线路上进行传送，当信息到达交换机时，先将分组存储在交换机的存储器中，当所需的输出线路有空闲时，再将分组转发出去。因此，分组交换方式又称为"存储-转发(stored-and-forward)"交换方式。

1. 分组的概念

分组方式中，用户信息分为固定长度或可变长度的分组，每个分组包含分组头和有效载荷。分组头携带的地址信息用于交换决策，将数据包转发到下一跳；有效载荷部分是实际的用户信息，如图 1-13 所示。

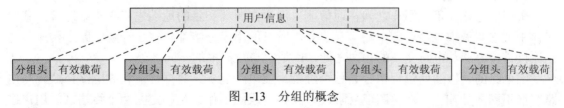

图 1-13　分组的概念

2. 分组交换的特点

分组交换技术是在早期的低速、高出错率的物理传输线基础上发展起来的，为了确保数据可靠传送，交换节点要运行复杂的协议，以完成差错控制和流量控制等主要功能。由于链路传输质量太低，对逐段链路的差错控制是非常必要的。

分组交换方式主要用于计算机间的数据通信业务，它的出现晚于电路交换。采用分组交换而不是电路交换来实现数据通信，主要基于以下原因：

(1) 数据业务有很强的突发性，采用电路交换方式，信道利用率太低。

(2) 电路交换只支持固定速率的数据传输，要求收发严格同步，不满足数据通信网中终端间异步、可变速率的通信要求。

(3) 话音传输对时延敏感、对差错不敏感，而数据传输则恰好相反，用户对一定的时延可以忍受，但关键数据中细微的错误都可能造成灾难性后果。

(4) 分组交换是针对数据通信而设计的，主要特点是：数据以分组为单位进行传输，分组长度一般在 1000～2000 字节左右；每个分组由用户信息部分和控制部分组成，控制部分包含差错控制信息，可以用于对差错的检测和校正；交换节点以"存储-转发"方式工作，可以方便地支持终端间异步、可变速率的通信要求；为解决电路交换方式信道资源利用率低的缺点，分组交换引入了统计时分复用技术。

支持分组交换的协议有多种，根据协议的不同，分组交换网络可以是面向连接的，也可以是无连接的。面向连接的分组网络提供虚电路(VC，Virtual Circuit)服务，无连接的分组网络提供数据报(DG，Datagram)服务。

3. 数据报方式

数据报是无连接方式的分组交换技术，其主要优点是协议简单、无需建立连接、无需为每次通信预留带宽资源，因此电路交换中带宽利用率低的问题自然也就解决了。同时由于每一分组在网上都独立寻路，因而抵抗网络故障的能力很强，特别适合于突发性强、数据量小的通信业务。实际上，数据报方式最先是在冷战时期美国军方的计算机通信网ARPANet 上实现的，是现代 Internet 的前身。

数据报的主要缺点是：由于没有为通信建立相应的连接，并预留所需的带宽资源，因此分组在网络上传输时需要携带全局有效的网络地址，在每一个交换节点，都要经历一次存储、选路、排队等待线路空闲，再被转发的过程，因而传输时延大，并存在时延抖动问题。可见数据报不适用于大数据量、实时性要求高的业务。目前，通信网上该方式主要用于信令、控制管理信息和短消息等(如 SS7、SNMP、SMS)的传递，Internet 的 IP 技术也属于此类。

4. 虚电路方式

虚电路是采用面向连接的分组交换方式，其设计目标是将数据报和电路交换这两种技术的优点结合起来，以达到最佳的数据传输效果。

采用虚电路技术，用户之间在通信前也需要在源端和目的地端先建立一条连接，分组交换中把它叫做虚电路。虚电路一旦建立，所有的用户分组都将在这一虚电路上传送。建立连接是虚电路与电路交换的相同之处，也是它与数据报的不同之处。

虚电路的一次通信过程也分为三个阶段：虚电路建立、数据传输和虚电路释放。与电路交换不同之处在于：虚电路建立阶段，网络完成的工作只是确定在两个终端之间用户进行分组传输时应走的路由，并不进行静态的带宽资源预留。换句话说，虚电路建立成功后，当源端没有分组传输时，虚电路并不占用网络带宽资源；当源端有分组要发送时，交换节点一般先对收到的分组进行必要的协议处理，然后根据虚电路建立阶段确定好的路由将分组转发至合适的输出端口排队等待，一旦信道空闲，就将其发送出去，因而该连接被加上"虚拟"两字。

相对于电路交换，分组交换提供了更加灵活的网络能力，但同时也要求网络设备和终端设备具备更强的处理能力。

5. "实"与"虚"的比较

以下从信息传输方式和资源预留方式上来分析交换技术。电路交换中，信息传递之前要建立专用的连接，并且在整个连接持续期间，要进行资源的预留。虚电路交换中，也要事先建立"虚"电路，但不进行资源的预留，而是通过虚电路编号进行交换。数据报方式中，每个分组头部携带一个明确的目的地址，每个中间节点利用该目的地址将分组进行转发，因此这种方式又称为"数据报转发"。

可见，面向连接网络建立的连接有两种：实连接和虚连接。用户通信时，如果建立的连接由一条接一条的专用电路资源连接而成，无论是否有用户信息传递，这条专用连接始终存在，且每一段占用恒定的电路资源，那么这个连接就叫实连接；如果电路的分配是随机的，用户有信息传送时才占用电路资源(带宽根据需要分配)，无信息传送就不占用电路资源，对用户的识别改用标志，即一条连接使用相同标志统计占用的电路资源，那么这样一段又一段串接起来的标志连接叫虚连接。显然，实连接的电路资源利用率低，而虚连接的电路资源利用率高。

1.2.4 其他交换技术简介

在交换技术的发展中，除上述电路交换、分组交换等典型交换方式外，还有一些过渡性的交换技术存在。从原理上看，这些交换技术都介于电路交换和分组交换之间，主要包括帧中继技术、ATM 技术等，目前这些交换技术已经逐渐被以 IP 为代表的分组交换所取代。

1. 帧中继简介

帧中继(FR，Frame Relay)是以分组交换技术为基础的高速分组交换技术，它对传统分组交换中广泛使用的 X.25 通信协议进行了简化和改进，在网络内取消了差错控制和流量控制，将逐段的差错控制和流量控制处理移到网外端系统中实现，从而缩短了交换节点的处理时间。这是因为光纤通信具有低误码率的特性，所以不需要在链路上进行差错控制，而采用端对端的检错、重发控制方式。这种简化了的协议可以方便地利用 VLSI(超大规模集成)技术来实现。

这种高速分组交换技术具有很多优点：可灵活设置信号的传输速率，充分利用网络资源提高传输效率；可对分组呼叫进行带宽的动态分配，因此可获得低延时、高吞吐率的网络特性；速率可在 64 kb/s～45 Mb/s 范围内。

帧中继适用于处理突发性信息和可变长度帧的信息，特别适用于计算机网络互连。

2. ATM 交换

ATM 是 ITU-T(国际电信联盟电信标准化部)确定的用作宽带综合业务数字网(B-ISDN，Broadband Integrated Services Digital Network)的复用、传输和交换模式。信元是 ATM 特有的分组单元，话音、数据、视频等各种不同类型的数字信息均可被分割成一定长度的信元。信元的长度为 53 字节，分成两部分：5 字节的信元头含有用于表征信元去向的逻辑地址、优先级等控制信息；48 个字节的信息段用来装载不同用户的业务信息。任何业务信息在发送前都必须经过分割，封装成统一格式的信元，在接收端完成相反操作以恢复业务数据原来的形式。通信过程中业务信息信元的再现,取决于业务信息要求的比特率或信息瞬间的比特率。

ATM 具有以下技术特点:

(1) ATM 采用统计时分复用技术,它将一条物理信道划分为多个具有不同传输特性的逻辑信道提供给用户,实现网络资源的按需分配。

(2) ATM 利用硬件实现固定长度分组的快速交换,具有时延小、实时性好的特点,能够满足多媒体数据传输的要求。

(3) ATM 是支持多种业务的传递平台,并提供服务质量(QoS,Quality of Service)保证。ATM 通过定义不同 ATM 适配层(AAL,ATM Adaptation Layer)来满足不同业务传送性能的要求。

(4) ATM 是面向连接的传输技术,在传输用户数据之前必须建立端到端的虚连接。所有信息,包括用户数据、信令和网管数据都通过虚连接传输。

(5) 信元头比分组头更简单,处理时延更小。

ATM 支持语音、数据、图像等各种低速和高速业务,在 20 世纪 90 年代曾经是 IP 技术最具竞争力的对手,但由于 ATM 协议复杂、标准不够开放,导致产品和标准进展缓慢,目前已经逐步退出市场。

广域通信网上使用的交换技术都有自己的特点,广域网主要交换技术的特点比较如表1-3 所示。

表 1-3 广域网主要交换技术的特点比较

主要 交换技术	电路交换	分组交换		帧中继	ATM
		数据报	虚电路		
连接方式	面向连接	无连接	面向连接	面向连接	面向连接
比特率	固定	可变	可变	可变	可变
差错控制	不具备	具备	具备	只检错,不纠错	只对控制信息差错控制
信道资源使用方式	静态复用,利用率低	统计复用,利用率高	统计复用,利用率高	统计复用,利用率高	统计复用,利用率高
流量控制	无	较好	好	无	好
实时性	很好	差	较好	好	好
终端间的同步关系	要求同步	异步	异步	异步	异步
最佳应用	实时话音业务	小批量,不可靠的数据业务	大批量、可靠的数据业务	局域网互联	综合业务

1.3 通信网的体系结构及标准化组织

通信网是由多个互联的网络节点组成的,节点之间要不断地交换数据和控制信息,以实现业务互通和信息交换。但通信网是一个庞大、复杂的通信实体,实际中会用到不同技术、不同实现方式、不同厂商的设备,导致了互连的复杂性。要使得节点间能够准确无误地传递信息,实现来自不同技术、不同制造商设备之间的灵活互连,就需要定义通信网的体系结构。

　　体系结构用来描述通信网的设计，包括构成网络的物理组件及其所完成的功能和配置方式，网络运行的原则和流程，以及网络中使用的数据格式等，以使不同的系统(包括不同的硬件、软件、协议)或设备之间能够互相通信。网络体系结构具体包括构成网络所必备的网元功能、它们之间的接口以及交互方式。

　　需要注意的是，网络体系结构不是指网络的物理结构，而是指为实现互连，网络设备必须实现的通信功能的逻辑分布结构，以及必须遵守的相关通信协议所组成的一个集合，它是指导网络设备制造、构建现代通信网的基础。

1.3.1　分层体系结构

　　目前，现代通信网均采用了分层体系结构(Layered Architecture)。分层体系结构是指在设计网络硬件、软件、通信协议时，将通信系统和网络组件分成若干个相互独立又相互联系的模块，称为层。相互独立是指各层各自完成自己的功能，当其中的一层功能发生变化时，对其他层不产生影响；相互联系是指下一层为上一层提供服务，上一层对下一层存在着依赖性。如图 1-14 所示为一个五层体系结构的例子，其中涉及协议、对等层、接口等概念。

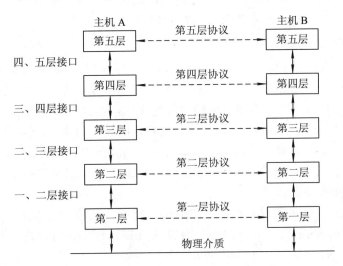

图 1-14　层、协议、接口

1. 协议

　　在分层体系结构中，协议是指位于一个系统上的第 N 层与另一个系统上的第 N 层通信时所使用的规则和约定的集合。一个通信协议主要包含以下内容：

　　(1) 语法：定义协议的数据格式，即用户数据与控制信息的结构和格式；

　　(2) 语义：进行协调和错误处理的控制信息，即需要发出的控制信息，以及完成的动作与做出的响应；

　　(3) 时序：包括同步和顺序控制，即详细说明事件进行的顺序。

　　分层体系结构中，不同系统上的对应层称为对等层(Peer)，对等层采用相同的语法、语义和时序，即对等层间的协议。在一个系统上，每一层对应一个协议，这一组协议构成一个协议链，形象地称为协议栈。

从采用分层结构的网络的观点来看，物理上分离的两个系统之间的通信只能在对等层之间，使用相应层的协议进行。但实际上，一个系统上的第 N 层并不能将数据直接传到另一个系统上的第 N 层，这种通信是"逻辑通信"。实际的通信是每层的实体将数据和控制信息传送到它的下一层，此过程一直进行到信息被送到第一层，实际的通信发生在连接两个对等的第一层之间的物理媒介上，这种通信是"物理通信"。图 1-14 中对等层之间的逻辑通信用虚线描述，实际的物理通信用实线描述。

2. 接口

接口位于相邻层之间，它定义了层间通信的原语操作和下层为上层提供的服务。网络设计者在决定一个网络应分为几层，每一层应执行哪些功能时，影响其最终设计的一个非常重要的因素就是为相邻层定义一个简单清晰的接口。要达到这一目标，需满足以下要求：

(1) 为每一层定义的功能应是明确而详细的；

(2) 层间的信息交互应最小化。

在通信网中，经常需要用新版的协议去替换一个旧版的协议，同时又要向上层提供与旧版一样的服务，简单清晰的接口可以方便地满足这种升级的要求，使通信网可以不断地自我完善，提高性能，以适应不断变化的用户需求。

3. 实体与服务访问点(SAP)

所谓实体(Entity)，是指实现每层功能的模块，即第 N 层通信功能的执行体。第 N 层实体通常由两部分组成：相邻层间的接口和第 N 层通信协议。实体可以是软件，也可以是硬件。位于不同系统的同一层中的实体叫做对等层实体。第 N 层实体负责实现第 N+1 层要使用的服务，在这种模式中，第 N 层是服务提供者，而第 N+1 层则是服务的用户。

相邻层间的服务通过服务访问点(SAP，Service Access Point)来提供，也就是说，第 N+1 层必须通过第 N 层的 SAP 来使用第 N 层提供的服务。第 N 层可以有多个 SAP，每个 SAP 必须有唯一的地址来标识它。

第 N 层可为上层提供的服务由原语(Primitive)集合详细描述。开放系统互连(OSI，Open System Interconnection)定义了如下四种原语类型：请求原语(Request)、指示原语(Indication)、响应原语(Response)、证实原语(Confirm)。

4. 分层体系结构的特点

现代通信网大都使用分层体系结构，究其原因，主要是分层体系结构有以下特点：

(1) 可以降低网络设计的复杂度。网络功能越来越复杂，在单一模块中实现全部功能过于复杂，也不可能。每一层在其下面一层提供的功能之上构建，则简化了系统设计。

(2) 方便异构网络设备间的互联互通。用户可以根据自己的需要决定采用哪个层次的设备去实现相应层次的互联，例如终端用户关心的往往是在应用层的互联，网络服务商关心的则是在网络层的互联，它们使用的互连设施必然有所不同。

(3) 增强了网络的可升级性。层次之间的独立性和良好的接口设计，使得下层设施的更新升级不会对上层业务产生影响，提高了整个网络的稳定性和灵活性。

(4) 促进了竞争和设备制造商的分工。分层思想的精髓是开放，任何制造商的产品只要遵循接口标准设计，就可以在网上运行，这打破了以往专用设备易于形成垄断的模式。

另外，制造商可以分工制造不同层次的设备，例如软件提供商可以分工设计应用层软件和操作系统，硬件制造商也可以分工设计不同层次的设备，从而使开发设计工作可以并行开展。网络运营商则可以购买来自不同厂商的设备，并最终将它们互联在一起。

不同的网络中，层次的数目、每一层的命名和实现的功能各不相同，但其分层设计的指导思想却完全相同，即每一层的设计目的都是为其上一层提供某种服务，同时对上层屏蔽其所提供的服务是如何实现的细节。

整个体系结构划分为多少层由协议的制定者来确定。确定层次的数量时应考虑以下因素：

(1) 分层数应当足够多，从而使得为每一层确定的详细协议不致过分复杂。

(2) 分层数又不能太多，以防止对层次的描述和综合变得十分困难。

(3) 选择合适的界面使得相关的功能集中在同一层内，而将截然不同的功能分配给不同的层次。尽量将分层结构中各层之间的相互作用减少，使得某一层次的改变对接口所造成的影响较小。

协议的分层是通信网设计中一个带有全局性和根本性的问题，因而引起了广泛的重视。网络的设计者和用户都希望有一个统一的标准，以实现各个网络之间的互通。目前，在通信领域影响最大的分层体系结构有两个，即 TCP/IP 协议族和 OSI 参考模型，它们已成为设计可互操作的通信标准的基础。TCP/IP 体系结构以网络互连为基础，提供了一个建立不同计算机网络间通信的标准框架。目前几乎所有的计算机设备和操作系统都支持该体系结构，它已经成为通信网的工业标准。OSI 则是一个标准化了的体系结构，常被用来描述通信功能，但实际中很少实施。OSI 首先提出的分层结构、接口和服务分离的思想，已成为网络系统设计的基本指导原则，通信领域通常采用 OSI 的标准术语来描述系统的通信功能。

1.3.2 OSI 与 TCP/IP 体系结构

1. OSI 参考模型及各层功能

OSI 参考模型是国际标准化组织(ISO，International Standard Organization)在 1977 年提出的开放网络互连协议的标准框架。这里"开放"的含义是指任何两个遵守 OSI 标准的系统均可进行互连。

如图 1-15 所示，OSI 参考模型分为七层，从下往上依次为物理层、数据链路层、网络层、传输层、会话层、表示层、应用层。

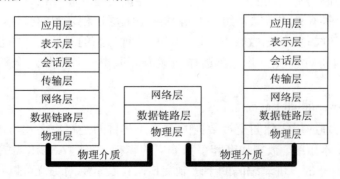

图 1-15 OSI 与 TCP/IP 协议分层结构

1) 物理层(Physical Layer)

物理层主要负责通信线路上比特流的传输，其任务是透明地传送比特流。该层协议定义传输中机械、电气、功能和过程特性，其典型的设计问题有：信号的发送电平、码元的宽度、线路码型、网络连接器插脚的数量、插脚的功能、物理连接的建立和终止以及传输的方式等。

2) 数据链路层(Data Link Layer)

数据链路层主要负责在点到点的数据链路上进行帧的传输，协议的主要内容包括帧的格式、帧的类型、比特填充技术、数据链路的建立和终止、信息流控制、差错控制以及向网络层报告一个不可恢复的错误。这一层协议的目的是保证在相邻的节点之间正确地、有次序地和有节奏地传输数据帧。

3) 网络层(Network Layer)

网络层主要处理分组在网络中的传输，其主要任务是完成分组在网中任意主机(终端)间的传递。网络层的主要功能是：路由选择、数据交换、网络连接的建立和终止，在一个给定的数据链路上实现网络连接的复用，根据从数据链路层来的错误报告进行错误检测和恢复，分组的排序和信息流的控制等。

系统通过一个网络相连，网络可以采用电路交换或分组交换技术，OSI 环境中采用的网络连接是和网络有关的下 3 层的功能。分组由端系统产生，通过一个或多个网络，网络节点在两个端系统之间起到中继的作用，网络节点完成1～3层的功能；上面4层是在端系统之间的端—端协议，两端系统也可以通过多个网络进行，连接时在网络之间需利用网间互联技术。

4) 传输层(Transport Layer)

传输层协议负责为主机应用程序提供端到端的可靠或不可靠的通信服务，对上层屏蔽下层网络的细节，保证通信的质量，消除通信过程中产生的错误，进行流量控制，并对分散到达的包进行重新排序等。该层的主要功能包括：分割上层产生的数据，传送连接的建立和终止，在网络连接上对传送连接进行多路复用、端到端的顺序控制，信息流控制，错误的检测和恢复等。传输层的复杂程度与第 3 层密切相关，对于可靠的、功能齐全的第 3 层，所要求的将是复杂度较小的第4层。

5) 会话层(Session Layer)

会话层主要控制用户之间的会话，包括会话连接的建立和终止、会话连接的控制和同步。会话层提供一种有效的方法，组织并协商两个上层进程之间的会话，管理它们之间的数据交换，按照正确的顺序发/收数据，以及进行各种形态的对话，其中包括对对方是否有权参加会话的身份进行核实，并且在选择功能方面取得一致，如选全双工还是选半双工通信。

6) 表示层(Presentation Layer)

表示层主要处理应用实体间交换数据的语法，其目的是解决格式与数据表示的差别。这一层的例子有文本压缩、数据加密和字符编码的转换，如把 ASCII(美国信息交换标准码)变换成 EBCDIC(扩充的二进制编码的十进制交换码)。表示层的协议可以使计算机的文件格式经过变换而得以兼容。

7) 应用层(Application Layer)

应用层是 OSI 体系结构中的最高层，是直接面向用户以满足其需求的层，是利用网络资源，直接向应用程序提供服务的层。应用层主要由用户终端的应用软件构成，如常见的支持远程登录的 telnet 协议、支持文件传送的 FTP 协议、支持电子邮件的 SMTP 协议、支持网页访问的 HTTP 协议等，都属于应用层的协议。

OSI 的目标是用这一模型取代各种不同的互联通信协议。该模型一经问世就成为制定电信网协议的重要依据，诸如 X.25 协议、V5 接口、7 号信令等协议的制定都参考了 OSI 模型。但需要强调的是，虽然以 OSI 模型为背景开发了很多协议，但七层模型本身实际上并未被接受，其中一个重要原因是 OSI 过于复杂。随着通信技术的发展，很多通信协议模型已经和 OSI 有了较大的区别。

2. TCP/IP 体系结构及各层功能

TCP/IP 是美国国防部高级研究计划署(DARPA)资助的 ARPANet 实验项目的研究成果之一。始于 20 世纪 60 年代的 ARPANet 项目主要目的就是要研究不同计算机之间的互连性，但项目开始进展得并不顺利。直到 1974 年，V. Cerf 与 R. Kahn 联手重写了 TCP/IP 协议，并最终成为了 Internet 的基础。

TCP/IP 与 OSI 模型不同，并没有什么组织为 TCP/IP 协议族定义一个正式的分层模型，因此在不同的资料上 TCP/IP 的层次划分不完全一致。根据分层体系结构的概念，一般来说 TCP/IP 模型可以分为 5 层，即应用层、传输层、IP 层、数据链路层、物理层。

1) 应用层

应用层协议为用户提供各种应用服务。TCP/IP 的应用层包含了 OSI 模型中应用层、表示层、会话层的功能，传送的数据单元是用户的消息(Message)。应用层服务是由应用层软件来提供的，常见的应用层服务如下：

Telnet：远程登录，是指登录到远程的计算机上去。

FTP：文件传送，在服务器和客户机之间或两台计算机之间传送文件。

E-mail：在两个用户之间传递电子邮件。

HTTP：Web 发布和浏览。

2) 传输层

传输层是端到端的数据传送协议，其目的是为用户终端提供可靠的数据传送，即传输层的作用是弥补从网络层得到的服务与用户对服务质量的要求之间的差距。服务质量良好的网络层仅需要简单的传输层协议，服务质量较差的则需要复杂的、功能齐全的传输层协议。

TCP/IP 协议模型中传输层协议主要有两种：传输控制协议(TCP，Transmission Control Protocol)和用户数据报协议(UDP，User Datagram Protocol)。其中 TCP 提供面向连接的端到端的可靠数据传送。TCP 协议把用户数据分成 TCP 数据段(Segment)进行顺序发送，在接收端按顺序号进行重组，恢复原来的用户数据信息。TCP 的主要功能是差错校验、出错重发、顺序控制等，以保证数据的可靠传送，减少端到端的数据传输误码率。UDP 提供无连接服务，不保证提供可靠的交付，数据传输的单位是用户数据报。UDP 服务的优点是避免了在面向连接的通信中所必需的建立连接和释放连接的过程，避免额外开销的增加。使用 UDP

服务的应用程序实现对数据包进行编号，并实现超时重传机制，以提高数据传输的质量。

3) IP 层(网络层)

TCP/IP 模型的第三层，其英文为 Internet Protocol 层，直译为网间网层或网际层，一般称为 IP 层或网络层。其功能和 OSI 的网络层相同，这一层采用的协议是 IP，传送的数据单元是分组(Packet)，其主要功能包括：

(1) 规定 IP 层的数据单元 IP 数据报的格式。

(2) 规定 IP 地址的格式以及它们的分配规律。

(3) 规定根据节点路由表，实现 IP 数据报路由选择的方法。

(4) 在 IP 数据报的长度和下层链路数据单元的长度之间进行适配。

4) 数据链路层

数据链路层和物理层构成 TCP/IP 中的网络接口层。网络接口层即通信子网。网络接口层的主要功能是对上层 IP 数据报进行传送。网络接口的含义是 IP 终端通过通信子网接入到 IP 网络中去，这里的 IP 数据报可以通过各种类型的通信子网进行传送，通信子网包括以太网、帧中继网、ATM 网、SDH 网、PPP 传输线等。

数据链路层的功能与 OSI 数据链路层的功能相同，负责在相邻两个节点之间的链路上传送数据。数据链路层将网络层发送过来的 IP 数据报组装成帧(Frame)，在两个相邻节点间的链路上"透明"地传送。

5) 物理层

物理层主要负责解决比特流(Bit)的透明传输问题，形成比特管道，包括机械、电气、功能和过程等四方面的特性。例如，物理层需要决定用多大的电压表示"1"或"0"，接收方如何识别发送方所发送的比特，连接电缆的插头应当有多少根引脚以及各条引脚应如何连接。

与 OSI 模型相比，TCP/IP 是非国际标准，但却得到了最广泛的应用，成为事实上的国际标准。可以说，Internet 今天的成功主要归功于 TCP/IP 协议的简单性和开放性。从技术上看，TCP/IP 的主要贡献在于：明确了异构网络之间应基于网络层实现互联的思想。实践中可以看到，一个独立于任何物理网络的逻辑网络层的存在，使得上层应用与物理网络分离开来，网络层在解决互连问题时无需考虑应用问题，而应用层也无需考虑与计算机相连的具体物理网络是什么，从而使得网络的互联和扩展变得容易了。

3. 对等层间的通信原理

如 1.3.1 小节所述，两个系统之间的通信实质上是在对等层之间，使用该层协议进行逻辑通信的。实际的物理通信过程是每层实体将数据和控制信息通过层间接口传送到下层，最后通过物理媒介传送给对方。图 1-16 以 TCP/IP 协议栈为例，描述了在一个五层结构的网络中，对等层间的逻辑通信是如何进行的，以及在这一过程中信息的封装和解封装过程。

在发送端，消息自上而下传递，并逐层打包。图 1-16 中的应用层数据 Message 由运行在第五层的一个应用进程产生，该应用进程将 Message 交给第四层传输，第四层将 H4 字段加到 Message 的前面以标识该消息，形成传输层的协议数据单元 PDU，即 TCP 段 Segment 或 UDP 数据报 Datagram，然后传到第三层。H4 字段包含相应的控制信息，例如操作端口、消息序号等。同样地，网络层将 H3 字段加在第四层 PUD 前面，以实现对第三层的控制，形成第三层的 PUD，即分组 Packet。H3 字段通常包含消息的源地址、目的地址等信息。第二层数据链路层除了为每一个来自网络层的分组加上控制信息 H2 外，通常还为每个分组加上一个尾部 T2，形成第二层的帧 Frame，然后将帧交给物理层进行传输。H2 中通常包含链路端点的地址，T2 通常是帧校验序列(FCS，Frame Check Sequence)。

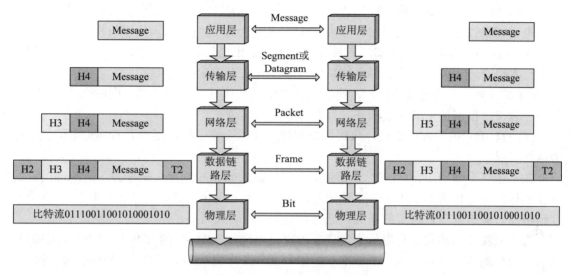

图 1-16　对等层间逻辑通信的信息流

在接收端，信息则逐层向上传递，每一层执行相应的协议处理并逐层解包，逐层恢复出 Frame、Packet、Segment(Datagram)、Message。第 N 层的头部(或尾部)字段只在目的端的第 N 层被处理，然后被删去，第 N 层的字段不会出现在接收端的第 N+1 层。

由于数据的传输是有方向性的，因此协议必须规定从源端到目的端之间的一个连接的工作方式，按其方向性可分为以下三种：

(1) 单工通信：数据只能单向传输。

(2) 半双工通信：数据可以双向传输，但两个方向不能同时进行，只能交替传输。

(3) 全双工通信：数据可以同时双向传输。

另外，协议也必须确定一个连接由几个逻辑信道组成，以及这些逻辑信道的优先级。目前大多数网络都支持为一个连接分配至少两个逻辑信道：一个用于用户信息的传递，另一个用于控制和管理信息的传递。

1.3.3　主要标准化组织

随着通信网的规模越来越大，以及移动通信、国际互联网业务的发展，国际间的通信越来越普及，这就需要相应的标准化机构对全球网络的设计和运营进行统一的协调和规划，以保证不同运营商、不同国家间网络业务可以互联互通。目前与通信领域相关的主要标准化机构有 ITU、ISO、IAB、ETSI、3GPP/3GPP2 等。

1. ITU

国际电信联盟(ITU，International Telecommunication Union)是世界各国政府的电信主管部门之间协调电信事务的一个国际组织，成立于 1932 年。1947 年 ITU 成为联合国的 15 个专门机构之一，该联盟由各国政府的电信管理机构组成。ITU 现有 190 多个成员国和 700 多个部门成员及部门准成员，总部设在日内瓦。ITU 的宗旨是：维持和扩大国际合作，以改进和合理地使用电信资源；促进技术设施的发展及其有效地运用，以提高电信业务的效率，扩大技术设施的用途，并尽量使公众普遍利用；协调各国的行动。原则上，ITU 只负责为国际间的通信制定标准、提出建议，但实际上相关的国际标准通常都适用于国内网。

为适应现代电信网的发展，1993 年 ITU 机构进行了重组，目前常设机构包括：

(1) ITU-T：电信标准化部门，其前身是国际电报电话咨询委员会(CCITT)，负责研究通信技术准则、业务、资费、网络体系结构等，并发表相应的建议书。

(2) ITU-R：无线电通信部门，研究无线通信的技术标准、业务等，同时也负责登记、公布、调整会员国使用的无线频率，并发表相应的建议书。

(3) ITU-D：电信发展部门，负责组织和协调技术合作及援助活动，以促进电信技术在全球的发展。

在上述三个部门中，ITU-T 主要负责电信标准的研究和制定，是最为活跃的部门。其具体的标准化工作由 ITU-T 相应的研究组(SG，study group)来完成。ITU-T 主要由 13 个研究组组成，每组有自己特定的研究领域，4 年为一个研究周期。

为适应新技术的发展和电信市场竞争的需要，目前，ITU-T 的标准化过程已大大加快，从以前的平均 4～10 年形成一个标准，缩短到 9～12 个月。由 ITU-T 制定并被广泛使用的著名标准有：局间公共信道信令标准 SS7，综合业务数字网标准 ISDN，电信管理网标准 TMN，光传输体制标准 SDH、多媒体通信标准 H.323 系列等。

2. ISO

国际标准化组织(ISO，International Organization for Standardization)是一个专门的国际标准化组织，正式成立于 1947 年。它的总部设在瑞士日内瓦，是联合国的甲级咨询组织，并和 100 多个国家标准化组织及国际组织就标准化问题进行合作。它是国际电工委员会(IEC)的姐妹组织。

ISO 的宗旨是"促进国际间的相互合作和工业标准的统一"，其目的是为了促进国际间的商品交换和公共事业，在知识、科学、技术和经济活动中发展相互合作，促进世界范围内的标准化及有关活动的发展。ISO 的标准化工作包括了除电气和电子工程以外的所有领域。

ISO 的组织机构包括全体大会、主要官员、成员团体、通信成员、捐助成员、政策发展委员会、理事会、ISO 中央秘书处、特别咨询组、技术管理局、标样委员会、技术咨询组、技术委员会等。

ISO 技术工作是高度分散的，分别由 2700 多个技术委员会(TC)、分技术委员会(SC)和工作组(WG)承担，其中与信息相关的技术委员会是 JTC1(Joint Technical Committee 1)。在这些委员会中，世界范围内的工业界代表、研究机构、政府权威、消费团体和国际组织都作为对等合作者共同讨论全球的标准化问题。管理一个技术委员会的主要责任由一个 ISO 成员团体(诸如 AFNOR、ANSI、BSI、CSBTS、DIN、SIS 等)承担，该成员团体负责日常秘书工作。与 ISO 有联系的国际组织、政府或非政府组织都可参与工作。

国际标准由技术委员会(TC)和分技术委员会(SC)经过以下六个阶段形成：申请阶段、

预备阶段、委员会阶段、审查阶段、批准阶段、发布阶段。若在开始阶段得到的文件比较成熟，则可省略其中的一些阶段。

ISO 制定的信息通信领域最著名的标准/建议有开放系统互连参考模型 OSI/RM、高级数据链路层控制协议 HDLC 等。

3. IAB

Internet 结构委员会(IAB，Internet Architecture Board)的主要任务是负责设计、规划和管理 Internet，其工作重点是 TCP/IP 协议族及其扩充。它的前身是 1979 年由美国 DARPA 建立的互联网控制与配置委员会(ICCB，Internet Control and Configuration Board)。

IAB 最初主要受美国政府机构的财政支持，为适应 Internet 的发展，1992 年，一个完全中立的专业机构 ISOC(Internet Society)成立，它由公司、政府代表、相关研究机构组成，其主要目标是推动 Internet 在全球的发展，为 Internet 标准工作提供财政支持、管理协调，举办研讨会以推广 Internet 的新应用和促进各种 Internet 团体、企业和用户之间的合作。ISOC 成立后，IAB 的工作转入到 ISOC 的管理下进行。

IAB 由 IETF 和 IRTF 两个机构组成。

(1) IETF(Internet Engineering Task Force)：负责制定 Internet 相关的标准。目前 IETF 共包括八个研究领域，132 个处于活动状态的工作组，每个组都有自己的管理人。IETF 主席和各组管理人组成 IESG(Internet Engineering Steering Group)，负责协调各 IETF 工作组的工作，目前主要的 IP 标准均由 IETF 主导制定。

(2) IRTF(Internet Research Task Force)：负责 Internet 相关的长期研究任务。同 IETF 一样，IRTF 有很多研究小组，称为 IRSG(Internet Research Steering Group)分别针对不同的研究题目进行讨论和研究。IRSG 负责制定研究的优先级别和协调研究活动，每个 IRSG 成员主持一个 Internet 志愿研究工作组。

IAB 保留对 IETF 和 IRTF 两个机构建议的所有事务的最终裁决权，并负责向 ISOC 委员会汇报工作。

Internet 及 TCP/IP 相关标准建议均以 RFC(Request for Comments)形式在网上公开发布，协议的标准化过程遵循 1996 年定义的 RFC 2026，形成一个标准的周期约为 10 个月左右。IETF 制定的标准有用于 Internet 的网际通信协议 TCP/IP 协议族，以及用于 IP 骨干网的 MPLS 协议等。

4. ETSI

ETSI(European Telecommunications Standards Institute，欧洲电信标准协会)是独立的、非营利性的、欧洲地区性信息和通信技术标准化组织，这些技术包括电信、广播和相关领域，例如智能传输和医用电子技术。

ETSI 创建于 1988 年，总部位于法国的 Sophia Antipolis。ETSI 现有来自欧洲和其他地区共 55 个国家的 688 名成员，其中包括制造商、网络运营商、政府、服务提供商、研究实体以及用户等信息通信领域内的重要成员。ETSI 的成员决定协会的工作计划，分配财力并批准其标准和其他技术文件。因此，ETSI 的所有活动都与市场的需要有着密切的联系，这就使得其产品有了很广泛的市场。

ETSI 的宗旨是：为贯彻欧洲邮电管理委员会(CEPT)和欧共体委员会(CEC)确定的电信

政策，满足市场各方面及管制部门的标准化需求，实现开放、统一、竞争的欧洲电信市场而及时制定高质量的电信标准，以促进欧洲电信基础设施的融合；确保欧洲各电信网间互通；确保未来电信业务的统一；实现终端设备的相互兼容；实现电信产品的竞争和自由流通；为开放和建立新的泛欧电信网络和业务提供技术基础；为世界电信标准的制订做出贡献。

ETSI 具有很强的公众性和开放性，无论主管部门、用户还是运营者、研究单位都可以平等地发表意见。由于 ETSI 对一些重要课题采取聘请专家集中进行研究的方式，因此标准的制定程序加快。如 GSM 标准就是采用专家组的方式进行研究的。

ETSI 标准研究的主要领域包括第三代移动通信 UMTS、第四代移动通信标准 LTE、ATM、GSM 等。

5. 3GPP/3GPP2

3GPP(3rd Generation Partnership Project，第三代合作伙伴计划)，是积极倡导以 UMTS 为主的第三代标准化组织，是移动通信领域最活跃的组织之一。

1998 年 12 月，《第三代伙伴计划协议》的签署标志了 3GPP 的正式成立。3GPP 最初的工作范围是为第三代移动系统制定全球适用技术规范和技术报告，之后 3GPP 的工作范围得到了改进，增加了对长期演进系统 LTE 的研究和标准制定。欧洲 ETSI，美国 ATIS，日本 TTC、ARIB，韩国 TTA，印度 TSDSI 以及我国 CCSA 都作为组织伙伴(OP，Organizational Partner)积极参与了 3GPP 的各项活动。

3GPP 由项目协调组(PCG)和技术规范组(TSGs)组成。技术规范组每年会组织所有成员开会讨论技术问题，以此来保证技术活动的顺利开展。

3GPP2(3rd Generation Partnership Project2，第三代合作伙伴计划 2)，成立于 1999 年 1 月。和 3GPP 非常类似，3GPP2 也是由一些标准化组织联合成立的，组织机构和目标宗旨都和 3GPP 非常类似。不同之处在于，3GPP2 制定的标准是 CDMA2000，而且它的成员主要是北美和亚洲的标准化组织，中国通信标准化联盟(CCSA)也是该组织成员。

3GPP 所制定的标准包括第三代移动通信及其演进的系列标准，包括从 1999 年的 Release99 到目前的 Release12。3GPP 规范不断增添新特性来增强自身能力，以满足新的市场需求。

1.4　通信网的发展

假如以 1878 年第一台交换机投入使用作为现代通信网的开端，那么它已经经历了 130 多年的发展。这期间由于交换技术、传输技术、信令技术、业务实现方式等的发展，通信网已经逐步由各网独立发展向融合网络演进。

通信网发展初期，网络都是与业务相关的，大都是为特定业务优化设计的，例如电话网是为语音业务优化设计的，电报网是为传递电报业务设计的，互联网重点关注数据业务，广电网的业务类型是广播和电视业务等。各网所采用的关键技术也不尽相同，例如电话网使用电路交换方式，电报网采用报文方式，互联网采用分组交换方式，广电网采用广播方式等。由于设计目标与关键技术的不同，电信网、互联网、广电网基本独立进行发展，其中电信网中电话网、电报网、移动通信网的发展也都围绕各自的业务有着独特的发展路径。

随着技术的发展和用户对融合业务的需求，通信网现在正朝着分组化、智能化、融合化的方向发展，各网将逐步采用统一的分组化传送平台，各网的业务将趋于融合，所采用的技术也将趋向一致，最终实现融合。

1.4.1 通信网发展历程

1. 电话网的发展

从 1876 年 Bell(贝尔)发明电话机、1878 年第一台交换机投入使用至今,电话网(PSTN,Public Switched Telephone Network)经历了三个阶段的发展历程,如图 1-17 所示。

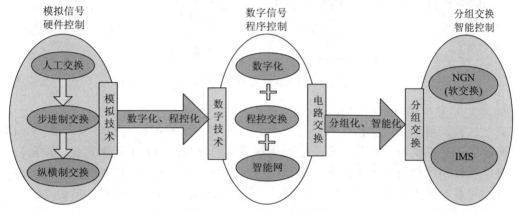

图 1-17 电话网的发展历程

第一阶段为模拟通信阶段，大约在 1880—1970 年之间，主要的技术特征是模拟传输、模拟交换，这个阶段电话交换机经历了从人工电话交换机、步进制交换机到纵横制交换机的发展。这一时期的电话网占据整个通信网的统治地位，电话业务也是网络运营商主要的业务和收入来源。

第二阶段为数字通信阶段，大约为 1970—2000 年，电话网的传输、交换技术均由模拟向数字转变。这一时期电话网采用电路交换方式，交换机的控制方式逐步由硬件逻辑控制演进为计算机软件控制，即程控交换机。从 20 世纪 80 年代后期开始，在电话网上叠加了智能网架构，可以实现诸如被叫付费 800 业务、电话卡 300 业务等智能新业务。这个阶段电话网仍然占据整个通信网的统治地位。

第三阶段为智能化、分组化阶段。进入 21 世纪以来，人们的通信需求日益多样化，基于电路交换的提供单纯语音业务的 PSTN 已不能满足人们对各种信息服务和丰富多彩的应用的需求，电信技术的更新换代以及电信业务的不断创新逐渐成为电信运营商和业内关注的焦点。随着 IP 技术的飞速发展，传统 PSTN 逐渐从电路交换网向分组传递方式的下一代网络(NGN，Next Generation Network)转移，进入 IP 化、智能化、分组化阶段，业务方式由单纯的语音业务向语音、数据、图像融合的多媒体业务演进。在我国，各电信运营商首先于 2002 年在长途网部分引入软交换机，将远程的承载进行 IP 化，以节省网络投资，提高利用率；从 2005 年开始，运营商陆续在本地网进行智能化改造，主要采用软交换方式。

2. 移动通信网的发展

现代公用移动通信是从 20 世纪 60 年代开始的，第一代蜂窝移动通信于 1980 年代商用。

公用移动通信系统的发展已经经历了第一代(1G)、第二代(2G)、第三代(3G)以及第四代(4G)，如图 1-18 所示，目前正朝着第五代(5G)的方向发展。

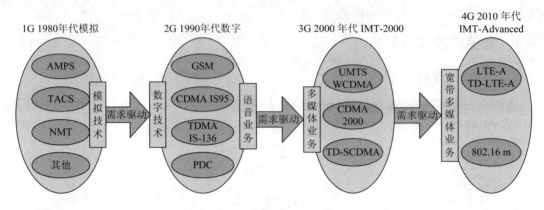

图 1-18　移动通信网的发展

1) 第一代移动通信系统(1G)

第一代移动通信系统为模拟移动通信系统，主要采用模拟技术和频分多址(FDMA)技术，只能为用户提供语音业务。由于受到传输带宽的限制，1 G 不能进行长途漫游，只能是一种区域性的移动通信系统。第一代移动通信有很多不足之处，比如容量有限、制式太多、互不兼容、保密性差、通话质量不高、不能提供数据业务、不能提供自动漫游等。

2) 第二代移动通信系统(2G)

20 世纪九十年代发展起来的第二代移动通信系统为数字移动通信系统，主要采用时分多址(TDMA)和码分多址(CDMA)技术，可以提供数字化的话音业务及低速数据业务。它克服了模拟移动通信系统的弱点，话音质量、保密性能得到大的提高，并可进行省内、省际自动漫游。但由于各国采用不同的制式，用户只能在同一制式覆盖的范围内进行漫游，因而无法进行全球漫游。

第二代移动通信在语音业务的基础上，在 GSM 网中增加了 GPRS 分组模块，将 CMDA 网升级为 CDMA1x，可以实现大约 100 kb/s 左右的低速分组数据业务，这样的网络介于 2 G 和 3 G 之间，俗称 2.5G。总之，由于第二代数字移动通信系统带宽有限，限制了数据业务的应用，因此无法实现高速率的业务，如移动的多媒体业务。

3) 第三代移动通信系统(3G)

第三代移动通信系统，也就是 IMT-2000(International Mobile Telecommunications-2000)，是将无线通信与互联网等多媒体通信结合的移动通信系统，能够提供多媒体业务，处理图像、音乐、视频形式，提供网页浏览、电话会议、电子商务等信息服务。按照 IMT-2000 的要求，无线网络必须能够支持不同的数据传输速度，在室内、室外和行车的环境中能够分别支持至少 2 Mb/s、384 kb/s 以及 144 kb/s 的传输速度，实际理论速度可达十几兆比特每秒。

4) 第四代移动通信系统(4G)

第四代移动通信系统 IMT-Advanced，采用 OFDM 等关键技术实现宽带多媒体业务，通过高速数据传输，能够支持宽带多媒体业务的蜂窝移动通信系统，能够提供宽带业务并实现全球无缝覆盖。4G 系统能够同时传送语音、数据、图文等多媒体信息，平均速率可达

100 Mb/s，理论速度可达 200 Mb/s 以上。

5) 第五代移动通信系统(5G)

目前第五代移动通信系统正处于研究阶段，预计将于 2020 年商用，故称为 IMT-2020。

3. 互联网的发展

起源于美国的互联网已经发展成为世界上最大的国际性计算机互联网。互联网一开始就采用了无连接的分组交换技术，使用标准的 TCP/IP 协议族为全球数十亿用户服务，其基础结构大体上经历了三个阶段的演进。

第一阶段是从单个网络 ARPANET 向互联网发展的过程。1969 年美国国防部高级研究规划局(ARPA，Advanced Research Projects Agency)为军事实验目的而建立了第一个分组交换网 ARPANET，其最初只是一个单个的分组交换网，所有要连接在 ARPANET 上的主机都需要直接与就近的节点交换机相连。到了 20 世纪 70 年代中期，ARPA 开始研究多种网络之间互连的技术，并于 80 年代初期研制成功用于异构网络互联的 TCP/IP 协议。1983 年TCP/IP 成为 ARPANET 上的标准协议，所有使用 TCP/IP 的计算机都能利用互联网相互通信，这就形成了互联网的雏形。

第二阶段是建成三级结构的互联网。1986 年美国国家科学基金会(NSF，National Science Foundation)用高速通信线路把分布在各地的一些超级计算机连接起来，形成国家科学基金网(NSFNET)，取代 ARPANET。它是一个三级计算机网络，分为主干网、地区网和校园网(或企业网)，这种三级计算机网络覆盖了全美国主要的大学和研究所，并且成为因特网中的主要组成部分。又经过十几年的发展，其应用范围也由最早的军事、国防，扩展到美国国内的学术机构，进而迅速覆盖了全球的各个领域，运营性质也由科研、教育为主逐渐转向商业化，这就形成了三级结构的互联网。

第三阶段是逐渐形成多级 ISP 结构的互联网。随着互联网的发展和商业化，出现了互联网业务提供商(ISP，Internet Service Provider)的概念。今天的互联网，其主干是由许多商业化的大型电信运营商网络(即 ISP 网络)对等互连而形成的多主干结构。ISP 按经营范围可分为主干 ISP、区域 ISP 和接入 ISP，其中主干 ISP 网络通常规模都很大，覆盖从国内到国际、从接入到传输的全部服务。一个大型 ISP 网络从结构上通常分为接入网，城域网和骨干网三部分。

1.4.2　通信网的发展趋势

无论从提供的业务角度，还是从技术发展角度来看，通信网始终处于不断的演进发展之中，用户的需求已从单一的语音业务向个性化、多样化、专业化和体验化的信息服务发展，移动互联网将成为未来通信网络发展的驱动力。与此同时，通信网络也将逐步向着全IP 化、宽带化、移动化、融合化的趋势发展。

1. 全 IP 化

通信网的发展趋势之一是全 IP 化。未来的通信网将以 IP 为统一传送平台，从交换到传输、从接入到核心、从有线到无线，都逐步采用 IP 方式承载，实现"everything over IP"。

从业务网方面来看，互联网从一开始就采用了以 IP 为代表的分组交换方式进行数据传递；原有的基于电路交换的 PSTN 已经逐步演进为基于 IP 技术的下一代网络 NGN 架构，电路交换机被软交换机(Soft Switch)所取代；移动通信网也由以电路交换为主的 2G 时代迈向了电路交换与分组交换共存的 3G 时代和全 IP 化的 4G 通信网时代。3G 网络初期采用了分组化的软交换方式实现业务，随着全 IP 化网络结构的进一步发展，逐步演进到 IP 多媒体子系统(IMS，Internet Multimedia Subsystem)网络。今后一段时间内，网络架构仍然是以分组交换为主、电路交换为辅，软交换、IMS、PSTN 共存的架构。因此本书的后续内容也将突出 IP 技术、分组交换的内容。

另外，在业务网 IP 化的同时，承载网络也在逐步 IP 化，传统电路交换型传送网也逐步向分组化的电信级传送网演进。基于电路方式的 SDH(Synchronous Digital Hierarchy)网络、MSTP(Multi-Service Transfer Platform)网络正逐步向基于分组方式的分组传送网(PTN，Packet Transport Network)演进。

2. 宽带化

高速业务的发展，尤其是视频业务的飞速发展，对网络带宽的要求越来越高。面向未来，超高清、3D 和浸入式视频的流行将会驱动数据速率大幅提升，而增强现实、云桌面、在线游戏等业务也对上下行数据传输速率提出挑战，同时也对网络时延提出了苛刻的要求。

宽带化将是通信网发展的基本要求和必然趋势。通信网的宽带化涉及宽带接入、高速传送、高速路由与交换等。在宽带接入层面，以光纤接入、4G LTE 和无线局域网(Wi-Fi 接入)为代表的新一代宽带技术发展尤为迅速。光纤接入成为固定宽带市场中的主流，LTE 成为目前发展最快的无线技术，而第五代移动通信技术(5G)的研发已经成为全球热点，预计将于 2020 年得到商用。在高速传送层面，分组化传送和超高速波分复用系统(DWDM)逐步得到推广，成为新一代通信网络的关键技术。在核心网层面，超高速大容量路由与交换、高速互联网关、集群路由器技术则成为发展重点，以提升骨干网络容量，保障网络高速高效和安全可靠运行。

3. 移动化

移动通信满足了人们随时随地接入网络、获得通信服务的需求，无疑是近 30 年来发展最快的领域之一。在越来越多的国家，移动通信用户数超过了固定电话用户数，智能手机、平板电脑等超过 PC 机，成为使用数量最多的上网工具。移动通信经历了从语音业务到移动宽带数据业务的飞跃式发展。不仅深刻地改变了人们的生活方式，也极大地促进了社会和经济的飞速发展。移动互联网已成为信息通信领域发展最快、市场潜力最大的业务领域，尤其是以移动视频为代表的移动多媒体业务将迎来跨越式发展。

与此相适应，通信网的发展也将呈现移动化的特点。面向未来，随着数据流量的千倍增长，千亿设备连接和多样化的业务需求都将对移动通信提出严峻挑战，移动通信将要支持更多样化的场景，融合多种无线接入方式，并充分利用低频和高频等频谱资源。同时，移动通信还将满足网络灵活部署和高效运营维护的需求，大幅提升频谱效率、能源效率和成本效率，实现移动通信网络的可持续发展。

4. 融合化

随着移动通信和互联网的迅猛发展，以及固定网和移动网宽带化的发展趋势，通信网络和业务正发生着根本性的变化。体现在两大方面：一是提供的业务从以传统的话音业务为主向提供综合信息服务的方向发展；二是通信的主体从人与人之间的通信，扩展到人与物、物与物之间的通信，渗透到人们日常生活的方方面面。随着用户业务的逐渐综合化，通信网必将呈现融合化的趋势，融合将是全方位多层次的，包括网络融合、业务融合、技术融合、终端融合等。

三网融合是指电信网、互联网、广播电视网的融合，各网将逐步采用统一的分组化传送平台，各网的业务将趋同，所采用的技术也将趋向一致，最终实现融合。目前以电话网和蜂窝移动网为代表的传统电信网与互联网已经进入较深层次的融合，与广播电视网的进一步融合进程也将加快步伐，从而实现三网融合。

随着固定网和移动网同时由电路交换方式向分组交换方式转变，一个重要趋势逐渐表现出来，即固定网和移动网的融合。这意味着在网络中，向终端用户提供业务或应用的能力和机制与固定/移动接入技术以及用户位置无关，用户能够通过不同的接入网络，享受相同的服务，获得相同的业务，且允许用户从固定或移动终端通过任何合适的接入点使用同一业务。IMS 作为目前实现固定网和移动网融合的体系架构，已成为核心网演进的目标架构。

移动通信技术与互联网的融合形成了移动互联网，用户使用移动终端，通过各种无线网络能够接入互联网中，从而随时随地地获得信息服务。

除了通信网络的融合外，信息通信技术也将和传统行业进行跨界融合，例如物联网的发展正是利用通信网络和信息技术实现物与物之间的通信，而工业互联网则是信息通信技术在传统工业中的应用，这必将推动传统工业、传统服务业的产业转型升级，并深刻影响社会生活的方方面面。

习　　题

1．构成现代通信网的基本要素有哪些？它们各自完成什么功能？

2．从功能上看，现代通信网分为哪几部分？它们之间的关系是怎样的？它们之间的相互协调通信通过什么机制来实现？

3．通信网的构成经历了从最简单的三要素到包含业务网、支撑网、传送网的复杂体系结构，并且仍将不断发展。请从构成角度分析现代通信网的发展特点。

4．对交换技术的分类主要依据哪些因素？请以电路交换方式为例进行分析。

5．请比较静态复用和动态复用的不同与各自的优缺点。

6．请比较电路交换方式、分组虚电路方式、数据报方式的特点，并说明它们的适用场合。

7．现代通信网为什么要采用分层结构？第 N 层协议实体包含几部分内容？画出对等层之间的通信过程。

8．仿照 OSI 的思想，以邮政系统中信件传递业务为例，说明该系统可以分为几层。对用户而言，邮政系统的哪些变化是可见的，哪些变化则是不可见的？

9．假定某机构希望组建一个网络，要求网络能够支持文件传输业务、E-mail 业务，但不考虑实时话音业务、多媒体业务。要求业务的实现方式与具体的物理网络无关。你认为该网络逻辑上应分为几层才是合理的，物理上需要几种类型的网络单元，每一种的协议栈结构如何?

10．请说明 OSI 和 TCP/IP 的分层模型和各层功能，并对比二者的特点。

11．请各举出一个例子，说明工作在 OSI 七层协议第一层的设备有什么，第二层的设备有什么。

12．OSI 的七层模型中，数据链路层和网络层的功能分别是什么? 其对应的数据格式分别是怎样的? 这两层的功能和数据格式之间有什么关系?

13．如图 1-19 所示网络，用户 A 要传送长度为 M(bit) 的信息到用户 B，每段链路的传送速率为 C(b/s)。假设采用电路交换时连接建立时间为 $t_0(s)$，采用分组交换时分组长度为 p (bit)，若忽略各分组的头部控制信息，且各节点的排队等待时间和链路的传播时延可忽略不计，请比较电路交换和分组交换的时延大小。

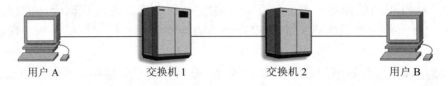

用户 A　　　　　交换机 1　　　　　交换机 2　　　　　用户 B

图 1-19　题 13 图

14．在上题中，若分组交换中每个分组的头部控制信息为 h (bit)，其他条件不变，请比较电路交换和分组交换的时延大小，并说明电路交换和分组交换的主要优缺点和使用场合。

15．考虑在具有 Q 段链路的路径上发送一个 F 比特的分组，每段链路以 R b/s 的速率传输。该网络复载轻，没有排队时延，传播时延也忽略不计。试分析:

(1) 假定该网络是一个分组虚电路网络。虚电路建立时延是 t 秒，假定发送层对每个分组增加总计 h 比特的首部。从源端到目的地发送该分组需要多长时间?

(2) 假定该网络是一个分组数据报网络，使用无连接服务，假定每个分组需增加 2h 比特的首部，发送该分组需要多长时间?

16．为什么是分组而不是电路成为下一代融合网络的交换技术?

17．阅读相关文献资料，分析现代通信网未来的发展方向和相关技术。

第 2 章 传 送 网

传送网是为各类业务网提供信息传送手段的基础设施，它负责将各类交换机、路由器、网络终端等业务节点连接起来，提供任意两点之间信息的透明传输，同时完成带宽的调度管理、链路故障的自动切换保护等功能。传送网技术包含：传输介质、复用体制、组网、管理维护等方面的内容。

本章首先介绍传输介质、多路复用技术等方面的基本知识，接着按照面向电路型的传送网和面向分组型的传送网分别展开介绍，对其中涉及的 PDH、SDH、MSTP、OTN 及 PTN 网络从基本概念、帧结构、复用方式、网络结构等方面进行详细说明，最后介绍智能光交换网络 ASON。

2.1 传输介质与复用方式

2.1.1 概述

通信网中传输的信息在实际中表现为文本、数字、声音、图像、图形等多种形式。而数据则是编码后的信息，数据更适合计算设备对其进行存储和加工处理。原始信息经过信源编码转化为数据后，一般还需要根据传输介质的特性，转换成合适的电磁波形式，即电或光信号才能传输。数据能否被成功传输主要依赖于两个因素：携带数据的信号本身的质量，以及承载信号的传输介质的特性。

1. 信号与传输介质的约束关系

实际中用来传输数据的信号都由多个频率成分组成，信号包含的频率成分的范围大小称为频谱，而信号的带宽就是频谱中最高频率和最低频率之差值。由于信号所携带的能量并不是在其频谱上均匀分布的，因此又引入了有效带宽的概念，是指包含信号主要能量的那一部分频率成分的带宽。例如，人的语音频率成分大多分布在 100～8000 Hz 范围内，但其主要能量集中在 300～3400 Hz，因此话音信号的有效带宽为 3100 Hz。如不加说明，带宽通常均指有效带宽。

就传输介质的特性而言，其对信号传输不利的一个物理限制是：现实中任何给定波形的信号都含有相当宽的频谱范围，尤其是数字波形，它们都包含无限的带宽，但同时任何一种传输介质都只能容纳有限带宽的信号，即所通过的信号频率范围是有限的。换句话说，传输介质也有带宽，所能通过的频率成分是在有限的范围内，其工作特性就像一个带通滤波器。由于信号频率成分的有效带宽可以表示整个信号，因此传输介质只需要传输信号的主要能量部分。在一定的距离内，如信号带宽不超过传输介质的有效传输带宽，则信号将被可靠地传输，否则，由于传输介质的频率响应特性，低于或者高于传输介质有限带宽的信号将在很短的传输距离内快速衰减，造成信号畸变，导致接收端无法识别信号。

2. 信号传输速率与传输介质带宽的约束关系

由香农公式可知，信道的带宽或信号的信噪比越大，信道的极限传输速率就越高。其主要意义在于，只要信号传输速率低于信道的极限传输速率，就一定有某种信道编码方法可以在一个有噪声的信道上实现无差错的传输。香农公式同时表明对于一定传输带宽的信道和一定的信噪比，可确定信号传输速率的上限。要想提高信号的传输速率，必须设法提高传输介质的带宽或者信噪比。

简单来说，可以用传输介质的有效传输距离和带宽来衡量其质量，其中传输距离与带宽成反比，同时带宽越宽，成本越高。而在数字传输中，具有一定带宽的传输介质的最大传输速率与信号的调制方式也紧密相关。另一方面，不同的传输介质都有自己独特的传输特性，因此在传输介质的选择方面，应从以下几方面考虑：

(1) 所传输的数据速率要求；

(2) 实际通信的传输距离和抗干扰性能；

(3) 具体的网络拓扑结构和应用场合的使用情况；

(4) 线缆和线缆组件的成本；

(5) 安装的灵活性和便捷性。

2.1.2　传输介质

传输介质分为有线介质和无线介质两大类。在有线介质中，电磁波信号会沿着有形的固体介质传输，有线介质目前常用的有双绞线、同轴电缆和光纤；在无线介质中，电磁波信号通过地球外部的大气或外层空间进行传输，大气或外层空间并不对信号本身进行制导，因此可以认为是在自由空间中传输。无线传输常用的电磁波段主要有无线电、微波、红外线等。

1. 双绞线

双绞线(TP，Twisted Pairwire)是现代通信系统工程布线常用的一种传输介质，由两根具有绝缘保护层的铜导线扭绞在一起组成的一条物理通信链路。通常人们将一对或多对双绞线放在一个护套中组成一条电缆。采用双线扭绞的形式主要是为了减少线间的低频干扰，扭绞得越紧密抗干扰能力越好。如图 2-1 所示是双绞线的物理结构。

图 2-1　双绞线的物理结构

与其他有线介质相比，双绞线是最便宜和易于安装使用的，其主要的缺点是信道带宽有限，串音会随频率的升高而增加，抗干扰能力差，数据传输速率和传输距离都有一定的限制，因此复用度不高。双绞线带宽一般在 1～600 MHz 范围之内，传输距离约为 2～4 km，通常用作电话用户线和局域网传输介质，在局域网范围内传输速率可达百兆甚至千兆，但其很少应用于宽带通信和长途传输线路。

双绞线主要分成两类：非屏蔽(UTP, Unshielded Twisted Pair)和屏蔽(STP, Shielded Twisted Pair)双绞线。屏蔽双绞线 STP 外面由一层金属材料包裹，用于减小电磁辐射，防止信息被窃听，同时具有较高的数据传输速率，但价格较高，安装也比较复杂；非屏蔽双绞线 UTP 无金属屏蔽材料，仅有外层绝缘胶皮包裹，价格相对便宜，但组网灵活。屏蔽双绞线虽然传输特性优于非屏蔽双绞线，但价格昂贵，操作复杂，除了应用在 IBM 的令牌环网以及受电磁辐射严重、对传输质量要求较高的场合以外，其他领域并无太多应用。目前非屏蔽双绞线的应用最为广泛，例如普通电话线多采用美国线规(AWG, American Wire Gauge)24 号 UTP。双绞线电缆中的线对数目前有 2 对、4 对以及 25 对、50 对、100 对的大对数，其中 2 对的用于电话通信，4 对的用于网络通信，25 对等用于大对数缆电信通讯。

双绞线规格型号具体可以参考美国电子工业协会(EIA, Electronic Industries Association)和美国电信工业协会(TIA, Telecommunications Industries Association)制定的标准规范。主要类型包括 1～7 类线，原则上数字越大，版本越新，技术越先进，带宽越宽，价格也越高。双绞线的具体性能如表 2-1 所示。

表 2-1 常用双绞线的性能

类别	规格 AWG	频率带宽	最高传输速率	典型应用
三类(CAT3)	22 和 24	16 MHz	10 Mb/s	POTS、E1/T1、令牌环网、10Base-T 网等
四类(CAT4)	各种	20 MHz	16 Mb/s	4/16 Mb/s 令牌环网
五类(CAT5)	各种	100 MHz	100 Mb/s	4/16 Mb/s 令牌环网、10/100Base-T 网等
超五类(CAT5e)	各种	100 MHz	100 Mb/s	100Base-T 网
六类(CAT6)	各种	250 MHz	1 Gb/s	100Base-T 和 1000Base-T 网
增强型六类(CAT6e)	各种	500 MHz	10 Gb/s	10GBase-T 网
七类(CAT7)	各种	600 MHz	10 Gb/s	10GBase-T 网

2. 同轴电缆

同轴电缆是贝尔实验室于 1934 年发明的，最初用于电视信号的传输，它由内、外导体和导体之间的绝缘层以及外部保护套四部分组成。内导体是比双绞线更粗的铜导线，外导体是网状导电层，它们共同组成一种同轴结构，因而称为同轴电缆，其物理结构如图 2-2 所示。

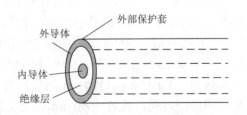

图 2-2 同轴电缆的物理结构

目前有两种广泛使用的同轴电缆。一种是 50 Ω 同轴电缆，多用于数字基带传输，以直径大小又分为细同轴电缆和粗同轴电缆，传输带宽为 1～20 MHz，早期的总线型以太网就是使用 50 Ω 同轴电缆；另一种是 75 Ω 同轴电缆，即宽带电缆，既可传输频分多路复用的模拟信号，也可传输数字信号，常用于 CATV 网，又称 CATV 电缆，传输带宽可达 1 GHz，目前常用的 CATV 电缆的传输带宽为 750 MHz。

由于具有特殊的同轴结构和外屏蔽层，同轴电缆抗干扰能力强于双绞线，适合于高频宽带传输，其主要的缺点是体积大、成本高、不易安装埋设。同轴电缆通常能提供 500～750 MHz 的带宽，目前主要应用于 CATV 和光纤同轴混合接入网，在局域网和局间中继线路中的应用已不多见。

3. 光纤

近年来，通信领域最重要的技术突破之一就是光纤通信系统的发展，光纤是一种很细的可传送光信号的有线介质，它可以用玻璃、塑料或高纯度的合成硅制成。目前使用的光纤多为石英光纤，它以纯净的二氧化硅材料为主，为改变折射率，中间掺有锗、磷、硼、氟等物质。

光纤也是一种同轴性结构，由纤芯、包层和外套三个同轴部分组成，其中纤芯、包层由两种折射率不同的玻璃材料制成，利用光的全反射可以使光信号封闭在纤芯中传输。包层的折射率略小于纤芯，以形成光波导效应，防止光信号外溢。外套一般由塑料制成，用于防止湿气、磨损和其他环境破坏。其物理结构如图 2-3 所示。

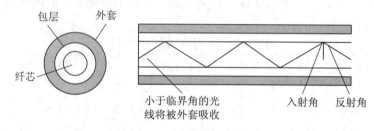

图 2-3　光纤的物理结构

与传统铜导线介质相比，光纤主要有以下优点：

(1) 大容量。光纤系统的工作频率分布在 10^{14}～10^{15} Hz 范围内，属于近红外区，其潜在带宽是巨大的。目前 10 Tb/s/100 km 的实验系统已试验成功，通过密集波分复用(DWDM，Dense Wavelength Division Multiplexing)技术在一根光纤上实现 40 Gb/s/200 km 的传输系统已经在电信网上广泛使用，相对于同轴电缆的几百兆比特/每秒每千米和双绞线的几兆比特/每秒每千米，光纤比铜导线介质要更为优越。

(2) 体积小、重量轻。与铜导线相比，在相同的传输能力下，无论体积还是重量，光纤都小得多，这在布线时有很大的优势。

(3) 低衰减、抗干扰能力强。光纤传输信号比铜导线衰减小得多。光纤的工作波长有短波长 850 nm、长波长 1310 nm 和 1550 nm。光纤损耗一般是随波长升高而减小，850 nm 的损耗为 2.5 dB/km，1310 nm 的损耗为 0.35 dB/km，1550 nm 的损耗为 0.20 dB/km，这是光纤的最低损耗，波长 1650 nm 以上的损耗趋向变大。并且由于光纤系统不受外部电磁场的干扰，它本身也不向外部辐射能量，因此信号传输很稳定，同时安全保密性也很好。

光纤按照纤芯折射率分布主要有阶跃型和渐变型两种，按照光在光纤中的传输模式又可分为多模光纤(MMF，Multi-Mode Fiber))和单模光纤(SMF，Single-Mode Fiber)两种，如图 2-4 所示。多模光纤先于单模光纤商用化，它的纤芯直径较大，通常为 50 μm 或 62.5 μm，可允许多个光传导模式同时通过光纤，因而光信号进入光纤时会沿多个角度反射，信号传输的过程中将产生模式色散，影响传输速率和距离，主要用于短距低速传输，比如接入网和局域网，一般传输距离应小于 2 km。在 2009 年 8 月 5 日，TIA 标准委员会通过新的 EIA/TIA492AAD 多模光纤标准，即 OM4 多模光纤，主要用来支持高速以太网、光纤通道和光纤互联，同时在 10 Gb/s 通信系统中可以传输 550 m。由于多模光纤可以采用低成本的光收发器，且连接器安装成本低廉，在目前高带宽和高传输速率的网络环境下，对多模光纤的需求也在增加。

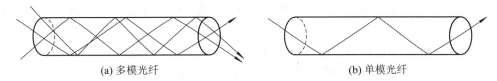

(a) 多模光纤　　　　　　　　　　　　　　　(b) 单模光纤

图 2-4　多模光纤与单模光纤示意图

单模光纤的纤芯直径非常小，通常为 4～10 μm，在任何时候，单模光纤只允许光信号以一种模式通过纤芯。与多模光纤相比，它可以提供非常出色的传输特性，为信号的传输提供更大的带宽，更远的距离，目前长途传输主要采用单模光纤。

另外，为确保光纤施工过程中连接器、焊接器以及各类光纤施工工具的相互兼容，国际标准规定的包层直径为 125 μm，外套直径为 245 μm。

在光脉冲信号传输的过程中，所使用的波长与传输速率、信号衰减之间有着密切的关系。通常采用的光脉冲信号的波长集中在某些波长范围附近，这些波长范围习惯上又称为窗口，即以 850 nm、1310 nm 和 1550 nm 为中心的三个低损耗窗口，在这三个窗口中，信号具有最优的传输特性。在局域网中较常采用 850 nm，而在长距离和高速率的传输条件下的城域网和长途网中均采用 1550 nm。

4. 无线介质

通过无线介质(或称自由空间)传输光、电信号的通信形式习惯上叫做无线通信。常用的电磁波频段有无线电频段、微波频段和红外线频段等。

1) 无线电

无线电又称无线电频率(RF，Radio Frequency)，其工作频率范围在几十兆赫兹到 200 兆赫兹左右。

无线电的优点是电波易于产生、能够长距离传输、能轻易地穿越建筑物，并且其传播是全向的，非常适合于广播通信。无线电波的缺点是其传输特性与频率相关：低频信号穿越障碍能力强，但传输衰耗大；高频信号趋向于沿直线传输，但容易在障碍物处形成反射，并且天气对高频信号的影响大于低频信号。所有的无线电波易受外界电磁场的干扰。由于其传播距离远，不同用户之间的干扰也是一个问题，因此，各国政府都由相关的管理机构进行频段使用的分配管理。

目前该频段主要用于公众无线广播、电视发射、无线专用网等领域。

2) 微波

微波(Microwave)指频段范围在 300 MHz～30 GHz 的电磁波，因为其波长在毫米范围内，所以产生了微波这一术语。

微波信号的主要特征是在空间沿直线传播，因而它只能在视距范围内实现点对点通信，通常微波中继距离应在 80 km 范围内，具体由地理条件、气候等外部环境决定。微波的主要缺点是信号易受环境的影响(如降雨、薄雾、烟雾、灰尘等)，频率越高影响越大，另外高频信号也很容易衰减。

微波通信在实际应用中分为两类：广义的微波通信和狭义的微波通信。广义微波通信是指使用微波频段的电磁波通信体系，包括地面微波接力通信、对流层散射通信、卫星通信、空间通信及工作于微波频段的陆地移动通信网络。狭义微波通信则特指地面微波接力通信，即需要设置微波中继站，将电磁波放大转发从而延伸传输距离，在通信行业内部提到的微波通信都专指地面微波接力通信。

卫星通信使用的是 L(1~2 GHz)、C(4~8 GHz)、Ku(12~18 GHz)、S(2~4 GHz)、Ka(27~40 GHz)等波段；在陆地蜂窝移动通信系统中，属于 2G 系统的 GSM 使用 800 MHz/1800 MHz 频段，CDMA 使用 800 MHz 频段，3G 系统使用 2100 MHz、1880~1920 MHz、2010~2025 MHz、2320~2370 MHz 等频段，4G 系统使用 2320~2370 MHz、2570~2620 MHz 等频段；基于 802.11b/g/n 协议的 Wi-Fi 体系工作频率范围为 2.4~2.48 GHz；基于 IEEE 802.15.1 的蓝牙(Bluetooth)技术工作在无需许可频段 2.45 GHz。

微波通信目前主要的应用有专用网络、应急通信系统、无线接入网、陆地蜂窝移动通信系统等，卫星通信也可归入为微波通信的一种特殊形式。

3) 红外线

红外线指 10^{12}~10^{14} Hz 范围的电磁波信号。与微波相比，红外线最大的缺点是不能穿越固体物质，因而它主要用于短距离、小范围内的设备之间的通信。由于红外线无法穿越障碍物，也不会产生微波通信中的干扰和安全性等问题，因此使用红外传输无需向专门机构进行频率分配申请。

红外线通信目前主要用于家电产品的远程遥控，便携式计算机通信接口等。

如图 2-5 所示为电磁波频谱及其在通信中的应用。

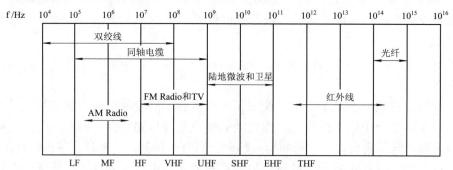

图 2-5　电磁波频谱及其在通信中的应用

2.1.3　多路复用方式

大多数情况下，传输介质的带宽都远大于传输单路信号所需的带宽。为有效利用传输介质的带宽容量，在传输系统中往往采用复用技术，即在一条物理介质上同时传送多路信号，以提高传输介质的使用效率，降低线路成本。

按照信号在传输介质上的复用方式不同，传输系统可分为四类：基带传输系统、频分复用(FDM，Frequency-Division Multiplexing)传输系统、时分复用(TDM，Time-Division Multiplexing)传输系统和波分复用(WDM，Wavelength-Division Multiplexing)传输系统。一个完整的传输系统应由传送单元、传输介质以及相应的维护管理系统构成。

1. 基带传输系统

基带信号(Base Band)通常是指由终端产生的未经调制的模拟或者数字信号，例如模拟话音信号、Ethernet 中传输的基于差分曼彻斯特编码的数字信号等。而基带传输系统作为一种最基本的数据传输方式，是指直接在传输介质上传输基带信号的系统，适用于具备低通特性的带宽较窄的传输信道，例如电话网中采用双绞线作为用户话路直接去传输模拟话音信号，计算机网络中采用双绞线或者同轴电缆直接传输数字信号。这里的基带特指信号本身占用的频带。

基带传输系统由于不需要额外的调制解调设备，线路设备简单，实现方式成本低廉，在用户接入网和局域网中曾被广泛使用，但对传输媒介的带宽利用率不高，因此不适于在长途线路和骨干核心网中使用。

2. 频分复用传输系统

频分复用传输系统是指在传输介质上采用 FDM 技术的系统，FDM 是利用传输介质带宽高于单路信号带宽这一特点，将多路信号经过高频载波信号调制后在同一介质上传输的复用技术，是一种模拟复用技术。为了防止各路信号之间相互干扰，要求每路信号要调制到不同的载波频段上，而且各频段之间要保持一定的间隔，即防卫频带，这样各路信号通过占用同一介质中不同频带的方式实现了复用。

ITU-T 标准的话音信号频分多路复用的策略如下：为每路话音信号提供 4 kHz 的信道带宽，其中 3 kHz 用于话音，两个 500 Hz 用于防卫频带，12 路基带话音信号经调制器调制后每路占用 60~108 kHz 带宽中的一个 4 kHz 的子信道，这样由 12 路信号构成的一个单元称为一个群。在电话通信的 FDM 体制中，五个群又可以构成一个超群(Supergroup)，还可以构成复用度更高的主群(Mastergroup)。

如图 2-6 所示是 FDM 多路复用原理示意图。

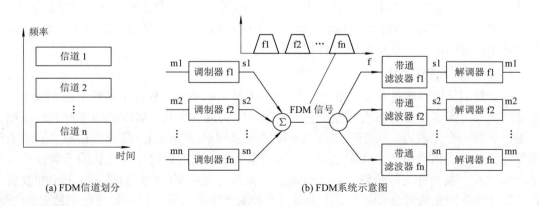

(a) FDM信道划分   (b) FDM系统示意图

图 2-6　FDM 原理示意图

FDM 传输系统主要的缺点是：传输的是模拟信号，需要模拟的调制解调设备，成本高且体积大，由于难以集成，因此工作的稳定性也不高。另外由于计算机难以直接处理模拟信号，导致在传输链路和节点之间过多的模数转换，从而影响传输质量。目前 FDM 技术主要用于微波链路和铜线介质上，在光纤介质上该方式更习惯被称为波分复用。

3. 时分复用传输系统

时分复用传输系统是指在传输介质上采用 TDM 技术的系统，TDM 将模拟信号经过 PCM(Pulse Code Modulation)调制后变为数字信号，然后进行时分多路复用的技术。它是一种数字复用技术，TDM 中多路信号以时分的方式共享一条传输介质，每路信号在属于自己的时间片(TS，TimeSlot)即时隙中占用传输介质的全部频带资源。如图 2-7 所示是 TDM 多路复用原理示意图。

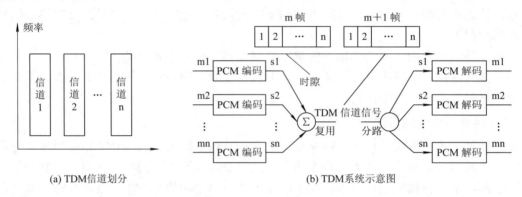

(a) TDM信道划分　　　　　　　　(b) TDM系统示意图

图 2-7　TDM 原理示意图

国际上主要的 TDM 标准有北美日本地区使用的 T 载波方式，一次群信号 T1 每帧 24 时隙，速率为 1.544 Mb/s，由于向上复接的高次群速率等级各不相同，其中北美和日本系列存在差异；以及国际电联标准 E 载波方式，一次群信号 E1 每帧 32 时隙，速率为 2.048 Mb/s，主要在欧洲和中国使用。两者相同之处在于都采用 8000 Hz 频率对话音信号进行采样，因此每帧时长都是 125 μs。

相对于频分复用传输系统，时分复用传输系统可以利用数字技术的全部优点：差错率低、安全性好、数字电路的高集成度，以及更高的带宽利用率。作为传输系统中非常成熟的复用技术，TDM 在面向电路型业务的传送网中应用广泛，主要有两种时分数字传输体制：准同步数字体系(PDH，Psynchronous Digital Hierarchy)和同步数字体系(SDH，Synchronous Digital Hierarchy)，在 2.2 小节中会有相关介绍。

4. 波分复用传输系统

波分复用传输系统是指在光纤上采用 WDM 技术的系统。WDM 本质上是光域上的频分复用技术，为了充分利用光纤低损耗区带来的巨大带宽资源，WDM 将光纤的低损耗窗口划分成若干个光波段，每个波段占用不同的光波频率(或波长)，是一个在独立的通道传输预定波长的光信号技术。在发送端采用波分复用器(合波器)将不同波长的光载波信号合并起来送入一根光纤进行传输，在接收端，再由波分复用器(分波器)将这些由不同波长光载波信号组成的光信号分离开来。由于不同波长的光载波信号可以看做是互相独立的(不考虑光纤非线性时)，因此在一根光纤中可实现多路光信号的复用传输。

1) WDM 系统的主要分类

WDM 系统按照工作波长的不同波段可以分为两类：粗波分复用(CWDM，Coarse WDM)和密集波分复用(DWDM，Dense WDM)。最初的 WDM 系统由于技术的限制，通常一路光载波信号就占用一个波长窗口，最常见的是两波分复用系统(分别占用 1310 nm 和 1550 nm 波长的两个低损耗窗口)，每路信号容量为 2.5 Gb/s，总共 5 Gb/s 容量。因波长之间间隔很大(通常在几十纳米以上)，故称粗波分复用。由于系统在当时无法实现全光信号的放大，因此需要大量的光/电/光转换设备，而该设备整体传输系统复杂、成本过高、干扰问题严重，因此在早期 WDM 系统并没有得到很好的应用。

现行的 DWDM 只在 1550 nm 窗口传送多路光载波信号。由于这些 WDM 系统的相邻波长间隔比较窄(一般在 0.8～2 nm 之间)，且工作在一个窗口内的各路信号共享掺铒光纤放大器 EDFA，为了区别于传统的 WDM 系统，人们称这种波长间隔更紧密的 WDM 系统为密集波分复用系统(DWDM)。

按照信号在一根光纤中的传送方向来分，目前的 DWDM 系统分为两类：双纤单向传输系统和单纤双向传输系统。双纤单向指使用两根光纤实现两个方向的全双工通信，单纤双向指将两个方向的信号分别安排在一根光纤的不同波长上传输。根据波分复用器的不同，可以复用的波长数也不同，从两个至几百个不等，一般是 8 波长、16 波长、40 波长、256 波长系统，每波长速率为 2.5 Gb/s、10 Gb/s、40 Gb/s 等。

由于实际应用中主要是 DWDM 系统，因此人们习惯用 WDM 来称呼 DWDM 系统。一般情况下，如果不特指 1310 nm 和 1550 nm 的两波分 WDM 系统，WDM 系统指的就是 DWDM 系统。

2) DWDM 传输系统结构

如图 2-8 所示是一个点到点的 DWDM 传输系统结构，其中涉及光纤光缆、光发射机、光中继放大器、光接收机等多个部分。

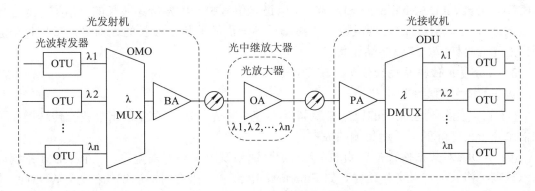

图 2-8　DWDM 传输系统结构

(1) 光纤与光缆。按照制造光纤所用的材料来划分，目前主要有石英型光纤、多组分玻璃光纤、塑料包层石英芯光纤、全塑料光纤和氟化物光纤等。在目前 DWDM 通信系统中广泛应用的是石英型光纤，即二氧化硅(SiO_2)。按照光线在纤芯中的传输模式来划分，可分为多模光纤和单模光纤。从 20 世纪 80 年代末起，光纤通信系统倾向于使用单模光纤，而且从短波长转向长波长。

常见的光纤国际标准有 IEC 60793 系列和 ITU G.65x 系列，国内标准为 GB 系列，其中在 ITU-T 的系列建议 G.652、G.653、G.654、G.655、G.656、G.657 中对单模光纤和光缆进行了详细的定义和规范。

光缆是根据实际应用环境要求对光纤加以相应保护后的一种光纤工程应用形式，而光纤的性能直接决定了光缆的传输性能。对于光纤类型的选择应根据实际需求，综合考虑光纤的传输性能(如衰减、色散、偏振模色散、非线性效应)、系统单信道速率、传输距离、是否采用 WDM 技术以及采用 DWDM/CDWM 等技术因素，同时要兼顾良好的性价比。

(2) 光发射机。光发射机是 DWDM 系统的核心。在发送端，接收来自光传输终端设备输出的光信号，此光信号若为特定波长则可直接接入光合波器(OMU, Optical Multiplexer Unit)，若非特定波长，则由发送端的光波长变换器(OTU, Optical Transponder Unit)把非特定波长的光信号"透明"地转换成有特定波长、具备一定色散容限的光信号，再送入光合波器 OMU。光合波器将各路单波道光信号合并成多波道光信号，通过光功率放大器(BA, Booster Amplifier)将其放大后送入光纤进行传输。

(3) 光中继放大器。光中继放大器(OA, Optical Amplifier)的作用就是延长光信号在光纤中的通信距离，主要用来对光信号进行补偿放大，目前使用较多的是掺铒光纤放大器 EDFA，图 2-8 中的功率放大器 BA、光中继放大器 OA 以及前置放大器(PA, Power Amplifier)都可以采用 EDFA。

导致 DWDM 光纤通信系统迅速成熟和发展的一个关键技术即是 1550 nm 窗口 EDFA 光放大器的商用化。EDFA 是通过在光纤中掺入少量稀有金属来制成的，使用 EDFA 后，多路光信号可以共享一个 EDFA，EDFA 可以直接在光域对它们同时进行放大，实现光/光中继放大，而无需像以前那样将每一路光信号先转换回电信号，再进行放大。通常 1550 nm EDFA 整个放大频谱在 1530～1565 nm 内，目前 EDFA 可以将在此范围内的输入信号增益+25 dB 以上。EDFA 的使用大大降低了构建 DWDM 系统的成本，为全光网络的实现铺平了道路。

(4) 光接收机。在接收端，首先利用 PA 放大接收到的衰减的主信号，接着采用光分波器(ODU, Optical De-Multiplexer Unit)从主信道光信号中分出各特定波长的光信道，经过接收端的波长变换器(OTU)转换成原发送终端设备输出的非特定波长的光信号，最后将分波解出的光信号转发至接收终端设备。

3) 波分复用传输系统的优势与研究现状

WDM 技术主要有以下优点：

(1) 可以充分利用光纤的巨大带宽资源，使一根光纤的传输容量比单波长传输增加了几倍至几十倍，降低了长途传输的成本；

(2) WDM 对数据格式是透明的，即与信号速率及电调制方式无关。一个 WDM 系统可以承载多种格式的"业务"信号，如 Ethernet、IP 或者将来有可能出现的信号。WDM 系统完成的是透明传输，对于业务层信号来说，WDM 的每个波长与一条物理光纤没有分别。

(3) 在网络扩充和发展中，WDM 是理想的扩容手段，也是引入宽带新业务(如 CATV、HDTV、Ethernet)的一个比较方便的手段，增加一个附加波长即可引入任意想要的新业务或新容量。

在 2004 年左右，随着路由器 40 Gb/s POS 接口的推出和传送网络带宽的持续增长，40 Gb/s 技术已经逐步成熟并走向大规模商用；从 2010 年开始，国内运营商开始在干线网络上大规模引入 256 波长、每信道 40 Gb/s、传输距离为 100 km 的 DWDM 系统；在 2008 年前后，

100G OTN 的标准化工作开始，美国电气和电子工程师协会(IEEE)、国际电信联盟电信标准化部门(ITU-T)和光互联论坛(OIF)等标准组织开始进行研究，目前已有 100 Gb/s DWDM 系统开始出现在骨干传输网络上，并大规模部署。对于单信道 400 Gb/s 的实验系统也在研究和开发中，而后续的 1 Tb/s 及 32 Tb/s 的研究工作也在持续中。

2.2 面向电路型的传送网

传送网是为各种业务信号提供公共传输平台的传送网络，其应用的传输介质从早期的电缆发展到目前以光缆为主，复用方式从 TDM 延伸至 WDM。早期需要承载的主要是以 TDM 为主的电路型业务(例如语音业务)，由此产生了一系列面向电路型 TDM 业务传输需求的传送技术，主要包括准同步数字系列(PDH)、同步数字系列(SDH)、光传送网络(OTN，Optical Transport Network)以及基于 SDH 的多业务传送平台(MSTP，Multi-Service Transport Platform)。

2.2.1 PDH 系统简介

20 世纪 80 年代，铜导线主宰通信网时，PDH 是传输链路的主要方式。PDH 主要面向点到点的传输，难以满足数字通信的转接需求，缺乏灵活性，且复用结构十分复杂，并且存在 ITU-T、美国和日本三种互不兼容的标准。

1. 简介

PDH 是一种异步复用方式，技术非常成熟。该方式通过 PCM 将每路模拟话音信号进行抽样、量化、编码，变成一路 64 kb/s 的数字信号，并采用时分复用方式，将多路 64 kb/s 的数字信号以字节间插方式复用，与两个控制信道合并形成一次群信号。为了提高传输容量，多个 PCM 的一次群信号复用为二次群、三次群，最高可达五次群信号。

在 PDH 中，虽然规定了各速率等级，但由于支路信号可以来自不同设备，而设备之间时钟源独立，因此同一速率等级的支路信号速率允许存在偏差，即准同步信号。在低次群向更高速率的高次群复用过程中，必须先采用插入调整比特的方式对各低次群信号速率进行统一的调整，使其速率达到同步后再进行复用，所谓异步复用。

其主要缺点如下：

(1) 标准不统一，存在三种标准，且互不兼容，国际互连困难；

(2) 面向点到点的传输，组网的灵活性不够，不能很好适应现代电信业务的发展需求；

(3) 由于异步复用方式，造成低阶支路信号上、下电路复杂，需要逐次复用、解复用；

(4) 帧结构中缺乏足够的冗余信息字段以用于对传输网的监视、维护和管理。

(5) 无统一光接口规范，不同设备光接口无法互通，增加网络复杂性和运营成本。

2. 帧结构

图 2-9 描述了 ITU-T 一次群信号 PCM30/32 的帧结构，在 PCM30/32 系统中，一帧由 32 个时隙组成，每个用户占用一个指定的时隙 TS。通信时用户在自己的话路时隙(CH1～CH30)轮流传送 8 位码组一次，重复周期为 125 μs(每秒 8000 次)，因此一次群的传输速率为 $32 \times 8 \times 8000 = 2048$ kb/s。

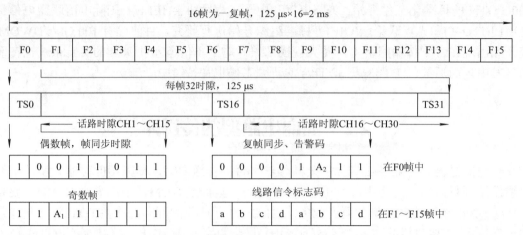

图 2-9　PCM30/32 系统的帧结构

偶数帧的 TS0 用来传送帧同步码,它的后七位固定为"0011011";奇数帧 TS0 的第二位固定为"1",以便接收端区分奇偶帧,第三位为帧失步告警码,"0"表示本端工作正常,"1"则表示本端已失步。在 PCM30/32 系统中 16 帧为一个复帧,复帧中第一帧 F0 的 TS16 用来传送复帧同步码以及复帧失步告警码,在 F1~F15 帧的 TS16 中每 4 bit(图 2-9 中 abcd 所示)用来传输一路话路时隙的数字型线路信令。

多个 PDH 的一次群可按标准复用成一个二次群,以此类推可组成更高次群的信号来满足长途传输的需要。PDH 虽然是最早发展起来的传输技术,但其自身的缺陷制约了电信网的快速发展,在目前以光纤和 IP 化数据业务为主的传送平台中,PDH 技术已退出市场,后期发展的 SDH/SONET 也正在逐步被分组传送网 PTN 替换。

2.2.2　SDH 传送网

SDH 是一种以同步时分复用和光纤技术为核心的传送网。它由分插复用、交叉连接、信号再生放大等网元设备组成,具有容量大、对承载信号语义透明以及在通道层上实现保护和路由的功能。

1. 简介

SDH 是 ITU-T 制定的、独立于设备制造商的 NNI 间的数字传输体制接口标准(光、电接口)。它主要用于光纤传输系统,其设计目标是定义一种技术,通过同步的、灵活的光传送体系来运载各种不同速率的数字信号。这一目标是通过字节间插(Byte-Interleaving)的复用方式来实现的,字节间插使复用和段到段的管理得以简化。

SDH 的内容包括传输速率、接口参数、复用方式和高速 SDH 传送网的 OAM。其主要内容借鉴了 1985 年 Bellcore 向 ANSI 提交的同步光网络(SONET,Synchronous Optical Network)建议,但 ITU-T 对其做了一些修改,大部分修改是在较低的复用层,以适应各个国家和地区网络互连的复杂性要求,使其不仅适用于光纤传输,也适用于微波和卫星等传输形式。相关的建议包含在 G.707、G.708 和 G.709 中(已合并形成新 G.707 建议)。

SDH 主要有以下四个优点:

(1) 标准统一的光接口和兼容性。SDH 定义了标准的同步复用格式,用于运载低阶数字信号和同步结构，这极大地简化了不同厂商的数字交换机以及各种 SDH 网元之间的接口。SDH 也充分考虑了与 PDH 体系的兼容，既可以复用 2 Mb/s 系列的 PDH 信号，又可以复用 1.5 Mb/s 系列的 PDH 信号，可以支持任何形式的同步或异步业务数据帧的传送，如 IP 分组、Ethernet 帧等。

(2) 采用同步复用和灵活的复用映射结构。采用指针调整技术，使得信息净负荷可在不同的环境下同步复用，引入虚容器(VC，Virtual Container)的概念来支持通道层的连接。当各种业务信息经过处理装入 VC 后，系统不用关心承载的具体信息结构，仅需要处理各种虚容器，从而实现对上层业务信息传送的透明支持。

(3) 强大的网管功能。SDH 帧结构中增加了开销字节，依据开销字节的信息，SDH 引入了网管功能，支持对网元的分布式管理，支持逐段的以及端到端的对净负荷字节业务性能的监视管理。

(4) 高效的自愈功能。具有智能检测的 SDH 网管功能和网络动态配置功能，使得 SDH 网络易于实现自愈机制，在设备或者系统发生故障时能迅速恢复业务，提高了网络的可靠性，降低了维护费用。

2. 帧结构

1) 整体结构

SDH 帧结构与 PDH 一样，也以 125 μs 为帧同步周期，并采用了字节间插、指针、虚容器等技术。SDH 系统中的基本传输速率是 STM-1(Synchronous Transport Module-1，155.520 Mb/s)，其他高阶信号速率均由 STM-1 的整数倍构造而成，例如 STM-4(4 × STM-1 = 622.080 Mb/s)、STM-16(4 × STM-4 = 2488.320 Mb/s)等。

SDH 的信号等级如表 2-2 所示。

表 2-2 SDH 的信号等级

SDH 等级	SONET 等级	信号速率/(Mb/s)	净负荷速率/(Mb/s)	等效的 DS_0 数(64 kb/s)
—	STS-1/OC-1	51.84	50.112	672
STM-1	STS-3/OC-3	155.52	150.336	2016
STM-4	STS-12/OC-12	622.08	601.344	8064
STM-16	STS-48/OC-48	2488.32	2405.376	32256
STM-64	STS-192/OC-192	9953.28	9621.504	129024
STM-256	STS-768/OC-768	39813.12	38486.016	516096

注：① STS：Synchronous Transport Signal—同步传送信号；② OC：Optical Carrier—光载波

这里以 STM-1 为例介绍其帧格式。高阶信号均以 STM-1 为基础，采用字节间插的方式形成，其帧格式是以字节为单位的块状结构。STM-1 由 9 行、270 列字节组成，STM-N 则由 9 行、270 × N 列字节组成。STM-N 帧的传送方式与我们读书的习惯一样，以行为单位，自左向右，自上而下依次发送，图 2-10 是 STM-1 的帧格式示意图。

每个 STM 帧由段开销(SOH，Section Overhead)、管理单元指针(AU-PTR，Administrative Unit Pointer)和 STM 净负荷(Payload)三部分组成。

段开销用于 SDH 传输网的运行、维护、管理和指配(OAM&P)，它又分为再生段开销

(RSOH，Regenerator SOH)和复用段开销(MSOH，Multiplexor SOH)，它们分别位于 SOH 区的 1～3 行和 5～9 行。段开销是保证 STM 净负荷正常灵活地传送必须附加的开销。

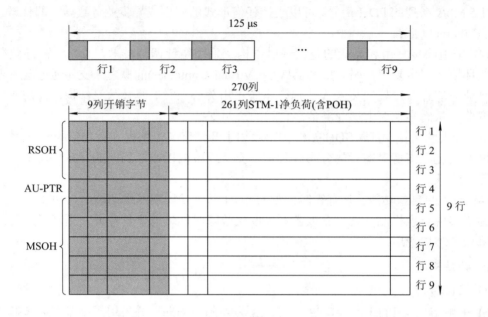

图 2-10　STM-1 帧结构示意图

STM 净负荷是存放要通过 STM 帧传送的各种业务信息的地方，它也包含少量用于通道性能监视、管理和控制的通道开销(POH，Path Overhead)。

管理单元指针 AU-PTR 则用于指示 STM 净负荷中的第一个字节在 STM-N 帧内的起始位置，以便接收端可以正确分离 STM 净负荷，它位于 RSOH 和 MSOH 之间，即 STM 帧第 4 行的 1～9 列。

2) 开销字节

SDH 提供了丰富的开销字节，用于简化支路信号的复用/解复用、增强 SDH 传输网的 OAM&P 能力，从而对 SDH 信号提供层层细化的监控管理功能。SDH 中涉及的开销字节主要有以下几类。

(1) RSOH：负责管理再生段，在再生段的发端产生，再生段的末端终结，支持的主要功能有 STM-N 信号的性能监视、帧定位、OAM&P 信息传送。

(2) MSOH：负责管理复用段，复用段由多个再生段组成，它在复用段的发端产生，并在复用段的末端终结，即 MSOH 透明通过再生器。它支持的主要功能有复用或串联低阶信号、性能监视、自动保护切换、复用段维护等。

(3) POH：通道开销 POH 主要用于端到端的通道管理，支持的主要功能有通道的性能监视、告警指示、通道跟踪、净负荷内容指示等。SDH 系统通过 POH 可以识别一个虚容器 VC，提供 VC 从始发点到终端点之间的管理与维护信息的通道，并评估系统的传输性能。通道开销 POH 又分为低阶通道层(LPOH，Lower POH)和高阶通道层(HPOH，Higher POH)。

(4) AU-PTR：定位 STM-N 净负荷的起始位置。

由上面的叙述可知，不同的开销字节负责管理不同层次的资源对象，例如对于 2.5G 系统的监控，再生段开销 RSOH 监控管理整个 STM-16 信号，复用段开销 MSOH 细化到对 16 个 STM-1 中的任意一个进行监控管理，高阶通道开销 HPOH 再细化为对每个 STM-1 中的 VC-4 的监控，低阶通道开销 LPOH 又细化为对每个 VC-4 中的 63 个 VC-12 的任意一个进行监控，由此实现了从 2.5 Gb/s 级别到 2 Mb/s 级别的层层监控功能。

图 2-11 描述了 SDH 中再生段、复用段、通道的含义。

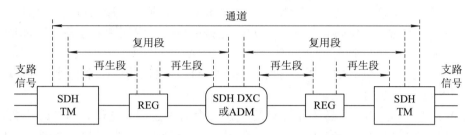

图 2-11　通道、复用段、再生段示意图

3) STM 净负荷的结构

(1) C(Container)的含义。

为了将各种速率的异步业务信号可以装入 SDH 的标准传送模块中，SDH 引入了容器 C 用来装载不同速率的数字信号，分为高阶 C(C-3，C-4)和低阶 C(C-11，C-12，C-2)，其标准输入速率分别为 139.264 Mb/s、34.368 Mb/s、1.544 Mb/s、2.048 Mb/s、6.312 Mb/s。通过此信息结构，采用码速调整、码型变换等方式将异步信号转换为同步信号，已装载的 C 又视为 VC 的信息净负荷。

(2) VC(Virtual Container)的含义。

为使 STM 净负荷区可以承载各种速率的同步或异步业务信息，SDH 引入了虚容器 VC 结构，一般将传送 VC 的实体称为通道。VC 可以承载的信息类型没有任何限制，目前主要承载的信息类型有 PDH 帧、IP 分组、LAN 分组等。换句话说，任何上层业务信息必须先装入一个满足其容量要求的 VC，然后才能装入 STM 净负荷区，通过 SDH 网络传输。

VC 由信息净负荷 C 或支路单元组 TUG 和通道开销 POH 两部分组成。POH 在 SDH 网的入口点被加上，在 SDH 网的出口点被除去，然后信息净负荷被送给最终用户，而 VC 在 SDH 网中传输时则保持完整不变。通过 POH，SDH 传输系统可以定位 VC 中业务信息净负荷的起始位置，因而可以方便灵活地在通道中的任一点进行插入和提取，并以 VC 为单位进行同步复用和交叉连接处理，以及评估系统的传输性能。

VC 分为高阶 VC(VC-3，VC-4)和低阶 VC(VC-2，VC-11，VC-12)，分别对应高阶通道层和低阶通道层。

要说明的是，VC 中的“虚”有两个含义：一是 VC 中的字节在 STM 帧中并不是连续存放的，这可以提高净负荷区的使用效率，同时这也使得每个 VC 的写入和读出可以按周期的方式进行；二是一个 VC 可以在多个相邻的帧中存放，即它可以在一个帧开始而在下一帧结束，其起始位置在 STM 帧的净负荷区中是浮动的。

(3) 管理单元和支路单元。

为增强 STM 净负荷容量管理的灵活性，SDH 引入了两级管理结构：支路单元(TU, Tributary Unit)和管理单元(AU，Administrative Unit)。

TU 由 TU-PTR 和一个低阶 VC 组成，TU-PTR 指示低阶 VC 净负荷在 TU 帧内的起点位置，特定数目的 TU 根据路由编排、传输的需要可以组成一个支路单元组(TUG，TU Group)，TU 是提供低阶通道层和高阶通道层之间适配功能的信息结构，即负责将低阶虚容器经 TUG 组装进高阶虚容器。目前 TU 有 TU-11、TU-12、TU-2、TU-3 等四种形式，TUG 不包含额外的开销字节。

AU 由 AU-PTR 和一个高阶 VC 组成，AU-PTR 指示高阶 VC 净负荷在 AU 帧内的起点位置，它是在骨干网上提供带宽的基本单元，是提供高阶通道层和复用段层之间适配的信息结构。目前 AU 有两种形式，即 AU-4 和 AU-3。AU 也可以由多个低阶 VC 组成，此时每个低阶 VC 都包含在一个 TU 中。类似地，多个 AU 也可以构成一个管理单元组(AUG，AU Group)以用于高阶 STM 帧。

支路单元组 TUG 由一个或多个在高阶 VC 净负荷中占据固定位置的 TU 组成，AUG 由一个或多个在 STM-N 净负荷中占据固定位置的 AU 组成。实际上我们看到，AU 和 TU 都是由两部分组成的：固定部分+浮动部分。固定部分是指针，浮动部分是 VC，通过指针可以轻易地定位一个 VC 的位置。VC 是 SDH 网络中承载净负荷的实体，也是 SDH 层进行交换的基本单位，它通常在靠近业务终端节点的地方创建和删除。

图 2-12 是以 STM-1(AU-4)净负荷区为例的示意图。

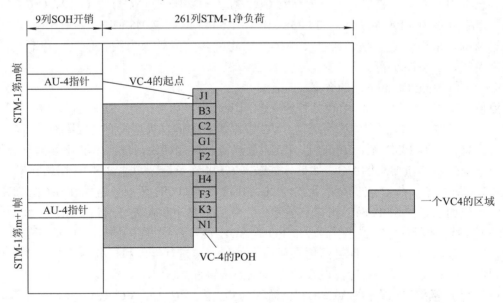

图 2-12　STM-1(AU-4)的净负荷结构示意图

4) SDH 的复用映射结构

SDH 的一般复用映射结构如图 2-13 所示。各种信号复用到 STM-N 帧的过程需经过以下三个步骤。

(1) 映射(Mapping)：在 SDH 网的入口处，将各种支路信号通过增加调整比特装入相应的 C，然后经过 POH 适配进 VC 的过程。如图 2-13 中将 2.048 Mb/s 信号装进 VC-12 的过程。

(2) 定位(Aligning)：利用 PTR 进行支路信号的频差相位的调整，定位 VC 中的第一个字节。如图 2-13 中用附加于 VC-12 的 TU-PTR 指示和确定 VC-12 在 TU-12 净负荷中起点位置的过程，用附加于 VC-4 的 AU-PTR 指示和确定 VC-4 在 AU-4 净负荷中起点位置的过程。

(3) 复用(Multiplexing)：将多个低阶通道层信号适配进高阶通道层或是将多个高阶通道层信号适配进复用段的过程，复用以字节间插方式完成。如图 2-13 中将 TU-12 经 TUG-2再经 TUG-3 复用进 VC-4 的过程，将 AU-4 装进 STM-N 帧的过程。

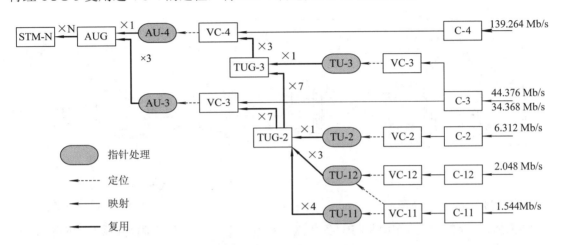

图 2-13 SDH 的复用结构

5) 2.048 Mb/s 支路信号到 STM-1 帧的复用过程

整体复用映射过程如图 2-14 所示，具体步骤如下：

(1) 2.048 Mb/s 的 PDH 信号映射进 VC-12。

2.048 Mb/s 的信号以正/零/负码速调整方式装入 C-12，为了便于速率的适配采用了复帧的概念。C-12 帧是由 4 个基帧组成的复帧，C-12 的基帧帧频也是 8000 Hz，基帧结构是 9行 × 4 列 − 2 字节的带缺口块状帧，4 个基帧是并行放置的，复用成 STM-1 时，放在 STM-1连续的 4 帧中。

为了能监控每一个 2.048 Mb/s 通道信号的性能，需加入低阶通道开销 LPOH 打包成VC-12，LPOH 是加在每个基帧左上角的缺口上，一个 VC-12 复帧包括一组低阶通道开销LPOH，共 4 个字节，LPOH 每个字节分别对应 VC-12 复帧中的每一个基帧，一组 LPOH监控的是 4 帧 PCM30/32 信号的传输状态。

(2) VC-12 定位到 TU-12 并包装成 TUG-2。

为了使收端能正确定位 VC-12 的帧，在 VC-12 复帧的 4 个基帧的右下角缺口上再加上共 4 个字节的 TU-PTR，信号的信息结构即构成 TU-12(9 行 × 4 列)，TU-PTR 指示复帧中第一个 VC-12 基帧在 TU-12 复帧中起点的具体位置。按照我国复用映射结构的规定，3 个支路来的 TU-12 逐字节间插复用成一个支路单元组 TUG-2(9 行 × 12 列)。

(3) TUG-2 到 TUG-3。

按照我国复用映射结构的规定，7 个 TUG-2 逐字节间插复用成 TUG-3(9 行 × 86 列)。注意：7 个 TUG-2 复用的信息基本结构是 9 行 × 84 列，为了符合 TUG-3 的信息结构 9 行 ×86 列的要求，需要在 7 个 TUG-2 复用的信息结构前加入两列固定塞入比特。

(4) TUG-3 到 VC-4 复用进 STM-1。

从不同支路映射复用得到的 3 个 TUG-3 逐字节间插复用，加入高阶通道开销打包成 VC-4(9 行 × 261 列)，加上 AU-4 PTR 构成 AU-4 装入 AUG-4，对于 STM-1 帧来说，AUG-4 的速率即是 AU-4 的速率。

综上所述，一个 STM-1 帧内可容纳 1 个 139.264 Mb/s 的支路信号，或者 3 个 34.368 Mb/s 的支路信号，或者 63 个 2.048 Mb/s 的支路信号。

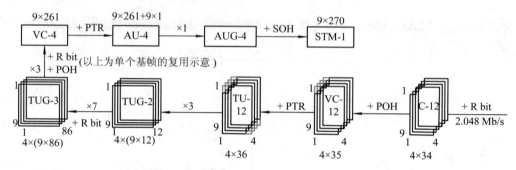

图 2-14　2.048 Mb/s 支路信号到 STM-1 的复用过程

3. SDH 传送网的分层模型

如前所述，传送网的作用是将业务节点互连在一起，使它们之间可以相互交换业务信息，以构成相应的业务网。然而对于现代高速大容量的骨干传送网来说，仅仅在业务节点间提供链路组是远远不够的，健壮性、灵活性、可升级性和经济性是其必须满足的特性。为实现上述目标，将 SDH 传送网按功能分为两层：通道层和传输介质层，如图 2-15 所示。

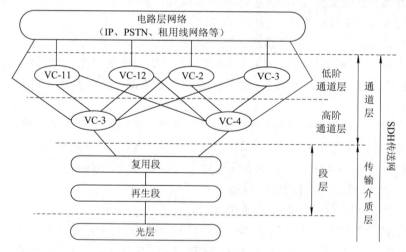

图 2-15　SDH 传送网的分层模型

1) 通道层

通道层负责为一个或多个电路层提供透明通道服务，它定义了数据如何以合适的速度进行端到端的传输，这里的"端"指通信网上的各种节点设备。

通道层又分为高阶通道层(VC-3，VC-4)和低阶通道层(VC-2，VC-11，VC-12)。通道的建立由网管系统和交叉连接设备负责，它可以提供较长的保持时间，由于直接面向电路层，SDH 简化了电路层交换，使传送网更加灵活、方便。

2) 传输介质层

传输介质层与具体的传输介质有关，它支持一个或多个通道，为通道层网络节点(例如 DXC)提供合适的通道容量，一般用 STM-N 表示传输介质层的标准容量。

传输介质层又分为段层和光层。而段层又分为再生段层和复用段层。再生段层负责在点到点的光纤段上生成标准的 SDH 帧，它负责信号的再生放大，不对信号做任何修改。多个再生段构成一个复用段，复用段层负责多个支路信号的复用、解复用，以及在 SDH 层次的数据交换。光层则是定义光纤的类型以及所使用接口的特性，随着 WDM 技术和光放大器、光 ADM、光 DXC 等网元在光层的使用，光层也像段层一样分为光复用段和光再生段两层。

4. 基本网络单元

1) 终端复用器 TM(Termination Multiplexer)

TM 主要为使用传统接口的用户(如 T1/E1、FDDI、Ethernet)提供到 SDH 网络的接入，它以类似时分复用器的方式工作，将多个 PDH 低阶支路信号复用成一个 STM-1 或 STM-4，TM 也能完成从电信号 STM-N 到光载波 OC-N 的转换，如图 2-16 所示。

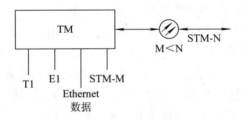

图 2-16　终端复用器 TM 功能示意图

2) 分插复用器 ADM(Add/Drop Multiplexer)

ADM 可以提供与 TM 一样的功能，但 ADM 的结构设计主要是为了方便组建环网，提高光网络的生存性。它负责在 STM-N 中插入或提取低阶支路信号，利用内部时隙交换功能实现两个 STM-N 之间不同 VC 的连接。另外一个 ADM 环中的所有 ADM 可以被当成一个整体来进行管理，以执行动态分配带宽，提供信道操作与保护、光集成与环路保护等功能，从而减小由于光缆断裂或设备故障造成的影响，它是目前 SDH 网中应用最广泛的网络单元，如图 2-17 所示。

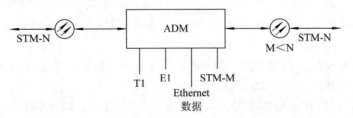

图 2-17　分插复用器 ADM 功能示意图

3) 数字交叉连接设备 DXC(Digital Cross Connect Equipment)

习惯上将 SDH 网中的 DXC 设备称为 SDXC，以区别于全光网络中的 ODXC，在美国则叫做 DCS。一个 SDXC 具有多个 STM-N 信号端口，通过内部软件控制的电子交叉开关网络，可以提供任意两端口速率(包括子速率)之间的交叉连接，另外 SDXC 也执行检测维护、网络故障恢复等功能，如图 2-18 所示。多个 DXC 的互联可以方便地构建光纤环网，形成多环连接的网孔网骨干结构。与电话交换设备不同的是，SDXC 的交换功能(以 VC 为单位)主要为 SDH 网络的管理提供灵活性，而不是面向单个用户的业务需求。

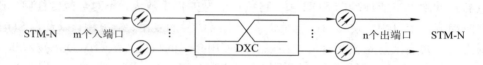

图 2-18　数字交叉连接设备 DXC 功能示意图

SDXC 设备的类型用 SDXC p/q 的形式表示，"p"代表端口速率的阶数，"q"代表端口可进行交叉连接的支路信号速率的阶数，数字 0 表示 64 kb/s，数字 1、2、3、4 分别表示 PDH 中 1～4 次群的速率，数字 4 同时表示 SDH 中 STM-1。例如 SDXC 4/4，代表端口速率的阶数为 155.52 Mb/s，并且只能作为一个整体来交换；SDXC 4/1 代表端口速率的阶数为 155.52 Mb/s，可交换的支路信号的最小单元为 2 Mb/s。

4) 再生中继器 REG(Regenerator)

再生中继器 REG 主要有两种，一种是纯光的再生中继器，主要进行光功率放大以延长光传输距离；另一种是用于脉冲再生整形的电再生中继器，主要通过光/电变换(O/E)、电信号抽样、判决、再生整形、电/光变换(E/O)等处理，以达到不积累线路噪声、保证传送信号波形完好的目的。REG 具有两个高速率输入输出 STM-N 线路信号的端口，目前常见的主要是电再生中继器。REG 通过将接收的光信号经 O/E、抽样、判决、再生整形、E/O 后在对侧发出，从而实现延长光信号通信距离的作用，如图 2-19 所示。

图 2-19　再生中继器 REG 功能示意图

5. SDH 传送网的结构

SDH 与 PDH 的不同点在于，PDH 是面向点到点传输的，而 SDH 是面向业务的。利用 ADM、DXC 等设备，可以组建线型、星型、环型、网型等多种拓扑结构的传送网，SDH 还提供了丰富的开销字段。这些都增强了 SDH 传送网的可靠性和 OAM&P 能力，是 PDH 系统不具备的。

按地理区域来分割，我国 SDH 传送网主要分为四个层面：省际干线网、省内干线网、中继网、用户接入网，如图 2-20 所示。

(1) 省际干线网。在主要省会城市和业务量大的汇接节点城市装有 DXC 64/64 或 DXC 16/16，它们之间用 STM-16、STM-64 和 STM-256 高速光纤链路构成一个网孔型结构的国家骨干传送网。

(2) 省内干线网。在省内主要汇接节点装有 DXC 16/16 或 DXC 4/4，它们之间用 STM-4、

STM-16 和 STM-64 高速光纤链路构成网状或环型省内骨干传送网结构。

(3) 中继网。中继网指长途端局与本地网端局之间，以及本地网端局之间的部分。对中等城市一般可采用环型结构，特大和大城市则可采用多环加 DXC 结构组网。该层面主要的网元设备为 ADM、DXC 4/1，它们之间用 STM-4、STM-16 光纤链路连接。

(4) 用户接入网。该层面处于网络的边缘，业务容量要求低，且大部分业务都要汇聚于端局，因此环型和星型结构十分适合于该层面。用户接入网使用的网元主要有 ADM 和 TM，提供的接口类型也最多，主要有 STM-1、STM-4、STM-16 光电接口、PDH 体制的 2 M、34 M 或 140 M 接口以及城域网接口等。

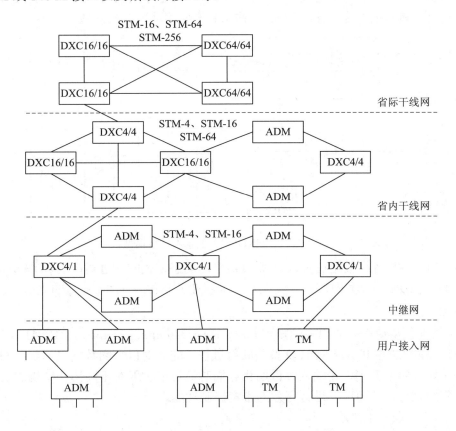

图 2-20 我国 SDH 传送网的结构

6. SDH 的发展——MSTP 技术

随着 Internet 技术的发展普及和众多用户的宽带网络接入，数据业务逐渐占据主导地位，以 IP 为主要技术的下一代电信网络(NGN，Next Generation Network)成为网络发展的主要方向，城域网 IP 化的建设成为必然趋势。考虑到城域网中大量的 SDH 成熟设备和网络架构的存在，尽量降低网络改造成本、充分利用现有网络资源和网络技术来平稳过渡实现城域网络的宽带 IP 化是有效可行的改造思路。融合语音、IP 与以太网技术，具备各类数据接口并集合 ADM 与 DXC 功能一体的基于 SDH 的多业务传送平台(MSTP，Multi-Service Transport Platform)由此应运而生。

多业务传送平台技术 MSTP 是指基于 SDH 平台，实现 TDM、ATM 及以太网业务的接入处理和传送，并提供统一网管的多业务综合传送平台。其继承了现有 SDH 传输网络的诸多优点，同时提供多端口种类的接入方式，支持多种协议和多种光纤传输方式，并提供动态的带宽分配等能力，作为城域网节点设备，能够很好地实现从 SDH 传输网络向基于 IP 的下一代光传输网络的平滑过渡。

1) MSTP 设备模型

MSTP 设备基于 SDH 技术，将分插复用器 ADM、数字交叉连接器 DXC、IP 路由器和波分复用设备集成在一起，统一由综合网管平台进行管理和维护。MSTP 设备的功能模型在中国通信标准协会发布的行业标准 YD/T 1238-2002《基于 SDH 的多业务传送节点技术要求》中进行了具体的规定，图 2-21 是对 MSTP 设备的基本功能模型的描述。

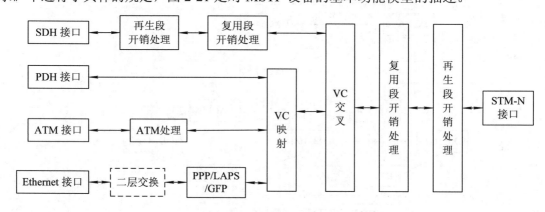

图 2-21　MSTP 设备的基本功能模型

MSTP 设备将各种数据业务以级联/虚级联的动态方式映射进对应的 SDH 时隙中，提供基本的 PDH/SDH 和以太网接口，实现对以太网业务和传统 TDM 业务的支持。

2) 相关协议

(1) 链路层协议——通用成帧规程 GFP(Generic Framing Protocol，G.7041 建议)。

通过 GFP 实现 IP over SDH 支持的映射过程，完成对以太网数据包的封装和帧定界，有效减少定位字节开销，传输内容透明化；同时还可以实现对不同拓扑结构的支持，并提供服务等级划分，从而可以进行有效的带宽控制功能。

(2) VC 级联与虚级联技术。

级联和虚级联概念在 ITU-T G.707 中定义，利用 VC 级联和虚级联技术可以实现以太网带宽向 SDH 通道的速率适配，灵活有效地提高各种粒度的传输带宽配置，实现对可用传输带宽的充分利用。

(3) LCAS 协议。

LCAS 协议在 ITU-T G.7042 中定义，是一个双向协议，通过 6 种状态控制包在收、发节点的实时交换，配合虚级联技术完成动态加入新 VC 级联通道和对失效 VC 级联通道的处理，满足突发带宽的需求，保障正常带宽的可靠传输。

3) MSTP 网络结构

MSTP 设备的多业务集成化特点，减少了传统 SDH 设备的种类，简化了网络结构，作为基本网元设备在传输网络中得到广泛应用，基本网络结构如图 2-22 所示。

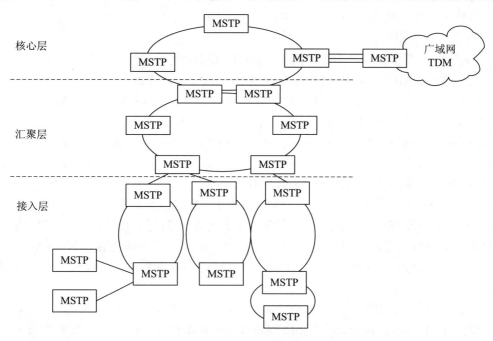

图 2-22 MSTP 网络结构图

MSTP 设备作为以 SDH 为基础的城域网建设和发展的理想过渡技术,其网元种类简单,设备维护成本降低,多接口接入方式简化了网络结构,网元设备配置灵活,网络拓展性较好,灵活应用于城域网的接入层、汇聚层、核心层,支持各类高层应用。

2.2.3 光传送网

光传送网 OTN(Optical Transport Network)是一种以 DWDM 与光通道技术为核心的新型传送网结构,它由光分插复用、光交叉连接、光放大等网元设备组成,具有超大容量、对承载信号语义透明及在光层面上实现保护和路由的功能。

1. 背景

20 世纪 90 年代以来,SDH/SONET 已成为传送网络主要的底层技术。其优点是技术标准统一,提供对传送网的性能监视、故障隔离、保护切换,以及理论上无限的标准扩容方式。但 SDH/SONET 是面向话音业务优化设计的,采用严格的 TDM 技术方案,基于传统的电路调度策略,对于突发性很强的数据业务,带宽利用率不高。

随着 Internet 和其他面向数据的业务快速增长,电信网对通信带宽的增长需求几乎不可预知,而以电 TDM 为基础的单波长每光纤的系统,解决带宽的增长需求只有两种手段:要么埋设更多的光纤,但成本太高,且无法预知埋多少合适;要么采用 TDM 技术,提高每信道传输速度,但商用化的 SDH/SONET 速度已达 40 Gb/s,接近电子器件的处理极限,然而仍不能满足带宽的增长需求。因此,需要一种新型的网络体系,它能够使运营商根据业务需求的变更灵活地对网络带宽进行扩充、指配和管理。基于 DWDM 技术的 OTN 正是为满足这一需求而设计的。

OTN 与 SDH/SONET 传送网主要的差异在于复用技术不同,但在很多方面又很相似,例如，都是面向连接的物理网络，网络上层的管理和生存性策略也大同小异。比较而言，OTN 有以下主要优点：

(1) 大颗粒的带宽复用、交叉和配置。DWDM 技术使得运营商随着技术的进步，可以不断提高光纤的复用度，提供 2.5 Gb/s、10 Gb/s、40 Gb/s、100 Gb/s 等带宽颗粒。相对于 SDH 的 VC-12/VC-4 的调度颗粒，DWDM 技术对高带宽数据客户业务的适配和传送效率显著提升，在最大限度利用现有设施的基础上，满足用户对带宽持续增长的需求。

(2) 多种客户信号封装和透明传输。由于 DWDM 技术独立于具体的业务，同一根光纤的不同波长上接口速率和数据格式相互独立，使得运营商可以在一个 OTN 上支持多种业务，同时 OTN 可以保持与 SDH/SONET 网络的兼容性。

(3) 强大的开销和维护管理能力。SDH/SONET 系统只能管理一根光纤中的单波长传输，而 OTN 系统既能管理单波长，也能管理每根光纤中的所有波长。OTN 帧结构大大增强了光通道层的数字监控能力。另外 OTN 还提供 6 层嵌套串联连接监视(TCM, Tandem Connect Monitor)功能，这样使得 OTN 组网时，采用端到端和多个分段同时进行性能监视的方式成为可能。

(4) 组网和保护能力增强。通过 OTN 帧结构、光数据单元交叉和多维度可重构光分插复用器(ROADM, Reconfigurable Optical Add-Drop Multiplexer)的引入，大大增强了光传送网的组网能力，改变了基于 SDH VC-12/VC-4 调度带宽和 WDM 点到点大容量传送带宽的现状。而采用前向纠错 FEC 技术，显著增加了光层传输的距离。随着光纤的容量越来越大，OTN 提供了更为灵活的基于电层和光层的业务保护功能，采用基于光层的故障保护与恢复比电层更快、更经济。

与 OTN 相关的主要标准有：ITU-T G.872，定义了 OTN 主要功能需求和网络体系结构；ITU-T G.709，主要定义了用于 OTN 的节点设备接口、帧结构、开销字节、复用方式以及各类净负荷的映射方式，它是 ITU-T OTN 最重要的一个建议；OTN 网络管理相关功能则在 G.874 和 G.875 建议中定义。

2. OTN 的分层结构

OTN 是在传统 SDH 网络中引入光层发展而来的，其分层结构如图 2-23 所示。

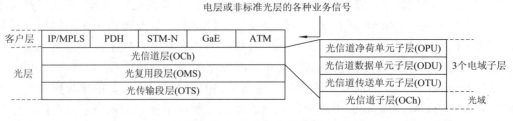

图 2-23　OTN 的分层结构

光层负责传送电层适配到物理媒介层的信息，在 ITU-T G.872 建议中，它被细分成三个子层，由上至下依次为：光信道层(OCh, Optical Channel Layer)、光复用段层(OMS, Optical Multiplexing Section Layer)、光传输段层(OTS：Optical Transmission Section Layer)。相邻层之间遵循 OSI 参考模型定义的上、下层间的服务关系模式。从客户业务适配到光信道层，信号的处理都在电域进行，包括业务净荷的映射复用、OTN 开销的插入，属于 TDM 的范围。从光信道层到光传输段层，信号的处理都在光域进行，包括光信号的复用、放大及光监控信道 OOS/OSC 的加入，属于 WDM 的范围。

1) 光信道层(OCh)

OTN 很重要的一个设计目标就是要将类似 SDH/SONET 网络中基于单波长的 OAMP (Operations、Administration、Maintenance and Provision)功能引入到基于多波长复用技术的光网络中，OCh 就是为实现这一目标而引入的。由于光信号处理技术的局限性，其进一步分割为四个子层：光信道子层、光信道传送单元子层(OTU，Optical Channel Transport Unit)、光信道数据单元子层(ODU，Optical Channel Data Unit)和光信道净荷单元子层(OPU，Optical Channel Payload Unit)，后三个子层采用数字封包技术实现，属于电域子层，完成客户信号从 OPU 到 OTU 的逐级适配、复用，在光信道子层中完成电域到光域的转换并实现多波长调制。

OCh 负责为来自电复用段层的各种类型的客户信息选择路由、分配波长，为灵活的网络选路安排光信道连接，处理光信道开销，提供光信道层的检测、管理功能，并在故障发生时，支持端到端的光信道(以波长为基本交换单元)连接，在网络发生故障时，执行重选路由或进行保护切换。

2) 光复用段层(OMS)

光复用段层保证相邻的两个 DWDM 设备之间的 DWDM 信号完整传输，为波长复用信号提供网络功能。该段层功能主要包括：为支持灵活的多波长网络选路重新配置光复用段功能；为保证 DWDM 光复用段适配信息的完整性进行光复用段开销的处理；光复用段的运行、检测、管理等功能。

3) 光传输段层(OTS)

光传输段层为光信号在不同类型的光纤介质上(如 G.652、G.655 等)提供传输功能，同时实现对光放大器和光再生中继器的检测和控制等功能。例如，通常会涉及功率均衡、EDFA 增益控制、色散的积累和补偿等问题。

在图 2-24 中描述了 OTN 各分层之间的相互关系，其中 OCh 层为来自电层的各类业务信号提供以波长为单位的端到端的连接；OMS 层实现多个 OCh 层信号的复用、解复用；OTS 层解决光信号在特定光介质上的物理传输问题，各层之间形成 Client/Server 形式的服务关系。一个 OCh 层由多个 OMS 层组成，一个 OMS 层又由多个 OTS 层组成。底层出现故障，相应的上层必然会受到影响。

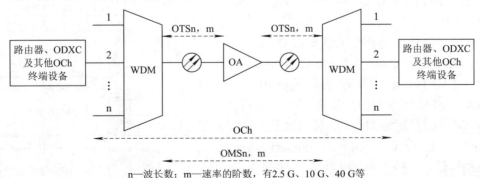

n—波长数；m—速率的阶数，有2.5 G、10 G、40 G等

图 2-24　光传送网各层间的关系

3. OTN 的帧结构

1) 数字封包

ITU-T G.709 中定义了 OTN 的 NNI 接口、帧结构、开销字节、复用以及净负荷的映射方式。如前所述，为了在 OTN 中实现灵活的 OAMP，OTN 专门引入了一个 OCh 层，在该层通过 TDM 帧结构对客户层信号进行处理，采用数据封包(Digital Wrapper)技术将每个波长包装成一个数字信封，每个数字信封由三部分组成，如图 2-25 所示，数字封包的帧结构和帧长度是固定的，都由 4080 列 × 4 行字节组成。

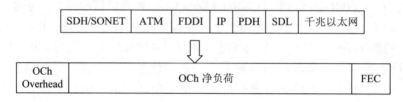

图 2-25　光信道的数字封包

(1) 开销部分(Overhead)：位于信封头部，装载开销字节。利用开销字节，OTN 节点可以通过网络传送和转发管理、控制信息去执行性能监视，以及其他可能的基于每波长的网络管理功能。

(2) FEC 部分：位于信封尾部，装载前向差错校正码(FEC，Forward Error Correction)，执行差错的检测和校正。与 SDH/SONET 中采用的 BIP-8(Bit Interleaved Parity)错误监视机制不同，FEC 有校正错误的能力，这使得运营商可以支持不同级别的服务等级协议。通过最大限度地减少差错，FEC 在扩展光段的距离、提高传输速率方面扮演了关键的角色。

(3) 净负荷部分：位于 Header 和 Trailer 之间，它承载现有的各种网络协议数据包，而无需改变它们，因此 OTN 是独立于协议的。

2) OTN 的帧结构

OTN 中的帧被称为光信道传送单元(OTU，Optical Channel Transport Unit)，通过数字封包技术向客户信号加入开销(OH，Overhead)和 FEC 部分形成。在 G.709 中，定义了四种不同速率的 OTU_k(k = 1，2，3，4)帧结构，速率依次为 2.5 Gb/s、10 Gb/s、40 Gb/s、100 Gb/s。

如图 2-26 所示，在 OTN 中客户层信号的传送需经历如下过程：

(1) 客户信号加上 OPU-OH 形成 OPU。

(2) OPU 加上 ODU-OH 后形成 ODU。

(3) FAS(Frame Alignment Signal)、OTU-OH、FEC 加入 ODU 形成 OTU。最后再加上 OCh 层非随路的开销，其通过独立的光监控信道(OSC，Optical Supervisory Channel)传送，完成 OTU 到 OCh 层的映射，并将其调制到一个光信道载波上传输。

一个 OTU_k 由以下三部分实体组成。

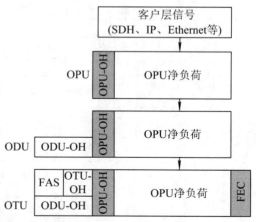

图 2-26　OTN ITU-T G.709 客户信号的映射

(1) OPU$_k$：由净负荷和开销组成，净负荷部分包含采用特定映射技术的客户信号，而开销部分则包含用于支持特定客户的适配信息，不同类型的客户都有自己特有的开销结构。

(2) ODU$_k$：除 OPU$_k$ 外，ODU$_k$ 号包含多个开销字段：通路监测开销(PM，Path performance Monitoring)、串联连接监视开销(TCM，Tandem Connection Monitoring)和自动保护倒换与保护控制通路(APS/PCC，Automatic Protection Switching/Protection Communication Control channel)等。

(3) OTU$_k$：除 ODU$_k$ 外，还包括 FEC 和用于管理及性能监视的段监测开销(SM，Section Monitoring)。

G .709 的帧结构和相应的开销字节如图 2-27 所示。

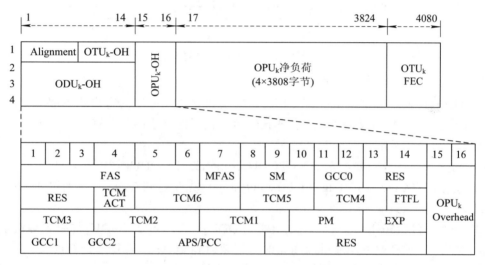

图 2-27　OTN 的帧结构和开销字节

需要指出的是，对于不同速率的 G.709 OTU$_k$ 信号，均具有固定长度的帧结构，即都是 4 × 4080 字节，但每帧的周期不同，这与 SDH 的 STM-N 帧不同，其帧周期都是 125 µs，不同速率的信号帧的大小是不同的。OTU$_k$ 信号不随客户信号速率而变化，也不随信号等级而变化，当客户速率较高时，采用缩短帧周期、加快帧频率的方式适配客户业务，而每帧承载的数据没有增加。

3) OTN 的时分复用

从客户信号适配到 OCh，包括业务净荷的映射复用、开销插入等处理都在电域内进行，属于 TDM 的范围。从 OCh 到 OTS，包括光信号的复用、放大及光监控信道 OSC 的加入等处理都在光域内进行，属于 WDM 的范围。

OTN 的时分复用采用异步映射方式，规则如下：四个 ODU$_1$ 复用成一个 ODU$_2$，四个 ODU$_2$ 复用成一个 ODU$_3$，即 16 个 ODU$_1$ 复用成一个 ODU$_3$。图 2-28 描述了四个 ODU$_1$ 信号复用成一个 ODU$_2$ 的过程。包含帧定位字段(Alignment)和 OTU$_1$-OH 字段为全 0 的 ODU$_1$ 信号以异步映射方式与 ODU$_2$ 时钟相适配，适配后的四路 ODU$_1$ 信号再以字节间插的方式进入 OPU$_2$ 的净负荷区。加上 ODU$_2$ 的开销字节后，将其映射到 OTU$_2$ 中，最后加上 OTU$_2$ 开销、帧定位开销和 FEC，完成信号的复用。

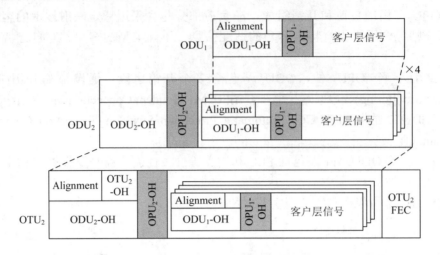

图 2-28　OTN 的时分复用

4) 业务到 OTN 的映射复用过程

G.709 OTN 帧可以支持多种客户信号的映射,使不同应用的客户业务都可以统一到一个传送平台上,OTN 定义的 OPU_k 容器传输客户信号时不更改任何净荷和开销,异步映射模式保证了客户信号定时信息的"透明"。

(1) 对于 STM-16 业务,先映射到 ODU_1,再通过 $4 \times ODU_1$ 复用到 OTU_2。

(2) 对于 STM-64/10GE(Gigabit Ethernet)业务,先映射到 ODU_2,再通过 $4 \times ODU_2$ 复用到 OTU_3。

(3) 对于 STM256/40GE 业务,先映射到 ODU_3,再通过 $2 \times ODU_3$ 复用到 OTU_4。

(4) 对于 100GE 业务,通过通用映射规程映射到 ODU_4,再复用到 OTU_4。

各类用户业务信号映射复用过程如图 2-29 所示。

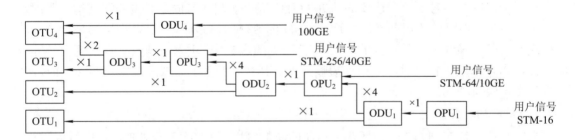

图 2-29　OTN 复用映射过程

4. OTN 的网络结构

实现光网络的关键是要在 OTN 节点实现信号在全光域上的交换、复用和选路,目前在 OTN 上的网络节点主要有两类:光分插复用器(OADM,Optical Add-Drop Multiplexer)和光交叉连接器(OXC,Optical Cross Connect)。

1) 光分插复用器(OADM)

OADM 主要是在光域实现传统 SDH 中的 SADM 功能,包括从传输设备中有选择地下路(Drop)去往本地的光信号，同时上路(Add)本地用户发往其他用户的光信号，而不影响其他波长信号的传输。与电 ADM 相比，它更具透明性，可以处理不同格式和速率的信号，大大提高了整个传送网的灵活性。

OADM 分为两大类，即固定 OADM 和可重构 OADM(ROADM)，前者只能上/下固定一个或多个波长，节点的路由是固定的，后者可以根据网络需求动态重配上/下路波长，支持灵活组网方案。

2) 光交叉连接器(OXC)

OXC 的主要功能与传统 SDH 中的 SDXC 实现的功能类似，不同点在于 OXC 在光域上直接实现了光信号的交叉连接、路由选择、网络恢复等功能，无需进行 OEO 转换和电处理，它是构成 OTN 的核心设备。实际中的 OXC 节点还应包括光监控模块、光功率均衡模块以及光网络管理系统等。

3) 典型的 OTN 拓扑结构

图 2-30 描述了一个三级 OTN 结构。在长途网中，为保证高可靠性和实施灵活的带宽管理，通常物理上采用网孔结构，在网络恢复策略上可以采用基于 OADM 的共享保护环方式，也可以采用基于 OXC 的网格恢复结构。在城域网和接入网中则主要采用环型结构。

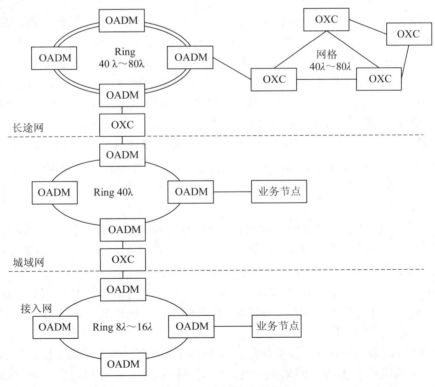

图 2-30 光网络的结构

OTN 技术本质上是结合了 WDM 传输系统和 SDH 两者的优点演变而来的，是基于现有光电技术折中产生的传送组网技术，其在子网内部进行全光处理而在子网边界进行光电混合处理。通过 OTN 帧结构、ODU$_k$ 交叉和多维度 ROADM 的引入，改变了传统基于 SDH VC-12/VC-4 带宽调度和 WDM 点到点大容量传送带宽的现状，增强了光传送网的组网能力，实现了大颗粒宽带业务的传送容量及交叉连接、全透明的端到端波长/子波长连接以及基于电层和光层的电信级保护机制。随着基于 OTN 的 ASON 网络技术的成熟，协同利用传送平面和控制平面的光/电层保护恢复技术，将能够大大提升光网络的抗故障能力。

2.3   面向分组型的传送网

为了进一步实现对光纤带宽资源的合理配置和高效利用，满足分组业务的承载需求，传送网络技术也从以支持 TDM 业务为主的传统电路型传送网络逐渐转向以支持 IP 数据业务为主的分组型传送网络。

2.3.1   PTN 传送网产生背景

理想的分组传送网络应该使用一张网络统一承载不同的应用，需要具备的特征包括：有效支持从电路交换网向分组交换网的平滑过渡；提供快速多业务交换功能；支持业务在光域的透明传输；端到端网络拓扑的灵活扩展；统一的操作维护和管理；快速的光域故障定位和恢复。

为满足以上需求，既具备分组特性又兼具运营级网络特性的分组传送网(PTN，Packet Transport Network)技术逐渐发展起来，主要代表技术包括运营商骨干传送(PBT，Provider Backbone Transport)和传送多协议标签交换(T-MPLS，Transport-MPLS)技术。PBT 基于以太网技术，具备与以太交换机集成的优势，适于优化建设城域网，在接入或汇聚层独立组网；而融合了 MPLS 和 SDH 电信级传送网特性的面向连接分组传输技术 T-MPLS/MPLS-TP 具备与现有传送网络类似的网络结构和管理模式，适宜构建大型的电信运营网络，已经成为 PTN 最具发展潜力的主流技术。目前 T-MPLS 已经与多协议标签交换传送应用(MPLS-TP，Multi-Protocal Label Switching Transport Profile)融合，因此本节 PTN 内容以 MPLS-TP 为主，后续内容将不再强调区别。

MPLS-TP 的发展历程：

(1) 最初由 ITU-T 定义推出的 T-MPLS，是一种面向连接的分组传输技术，结合 MPLS 标签交换路径，支持多业务承载，具备综合传输能力，即 T-MPLS = MPLS-L3 复杂性+保护+OAM。后续由 IETF/ITU-T JWT 工作组负责标准制定，重新命名为 MPLS-TP；

(2) 2008 年 12 月 ITU-T SG15 会议上，确定了 T-MPLS 标准和 MPLS-TP 协议架构的协调方案，保证了未来发展的一致性。MPLS-TP 架构沿用 T-MPLS 基本理念，简化 MPLS 分组传送机制，增加了强大的 OAM、保护机制和智能控制平面；

(3) 2009 年以来，T-MPLS 技术快速向 MPLS-TP 融合，体系架构清晰。2011 年 2 月，PTN 的 OAM 标准顺利推出，即 G.8113.1。相关保护标准在陆续制定中，标准化工作已经向商用化方向发展，关键技术的产业化正在快速完善，相应产业链也在陆续部署；

(4) 近年来，我国在基于 MPLS-TP 的 PTN 标准研制和产业应用方面也位居前列。中国通信标准化协会 CCSA 制定了《PTN 总体技术要求》，取得了各设备制造商的一致支持。中兴、华为、思科等多家厂商完成了大规模 PTN 设备互联互通测试，各电信运营商也加大了 PTN 设备的采购和部署。

2.3.2 PTN 的定义和分层结构

PTN 是新一代基于分组的、面向连接的多业务统一传送技术，其融合了现有光传送网络架构，主要针对分组业务的流量突发特性和统计复用的传送需求而设计。PTN 在高层 IP 业务和底层光纤媒质之间设置了一个层面，实现基于分组交换的多业务传送平台，同时支持多业务提供，使总体传输费用更低。PTN 也秉承了光传输的传统优势，包括高可用性和可靠性、流量工程和高效的带宽管理、强大的操作维护与管理 OAM 功能、可扩展、较高的安全性等。

PTN 既保留了传统 SDH 传送网络的部分技术优势，又引入了分组技术的基本特性，具备高效的多业务适配能力和灵活的标签转发机制。其主要技术特点如下：

(1) 采用 PWE3/CES(Pseudo Wire Edge to Edge Emulation/Circuit Emulation Service)伪线仿真技术为包括 TDM/Ethernet/IP 在内的各种业务提供端到端、专线级别的传输管道，整体连接可靠性高，传输性能得到提升；

(2) 支持分级的服务质量(QoS)、业务分类(CoS，Class of Service)、区分服务等特性，充分满足移动网络中不同业务的差异化需求，传输带宽资源效利率高；

(3) 具备强大的 OAM 能力，可提供基于 SDH 的维护方式，支持基于 MPLS 和以太网的丰富 OAM 开销字段，同时提供 GMPLS(Generalized Multiprotocol Label Switching)/ASON 控制平面技术，传送过程高效且透明，具备运营级的业务保护和恢复性能。

PTN 充分考虑支持运营级以太网业务，同时兼具传统 TDM 业务，遵循下一代网络的体系架构，其分层结构如图 2-31 所示。PTN 主要分为三层，由上至下依次分为：分组传送通道层(PTC，Packet Transport Channel)、分组传送通路层(PTP，Packet Transport Path)、传输媒介层。上层业务包括 Ethernet、ATM VC/VP、FR、MPLS 等各种类型，下层服务网络多为以太网或者 OTN/SDH/PDH 等，通过 GFP 的 UPI(User Payload Identifier)标识 PTN 为客户信号，基本传输介质可以是光纤或微波。

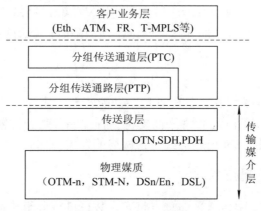

图 2-31 PTN 分层结构

1. 分组传送通道层(PTC)

PTC 为上层各类业务提供端到端的分组传送能力。将上层各类业务信号封装进虚通道(VC，Virtual Channel)，并实现端到端的虚通道 VC 传输，同时提供端到端的 OAM 机制。该层在 T-MPLS 中又被称为 TMC(T-MPLS Channel)层。

2. 分组传送通路层(PTP)

PTP 将多个业务信号汇聚到更大的传输隧道中，实现经济有效的传送和 OAM 保障；将虚电路封装和复用到虚通路(VP，Virtual Path)，并实现虚通路 VP 的传送和交换；支持多个虚电路和虚通道业务的汇聚和可扩展性，在 T-MPLS 中又被称为 TMP(T-MPLS Path)层。

3. 传输媒介层

传输媒介层包括分组传送段层(PTS，Packet Transport Section)和物理媒介层。上层的段层主要保证通路层业务在两个节点之间信息传递的完整性。PTN 必须支持多种段层，包括以太网、SDH、PDH、OTN 等，该层在 T-MPLS 中又被称为 TMS(T-MPLS Section)层。物理媒介层是指具体支持段层网络的传输介质。

2.3.3　PTN 的功能平面

PTN 分组传送网主要分为三个平面：传送平面、控制平面和管理平面，如图 2-32 所示。

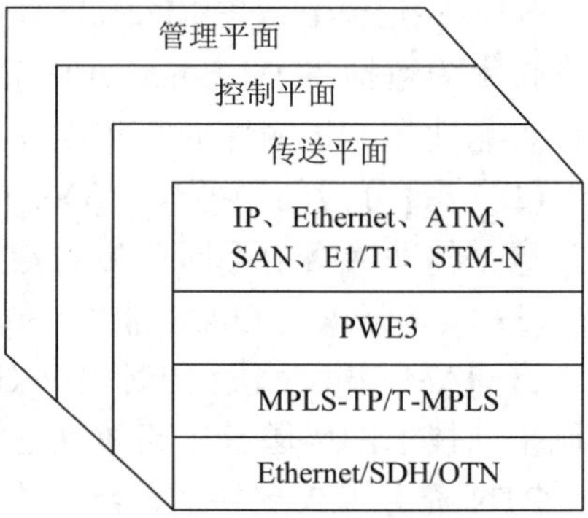

1. 传送平面

传送平面主要完成两点之间分组信号的传送、复用、交叉连接、信息传送过程中的 OAM 和保护恢复等功能，确保信息传送的可靠性。分组转发是基于 20 bit 的 MPLS 标签进行的，标签内容随具体实现技术的不同而有差异。

图 2-32 内文字：

管理平面　控制平面　传送平面

IP、Ethernet、ATM、SAN、E1/T1、STM-N

PWE3

MPLS-TP/T-MPLS

Ethernet/SDH/OTN

图 2-32　PTN 的功能平面

2. 控制平面

控制平面实现面向连接的路径建立和信令提供，由一组提供路由和信令等功能的控制网元构成，使用 ASON/GMPLS 作为控制协议，也可利用网络管理系统(NMS，Network Management System)实现标签的分配和标签交换路径的建立。主要功能为：由信令实现端到端连接的建立、维持、释放能力，选择合理的转发路径；动态完成邻接关系的发现和链路信息发布，以维护整个端到端的连接；网络出现故障时，启动保护倒换和恢复功能。

3. 管理平面

管理平面实现对传送平面与控制平面以及整个 PTN 系统的管理功能，有效协调各平面之间的协作运行。主要功能包括：故障管理、性能管理、配置管理、安全管理、计费管理等。在 SDH 网管技术的基础上，管理平面支持多种性能参数和告警信息的收集。构建图形化、可视化的管理平面是 PTN 向电信级运营网络的发展方向。

2.3.4　PTN 多业务适配技术

在 MPLS-TP 技术中，由传送平面负责将客户数据进行分组传输，对客户信号进行适配和转发。对于不同的客户层信号，MPLS-TP 采用不同的适配和转发方法。

1. 双标签传送模式

在传送网络中，MPLS-TP 将客户信号映射进 MPLS 帧并利用 MPLS 机制(例如标签交换、标签堆栈)进行转发，同时增加了传送层的基本功能，例如连接和性能监测、生存性(保护恢复)以及管理和控制功能。MPLS-TP 采用的是双标签传送模式，即 MPLS-TP 在为客户层提供分组式数据传输时，会对客户数据分配两类标签，分别是公共互通指示标签(CII，Common Interwork Indicator)和传输-交换通道标签(T-LSP，Transport-LSP)。CII 将两端的客户联系在一起，用于终端设备区分客户数据；T-LSP 用于客户数据在 MPLS-TP 分组数据通道中的交换和转发。

为了支持 MPLS-TP 网络，T-LSP 支持无限嵌套，所以 T-LSP 可以有多个。CII 标签可以具体表示为某一客户信号的标签，例如将 CII 标签表示为虚电路 VC 标签，如图 2-33 所示。

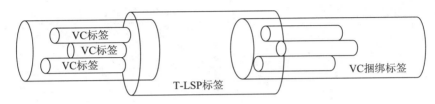

图 2-33　MPLS-TP 双重标签实例

复用/解复用模块通过虚电路捆绑的方法将多个 VC 捆绑成一个虚电路组(VCG，VC Group)在同一个 T-LSP 上传送。其优势是降低了网络传输交换设备的复杂度，并减少对带宽资源的占用。

2. 信号适配

客户信号可以直接映射到 T-LSP，也可以通过 CII 进行间接映射。相同类型的业务信号都可以通过相同的双标签结构进行信号的封装，封装层为在虚电路上传送的指定净荷信号提供必要的结构。

封装层包含 3 个子层：净荷汇聚子层、定时子层和排序子层。净荷汇聚子层和指定的净荷类型有关，可以将一组净荷类型归于一个通用类，对这一组提供单一的净荷汇聚子层类型；定时子层和排序子层对净荷汇聚子层提供通用的服务。

(1) 净荷汇聚子层：主要任务是将净荷封装成虚电路协议数据单元(PDU，Protocol Data Unit)类型。

(2) 排序子层：提供帧定序、重复帧和丢失帧检测三个方面的功能。具体的处理方法与业务类型有关。

(3) 定时子层：提供时钟恢复和定时传输两方面的功能。时钟恢复是从传输的比特流中提取时钟信息，并通过锁相机制恢复时钟；定时传输是指要求对接收到的不连续虚电路PDU 按固定相位关系向客户设备传输。

3. 业务封装

业务的通用封装格式如图 2-34 所示。净荷信息可以是 IP 分组、Ethernet 分组、SDH 净荷等，净荷信息加上控制字信息用于净荷汇聚，然后压入 CII 标签确定 T-LSP 中的虚电路类型，压入 T-LSP 标签确定 MPLS-TP LSP。

控制字信息一般包括标记、分段、长度和顺序号信息。在接收目的端，终端设备终结LSP 并弹出外层 T-LSP 标签，然后根据内层的 CII 标签来确定是属于哪个高层业务实例的数据流。

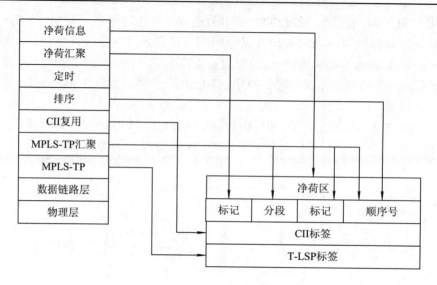

图 2-34　业务通用封装格式

4. 业务映射

MPLS-TP 网络中从客户信号到链路帧的映射，包括了客户业务封装、信号复用和 MPLS-TP 包映射到链路帧的过程。MPLS-TP 网络中各种信息结构单元之间的关系如图 2-35 所示。

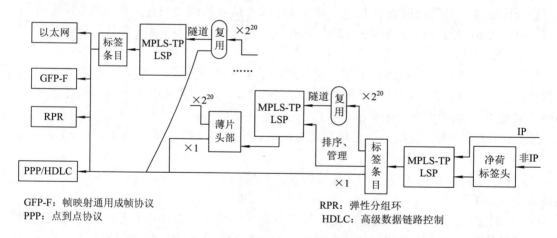

GFP-F：帧映射通用成帧协议　　　　　　　　　　RPR：弹性分组环
PPP：点到点协议　　　　　　　　　　　　　　　HDLC：高级数据链路控制

图 2-35　MPLS-TP 映射、复用和分段检测

客户信号可以直接映射到 MPLS-TP LSP(例如 IP 分组)，也可以通过基于 CII 的封装格式间接映射，还可以附加 T-MPLS 网络的 OAM，并且数据包和 OAM 包都可以加一个标签头进行复用。最后，MPLS-TP 包映射到数据链路帧上，这些链路帧通过 MPLS-TP 拓扑链路传送。

在发送端的 MPLS-TP 终端设备，转发交换模块把处理好的客户数据交换到对应的 T-LSP 上转发；在中间传输交换设备，根据 MPLS-TP 标签分组数据将继续被转发；在目的终端设备，分组数据被解复用，转发给目的客户设备。

2.3.5 PTN 的网络结构

PTN 传送设备是由 MSTP 设备演化而来，可以提供在 TDM 业务和分组业务之间的动态承载需求。PTN 具备 2/2.5 层交换功能，其业务交换和业务传送功能相互结合，使用 PWE3 仿真技术，基于数据设备的基本包交换架构，通过面向分组的 PTC、PTP 和 PTS 三层管道封装，实现对以太网、TDM 等多种业务的统一传输支撑。

目前 PTN 的设备形态尚未形成最终意见，根据功能和网络构成架构划分，一般分为 PTN 终端设备(TE，Termination Equipment)和 PTN 交换设备(SE，Switching Equipment)两种。

1. PTN 终端设备

TE 设备一般位于用户网络接口处，不提供交换功能，具备信道封装、信道复用和通道封装的功能，实现对 Ethernet、TDM、MPLS、IP 等客户层业务数据流的复用和解复用。

2. PTN 交换设备

SE 设备按照分层架构一般包括信道交换设备(CSE，Channel Switching Equipment)、通道交换设备(PSE，Path Switching Equipmen)、信道和通道交换设备(CPSE，Channel Path Switching Equipment)三种，分别提供信道交换和通道交换功能。根据网络的构建情况，SE 可以位于网络边缘或者核心位置，以实现交换和组网要求。

3. 典型的 PTN 拓扑结构

在典型的 PTN 拓扑结构中 PTN 将和 OTN 继续共存，网络架构遵循接入层、汇聚层、骨干层、核心层四级结构形式，如图 2-36 所示。

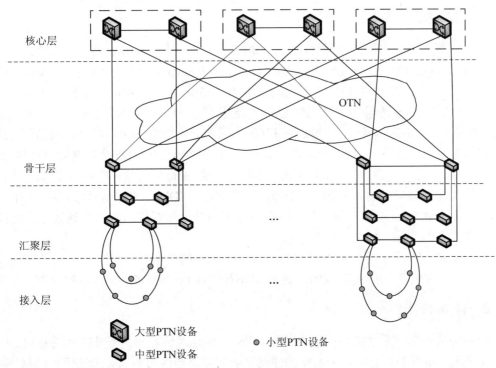

图 2-36 PTN 网络拓扑结构

接入层实现对家庭用户、营业厅、集团用户、基站的边缘接入，具备多业务接入能力，一般由小型 PTN 设备组成接入节点，多以环型结构为主，采用 GE 速率；汇聚层负责本区域内的业务汇聚和疏导，具备大容量业务汇聚和传送能力，一般由中型 PTN 设备组成汇聚节点，采用 10GE 速率组环，并采用双节点挂环的结构来预防汇聚节点和骨干节点间单节点失效风险；骨干层通过 OTN 提供的 GE 或 10GE 链路连接骨干层节点与对应核心层节点，一般由中型 PTN 设备组成骨干节点；核心层负责核心节点的远程中继，每个核心层网元配置两套大型 PTN 设备，具备大容量多业务传送能力和调度能力，并提供较高的可靠性和安全性，实现负荷分担。

目前 PTN 设备主要应用于 PTN 承载网络的汇聚、核心和骨干层，截至目前，在中国移动、西班牙沃达丰、德国电信、法国电信、俄罗斯 MegaFon 等全球 80 多个国家和地区的超过 90 家运营商采用了 PTN 设备组建 PTN 网络，运营商成功部署和运营超过 100 多张商用网络。

2.4　智能自动光交换网络

随着网络宽带化、IP 化、光纤化的发展趋势，下一代网络 NGN 概念的提出，对基础的传送网络提出了更高的要求。而 OTN 作为全球建设快速和部署广泛的光传送网络，当其光信道层 OCh 能够实现交换自动化后将带来巨大的好处，于是智能自动光交换网络(ASON，Automatically Switched Optical Network)的概念由此产生。

2.4.1　基本概念

ASON 概念来源于智能光网络(ION，Intelligence Optical Network)，ITU 进一步提出自动交换传送网(ASTN，Automatic Switched Transport Network)，明确 ASON 是 ASTN 应用与 OTN 的一个子集。2000 年 ITU-T 正式确定由 5G 15 组开展对 ASON 的标准化工作，主要特征为 OTN 智能化，在静态光传送网 OTN 的光信道层 Och 引入智能交换，是一种动态、自动交换的传送网。ASON 采用了分布式控制和光层的交换技术，将交换、传输数据综合起来，由用户动态发起业务请求，网元自动进行计算和选择路径，并通过信令控制完成连接的建立、维护、恢复、拆除，实现根据实际情况主动地按照业务需要动态安排网络资源的目的。

与传统光网络最大的不同在于，传统光网络(例如 SDH、OTN 等)只具备数据平面和管理平面，而 ASON 引入了控制平面，可以快速和高效地配置传送层网络连接、重配或者修改已建立业务的连接。

ASON 的控制平面框架具有通用性，是一个统一的控制平面，独立于传送平面技术，因此可以支持多种不同的传送技术，例如 SDH/SONET、WDM、OTN、PTN 等。

2.4.2　体系结构

ASON 的逻辑体系结构是在光传送网 OTN 的传送实体和网络管理实体的基础上引入一个控制平面，如图 2-37 所示，ASON 的控制平面对电路连接的需求做出响应和控制，同时根据网络资源的可用情况，自动进行动态路由计算，完成建立连接、维持和取消连接等工作。

ASON 的体系结构由传送平面、控制平面和管理平面组成，各平面之间通过相关接口连接。

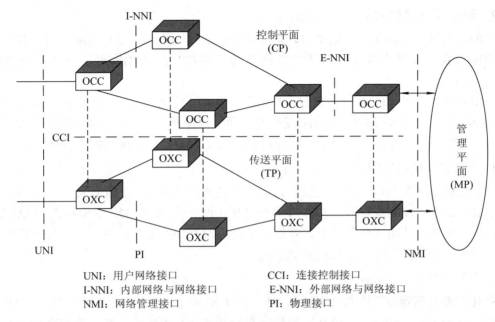

图 2-37 ASON 的逻辑体系结构

UNI：用户网络接口　　　　　　　CCI：连接控制接口
I-NNI：内部网络与网络接口　　　E-NNI：外部网络与网络接口
NMI：网络管理接口　　　　　　　PI：物理接口

1. 控制平面

ASON 的控制层平面由光连接控制器(OCC，Optical Connection Controller)构成，与传送平面相重叠，主要有三个功能：自动发现、路由和连接控制。控制平面可完成呼叫控制和连接控制，具有动态路由连接、自动业务和网络资源发现、状态信息分发、通道建立连接和通道连接管理等功能。

控制平面位于 ASON 的核心部分，主要包括相关信令和路由协议，根据边缘层用户的要求，为用户建立连接提供服务，同时对底层网络进行控制。控制平面内有 UNI、INNI 和 ENNI 三种信令接口。

2. 传送平面

ASON 的传送平面由多个交换器组成，主要功能是转发和传递用户数据，为用户提供端到端业务信息的传送。

3. 管理平面

ASON 的管理平面实现控制平面与传送平面间的协调和配合，完成整个系统的维护功能，为管理者提供对网络设备的管理能力，同时具备分布式的域间网络管理能力、光层路由保持管理、端到端性能监控、网络保护与恢复及资源分配策略管理等功能。

2.4.3　接口类型

1. 用户-网络接口(UNI)

UNI 是用户与运营商控制平面实体(网元)之间的接口，允许用户请求的接入，在建立和拆除连接时产生信号，包括呼叫控制、连接控制和连接选择，也可包含呼叫安全和认证管理等。

2. 网络–网络接口(NNI)

NNI 是光网络中网元之间的接口，主要功能是通过网络传送用户请求，用于在光通道上的中间节点之间建立连接，分为内部网络与网络接口(I-NNI)和外部网络与网络接口(E-NNI)两种。

INNI 提供网络内部的拓扑等信息，负责资源发现、连接控制、连接选择和连接路由寻径等；ENNI 用于屏蔽网络内部的拓扑等信息，负责呼叫控制、资源发现、连接控制、连接选择和连接路由寻径等，以避免子网络的内部信息暴露给外部不可信的子网络。

3. 连接控制接口(CCI)

CCI 是控制平面与网元之间的接口，用来配置光传送网元的交叉连接和获取当前交换状态的信息。连接控制信息通过 CCI 接口为光传送网元(主要为 DXC、SDXC、MADM)的端口间建立连接，从而管理各种不同容量、不同内部结构的交叉设备，通过分布式控制方法使得整个控制网络实现中央控制的功能。

4. 网络管理接口(NMI)

NMI 主要包括管理平面与控制平面接口(NMI-A)及管理平面与传送平面接口(NMI-T)。管理平面分别通过 NMI-A 和 NMI-T 与控制平面及传送平面相连，实现管理平面与控制平面及传送平面之间功能的协调。

5. 物理接口(PI)

PI 是传送平面内网元之间的连接控制接口。

6. ASON 域间节点–节点接口(IrDI-NNI)

IrDI-NNI 用于不同 ASON 管理域的控制层间接口，可以将 ASON 分割为多个 ASON 子网，每个 ASON 子网内部进行独立管理，而多个 ASON 子网之间可以通过域间控制接口(IrDI-NNI)的信息交换，实现对跨多个子网管理区域的端到端连接的建立。

2.4.4 ASON 支持的连接

ASON 支持永久连接、软永久连接和交换连接，类型分为单向点到点、双向点到点、双向点到多点三种。在 ASON 网络中引入交换连接，是 ASON 网络成为交换式智能网络的基础所在。

1. 永久连接

通过管理平面向网元发起配置请求，或者通过人工配置端到端连接通道上的每个网元，完成永久连接的建立。

2. 软永久连接

软永久连接由管理平面和控制平面共同完成。连接建立的请求由管理平面发起，由控制平面建立完成。

3. 交换连接

交换连接是通过控制平面在连接端点间建立信令式连接。控制平面通过 UNI 接口接收用户请求，经过处理后在传送平面中提供一条满足用户需求的光通道，并把连接结果报告给管理平面。管理平面仅负责接收从控制平面送来的连接建立信息。

2.4.5 ASON 国际标准化进展

完成智能自动光交换网络 ASON(即 ASTN)技术标准化的国际组织主要有 ITU-T、IETF、OIF 和 TMF 等机构。

1. ITU-T 标准

ITU-T 主要完成 ASON(智能自动光交换网络)体系结构、信令、路由、自动发现功能和网络管理方面的标准，优势在于网络结构特性方面，协议采用客户/服务器模型。

2. IETF 标准

IETF 标准主要面向传输与数据混合网，利用对现有信令协议的扩展和修改来完成用于智能光网络的控制协议，提出了 GMPLS 一系列标准，如：信令协议、路由协议、链路管理协议等，协议采用对等模型。

3. OIF 标准

OIF 重点关注的是 IP 客户端，多基于结构式方法，主要完成了智能光网络的 UNI 标准。OIF 正在制定 E-NNI 技术规范，倾向于客户/服务器模型。

4. TMF 标准

TMF 标准用于解决不同技术在管理方面的问题，如：ITU-T 的 G.7718，且支持 ASON 控制平面的管理，提供关于控制平面的信息模型等。

在众多标准协议中，IETF 标准由于采用对等模型，接口和信令协议更多的是对现有内容的扩展，过渡起来非常方便，对目前城域网络中网元数目和性能要求来说，是可以满足日常需求的；在未来光网络发展过程中，面临网元数目众多、设备性能大幅度提升、管理功能增强的情况下，采用客户/服务器模型的 ITU-T 标准则更为适合。

从 2000 年 3 月 ITU-T 的 Q19/13 研究组正式提出 ASON 概念到现在，ASON 技术作为控制平面的主流技术，在标准化、商用化等方面都取得了大力发展，使得光网络朝着智能化方向快速发展。随着技术和设备的逐渐成熟，网络中 ASON 设备大量部署，国内从 2004 年开始逐步在省内干线网和城域层面引入 ASON 技术，2013 年中国移动已经在省际干线开始建设具备 ASON 功能的 100 G OTN 网络，且在后期将分区域引入 ASON 功能。根据目前的业务类型和运营商需求，ASON 将同时在电力网络、高铁通信系统、移动通信系统等各类网络中被广泛应用。

习 题

1．简述几种主要传输介质的特点及应用场合。
2．SDH 的帧结构由哪几部分组成，各起什么作用？
3．目前使用的 SDH 信号的速率等级是如何规定的？
4．在 SDH 中，虚容器的含义是什么，它在 SDH 中起什么作用？

5．构成 SDH/SONET 传送网的主要网元设备有哪些，它们在网络中的作用是什么？

6．分析 SDH/SONET 传送网的主要优缺点。

7．请说明 MSTP 与 SDH 的内在联系以及 MSTP 技术的产生背景。

8．简述光传送网的分层结构，为什么要引入一个光信道层，它在 OTN 中起什么作用？

9．简述 OTN 的帧结构，OTN 中低阶信号复用成高阶信号的规则是什么？

10．在现代电信网中，为什么要引入独立于业务网的传送网？

11．请说明电路型传送网络和分组型传送网络的区别，为什么 PTN 传送网是未来传送网络的发展趋势？

12．构成 PTN 传送网的主要网元设备有哪些，它们在网络中的作用是什么？

13．请说明 ASON 与其他传送技术的内在联系，并说明 ASON 的体系结构。

第3章　分组交换原理

在分组交换网上，任意两个节点能够正确交换分组前，必须解决下面几个问题。第一是发送端要对传送到传输媒介上的比特进行编码，以便接收端可以正确理解。第二是对比特序列进行帧定界，因为分组交换网上的信息是以分组为单位进行交换的，通常需要对每个分组对应的比特序列增加定界标志，以帮助接收端正确地从连续的比特序列中定界每一个分组。第三是差错检测，因为帧在传输过程中受外界干扰和信号衰减的影响，有时会出错，所以对收到的每一帧还要进行差错检测。第四是可靠传输，即在有一定差错率的链路上，提供保证分组能够可靠传输的技术。第五是选路，由于大多数情况下，分组网络上两个通信的节点并不是直接相连的，这样网络需要在两个节点之间选择最佳路由。上述五个问题中，第一个问题主要在物理层解决，本章不讨论。问题二、三、四主要在数据链路层解决。第五个问题则主要在网络层解决。本章主要讨论通信网中后四个问题采用的技术。

3.1　帧　定　界

3.1.1　帧的定义

在分层的网络体系中，网络层的传输单元习惯上称为分组或数据报，数据链路层的传输单元则称为帧。在数据链路层，总是把来自上层的数据以帧为单位打包，然后在物理线路上传输。如图 3-1 所示，一帧通常包括帧的开始和结尾的标识 Flag、控制字段 Header、来自上层的净负荷(网络层数据)以及差错检测码(CRC)等。

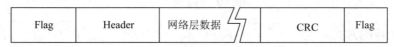

| Flag | Header | 网络层数据 | CRC | Flag |

图 3-1　数据链路层的帧结构

在基于 TDM(Time-Division Multiplex)和 TDMA 技术的电信网中，由固定时隙数组成的一个数据传输单元也称为一帧，其中的每个时隙对应一个 TDM 的逻辑信道或 TDMA 的一个发送端，这样一个帧更应该被看作一个物理层的实体，用于向数据链路层提供信道。TDM帧典型的例子是 PDH 和 SONET/SDH，TDMA 帧典型的例子是 2G 和 3G 移动通信中的电路交换语音业务。本节主要讨论数据链路层通常采用的帧定界方式。

3.1.2　帧定界

接收基于帧的比特流时，接收端需从输入的比特流中识别出帧定界标志，确定一帧的起始和结束位置，这一过程称为帧定界。通过帧定界，接收端可以把一个完整的帧从比特流中提取出来，然后根据需要进行处理或转发。发送端和接收端预先必须协商采用何种定界方法。分组交换网常用的帧定界方法有以下三种。

1. 基于字符的方式

在基于字符的方式中，帧是字节或字符的集合。每帧的开始和结束位置使用一个专用字符标识一帧的边界，称为 Flag，接收端如果收到两个连续的 Flag 字符，则指示一帧的结束和下一帧的开始。同样，如果接收端失去同步，通过搜索连续的两个 Flag 字符，就可以重新定位当前帧的结束和下一帧的开始。

基于字符的方式存在的问题是 Flag 字符也可能出现在一帧的其他字段部分，这会干扰接收端的帧定界。常用的解决方法是引入一个特殊的 DLE(Data Link Escape)字符(也称转义字符)，发送端为一帧增加 Flag 字符前，先对其他字段的数据进行检查，每发现一个"偶发的"Flag 字符，就在它前面插入一个 DLE 字符，最后再增加 Flag 字符完成数据链路层的成帧过程。这样，在接收端发现一个 Flag 字符，其前面没有 DLE 字符就判定为用于帧定界的 Flag，如果前面有 DLE 字符出现，就判定为一个"偶发的"Flag。对"偶发的"DLE字符的情况，也采用插入 DLE 字符的方式来解决，这种技术称为"字符填充"。在接收端，在把数据向上层交付时，会先把插入的 DLE 字符删除，然后再交付，如图 3-2 所示。

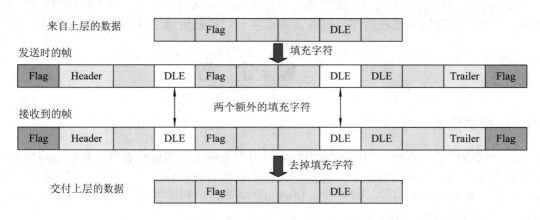

图 3-2　字符填充

2. 基于比特的方式

在基于比特的方式中，把帧看成一个比特序列的集合。每一帧开始和结束用一个特殊的比特序列标识，例如在 HDLC 协议中使用 01111110(0x7E)序列作为帧定界的 Flag 标志。与前一种方式相比，基于比特的方式每帧可以由任意比特数组成，不要求每个字段编码时必须是字节的整数倍。

为区分帧的数据字段中可能出现的"偶发的"Flag 序列，基于比特的方式采用了与"字符填充"类似的"比特填充"技术。发送端执行"比特填充"时，会检查发送序列，每次发现 5 个连续的"1"序列，就在其后自动插入一个"0"，完成插"0"操作后，再加上 Flag 字符。接收端完成帧定界后，则执行相反的删"0"操作，然后向上层交付数据，如图 3-3 所示。

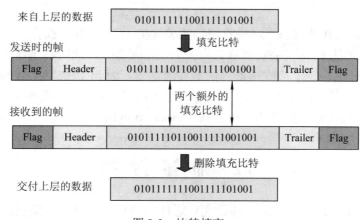

图 3-3　比特填充

3. 基于 CRC 的方式

基于 CRC 的方式最早用于 ATM(Asynchronous Transfer Mode)标准中的信元定界,目前 ITU-T SG15 G.7041GFP(Generic Framing Procedure 也采用这种方式用于分组链路层的帧定界。

基于 CRC 的定界方法直接利用帧头中的 CRC(Cyclic Redundancy Check)字段实现帧定界功能。接收端对接收的比特流进行逐比特检查,寻找正确的 CRC 字段,如果连续多次正确定位了 CRC 字段的位置,接收端就认为正确实现了帧定界。这里以 ATM 为例,介绍基于 CRC 的帧定界原理。

ATM 的信元是定长的。ATM 使用一个 8 比特的 HEC(Header Error Control)字段对信元头的差错进行检测。HEC 字段的另一个用途是利用与信元头其他 4 个字节的相关性完成信元定界功能。该方法不增加额外的开销,与前两种方式相比,可以提高链路的利用率。基于 HEC 的信元定界有如下三个状态,过程如图 3-4 所示。

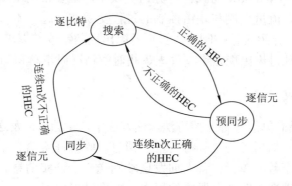

图 3-4　基于 HEC 的信元定界状态图(ITU 建议 n = 6,m = 7)

(1) 搜索状态。开始接收端处于搜索状态,对比特流进行逐比特的检查,搜索正确的 HEC。接收端每收到 32 比特(4 字节)就计算一次 HEC,将计算的结果与后 8 个比特比较(信元头的 HEC),如果正好相等,就进入预同步状态。

(2) 预同步状态。在此状态下,接收端对信元逐个核对 HEC,只有连续收到 6 个含有正确的 HEC 的信元后,才确定真正找到了信元的边界,此时接收端进入同步状态,否则返回搜索状态。

(3) 同步状态。在此状态下，接收端仍然要逐信元进行 HEC 检查，一旦发现 7 个连续的信元含有不正确的 HEC，接收端就认为丢失了信元边界，此时将重新返回到搜索状态。

图 3-4 中，n 值决定了接收端抵御伪定界的能力，而 m 值决定了抵御伪失步的能力。实际系统中，为了防止信息字段中出现"伪 HEC"码，在发送端会对信息进行扰码(Scrambling)，在接收端再执行相反的解扰(Descrambling)。

3.2　流　量　控　制

流量控制负责管理和协调两个通信实体之间的数据传输速率，防止发送端的发送速率超过接收端的处理能力。分组交换网中，通信节点采用存储转发处理方式，接收端要对数据单元进行相关的协议处理，处理之前需要先将分组缓存在接收端的一个缓存区中。当缓存区快填满时，则执行流量控制来防止接收缓存区溢出，防止数据丢失。

3.2.1　流量控制的分类

根据接收端是否给发送端反馈信息，可以将流量控制机制分为开环控制和闭环控制两类。

开环方式中，发送端和接收端之间没有反馈信息，实施流量控制时需要预先分配资源或逐跳分配资源来支持，该方式在电路交换和虚电路技术中应用广泛。开环方式存在的主要问题是网络资源需要在通信开始前按最大需求静态分配，资源利用率不高。

闭环方式中，网络的当前状态信息会反馈给发送端，利用这些实时状态信息，发送端可以动态调整自己的发送速率。闭环方式实现流量控制时有两种策略：停-等(Stop-and Wait)协议和滑动窗口(Sliding Window)协议。在分组交换中，主要采用滑动窗口协议来实现流量控制，该协议实现时，流量控制与差错控制的过程交织在一起。本节重点讨论滑动窗口协议，但为方便理解，在介绍流量控制时，暂不考虑出现差错或数据单元丢失的情况，在 3.3 差错控制小节，会单独讨论出现差错、丢失、超时等情况时滑动窗口协议的处理方法。

3.2.2　停-等式协议

停-等式协议是最简单的一种流控方法。该方法中，发送端每发送一个数据单元，都要启动一个超时定时器，然后等待接收方的证实消息，收到证实消息后，发送下一个数据单元。接收端每收到一个数据单元，都要向发送端回送一个证实消息。如果未收到证实消息前定时器超时，则发送端重发缓存器中的副本。工作过程如下：

发送端	接收端
send packet(I); (re)set timer; wait for ACK	wait for packet;
If (ACK)	if packet is OK
then I++; repeat;	then send ACK;
If (NACK or Time-out)	else send NACK
repeat;	repeat;

　　采用停-等式协议，需要增加的额外开销有：① 一个定时器，用来检测数据单元是否丢失；② 一个序列号，用来判断数据单元是否重复；③ 正证实消息 ACK/负证实消息 NACK，用来通知发送端是否正确接收了指定的数据单元。

　　可见，接收端只要调整证实消息的发送速率，就可以控制发送端的流量。停-等式协议的主要问题是，即使不考虑差错，一个往返传输时延才能发送一个数据单元，信道利用率太低。在等待 ACK 消息的时间里，信道资源都是闲置的。我们做如下设定，并计算停-等式流控的信道利用率：

　　B：信道的带宽，单位为 b/s；

　　D：信道的单向传播时延；

　　L：一个数据单元的长度，单位为 bit。

　　假设接收端处理一个数据单元的时间和发送一个 ACK 消息需要的时间均为 0，这样发送一个数据单元需要的时间是 L/B，等待 ACK 消息的时间为 2D，则信道利用率的计算表达式如下：

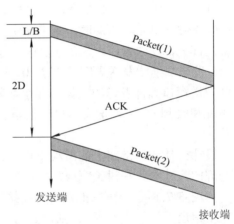

$$U \leqslant \frac{L/B}{2D + L/B} = \frac{L}{2BD + L}$$

式中，在给定的传输距离和传输介质条件下，D 是一个常数。例如，在核心网中典型的带宽为 10 G 的光纤链路上，节点传输一个 1500 字节大小的分组(一个典型的 Ethernet 帧长)，所需时间是微秒级(百万分之一秒)，而在 1000 千米的单模光纤线路上，双向传播时延约为 10 毫秒，该值是相对固定的常数。如图 3-5 所示，显然在停-等式协议中，由于任何时刻链路中仅允许传输一个数据单元，因此在高速链路条件下，当 L/B 远远小于 D 时，U≈L/(2DB)，即链路速率越高，

图 3-5　停-等式流量控制

信道利用率就越低。因此，停-等式协议是不适合高速链路的。

3.2.3　滑动窗口协议

　　滑动窗口协议是目前在高速链路中广泛使用的流量控制技术。为克服停-等式协议的缺点，滑动窗口协议允许发送端在规定的窗口尺寸范围内连续发送多个数据单元，而不必等待收到一个证实消息后才发送下一个数据单元。协议中的窗口尺寸指发送端可以连续发送的、且未被证实的数据单元的上限。在滑动窗口协议中，数据单元包含一个序号字段，假如序号字段有 k 比特，则合法的序号取值空间即为 $0 \sim 2^k - 1$。为保证协议正常工作，窗口最大尺寸不超过 $2^k - 1$。

　　下面举例说明滑动窗口协议的工作原理。假设数据单元采用 3 比特的序号字段，序号范围为 0～7，实际中采用模 2^k 的形式为数据单元依次分配序号，比如序号 7 之后，下一个数据单元编号就是 0。同时，我们选发送窗口最大尺寸为 7，接收窗口为 1，即假设接收端直接丢弃错序的数据单元。如图 3-6 所示，工作过程描述如下：

　　(1) 发送端给每个要发送的数据单元从 0 开始，按模 2^3 依次分配一个序号；

(2) 每发送一个数据单元，发送窗口大小减1，每收到一个证实消息，发送窗口加1。

(3) 接收端采用发送证实消息 ACK(x)的方式来确认已正确接收到的数据单元，其中 x 代表它期望接收的下一个数据单元的序号是 x。当采用累积证实方式时，ACK(x)也同时证实 0～x－1 均被正确接收，因此称为滑动窗口。

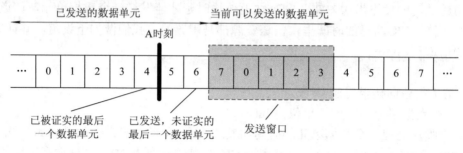

图 3-6　滑动窗口的含义

如图 3-6 所示，在时刻 A，发送端最后收到了证实消息 ACK(5)，即正确接收了序号从 0 到 4 的数据单元，已发送、而未证实的数据单元还有 5，6。此时，发送窗口变为图中灰色标注部分，发送窗口内，允许发送的数据单元数为 5，可用序号依次应为 7、0、1、2、3。然后，发送端继续发送顺序号为 7、0、1、2、3 的数据单元后，如果未收到任何 ACK 消息，此时发送窗口允许发送的数据单元个数就变为 0。滑动窗口的含义，就是只根据发送的数据单元和收到的 ACK 消息，自动调整窗口尺寸的上下边界，但不超过预设的发送窗口最大值。

设计具体通信链路上的滑动窗口协议时，选择合适的窗口尺寸非常关键，那么如何确定合理的尺寸呢？在讨论窗口尺寸如何确定之前，先介绍信道的带宽-时延乘积的概念。

如图 3-7 所示，可以把发送端和接收端之间的一个通信信道看成一个水管，传播时延对应水管的长度，带宽对应直径。这样，带宽×时延的乘积直观的物理意义是：在任意时刻，信道中可容纳的最大比特数。换句话说，就是发送端连续发送数据，当第一个比特到达接收端时，发送端已经发送的比特总数，也就是目前在信道中的比特数。

图 3-7　带宽-时延的乘积

在滑动窗口协议中，发送完窗口尺寸规定的数据后，发送端需要等待，在收到 ACK 消息后才能继续发送，而一个 ACK 消息至少需要一个往返传播时延。将往返传播时延记为 2D，信道带宽仍记为 B，则在收到一个 ACK 消息前，发送端可以发送的比特数上限即为 2BD。以比特为单位，实际中，要求发送窗口尺寸 w≤2BD。

与停-等式协议相比，在其他条件不变的情况下，滑动窗口协议允许在信道中同时传输多个数据单元，其信道利用率要高于停-等式协议。假设窗口值为 w，不考虑差错重发的情况，其信道利用率 U 为：

$$U \leqslant \frac{wL}{2BD+L}$$

我们看到接收端只要在发送 ACK 消息时，动态调整窗口值或控制 ACK 消息的发送频率，就可以达到控制发送端流量的目的。实际上，发送和接收窗口的大小都等于 1 时，滑动窗口就蜕变为停-等式协议。

按照反馈证实消息和重发数据单元方法的不同，滑动窗口协议分为回退 n 帧(GBN，Go-Back-N)和选择性重传(SR，Selective-Repeat)两类。在没有差错的情况下，两者的收发处理流程基本是一样的。当出现差错时，GBN 和 SR 在接收端处理差错和错序数据单元的方式不同，且两者复杂度有较大差异，我们将在 3.3.3 节中详细讨论滑动窗口协议的重发纠错方法。

3.3　差　错　控　制

虽然信号在光纤介质中传输出错的概率很小，但在无线信道和铜线介质上，传输差错率仍然不可忽视。同时，有些应用可以容忍少量的差错，例如音/视频传输过程中的随机差错，但大多数数据通信业务都要求网络保障可靠传输。因此，差错控制仍然是现代通信网的基本功能之一。

3.3.1　概述

差错控制包括差错检测和校正两个方面，即接收端能够判定收到的一个数据单元是否正确，如果出错，能够执行校正。数据单元传输中的差错分为两类：单比特差错和突发差错，其中突发差错意味着数据单元中存在两个或两个以上的比特被改变。实际传输中，由于热噪声和电磁干扰的持续时间通常都远大于一个比特时长，因此往往影响的是一个连续的比特序列，实际中突发差错的概率要高于单比特差错。

实现差错控制的基本方法是增加冗余信息，即在发送时为待发送的数据单元增加额外的比特，这些比特与待发送的数据单元满足一定的约束条件。在接收端，利用这些冗余比特，通过计算约束条件是否被改变来判断是否发生了差错。发现错误后，接收端有前向纠错和重发纠错两种校正方法。前向纠错是接收端根据数据单元携带的冗余比特判定是否发送错误，并进行纠错，纠错不需要发送端的配合。重发纠错是接收端检测到发送错误，请求发送端重发数据单元来纠错，直到接收正确为止。

实际中，前向纠错的实现成本很高，因为检测错误只需要判定一个数据单元传输过程是否发生错误，无需知道发生了几个比特的错误，以及出现差错的具体位置。这样，检测单比特差错和突发差错的开销都是一样的。但实现前向纠错，则需要精确地知道错了几个比特以及具体差错的位置。例如对一个 8 比特的数据单元，如果要校正单比特错误，就需要考虑 8 个可能的差错位置，如果要校正 2 比特错误，就需要考虑 28 种可能性，我们可以想象，对于互联网上更多比特数的数据单元，要校正多比特的差错，计算的复杂度有多高！由于上述原因，除了在差错率较高、传输时延大的卫星信道外，其他场合下，差错控制主要通过差错检测和重发纠错两种方法的结合来实现。例如，在滑动窗口协议中，就通过使用证实消息和超时这两个机制来实现自动请求重发(ARQ，Automatic Repeat Request)纠错的。

另外，与帧定界功能主要在数据链路层实现不同，差错控制与流量控制则是一个端到端的全局性问题，在一个分层体系的网络中，它们可以在任何一层来实现，因此本节讨论的算法并不局限于某一个层次。

3.3.2 差错检测

1. 循环冗余校验码

循环冗余校验码(CRC，Cyclic Redundancy Check)是目前通信中最常用的检测传输差错的技术之一，它的优点是可以用很少的冗余比特检测很大的变长数据单元是否发生差错，尤其对突发差错的检测效率很高，并且易于用硬件实现算法。在目前的通信网上，CRC 主要用于数据链路层的差错检测(HDLC、Ethernet、PPP、ATM 等)。以 Ethernet 为例，一个数据帧净负荷的长度可达 1500 字节，但 CRC 开销仅为 32 比特。

CRC 是线性分组码的一种类型，因其每个码字执行循环移位操作后仍然是码字集中的另一个码字，因此称其为循环冗余校验码。CRC 的数学原理很容易理解，假设有 n+1 比特信息要发送，CRC 算法将这个比特序列看成一个最高阶为 n 的二进制多项式，例如要发送 10010011，则对应的多项式可以表示为：

$$M(x) = 1 \times x^7 + 0 \times x^6 + 0 \times x^5 + 1 \times x^4 + 0 \times x^3 + 0 \times x^2 + 1 \times x^1 + 1 \times x^0$$
$$= x^7 + x^4 + x^1 + 1$$

这样，CRC 算法就将发收双方的比特交换问题转化为等价的多项式交换。为了计算用于检错的 CRC 码，收发双方需要约定一个生成多项式 G(x)。如果我们把要执行 CRC 校验的数据比特序列记作 M(x)，那么 G(x)类似于除法运算中的除数，M(x)则是被除数。假设 G(x) = $x^3 + x^1 + 1$，则 G(x)的阶数 k = 3。

当发送端要发送 n 比特信息 M(x)时，就用 G(x)对 M(x)执行模 2 多项式除法运算，多项式运算的结果有商和余项两部分，将商部分丢弃，余项 R(x)即为我们需要的 CRC，发送端最后实际发送的多项式 P(x) = M(x) + R(x)，即实际发送的数据为 n + k 比特。

如果传输中没有发生差错，接收端收到的多项式 T(x)将等于 P(x)，接收端用约定的 G(x)对 T(x)执行模 2 加法运算，得到的余项 R'(x)将为 0，如果 R'(x)不等于 0，则接收方就判定出了差错。

假设生成多项式 G(x)的阶数为 k，CRC 算法的具体运算步骤如下：

(1) 执行 $x^k \times M(x)$，即将 M(x)左移 k 位，得到零扩展的 T(x)；

(2) 执行 T(x)/G(x)的模 2 多项式除法运算，求出余项 R(x)；

(3) 执行 T(x) – R(x)模 2 多项式减法，得到待发送的 P(x)。

要注意的是，执行模 2 多项式除法时，如果被除数最高位为 1，则用 G(x)做除数执行除法运算，如果被除数最高位为 0，则用 0 做除数，除了执行移位什么都不做；而模 2 多项式减法则等价于逐位执行异或运算(无进位)。为方便理解 CRC 算法采用的模 2 多项式运算，在图 3-8 中给了一个简单的例子来说明。

图 3-8 中，M(x)对应 11010011101100，G(x)对应

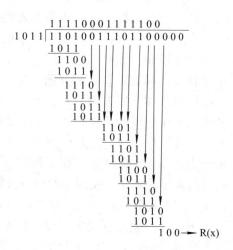

图 3-8　模 2 多项式除法计算 CRC

1011，因为 G(x)阶数 k = 3，因此 M(x)左移三位后有 11010011101100000，对其执行模 2 多项式除法，得到 R(x) 为 100。因此最后实际发送的 P(x)对应的比特序列为 11010011101100100。接收端收到 P(x)后，如果 P(x)没有差错，则用 R(x)去除 P(x)，得到的余项应该为 0。

在 CRC 算法设计中，生成多项式决定可以检测哪些类型的差错，因此，选择合适的生成多项式就成为 CRC 算法设计的最重要环节。实践中，最常见的差错类型是单比特和突发的 k 比特差错，假设我们把差错也看成一个多项式 E(x)，如果发生了差错，接收端收到的多项式即为 P(x) + E(x)，因为我们已知 P(x)可以被生成多项式整除，因此基本设计原则就是保证常见的差错不能被 G(x)整除。可以证明，CRC 生成多项式具有以下性质：

(1) 最高位和最低位的系数为 1，可以检测所有的单比特差错；

(2) 如果 G(x)的阶数为 k，则可以检测出任何长度小于 k 的成组差错；

(3) 如果 G(x)包含因子 x + 1，则可以检测任意奇数个错误。

实际工作中，常用的 CRC 算法都定义有标准的、检错性能良好的 R(x)，我们仅需要根据要保护的数据单元的最大长度查阅相关规范，选择合适的 R(x)即可。表 3-1 给出了目前通信网中常用的 CRC 算法的生成多项式，一般来说，假如 R(x)的阶数为 k，则其可以保护数据单元的最大长度为 $2^k - 1$ 比特。

表 3-1 常用 CRC 算法的生成多项式

名称	多 项 式	应用
CRC-8	$x^8 + x^2 + x + 1$	ATM header
CRC-10	$x^{10} + x^9 + x^5 + x^4 + x^2 + x + 1$	ATM AAL
CRC-16	$x^{16} + x^{12} + x^5 + 1$	HDLC
CRC-32	$x^{32} + x^{26} + x^{23} + x^{22} + x^{16} + x^{12} + x^{11} + x^{10} + x^8 + x^7 + x^5 + x^4 + x^2 + x + 1$	Ethernet

2. 互联网校验和

第二种常用的差错校验方法是校验和算法，它主要应用于 IP、TCP 和 UDP 等互联网高层协议中。校验和算法的原理很简单，假设一个字由 16 比特组成，一个比特序列就可以看成是一个以 16 比特为单位的字序列，在发送端以 16 比特整数为单位执行加法运算，将求和的结果作为校验和与原数据比特序列一起发送。在接收端对接收到的数据比特序列执行相同的求和运算，将求和的结果与接收到的校验和进行比较，如果相等，就表明没有差错，反之则表示有差错。

互联网采用的校验和算法在 RFC1071 中描述，它采用反码求和运算(1 的补码运算)，与前述的基本校验和相比，为方便接收端检测差错，实现上做了一些变化。具体算法描述如下：

在发送端：

(1) 首先将校验和字段置为 0，然后将要校验的比特序列以 16 比特为单位执行反码求和运算，如果比特序列不是 16 比特的倍数，则用 0 比特填充；执行反码加法运算时，产生进位时要加到低位。

(2) 对反码求和结果再求反码，然后填入校验和字段。

(3) 发送数据包。

在接收端：对接收到的比特序列(包含校验和字段)执行和发送端一样的反码加法运算，检查得到的和是否是全 1，如果是全 1 则表明无差错，否则表明有差错。

图 3-9 用一个例子说明了校验和算法的原理。为方便理解，我们假设待发送比特序列中包含两个 4 比特的整数，校验和为 4 比特。

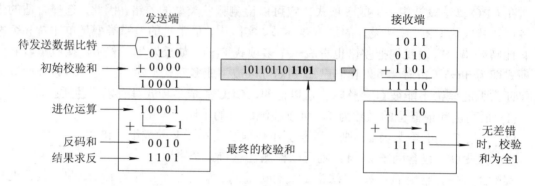

图 3-9　互联网校验和算法

在后续的章节中，我们将看到校验和算法在 IP、TCP 等协议中的具体应用。与 CRC 算法相比，校验和算法检错能力较弱，但算法简单，易于用软件实现，在数据链路层已经提供差错控制的前提下，在更强调性能的高层采用校验和算法进行"查漏补缺"是合理的。

3.3.3　重发纠错

数据单元在传输的过程中除了存在差错的情况，还会出现丢失、超时等情况，通信网中处理这两种情况的常用方法是自动请求重发技术(ARQ)。本节介绍与滑动窗口协议相结合的回退 n 帧 ARQ，简称 GBN，以及选择性重传 ARQ，简称 SR(Selective-Repeat)。两者的区别在于接收端对出错、超时的处理方式不同，同时协议的复杂性递增，效率也递增。

1. GBN

GBN 是通信网中最常用的一种重发纠错方式。对基于滑动窗口协议的 GBN，假设窗口值为 n，则主要工作特点描述如下：

(1) 发送端允许连续传输至多 n 个未证实的数据单元。

(2) 接收端按顺序接收数据单元。

不接收错序的数据单元，如果收到错序的，则丢弃。

(3) 接收端对数据单元采用累积证实方式(Cumulative Acknowledgements)。

当接收端发送 ACK(x)消息时，其含义是：期望接收的下一个数据单元的顺序号是 x，x 之前的都正确接收了。

(4) 发送端仅为当前发送窗口中第一个未证实的数据单元设置 1 个超时定时器。

每次收到 ACK 消息后，则重置该定时器；假如超时，如果定时器对应的顺序号为 A + 1，则重传从 A + 1 开始所有未被证实的数据单元。

以图 3-10 为例，说明 GBN 的工作过程。图中假设 k = 3，顺序号的取值范围为 0～7，窗口尺寸设为 3。右图为一个数据单元在传输中出错的情况，左图为没有差错的情况，用来对比差错情况下的 GBN 工作过程。

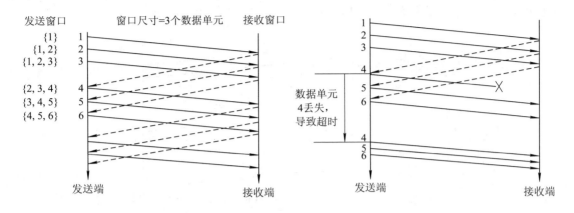

图 3-10　GBN 的重发纠错

假设发送端发送的第一个数据单元的顺序号为 1，则在收到 ACK(2)证实消息之前，发送端可以连续发送顺序号等于 1、2、3 的 3 个数据单元，并为数据单元 1 启动一个超时定时器。每收到一个 ACK(x)消息后，发送端就重置定时器，并调整发送窗口边界。图 3-10 右图中，数据单元 4 传输中出差错，但数据单元 5、6 顺利到达接收端。由于错序，数据单元 5、6 并不是接收端期望接收的下一个数据单元 4，因此，接收端将丢弃它们。直到对数据单元 4 的定时器超时，发送端从 4 开始重发所有已发送、未证实的数据单元。

2. SR

GBN 在差错率低的信道上可以很好地工作，但如果信道差错率高，则频繁的重发会占用大量的带宽资源。SR 是另一个常用的基于滑动窗口协议的重发纠错方法。与 GBN 不同的是，当发生数据单元的差错、丢失等情况时，发送端不需要把一个往返传输时延中已发送、未证实的所有数据单元都重发一遍，而仅发送差错或丢失的数据单元。SR 的主要工作特点如下：

(1) 发送端可以至多连续传输 n 个未证实的数据单元。

(2) 接收端对每个数据单元分别证实。例如，若数据单元 k 丢失，k+1 正确接收，则接收端发送 ACK(k+1)，证实数据单元 k+1 正确接收了。发送端则在数据单元 k 超时后，仅选择重传数据单元 k。

(3) SR 的重传效率优于 GBN，但协议更复杂，开销更大。发送端需要为每个未证实的分组单独设置一个定时器。接收端需要更大的缓存和更复杂的处理逻辑，以保证能将重传的数据单元插入到正确的位置。

我们通过图 3-11 说明 SR 的重发纠错与 GBN 的差异。假设发送端连续发送 1~3 号 3 个数据单元，接收端正确接收这 3 个数据单元后，发送 ACK 给予证实。发送端每发送一个数据单元，就启动一个对应的定时器，每正确收到一个 ACK(x)，就释放缓存区，调整发送窗口边界。假如数据单元 4 丢失，5、6 被正确接收，此时，SR 的接收端不会丢弃数据单元 5、6，而是缓存它们，并向发送端发送相应的证实消息。发送端在数据单元 4 的定时器超时后，先自动重发数据单元 4，然后再按序发送后续的数据单元 7。

与 GBN 相比，SR 减少了出错重发的开销，看起来要比 GBN 效率更高。但一方面，SR 增加了接收端的缓冲区开销，而且为了保证数据单元顺序接收，接收端还必须能够把重发的数据单元插入到缓冲区中正确的位置；另一方面，SR 也要求发送端能够不按顺序发送数据单元。由于上述的复杂性，SR 不如 GBN 在实际中应用得广泛。

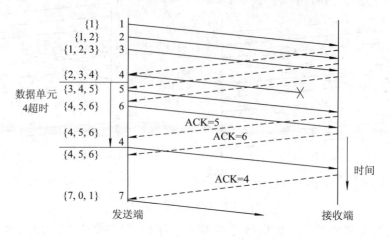

图 3-11　SR 的重发纠错

3.4　路　由　选　择

路由选择的目的很简单，即在一个由一组网络节点和连接网络节点的链路组成的网络中，选出一条从源节点到目的节点的"最短"路径。这里所说的"最短"，指在选路过程中，以跳数、时延、带宽等参数为度量值，从可达目的地的路径集中选出的度量值最小的一条路径。现代通信网中，路由选择功能在网络层实现。除了局域网以外(例如下一章介绍的 Ethernet，其标准就没有定义网络层)，各种类型的网络都需要路由选择功能。小型网络中，可以采用静态手工配置路由的方式，而在大中型网络中则以动态路由选择方式为主。

相应地，路由选择也分成静态选路和动态选路两种方式。在静态方式中，要求网络的拓扑结构具有高度的稳定性，网络拓扑及每条路由的度量值由管理员预先手工输入，到每个目的地的路由也由管理员手工配置。当网络的状态、拓扑、配置发生变化时，路由的修改也需要人工干预。静态选路方式主要在小型网络和公众电话交换网(PSTN，Public Switched Telephone Network)中应用。动态选路方式，一方面可以通过路由算法自动计算到每个目的地的路由，另一方面，可以根据网络的状态、拓扑、配置发生的变化，自适应地修改更新路由。因此，现代通信网中主要以动态路由选择方式为主。

动态路由选择是通过路由算法来实现的，路由算法至少包含两个部分：

(1) 计算到每个目的地要经过的"最佳"路由。

(2) 监控网络流量、配置的变化，以及故障情况，动态更新路由信息。

下面，我们先介绍图论中的一些基本概念，然后分别介绍基于"最短"路径的距离-向量路由算法和链路状态路由算法。在分组交换网和互联网中，路由协议通常采用上述两种算法之一或其变种。

3.4.1　图论的基本概念

图论(Graph Theory)是数学的一个分支，图论中的图是由若干给定的节点及连接两节点的边所构成的。这种图用来描述事物之间的某种特定关系，用节点代表事物，用连接两节点的边表示相应两个事物间所具有的关系。

在设计路由算法时，用图来描述通信网络是最自然的方法。其中，网络节点表示为图中的节点，链路则表示为图中的边，图中的边用一个值表示它的费用。采用图论的方法描述网络时，可以不必考虑边的费用的实际意义。图 3-12 是一个用图来描述通信网络的例子。

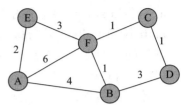

图 3-12　通信网络的图示例

采用数学形式，可以将图 G 描述为一个二元组：G = (N，E)，其中 N 是非空有限的节点集合，其元素为节点，E 是边的有限集合，可以为空。E 中的一条边 e 可以表示为节点的二元组$(x，y)$ $x，y \in N$。一条边的费用，则表示为$c(x，y)$，如果节点对$(x，y)$不属于 E，则$c(x，y) = \infty$。图的大小用节点数$|N|$和边数$|E|$来表示，对一个图执行某个算法所需的时间通常要用这两个参数来衡量。此外，为简化讨论，我们考虑无向图的情况(即图中的边没有方向)，此时$c(x，y) = c(y，x)$。

如果边$(x，y)$属于 E，则称 x 和 y 是邻居。应用中，为表示和存储一个图中节点和边的结构关系，常常采用邻接矩阵的形式来描述一个图。针对图 3-12 的网络拓扑结构，其对应的邻接矩阵如图 3-13 所示。

$$
\begin{array}{c}
\begin{array}{cccccc} A & B & C & D & E & F \end{array} \\
\begin{array}{c} A \\ B \\ C \\ D \\ E \\ F \end{array}
\begin{bmatrix}
0 & 4 & \infty & \infty & 2 & 6 \\
4 & 0 & \infty & 3 & \infty & 1 \\
\infty & \infty & 0 & 1 & \infty & 1 \\
\infty & 3 & 1 & 0 & \infty & \infty \\
2 & \infty & \infty & \infty & 0 & 3 \\
6 & 1 & 1 & \infty & 3 & 0
\end{bmatrix}
\end{array}
$$

图 3-13　加权无向图的邻接矩阵

当知道了图中各边的费用后，图 G 中，任意两点间的一条路径就可以用一个节点序列$(x_1, x_2, \cdots, x_p)$精确地描述，并且其中的每条边(x_1, x_2)，(x_2, x_3)，(x_{p-1}, x_p)都属于 E，路径$(x_1, x_2, \cdots, x_p)$的费用则等于$c(x_1, x_2) + c(x_2, x_3) + \cdots + c(x_{p-1}, x_p)$。任意两点之间的最短路径，即为两点之间所有路径中费用最低的那条路径。图 3-12 中，从 A 节点到 C 节点存在多条路径，但费用最低的是$(A，E，F，C)$和$(A，B，F，C)$，费用均为 6，在费用相等的情况下，通常选择节点数少的为最短路径。

3.4.2　链路状态路由算法

1. 简介

链路状态路由算法又叫 Dijkstra 算法(以其发明者命名)，或简称 LS 算法。LS 算法从给定源节点$s \in N$出发，找出该节点到图 G 中所有其他节点的最短路径。LS 算法的思想简单描述如下：

(1) 将所有节点分成两部分：一部分是最短路径已找到的节点集合 T，另一部分是最短路径还未确定的集合 N。

(2) 初始化时，最短路径已知的节点集合 T 为空，源节点 s 到自身的最短路径$d(s，s)$为 0，其他待定。

(3) 循环迭代执行，直到所有节点的最短路径都找到为止：

① 在执行第 k + 1 步迭代时，有 k 个节点的最短路径已经找到。从最短路径尚未确定的集合 N 中，选取一个离源节点 s 距离最短的节点 i，加入到 T 中。

② 此时，节点 i 到 s 的距离就是最短路径。

③ 对所有目前还在 N 中且与节点 i 相邻的节点 j，执行最短距离的更新操作：

a. 计算 d(s，i) + c(i，j)的值；

b. 比较当前 d(s，j)与 d(s，i) + c(i，j)的大小，取其中小者作为 s 到 j 的新的最短距离。此步的目的是降低节点 s 到 j 的距离，因此又称降距操作。

(4) 对图 G = (N，E)，迭代执行第(3)步，当 N 为空时，算法结束。

执行 LS 算法时，要求网络拓扑结构和每条链路的费用是已知的。实践中，这是通过网络中每个节点向其他所有节点洪泛链路状态消息来完成的，每条链路状态消息包含节点所连接链路的地址、费用、类型等信息。通过节点洪泛，每个节点最终都会获得和其他节点一样的网络拓扑图及链路费用信息。

2. 算法伪代码描述

下面给出 LS 算法的伪代码描述。首先给出算法中使用的符号和变量定义：

s——源节点。

N——算法中最短路径还未确定的节点集。

T——算法中已找到最短路径的节点集。

c(i，j)——节点 i 到节点 j 的链路费用，它大于等于 0。c(i，i) = 0；如果节点 i 和 j 之间不直连，则 c(i，j) = ∞。

d(i)——从源节点 s 到节点 i 的当前最短路径费用值。在算法执行每次迭代的过程中，该值需已知，算法结束时，该值就是图中 s 到 i 的最短路径的费用值。

下面是 LS 算法的伪代码。

//步骤1：初始化

　T = {s};　　　　　　　　　　//初始化时，将源节点 s 加入到 T 中

　N = N-{s}；

　for 所有的节点 i　　　　　　//初始化 d(i)的值

　　　if　i 是 s 的邻居

　　　　then　d(i) = c(s，i)；

　　　else　　d(i) = ∞；

　while (N≠空)

//步骤2：选下一个节点

　　在 N 中选择下一个节点 i，满足：i∉T，且 d(i) = min{d(j): 对所有 j∉T}；

　　将 i 加入 T 中；

//步骤3：对 i 的邻节点 j，执行降距操作

　　　for(对每个节点 j，j∉T 且与 i 邻接)

　　　if(d(j) > d(i) + c(i，j))　　*//如果左边大于右边，则更新 d(j)*

　　　　　d(j) = d(i) + c(i，j)；

上述算法中步骤 2 和 3 每次迭代要执行一次，并将一个符合条件的新节点加入到 T 中，同时确定从 s 到该节点的最短路径及费用。

从 LS 算法伪代码中可看到，整个算法要执行 $|N| - 1$ 次迭代，每次迭代中执行的运算次数也与 $|N|$ 成正比，其算法的时间复杂度是 $|N|^2$ 的量级。当所有的节点都加入到 T 中后，

算法结束。结束时，每个节点 i 的 d(i) 就是从 s 到 i 的最短路径的费用。

3. 示例

我们以图 3-12 的网络为例，说明 LS 算法的执行过程。表 3-2 描述了源节点为 A 时，各步迭代过程中的计算结果，表中 p(i) 表示从 A 到 i 的最短路径上，i 的前续节点(i 的邻居)。

步骤 0 执行的初始化过程，此时 T 中仅有源节点 A，与 A 邻接的三个节点 B、E、F 初始时 d(i) 值就等于其链路费用。与 A 非直连的 C 和 D，$d(i) = \infty$。

第一次迭代：首先选择下一个节点 i，i 要满足不在 T 中，且当前 d(i) 的值是目前所有不在 T 中的节点的最小值。按这个规则，选出的节点是 E，将 E 加入 T 中。

下来对那些目前不在 T 中，且与 E 相邻的节点的最短路径执行降距操作。图 3-12 中，需要更新的节点有一个为 F，F 的最短路径 d(F) 的计算过程如下：

(1) $d(E) + c(E, F) = 2 + 3 = 5$；

当前 $d(F) = 6$；

(2) $d(F) = \min[d(F), d(E) + c(E, F)] = \min[6, 2 + 3] = 5$；//更新为 5

第二次迭代：按同样的规则，因为 $d(B) < d(F) < d(C)$、$d(D)$，选择将节点 B 加入 T 中，然后对节点 D、F 执行降距操作。

迭代过程执行 5 次，N 为空后，算法终止。

表 3-2　LS 算法的计算过程

步骤	节点集 T	d(B)、p(B)	d(C)、p(C)	d(D)、p(D)	d(E)、p(E)	d(F)、p(F)
0	{A}	4, A	∞, --	∞, --	2, A	6, A
1	{A-E}	4, A	∞, --	∞, --		5, E
2	{A-E-B}		∞, --	7, B		5, E
3	{A-E-B-F}		6, F	7, B		
4	{A-E-B-F-C}			7, B		
5	{A-E-B-F-C-D}					

3.4.3　距离-向量路由算法

1. 算法描述

距离-向量路由算法又叫 Bellman-Ford 算法(以其两位主要发明者命名)，或简称 DV 算法，它是互联网上广泛使用的另一个路由算法。同 LS 算法的目标一样，DV 算法也是计算从源节点出发，到网络中所有其他节点的最短路径。但与 LS 算法不同的是，它是一个异步的、分布式算法。DV 算法仅需要每台路由器与自己的邻居交换路由信息即可计算最短路径，而不需要像 LS 算法那样，与网络中所有的路由器交换信息，获得了网络的完整拓扑信息后，再计算最短路径。

DV 算法的基本思想描述如下：

(1) 从一个给定的源节点出发，寻找限制条件是路径上最多只有一条链路的最短路径。

(2) 找限制条件是路径上最多只有两条链路的最短路径。

(3) 依次类推，迭代执行，直到最短路径的费用不再变化，算法结束。

DV 算法采用分布、迭代式的实现方式，计算过程中，各节点异步执行。算法执行中，每个节点维持一张路由表，表中每一项是一个三元组 <Destination, Cost, NextHop>，描述到网络中每个目的地的最小费用和下一跳(邻居节点)。网络中每个节点仅与自己的邻居节点交换路由信息，独立更新路由表。执行路由更新的触发条件如下：

(1) 本地链路费用发生改变；

(2) 从邻居节点收到新的距离-向量，或一个目的地的新的最小费用；

(3) 与邻居定期交换路由表信息。

假如收到了"更好"的路由信息，就更新本地路由表，否则忽略。DV 算法中，邻居之间交换的路由信息称为距离-向量信息列表，其中每条距离-向量信息是一个二元组 <Destination，Cost>，包含目的地地址以及到目的地的距离，但不包含下一跳信息。下一跳也就是所谓的向量(或方向)。实际上，距离-向量信息是从哪一个邻居接收的，下一跳隐含的就是该邻居。DV 算法中算法迭代执行，当最短路径不再变化时，算法自动终止。

2. 算法伪代码

下面给出 DV 算法的伪代码描述。首先给出算法中使用的符号和变量定义：

N——网络中的节点集。

s——源节点。

$c(i, j)$——从节点 i 到 j 的链路费用；$c(i, i) = 0$；节点 i 和 j 之间不直连时，$c(i, j) = \infty$。

$d_i(j)$——从节点 i 到节点 j 的当前最短路径的费用。

D_i——$[d_i(j)$：$j \in N]$是节点 i 的距离-向量，D_i 保存从 i 到 N 中所有其他节点 j 的当前最短路径的费用。

//步骤1：初始化，以节点 s 为源节点

for 对 N 中所有的节点 i

　　　if 　i 是 s 的邻居

　　　　　then $d_s(i) = c(s, i)$；

　　　　　else $d_s(i) = \infty$；

for 对 s 的每一个邻居 w

　　　　$d_w(i) = \infty$；对所有 $i \in N$

for 向 s 的每一个邻居 w

　　　　发送距离-向量 D_s；

//步骤2：更新

while (forever)

　　　等待直到(到某邻居 w 的直连链路成本改变 or 收到某邻居 w 的距离-向量更新)

　 for 对除 s 外 N 中的所有节点 i

　　　　执行 $d_s(i) = \min_w\{c(s, w) + d_w(i)\}$，对 s 所有邻居 w；//Bellman-Ford 方程，降距操作

　　　　if 　节点 s 到任意一个目的地 i 的 $d_s(i)$发生变化

　　　　　　向所有邻居节点发送 D_s。

上述算法描述了当一个节点 s 看到它的直连链路的费用发生变化，或从某个邻居 w 收到一个距离-向量更新消息后，如何更新自己的距离-向量。初始化时，节点 s 知道与自己直连的邻居链路费用，到邻居的当前最短距离 $d_s(i) = c(s, i)$，非直连的均设置为∞。这个步

骤与 LS 算法基本一致。然后，向邻居发送距离-向量列表 D_s。

　　下面将进入循环状态，每当节点 s 从它的任何一个邻居收到了路由更新消息后，就使用步骤 2 中的 Bellman-Ford 方程，判断是否需要更新自己的路由表。如果节点 s 因为步骤 2 改变了自己的路由表，则立即向它的每个邻居发送更新后的 D_s。如无更新，就停下来等待。

　　步骤 2 中的 $d_s(i) = \min_w\{c(s, w) + d_w(i)\}$，被称为 Bellman-Ford 方程。方程中的 $\min_w$ 代表 s 到 i 最短路径的费用，而这个最短路径的费用是指遍历 s 的所有邻居 w 的 $c(s, w) + d_w(i)$ 后，取其中的最小值。

　　可以看到，执行步骤 2，更新每一个节点 i 的最短路径费用值 $d_s(i)$ 时，源节点 s 并不需要真正地知道从 s 到 i 的最短路径是什么，而只需要知道邻居 w 到 i 的当前最短路径的费用 $d_w(i)$，就可以做是否更新路由的决策了。而 $d_w(i)$ 正是从邻居 w 发给 s 的距离-向量更新信息中获得的。可以证明 DV 算法的执行时间是 $|N| \times |E|$ 的数量级。

3. 示例

　　为便于理解 DV 算法，下面用一个简单的网络拓扑说明算法的执行过程，见图 3-14。

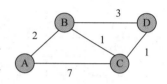

　　假设每个节点维护一张形式上如图 3-15 所示的路由表，表中各行对应源节点，各列对应目的节点，表中每一行对应一个源节点到所有目的节点的当前距离-向量 D_i。本例中，每个节点路由表既保存自身的距离-向量，也保存每个邻居的距离-向量。以节点 A 为例，说明 DV 算法的计算过程。

图 3-14　DV 算法示例

　　1) 初始化

　　初始化时，每个节点仅知道与自己直连的邻居的链路费用。图 3-15 是各节点初始化后的路由表内容。参照伪代码初始化部分，以 A 为例，主要工作为：

　　(1) 对于网络中所有节点 i，如果是 A 的邻居，执行 $d_A(i) = c(A, i)$；如果不是 A 的邻居，则执行 $d_A(i) = \infty$。

　　(2) 对 A 的邻居 B 和 C，执行 $d_w(i) = \infty$，$i \in N$。

　　初始化结束后，得到 A 的距离-向量 $D_A = [d_A(A), d_A(B), d_A(C), d_A(D)] = [0, 2, 7, \infty]$。由于还没有收到来自邻居的路由信息，因此邻居 B、C 的距离-向量初始值在节点 A 均为 $[\infty, \infty, \infty, \infty]$。然后 A 把 D_A 发送给邻居 B、C，结束初始化。图 3-15 中，灰色标识的表项即为各节点当前的最短路径的距离-向量。

节点 A					
	A	B	C	D
A	0	2	7	∞
B	∞	∞	∞	∞
C	∞	∞	∞	∞

节点 B					
	A	B	C	D
A	∞	∞	∞	∞
B	2	0	1	3
C	∞	∞	∞	∞
D	∞	∞	∞	∞

节点 C					
	A	B	C	D
A	∞	∞	∞	∞
B	∞	∞	∞	∞
C	7	1	0	1
D	∞	∞	∞	∞

节点 D					
	A	B	C	D
B	∞	∞	∞	∞
C	∞	∞	∞	∞
D	∞	3	1	0

图 3-15　节点初始化后

　　2) 迭代

　　实际网络中，DV 算法在各节点是异步执行的。本例为方便讲解，假设每个节点的 DV

算法是同步执行的，即同时交换距离-向量信息，同时计算路由表。

以 A 为例，A 会收到来自 B 的距离-向量 $D_B=[2, 0, 1, 3]$，来自 C 的距离-向量 $D_C=[7, 1, 0, 1]$，保存，如图 3-16 所示。然后根据 Bellman-Ford 方程，A 利用 D_B、D_C 更新路由表中的 D_A。步骤如下：

(1) $d_A(B) = \min\{c(A, B) + d_B(B), c(A, C) + d_C(B)\} = \min\{2+0, 7+1\} = 2$;

$\quad d_A(C) = \min\{c(A, B) + d_B(C), c(A, C) + d_C(C)\} = \min\{2+1, 7+0\} = 3$;

$\quad d_A(D) = \min\{c(A, B) + d_B(D), c(A, C) + d_C(D)\} = \min\{2+3, 7+1\} = 5$;

因此节点 A 的距离-向量 $D_A = [0, 2, 3, 5]$，发生了更新，更新部分在图 3-16 中用下划线标出。

(2) 同理，在 A 收到邻居 B、C 的距离-向量信息执行更新时，节点 B、C、D 也会收到自己的邻居发来的距离-向量信息，执行更新计算。图 3-16 是各节点执行完第一次迭代后的计算结果。此时各节点都获得了链路跳数最多为 2 跳时的最短路径。

节点 A

	A	B	C	D
A	0	2	3	5
B	2	0	1	3
C	7	1	0	1

节点 B

	A	B	C	D
A	0	2	7	∞
B	2	0	1	2
C	7	1	0	1
D	∞	3	1	0

节点 C

	A	B	C	D
A	0	2	7	∞
B	2	0	1	3
C	3	1	0	1
D	∞	3	1	0

节点 D

	A	B	C	D
B	2	0	1	3
C	7	1	0	1
D	5	2	1	0

图 3-16　各节点第一次迭代完成后

(3) 因为 D_A、D_B、D_C、D_D 都发生了改变，因此四个节点都需要把更新后的距离-向量发送给自己的邻居，进行下一次迭代计算。

第二次迭代，仍以节点 A 为例，过程如下：

$d_A(B) = \min\{c(A, B) + d_B(B), c(A, C) + d_C(B)\} = \min\{2+0, 7+1\} = 2$;

$d_A(C) = \min\{c(A, B) + d_B(C), c(A, C) + d_C(C)\} = \min\{2+1, 7+0\} = 3$;

$d_A(D) = \min\{c(A, B) + d_B(D), c(A, C) + d_C(D)\} = \min\{2+2, 7+1\} = 4$;

因此节点 A 的距离-向量 $D_A = [0, 2, 3, 4]$ 发生了更新。如图 3-17 所示，是各节点执行完第二次迭代后的计算结果。此时，各节点都获得了链路跳数最多为 3 跳时的最短路径。我们看到只有 D_A 和 D_D 发生了改变，因此第三次迭代仅有 A、D 两节点需要把更新后的距离-向量发送给自己的邻居，进行下一次迭代计算。

节点 A

	A	B	C	D
A	0	2	3	4
B	2	0	1	2
C	3	1	0	1

节点 B

	A	B	C	D
A	0	2	3	5
B	2	0	1	2
C	3	1	0	1
D	5	2	1	0

节点 C

	A	B	C	D
A	0	2	3	5
B	2	0	1	2
C	3	1	0	1
D	5	2	1	0

节点 D

	A	B	C	D
B	2	0	1	2
C	3	1	0	1
D	4	2	1	0

图 3-17　各节点第二次迭代完成后

第三次迭代时，由于节点 B、C 无距离-向量更新所以也不用发送给节点 A、C，因此节点 A、D 此轮路由表无需更新计算，仅节点 B、C 需要根据收到的 D_A 和 D_D 重新计算，如图 3-18 所示。

节点 A

	A	B	C	D
A	0	2	3	4
B	2	0	1	2
C	3	1	0	1

节点 B

	A	B	C	D
A	0	2	3	4
B	2	0	1	2
C	3	1	0	1
D	4	2	1	0

节点 C

	A	B	C	D
A	0	2	3	4
B	2	0	1	2
C	3	1	0	1
D	4	2	1	0

节点 D

	A	B	C	D
B	2	0	1	2
C	3	1	0	1
D	4	2	1	0

图 3-18　各节点第三次迭代完成后

以节点 B 为例，计算距离-向量更新如下：

$d_B(A) = \min\{c(B，A) + d_A(A)，c(B，C) + d_C(A)，c(B，D) + d_D(A)\} = \min\{2 + 0，1 + 3，3 + 4\} = 2$；

$d_B(C) = \min\{c(B，A) + d_A(C)，c(B，C) + d_C(C)，c(B，D) + d_D(C)\} = \min\{2 + 3，1 + 0，3 + 1\} = 1$；

$d_B(D) = \min\{c(B，A) + d_A(D)，c(B，C) + d_C(D)，c(B，D) + d_D(D)\} = \min\{2 + 4，1 + 1，3 + 0\} = 2$；

同理，计算节点 C，发现 D_B 和 D_C 均未变化，因此算法自动停止。利用上述计算结果，每个节点可以方便地构造本地路由表。表 3-3 是节点 A 依据图 3-18 中 DV 算法的计算结果构造的本地路由表。

表 3-3　节点 A 的路由表

节点 A 的路由表		
Destination	Cost	NextHop
A	0	A
B	2	B
C	3	B
D	4	B

在实践中，LS 和 DV 算法在很多路由协议中都有应用，例如互联网中的 RIP 协议和 BGP 协议、Cisco 公司的 IGRP 协议等采用 DV 算法，而 OSPF、IS-IS 协议则采用 LS 算法。

习　　题

1. 假设一个信道的速率是 2 Mb/s，传播时延是 20 ms，则帧的大小应选择在多大范围内，才能使停-等式协议的效率至少达到 50%？

2. 两个直连的节点 A 和 B，使用 3 位顺序号，窗口尺寸为 4 的 go-back-N 滑动窗口协议。假设 A 正在发送，而 B 正在接收，请说明下列事件序列的窗口位置：

(1) A 发送任何帧之前。

(2) A 发送了 0 帧、1 帧、2 帧，并且接收到 B 对 0 帧和 1 帧的应答之后。

(3) A 发送了 3 帧、4 帧、并且 B 确认了 3 帧，A 也收到了 3 帧的 ACK。

3. 在帧格式的设计中，为什么通常地址字段总是放在帧头的开始部分，FCS 字段则总是放在帧的尾部？

4. 结合教材，阅读 RFC 1071 和 RFC 1624，进一步学习 IP 校验和的计算方法。使用校验和方法计算下面十六进制的字序列的校验和：0x36f7、0xf670、0x2148、0x8912、0x2345、0x7863、0x0076。如果上述字序列中的第一个字改变成 0x36f6，计算结果会有什么变化？RFC 下载地址为 http://www.ietf.org/rfc.html。

5. 假设收到了一个消息序列 1101010011，已知生成多项式为 10011，计算该消息序列的 CRC 校验码，并判断该序列有无差错。

6. 请根据图 3-18 中 DV 算法迭代结果，写出 B、C、D 三个节点的路由表，并验证结果是否正确。

7. 简述 Dijkstra 算法的工作原理，针对图 3-19 所示网络拓扑结构，以 A 为源节点，填写表 3-4 中每一中间步的计算结果。表中符号含义解释如下：

(1) 节点集 S：最短路径已确定的节点的集合；

(2) D(v)：从源节点到目的节点 v 的当前路径成本值；

(3) p(v)：目的节点 v 到源节点路径上的前续节点。

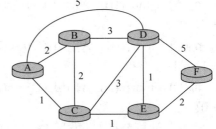

图 3-19　题 7 图

表 3-4　题 7 表

步骤	节点集 S	D(B)、p(B)	D(C)、p(C)	D(D)、p(D)	D(E)、p(E)	D(F)、p(F)
0						
1						
2						
3						
4						
5						

8. 考虑在具有 Q 段链路的路径上发送一个 F 比特的分组。每段链路以 R b/s 的速率传输，该网络负载轻，没有排队时延，传播时延也忽略不计。

(1) 假定该网络是一个分组虚电路网络，VC 建立时延是 t_s，发送层对每个分组增加总计 h 比特的首部，则从源端到目的地发送该分组需要多长时间？

(2) 假定该网络是一个分组数据报网络，使用无连接服务，每个分组需增加 2 h 比特的首部，则发送该分组需要多长时间？

9. 使用 C 语言编写一个计算最短路由的程序，采用 DV 或 LS 算法两者之一，要求：

输入：根据图 3-12，为每个节点自动生成初始路由表。

输出：采用 DV 或 LS 算法，自动输出每个节点的转发表。

第4章 以 太 网

以太网技术是最常用的计算机局域网技术，尤其在家庭网络、园区网络和城域网的接入部分更是占据了统治地位。随着以太网技术的发展和光纤在以太网中的应用，以太网的传输速率和传输距离都有了大幅提升，其应用范围也逐渐向城域网核心和广域骨干网扩展。

本章内容分为 5 节，第一节介绍计算机局域网，第二节介绍以太网的工作原理，第三节介绍传统以太网，第四节介绍交换式以太网，第五节介绍高速以太网及应用。

4.1 计算机局域网

以太网技术是适用于计算机局域网的技术之一，以太网相关的技术标准都属于计算机局域网的范畴，因此在介绍以太网之前首先介绍计算机局域网。

4.1.1 局域网的概念

局域网 LAN (Local Area Network)是指在有限的地理范围内，将相互独立的计算机通过传输线路连接起来的通信系统，其显著的特点是地理范围和站点的数量均有限。计算机局域网 LAN 产生于二十世纪六十年代末，七十年代出现了一些实验性的网络，到八十年代，局域网的产品已经大量涌现，其典型代表就是以太网 Ethernet。近年来，随着社会信息化的发展，计算机局域网技术得到很大的进步，其应用范围也越来越广。

计算机局域网主要有以下特点：

(1) 局域网覆盖有限的地理范围，它适用于机关、公司、校园、军营、工厂等有限范围内，满足计算机、终端与各类信息处理设备连网的需求；

(2) 局域网的数据传输速率较高(100 Mb/s、1000 Mb/s、10 Gb/s 甚至更高)，数据传输误码率较低($< 10^{-8}$)；

(3) 局域网一般属于一个单位或园区所有，易于建立、维护和扩展。

决定局域网特性的主要技术要素是网络拓扑结构、传输介质与介质访问控制方法。局域网的拓扑结构可以是环型网、总线型网、星型网等，如图 4-1 所示。局域网可以使用多种传输介质，有线介质包括双绞线、同轴电缆、光纤，还可以利用自由空间进行无线传输。作为最便宜的有线介质，双绞线在 10 Mb/s、100 Mb/s、1 Gb/s 的局域网中得到了广泛应用，而光纤主要应用在 1 Gb/s、10 Gb/s 的高速局域网中。从图 4-1 可以看出，局域网使用的是共享介质，访问控制方法主要解决如何在多个终端之间分配共享信道的使用权。计算机局域网中常用两种介质控制方法。① 随机接入：用户随机地发送信息。采用这种方法时，需要解决由于多个用户同时发送数据导致的冲突问题；② 令牌方式：用户只有在得到令牌时才可以发送数据。采用这种方式时，需要合理地给用户分配令牌。

在计算机网络的发展过程中，出现过几种典型的局域网，包括令牌环网、令牌总线网、以太网等。令牌环(Token Ring)采用如图 4-1(a)所示的环形网络，使用令牌进行介质访问控制，信号采用基带传输，数据传送速率为 4 Mb/s，采用单个令牌(或双令牌)的传递方法。令牌总线(Token Bus)主要用于总线型或树型网络结构中，如图 4-1(b)所示。1976 年美国 Data Point 公司研制成功的 ARCNet (Attached Resource Computer)综合了令牌传递方式和总线网络的优点，在物理总线结构中实现令牌传递控制方法，从而构成一个逻辑环路。以太网则采用了一种称为 CSMA/CD 的随机接入式介质访问控制方式，最初的网络拓扑使用总线型，后来演进为星型拓扑，如图 4-1(c)所示。

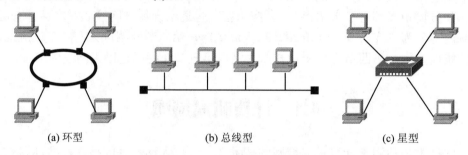

(a) 环型　　　　　　　　　(b) 总线型　　　　　　　　(c) 星型

图 4-1　局域网的常见网络拓扑

4.1.2　局域网的参考模型

美国电气和电子工程师学会 IEEE 于 1980 年成立的 802 委员会为计算机局域网制定了许多标准，大部分得到了国际标准化组织的认可，称为 IEEE 802 标准。

遵循 ISO/OSI 参考模型的原则，IEEE 802 委员会确定计算机局域网的参考模型只涉及 OSI 模型的最低两层，即物理层和数据链路层的功能，如图 4-2 所示。需要注意的是，在 OSI 模型中，有关传输介质的规格和网络拓扑结构的说明，比物理层还低，并不包含在分层模型中，但对局域网来说这二者却至关重要，因而在 IEEE 802 模型中，包含了对传输介质和网络拓扑的详细规定。

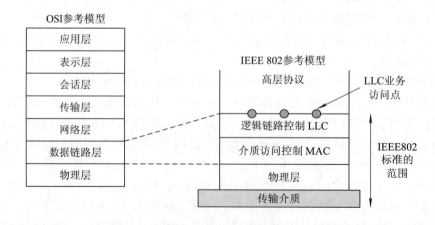

图 4-2　局域网的参考模型

物理层负责比特流的传输，定义了传输介质的规格、网络的拓扑结构，以及传输介质接口的一些特性，包括机械特性、电气特性、功能特性、规程特性。数据链路层则完成必需的同步、差错控制和流量控制等功能，保证帧的可靠传输。在 IEEE 802 工作组定义的局域网中，数据链路层又可以分为两个子层，即媒体接入控制 MAC(Medium Access Control)子层和逻辑链路控制 LLC(Logical Link Control)子层。

由于局域网发展初期，以太网、令牌环、令牌总线等产品共存，IEEE 802 委员会未能形成一个统一的局域网标准，因此制定了几个不同标准。为了使数据链路层能更好地适应多种局域网标准，IEEE 802 委员会定义的局域网数据链路层分成 LLC 子层和 MAC 子层。由 MAC 子层负责所有与接入传输媒体有关的内容，例如物理媒介、介质访问控制方法等，而 LLC 子层则与传输媒体无关，不管采用何种协议的局域网对 LLC 子层来说都是透明的。

4.1.3　局域网相关标准系列

IEEE 802 的一系列标准如图 4-3 所示，其中与局域网有关的协议包括以下主要部分：

(1) IEEE 802.1：概述、系统结构和网络互连，以及网络管理和性能测量。

(2) IEEE 802.2：逻辑链路控制。定义高层协议与任何一种局域网 MAC 子层的接口。

(3) IEEE 802.3：CSMA/CD，即以太网。定义 CSMA/CD 总线网的 MAC 子层和物理层的规约。

(4) IEEE 802.4：令牌总线网。定义令牌传递总线网的 MAC 子层和物理层的规约。

(5) IEEE 802.5：令牌环形网。定义令牌传递环形网的 MAC 子层和物理层的规约。

(6) IEEE 802.11：无线局域网。定义采用无线介质的 MAC 子层和物理层的规约。

802.2 LLC							
802.3 MAC	802.4 MAC	802.5 MAC	802.6 MAC	802.8 MAC	802.11 MAC	802.12 MAC	802.1
802.3 物理层	802.4 物理层	802.5 物理层	802.6 物理层	802.8 物理层	802.11 物理层	802.12 物理层	

图 4-3　局域网系列标准

局域网经过三十多年的发展，令牌总线、令牌环等多种技术基本退出市场，目前已经是以太网一枝独秀的局面。现代的局域网产品几乎都是以太网产品，以太网也几乎成了局域网的代名词。以太网之所以如此成功，源于它的简单性、可扩展性和对 IP 很好的适应性。因此，本章中主要介绍以太网技术。

同时，由于以太网在局域网市场中所处的垄断地位，原来 LLC 子层的作用已经不大了，很多网卡上甚至不再有 LLC 协议，因此本章在后续的介绍中也不再介绍 LLC 子层。

4.2　以太网工作原理

4.2.1　以太网的发展背景

20 世纪 70 年代中期，在美国 Xerox 公司 PARC(Palo Alto Research Center)中心工作的

Robert Metcalfe 和同事发明了以太网，Robert Metcalfe 博士被公认为以太网之父，他手绘的以太网最初设计原理如图 4-4 所示。

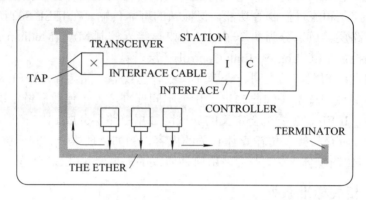

图 4-4　Robert Metcalfe 最初的以太网设计原理图

最初的以太网采用总线结构，所有站点通过接口电缆(INTERFACE CABLE)连接到一个被称为以太(THE ETHER)的无源电缆上，最初的数据传输速率为 2.94 Mb/s。

Xerox 公司的以太网大获成功之后，1979 年，Xerox 公司、DEC 公司、Intel 公司联合组成了 DEC-Intel-Xerox(DIX)并于次年发布了 10 Mb/s 版的以太网规范，称为 DIX v1。1982 年，DIX 又发布了该标准的第 2 版，即 DIX v2，成为世界上第一个局域网产品的规约，称为 DIX Ethernet II。

基于 Ethernet II 的基础，IEEE 802 委员会于 1983 年制定了 IEEE 的第一个以太网标准——802.3 标准。该标准对以太网标准中的帧格式做了很小的改动，但与 Etherent II 使用相同的技术，基于这两种标准的硬件能够在同一个局域网上互操作。我们看到，以太网实际上存在两个标准：DIX Ethernet II 和 IEEE 802.3，严格讲，以太网应该是指 Ethernet II，但由于历史的原因，人们习惯上将采用 IEEE 802.3 标准的局域网也称为以太网，对二者不加区分。因此本书中除非特别说明，一般情况下也不对二者进行区分。事实上，目前使用的以太网主要是 DIX Ethernet II。

经过近 40 年的发展，以太网在速率和距离上都有了巨大的提高。所使用的传输介质从最初的同轴电缆发展到后来的双绞线、光纤、无线电波；数据速率从最初的 10 Mb/s 发展到 100 Mb/s、1 Gb/s、10 Gb/s 甚至 100 Gb/s；应用范围也从局域网扩展到城域网甚至广域网。

4.2.2　以太网的物理层

1. 物理层标准

不同速率的以太网所用物理介质可能有所不同，因此物理层实现也有所不同。根据物理层介质和速率的不同，形成了一系列的以太网标准，对于物理层的实现方案，IEEE 802.3 制定了一个简明的表示法：

<以 Mb/s 为单位的传输速率> <信号调制方式> <以百米为单位的网段最大长度或传输介质>

例如 10Base5 中的 10 表示传输速率是 10 Mb/s，Base 表示采用基带信号方式，5 表示

一个网段的最大长度是 500 米。1000BaseFX 表示传输速率为 1000 Mb/s，基带信号方式，采用光纤介质。

1) 传统以太网

传统以太网是指最早进入市场的 10 Mb/s 的以太网，包括 10Base5、10Base2、10Base-T、10Base-F 等。

最初的 IEEE 802.3 以太网采用直径为 10 mm 的同轴电缆(称为粗缆)，拓扑结构采用总线结构，基带传输，速率达到 10 Mb/s，电缆的最大长度为 500 m，称为 10Base5。由于 10Base5 以太网使用的电缆较粗，因此成本较高且安装不便。

为了克服 10Base5 的缺点，1985 年使用细同轴电缆的 10Base2 标准推出，它采用了更便宜的直径为 5 mm 的细同轴电缆，仍采用物理总线结构，电缆的最大长度为 185 m，因接近 200 m，故称为 10Base2。

由于 10Base2 网络可靠性不高，并且确定故障点非常麻烦，IEEE 于 1990 年制定了以双绞线为介质的以太网标准 10Base-T，这里的"T"表示使用双绞线。如图 4-5 所示，10Base-T 不再使用同轴电缆，而是引入了一种称为集线器(Hub)的设备，站点使用非屏蔽双绞线 UTP(Unshielded Twisted Pair)通过 RJ45 接头与 Hub 相连，每个站点的网卡都和集线器有一个直接的、点对点的连接，因此形成了物理上的星型拓扑。网卡和集线器之间的最大长度是 100 m，因此任意两个站点之间的最大长度为 200 m。10Base-T 双绞线以太网的出现，为以太网在局域网中的统治地位奠定了牢固的基础。

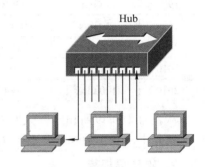

图 4-5　10Base-T 以太网

2) 高速以太网

1993 年 100Base-T 以太网产品问世，并于 1995 年成为正式的国际标准 IEEE 802.3u，称为快速以太网(FE，Fast Ethernet)或百兆以太网。除了速率提升到 100 Mb/s 之外，其基本特征均与 10Base-T 相同。802.3u 新标准中还增加了三种新的快速以太网物理层标准：100Base-T4、100Base-TX 以及 100Base-FX。其中 100Base-T4 使用 4 对三类非屏蔽双绞线，100Base-TX 使用 2 对五类非屏蔽双绞线，而 100Base-FX 则使用 2 根光纤作为介质。其中，100Base-TX 和 100Base-FX 可以支持全双工模式。

1996 年速率可达 1000 Mb/s 的以太网产品问世，并于 1998 年成为正式的国际标准，称为吉比特以太网(GE，Gigabit Ethernet)或千兆以太网。千兆以太网的物理层标准包括 IEEE 802.3z 和 IEEE 802.3ab，前者采用光纤作为介质，后者采用双绞线作为介质。

2002 年，IEEE 802.3ae 委员会发布了 10 Gb/s 以太网的标准，称为 10 吉比特以太网(10GE，10 Gigabit Ethernet)或万兆以太网。10 吉比特以太网可将 IEEE 802.3 协议扩展到 10 Gb/s 的传输速率，传输距离也从几百米扩展到几十公里。

2010 年，IEEE 802.3ba 以太网标准发布，支持 40 Gb/s 和 100 Gb/s 的以太网，称为 40/100 吉比特以太网(40/100GE)，前者主要面向服务器，而后者则面向网络汇聚和骨干网。采用单模光纤时，40/100GE 的传输距离可达到 40 公里，可见以太网的应用范围将扩展到城域网甚至广域网。

表 4-1 是以太网发展中使用较广泛的物理层。

表 4-1　以太网的常见物理层标准系列

年代	速率	通用名称	IEEE 编号	网段长度	介质
1984	10 Mb/s	Ethernet II	DIX	500 m	同轴
1985	10 Mb/s	10Base5	802.3	500 m	50 Ω 同轴(粗缆)
1985	10 Mb/s	10Base2	802.3	185 m	50 Ω 同轴(细缆)
1989	10 Mb/s	10BaseT	802.3	100 m	三类 UTP
1995	100 Mb/s	100Base-TX	802.3u	100 m	五类 UTP
1995	100 Mb/s	100Base-FX	802.3u	400 m/2 km	多模/单模光纤
1998	1 Gb/s	1000Base-SX	802.3z	550 m	多模光纤
1998	1 Gb/s	1000Base-LX	802.3z	550 m/5 km	多模光纤/单模光纤
1999	1 Gb/s	1000Base-T	802.3ab	100 m	五类或六类 UTP
2002	10 Gb/s	10GBase	802.3ae	65 m/40 km	多模光纤/单模光纤
2010	40 Gb/s	40GBase	802.3ba	40 km	多模光纤/单模光纤
2010	100 Gb/s	100GBase	802.3ba	40 km	多模光纤/单模光纤

从表 4-1 可以看出，以太网的发展过程中，随着速率的不断提高，物理层在不断地变化。实际上，从 10Base5 一直到 100GE，其 MAC 层则基本不变，详见后述。

2．物理层规范

以太网物理层模型如图 4-6 所示，10 Mb/s 以太网物理层和高速以太网的物理层模型有所不同。

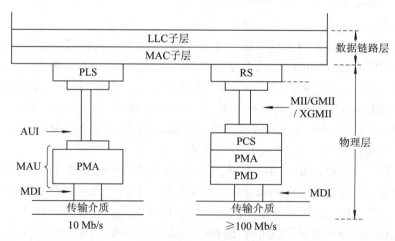

图 4-6　以太网的物理层模型

(1) MDI：介质相关接口(Media Dependent Interface)，定义了对应于不同的物理介质和 PMD 设备所采用的连接器类型，即收发器与物理介质相连接的硬件，如最常见的 RJ45 连接器。

(2) PMA：物理介质连接(Physical Media Attachment)，负责与上层之间的串行服务接口，并负责从接收信号中恢复出定时同步信号。

(3) PMD：物理介质相关(Physical Media Dependent)，是物理层的最低子层，负责信号的发送与接收，包括信号的线路编码/解码、信号放大等，并将这些信号转换成适合于在某种特定介质上传输的形式。

(4) PCS：物理编码子层(Physical Coding Sublayer)，负责对来自 MAC 子层的数据进行编码和解码。例如快速以太网中进行 4B/5B 编码，吉比特以太网中进行 8B/10B 编码。

(5) MII：介质无关接口(Media Independent Interface)，MII 用于 100 Mb/s 快速以太网，GMII 用于吉比特以太网，XGMII 用于 10 吉比特以太网。

(6) RS：协调子层(Reconciliation Sublayer)，是 MAC 子层和物理层之间的"垫层"，提供 MII 信号到 MAC 层的映射。

4.2.3　以太网的 MAC 层

1. MAC 地址

以太网中对设备的识别和区分使用 MAC 地址。每个设备，确切地说是每块网卡都具有 MAC 地址。这个地址是由网络设备制造商生产时固化在 ROM 中的，因此 MAC 地址又叫物理地址或硬件地址。无论将带有这个地址的硬件(如网卡、集线器、路由器等)接入到网络的何处，其 MAC 地址不会改变。

如图 4-7 所示，MAC 地址的长度为 48 位(6 个字节)，通常表示为 12 个十六进制数，每两个十六进制数之间用"-"或":"隔开，如 00-D0-D0-C8-9A-F8 就是一个 MAC 地址，其中前 6 位十六进制数 00-D0-D0 代表网络硬件制造商的编号，由生产厂家向 IEEE 购买，而后 6 位十六进制数 C8-9A-F8 代表该制造商所制造的某个网络产品(如网卡)的系列号。当一个公司要生产网络适配器时，要向 IEEE 购买一个唯一的 24 bit 的地址块，同时保证所生产的每一个网络产品的后 24 bit 是唯一的。这样，全球每一个网络产品的 MAC 地址都是唯一的。

图 4-7　MAC 地址结构

MAC 地址是一种硬件地址，其中不包含任何位置信息，这样当一个设备从一个网络移动到另一个网络时，其 MAC 地址无需改变，同时网管人员也无需配置 MAC 地址，减少了地址管理的开销。

MAC 地址分为三种类型：单播地址、多播地址、广播地址。MAC 地址的最高位 I/G 比特标识了地址的性质，I/G 比特为"0"代表这是一个单播地址，I/G 比特为"1"代表这是一个组地址，包括多播和广播。特别地，当地址取值为全"1"，即地址为 FF-FF-FF-FF-FF-FF 时，代表这是一个广播地址。组播地址和广播地址只能作为目的地址出现，而不能作为源地址。

以太网是共享介质、支持广播方式的通信，当一个站点发送数据时，一个网段内的所有站点都会收到此信息。但只有发往本站的帧，网卡才进行处理，否则，就简单的丢弃。当一帧中的目的地址为单播地址时，只有自身地址等于目的地址的站点才接收该帧；当目的地址为多播地址时，该多播组中的所有站点都会接收该帧；而当目的地址为广播地址时，则局域网上的所有站点都会接收该帧。

2. MAC 帧结构

以太网的帧结构在数据链路层的 MAC 子层中定义。如前所述，以太网存在 IEEE 802.3 和 DIX Ethernet II 两种标准，二者的帧结构有一些细小的差别，并且可以在同一网络中互操作。具体使用什么类型的帧取决于高层协议，例如高层如果是 IP 协议，一般使用 Ethernet II 帧；如果是生成树协议 STP，则一般使用 IEEE 802.3 的帧。目前互联网上使用的大部分是 Ethernet II 型帧。

以太网的帧结构如图 4-8 所示，主要包括以下字段：

(1) 前导码(PRE, Preamble)：7 个字节，每个字节均为 10101010，用于"唤醒"接收端适配器，并引导接收端和发送端建立起比特同步。

(2) 帧开始定界符(SFD, Start of Frame Delimiter)：1 个字节，为 10101011。PRE 和 SFD 构成了 62 位 101010…10 比特序列和最后两位的 11 比特序列。当接收端收到与 PRE 不同的 SFD 时，表示一帧有效信息的开始。

(3) 目的地址(DA, Destination Address)：指明接收端的 MAC 地址，6 个字节。

(4) 源地址(SA, Source Address)：帧的发送节点 MAC 地址，6 个字节。

(5) 长度/类型：2 个字节，用来指明数据字段的长度或数据的协议类型。

Ethernet II 帧中，长度/类型字段表示类型，用来指明上一层(即网络层)使用的协议，以便将

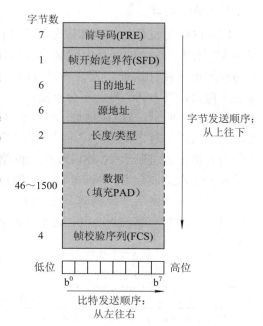

图 4-8　以太网的帧结构

收到的 MAC 帧的数据上交给上层协议。Ethernet II 中规定的各协议代码值均大于 1536，例如该字段为 0x0800 时，表明数据字段承载的是 IP 分组，十六进制 0x0806 代表数据字段承载的是 ARP 分组。类型字段允许以太网"多路复用"网络层协议，即允许以太网支持多种网络层协议。

IEEE 802.3 帧中，长度/类型字段表示长度，用来指明来自上层的数据长度(即 LLC 层的数据长度)。由于以太网中规定数据字段的最大长度为 1500，因此当表示长度时，该字段的值不会大于 1500。

收到一帧时，如何确定该字段究竟是长度还是类型呢？最新的 IEEE 802.3 标准规定，

当该字段≤1500(0x05DC)时，为长度字段；当该字段＞1536(0x0600)时，为类型字段。

(6) 数据：该字段用来携带高层的信息(如 IP 数据报或 LLC 层数据)。数据的长度可变，在 46~1500 字节之间。如果数据长度小于 46 字节，则需要加填充字节 PAD，补充到 46 字节。考虑到 MAC 帧头和帧尾共 18 字节，显然整个 MAC 帧的长度范围为 64~1518 字节，因此当收到一个长度不在该范围内的帧时，将被认为是一个无效帧。

(7) 帧校验序列(FCS，Frame Check Sequence)：4 个字节，采用 32 位的 CRC 校验，校验的范围包括目的地址、源地址、类型、数据等部分。

由于现在广泛使用的局域网只有以太网，因此 LLC 层已经失去了意义，很多网卡上都不再实现 LLC 子层。现在市场上流行的都是 Ethernet II 的 MAC 帧，但大家通常仍称之为 IEEE 802.3 的 MAC 帧，不对二者进行区分。

图 4-9 是用协议分析软件 Wireshark 捕获的一些帧。我们重点关注帧的 3 个字段：目的地址、源地址和类型字段。

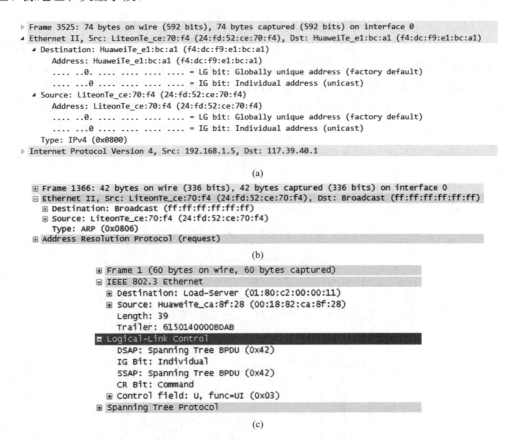

图 4-9　Wireshark 抓包分析以太网的帧

图 4-9(a)、(b)中的帧都是 Ethernet II 型帧，(a)图中，帧的目的地址为 f4:dc:f9:e1:bc:a1，其 I/G 比特为 0，表示这是一个单播地址，源地址也是单播地址。类型字段为 0x0800，表示上层是 IP 数据报。(b)图中，目的地址为 ff:ff:ff:ff:ff:ff，显然这是一个广播地址，类型字段为 0x0806，表示这是一个 ARP 包。图(c)是一个 802.3 的帧，可以看到包含 LLC 子层，同时 MAC 子层中包含长度字段，而没有了类型字段。

4.3　共享式以太网

　　一般将采用总线式网络结构(逻辑结构)、CSMA/CD 介质访问控制方式、半双工方式的以太网称为共享式以太网。共享式以太网主要包括 10 Mb/s 的以太网和部分半双工方式的 100 Mb/s 以太网,其中 10 Mb/s 的以太网又被称为传统以太网。根据物理层介质的不同,传统以太网包括 10Base2、10Base5、10Base-T、10Base-F 等几种类型。现在共享式以太网已基本被淘汰,但它是以太网的最初形式,也是理解其他以太网的基础。

4.3.1　CSMA/CD 协议

1. CSMA/CD 原理

　　在 MAC 子层,共享以太网的介质访问控制采用 CSMA/CD 协议(Carrier Sense Multiple Access with Collision Detection),其全称为带有冲突检测的载波侦听多点访问协议。CSMA/CD 方式主要用于总线型和树型网络拓扑结构的基带传输系统。所谓多点访问,是指多个站点连接在一根总线上,共享一条线路。协议的技术实质包含两方面的内容,即载波侦听多点访问(CSMA)和冲突检测(CD)。CSMA/CD 的工作流程如图 4-10 所示,可以将其发送流程简单地概括成四点:先听后发,边发边听,冲突停止,随机延迟后重发。

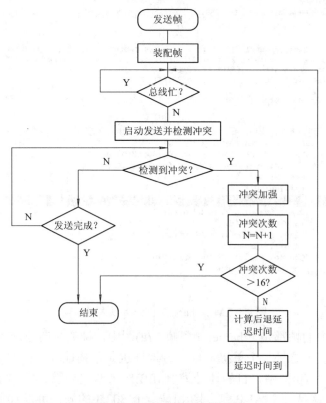

图 4-10　CSMA/CD 工作流程

1) 侦听总线：先听后发

查看信道上是否有信号传送是 CSMA 系统的首要问题，每个站点在发送数据之前先要检测总线上是否有其他站点在发送数据，即"先听后发"。如果信道已被占用，则该站点需要等待一段时间后再争取发送权；如果侦听到总线空闲，没有其他工作站发送信息，就立即抢占总线进行信息发送。

CSMA 技术中要解决的另一个问题是侦听信道已被占用时，等待的一段时间如何确定。通常采用以下两种方法：(1) 持续型：当某工作站检测到信道被占用后，继续侦听下去，一直等到发现信道空闲后，立即发送，这种方法称为持续型载波侦听多点访问。(2) 非持续型：当某工作站检测到信道被占用后，就延迟一个随机时间，然后再检测，不断重复上述过程，直到发现信道空闲后，开始发送信息，这种方法称为非持续型载波侦听多点访问。

2) 冲突检测：边发边听

"冲突检测"是指站点边发送边侦听，以判断是否发生冲突。

当信道处于空闲时，如果总线上两个或两个以上的工作站同时要发送信息，那么在某一瞬间它们都可能检测到信道是空闲的，都认为可以发送信息，从而同时发送，这就产生了冲突；另一种情况是某站点侦听到信道是空闲的，但可能总线并非真正的空闲。这是由于电磁波总是以有限的速度在总线上传播的，可能与该站点较远的站点已经发送了信息，但由于在传输介质上信号传播的延时，信号还未传播到该站点，因此并未检测到。如果该站点此时又发送信息，则也将产生冲突，因此发送站点必须一边发送一边进行检测，判断是否发生冲突。

如图 4-11 所示，B 站点 t_0 时刻侦听到信道空闲，开始发送数据，电磁波沿着总线向两个方向传播。在 t_1 时刻，D 站点开始侦听信道，由于电磁波尚未传播到 D，因此 D 仍然判断信道空闲，立即发送数据，这样将在总线上产生冲突。由于采用 CSMA/CD，B、D 在发送的同时不断检测，当 B 站的信号到达 D 站(t_3 时刻)时，D 检测到了冲突，当 D 站的信号到达 B 站时(t_4 时刻)，B 检测到发生了冲突。

冲突检测常用比较法。所谓比较法，是指发送节点在发送数据的同时，将其发送信号波形与从总线上接收到的信号波形进行比较。如果总线

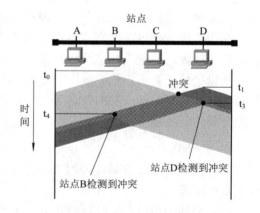

图 4-11　冲突检测示意图

上同时出现两个或两个以上的发送信号，则它们叠加后的信号波形将不等于任何节点发送的信号波形。当发送节点发现自己发送的信号波形与从总线上接收到的信号波形不一致时，表示总线上有多个节点同时发送数据，冲突已经产生。另外，当几个站点同时在总线上发送数据时，信号会相互叠加，会削弱部分信号，同时增强部分信号，因此总线上的信号电压幅值变化范围将会增大。当一个站点检测到的信号电压幅值超过一定的门限值时，就认为总线上至少有两个站点同时在发送，表明产生了冲突。

对于 10Base-T 以太网而言，采用了分离的发送和接收信号的线对，因此不会出现发送

信号和接收信号叠加的信号，它采用了一种逻辑的冲突检测方法，当接收线对和发送线对同时有信号时，就认为发生了冲突。

3) 冲突停止

如果站点在发送数据帧过程中检测出冲突，为了避免白白浪费网络资源，各站点要立即停止发送数据帧，同时进入发送"阻塞信号(Jamming Signal)"阶段。阻塞信号是一段 4 字节的干扰信号，其目的是确保有足够的冲突持续时间，以使网中所有站点都能尽快检测出冲突存在，废弃冲突帧，减少因冲突浪费的时间，提高信道利用率。

4) 随机延迟后重发

发送完阻塞信号后，节点进入重发状态。进入重发状态的第一步是计算重发次数，IEEE 802.3 协议规定一个帧的最大重发次数为 16 次，如果重发次数超过 16 次，则认为线路故障，系统进入"冲突过多"导致的结束状态。如重发次数 $N \leq 16$，则允许节点随机延迟后再重发。

CSMA/CD 使用截断二进制指数退避算法来计算延迟时间。其基本思想是：发生碰撞的站点在停止发送数据后，要推迟(退避)一段随机时间后才能再发送数据。其计算过程为：在第 i 次冲突之后，在 $0 \sim 2^i - 1$ 之间选择一个随机数 n，然后等待 n 个争用期的时间；当冲突次数达到 10 次以上时，随机数的区间固定在最大值 $0 \sim 1023$ 之间，以后不再增加；达到 16 次冲突后，则丢弃该帧，发送失败。

二进制指数退避法的设计思路是：随着越来越多的连续冲突的发生，表明可能有较多的站点参与到争用信道中，因此随机数的区间也不断增大，等待的间隔也呈指数增加。这种做法的好处是，如果只有少量的站点发生冲突，则它可以确保较低的延迟；当许多站点发生冲突时，它也可以保证在一个相对合理的时间间隔内解决冲突问题。

在等待后退延迟时间到之后，节点将重新判断总线忙、闲状态，重复发送流程。如果在发送数据帧过程中没有检测出冲突，在数据帧发送结束后，进入结束状态。

从以上可以看出，任何一个节点发送数据都要通过 CSMA/CD 方法去竞争总线使用权，从它准备发送到发送成功的发送等待延迟时间是不确定的，因此 CSMA/CD 方法为随机竞争型介质访问控制方法。

2. 争用期

一个站点发送数据后，最迟要经过多长时间才能知道自己发送的数据有没有和其他站点的数据碰撞呢？

分析最坏的情况，假设两站点 A、D 处于总线的两端。如图 4-12 所示，A 站在 t_0 时刻开始发送数据，在 t_1 时刻，恰好在 A 站所发信号到达 D 站之前，D 站由于并未侦听到 A 站的信号而判断总线空闲，开始发送数据。在 t_2 时刻，当 A 站的数据到达 D 站时，D 站检测到了冲突；同样地，当 D 站的数据在 t_3 时刻到达 A 站时，A 站才能够检测到冲突。当 t_1 与 t_2 无限接近时，t_3 与 t_0 的时间差接近总线的端到端往返传播时延。

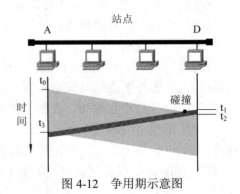

图 4-12　争用期示意图

从 CSMA/CD 原理可知,冲突只有在发送数据之后的一段短时间内才可能发生,因为超过这段时间后,总线上各站点都会侦听到是否有信号在占用信道。若定义总线的端到端传播时延为 τ,在最坏的情况下,A 站在发送数据帧后最多经过 2τ 时间便可知道所发送的数据帧是否遭受了碰撞。因此以太网的端到端往返时间 2τ 被称为争用期(Contention Period),又称为碰撞窗口(Collision Window)。一个站在发送完数据后,只有通过争用期的"考验",即经过争用期这段时间还没有检测到碰撞,才能肯定这次发送不会发生碰撞。换句话说,终端在发送数据之后,最多经过一个争用期就可知道所发送的数据是否发生了冲突。

以太网取 51.2 μs 作为争用期的长度。对于 10 Mb/s 以太网,在争用期内可发送 512 bit,即 64 字节。因此,以太网在发送数据时,若前 64 个字节没有发生冲突,则后续的数据就不会发生冲突,以太网就认为这个帧的发送是成功的。这就要求以太网的最小帧长为 64 字节,凡长度小于 64 字节的帧均为由于冲突而异常中止的无效帧。因此当帧的长度小于 64 字节,即数据字段小于 48 字节时,需要进行填充。

3. CSMA/CD 性能分析

以总线型的以太网为例,假定总线上共有 N 个站点,每个站发送帧的概率都是 p,总线上端到端的传播时延为 τ,则争用期长度为 2τ,以下分析以太网的信道利用率。为了简化分析,假定站点发送的帧长度相等,每帧的发送时间为 T_0。

每个帧从开始发送,经碰撞后进行数次重传,到发送成功,再经过一个传播时延 τ 后,信道转为空闲。这个过程所需的平均时间为 T_{av},则以太网的最大归一化吞吐量为(具体推导计算本书省略,有兴趣的读者请参考相关文献):

$$S_{max} = \frac{T_0}{T_{av}} \approx \frac{1}{1 + 4.44\alpha} \qquad \text{(公式 4-1)}$$

其中 $\alpha = \tau/T_0$,称为归一化的传播时延。可以看出,参数 α 对以太网的性能影响非常大。若 $\alpha \to 0$ 时,$S_{max} \to 1$。显然,当 $\alpha \to 0$ 时,即传播时延为 0 时,只要一发生冲突,就立即被检测出来,并立即停止发送,信道的资源不会浪费,吞吐量趋近于 1。

4.3.2 共享式以太网原理

从 10Base-T 开始,以太网不再使用总线,而是利用集线器(Hub)取代了同轴电缆,将以太网的物理结构变成了星型拓扑,但其接入控制仍然采用 CSMA/CD 方式与共享资源方式,其接入控制原理与使用同轴电缆的 10Base5、10Base2 本质上是相同的。

1. 集线器的工作原理

Hub 的工作原理可以认为是模拟了总线的操作,是工作在物理层的设备。当信号从某端口进入集线器时,集线器直接将这个信号在其他所有的端口上转发,这一点是和总线相同的。若两个端口同时有信号输入,即发生了冲突,那么所有的端口都收不到正确的信息。如图 4-13 所示,站点 A 要发送信息给 D,当信号到达 Hub 时,Hub 只是将一个个的比特简单地从它所有的其他端口

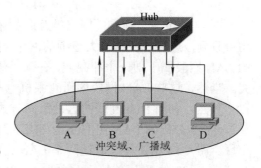

图 4-13　Hub 的工作原理

送出，这样 B、C、D 都收到了信息。

综上，当连在 Hub 上的任一站点发送数据时，其他所有站点都可以收到该信息。这也意味着，在这个网中，任一时刻只能有一个站点发送数据。如果有两个以上的站点同时发送数据，那么一定会产生冲突。因此，每个站点发送数据前，要利用 CSMA/CD 技术来侦听信道，以判断是否空闲，发送数据时，也要同时进行冲突检测。

2. 冲突域和广播域

从集线器的工作原理可知，如果在 10Base-T 中同时有两个及以上的站点同时发送数据，必定会发生冲突。在这样的共享介质型局域网中，可能发生冲突的区域称为冲突域。在一个冲突域中，同时只能有一个站点发送数据。显然，以 Hub 为核心的 10Base-T 网中所有的站点都在同一个冲突域。

另外，当局域网上任意一个站点发送广播帧时，凡能收到广播帧(目的 MAC 地址为全1)的区域称为广播域。对于 Hub 而言，它将在一个端口收到的比特从其他所有端口发送，广播帧也不例外。因此，当一个站点发送广播帧时，其他所有站点也可以收到该帧，由此可知，Hub 连接的所有站点也处于同一个广播域。

3. 利用集线器组网

如果要将原本互相独立的局域网互联起来，使得这些处于不同局域网的站点也能互相通信，最简单的方法，也是最早使用的方法是使用 Hub。如图 4-14 所示，某单位有两个部门，原本各自组成独立的 10Base-T 网，任何一对节点之间的距离为 200 m，它们各自的站点之间可以通信，但两个网间的站点无法通信。当我们将这两个 Hub 互联起来后，所有站点之间都可互相通信。另外，由于使用了光纤进行互联，我们看到两个站点间的距离可以扩展到 2200 m，起到了扩展网段的效果。

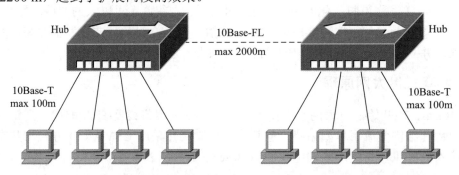

图 4-14　通过 Hub 互联进行组网

图 4-14 中两个独立的网络被互联起来了，任何一台主机所发的信息，其他所有的主机均可收到，意味着在这个大范围的网中，只有一个主机能够发送信息。因此图 4-14 中所有的 LAN 网段属于同一个冲突域，任何时候如果有两个或更多的节点同时传输，就会存在冲突。当然，这些 LAN 网段的所有主机也都处于同一个广播域。

显然，利用 Hub 互联的这种组网方式会有以下几方面的缺点：

(1) 当分离的 LAN 用 Hub 互联后，这些原本独立的冲突域变成了一个大的、公共的冲突域。图 4-14 中，在互联这两个 LAN 之前，每一个 LAN 都有最大 10 Mb/s 的吞吐量，因此两个 LAN 的最大聚合吞吐量是 20 Mb/s。但是一旦将两个 LAN 通过集线器互联，则这两个部门的所有主机都属于同一个冲突域，最大的聚合吞吐量减少到 10 Mb/s。

(2) 如果各个部门使用不同的以太网技术，也无法通过 Hub 进行互联。例如，如果一个网使用 10Base-T，而另一个网使用 100Base-T，在互联点没有帧缓冲的情况下互联这些部门是不可能的。因为集线器本质上是转发器，并不缓冲帧，它们不能将工作在不同速率的 LAN 网段进行互联。

4. 共享式以太网的特点

传统以太网利用共享介质传递信号，使用 CSMA/CD 协议进行介质访问控制，在 10Base5 和 10Base2 型网中，这个介质是同轴电缆，而在 10Base-T 网中，这个介质实际上就是 Hub。因此，所谓 10Base-T 网的速率是 10 Mb/s，是指所有站点共享这 10 Mb/s 的带宽。换句话说，网络的带宽即总线的带宽是被所有的站点所共享的，这种以太网称为共享式以太网。共享式以太网具有以下特点：

(1) 半双工传输：对于 CSMA/CD 方式，每个时刻总线上只能有一个站点传输信息，无法同时进行接收和发送，所有共享式以太网都是半双工方式的。

(2) 共享总线带宽：总线上所有站点共享总线带宽，每个站点的平均可用带宽与总线上的站点总数成反比。

(3) 冲突域过大：对于共享式以太网，所有的站点都在同一个冲突域，同一个广播域中。这导致了共享式以太网最大的缺点：当网络规模增大，用户数目增多时，发生冲突的可能性大大增加，导致数据传输时延会急剧上升，网络吞吐量急剧下降。在这种情况下半双工以太网(典型的为 10Base-T)只有 30%～40% 的效率，一个大的 10Base-T 网络通常最多只有 3～4 Mb/s 的带宽。

4.4 交换式以太网

为了克服共享式以太网冲突域过大、性能和网络规模受限的缺点，可以采用网桥(Bridge)或以太网交换机(Switch)对网络进行互联。此时网桥、交换机的每一个端口连接一个 LAN 或一台主机，每个端口是一个独立的冲突域，这种网络叫做交换式以太网，在一定程度上可以解决由于冲突增加导致的性能下降问题。大部分的 100 Mb/s 以太网和后续更高速率的 1000 Mb/s、10 Gb/s 以太网都采用这种工作方式。

网桥出现在 20 世纪 80 年代早期，一般有两个端口，用于桥接相同或相似类型的 LAN。之后出现的以太网交换机(初期也被称为交换式集线器 Switching Hub)有多个端口，可以认为是多端口网桥，其功能的实现是由网桥的基于软件逐渐转向基于专用集成电路 ASIC 芯片，因此转发速度大大增加。从工作原理上讲，以太网交换机与网桥基本相同，二者均工作在 MAC 层，遵循 IEEE 802.1d 透明网桥(TB，Transparent Bridge)标准。目前市场上网桥已经基本见不到，产品均为交换机，因此本书中只介绍以太网交换机。

需要注意的是，因为以太网中的交换机和广域网中的交换机工作原理上有很大不同，需要加以区分。如不特殊说明，本章中的交换机均指以太网交换机。

交换式以太组网涉及三个主要的技术：透明网桥协议、生成树协议(STP，Spanning Tree Protocol)和虚拟局域网(VLAN，Virtual Local Area Network)。本小节介绍透明网桥协议，生成树协议和 VLAN 的内容见后续小节。

4.4.1　以太网交换机工作原理

以太网交换机通常具有多个端口，每个端口都具有桥接功能，可以连接一个局域网，也可以连接一台主机。与 Hub 不同，交换机根据目的 MAC 地址将帧直接转发至相应的端口，而不是像 Hub 那样简单地将分组向所有端口广播。为避免在大数据流的情况下转发处理给连接至交换机的各网段造成拥塞，交换机内部都配备了高速交换模块，可以同时建立多个端口间的并行连接，每一路连接都可以拥有全部局域网带宽，这是局域网交换机与集线器之间的差别之一。

1.　交换机的转发方式

交换机在各端口之间转发数据的方式有三种：直通方式(Cut-Through)、存储转发方式(Store-And-Forward)、无碎片方式(Fragment-Free)。

1)　直通方式

直通方式是指交换机利用目的 MAC 地址出现在帧开头的特点，一旦识别出目标地址，就立即将进来的帧转发到目的端口。

由于不需要存储，直通式的优点是延迟非常小，交换非常快，它最大限度地减小了数据从一个端口交换至另一个端口的延迟。但缺点是对帧不缓存，不进行差错检测。这种方式适用于网络链路质量好，错误帧较少的场合。

2)　存储转发方式

存储转发方式要求交换机接收到一个完整的帧后再决定如何转发。进入端口的一个帧先被完全接收，存储在缓冲区中，然后进行 CRC 检查。若正确，则进行转发，否则丢弃该帧。

这种方式可以对进入交换机的帧进行差错检测，使网络中的无效帧大大减少，可有效改善网络性能。缺点是数据处理时延大。如果追求网络的转发效率，这种方式是较好的选择。

3)　无碎片方式

工作于无碎片方式的交换机先存储帧的前 64 字节，如果帧长小于 64 字节，可以判断是由于冲突引起的无效帧(即碎片 fragment)，则丢弃该帧，否则查表转发。这种方式无法提供差错检验，其数据处理速度比存储转发方式快，但比直通式慢，转发的速度和效率是前两种方式的折中。

通常情况下，如果对数据的传输速率要求不高但对网络效率要求较高，可选择存储转发式交换机；反之则可选择直通转发式交换机。低端的交换机一般只支持一种交换方式，使用直通转发或存储转发技术，大部分交换机支持存储转发技术。中高端产品会兼具两种转发模式，并具有智能转换功能，可根据通信状况自动切换转发模式。只要可能，交换机总是采用直通方式，并周期性地计算端口的帧出错率，一旦出错率超过了事先设定的阈值，交换机将采用存储转发模式，当网络出错率下降后，又重新开始直通模式。

2.　透明网桥原理

交换机遵循透明网桥的工作方式。所谓透明，有两个含义：一是交换机对接收到的帧仅仅根据目的地址转发，而不对帧做任何修改，互相通信的主机并不知道中间是否经过了交换机。第二，交换机是即插即用的，不需要网络管理员和用户的干预，实现"零配置"。要安装交换机的网络管理员除了将 LAN 网段或终端连接到交换机的接口以外，不需要做任何事。

1) MAC 地址表

交换机实现转发是依据一个称为 MAC 地址表的数据库实现的。MAC 地址表又称为 MAC 转发表，表中记录了站点的 MAC 地址和其所连交换机端口的对应关系。如图 4-15(a) 所示，交换机的四个端口分别连接了四台主机，图 4-15(b) 的表格则描述了 MAC 地址表的结构，包括节点的 MAC 地址、连接该节点的交换机端口，以及该表项的生命期。

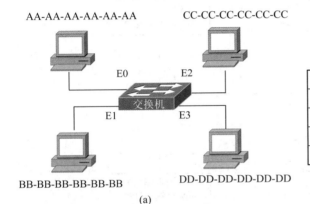

MAC地址	端口	生命期
AA-AA-AA-AA-AA-AA	E0	180
BB-BB-BB-BB-BB-BB	E1	100
CC-CC-CC-CC-CC-CC	E2	90
DD-DD-DD-DD-DD-DD	E3	200

(a)   (b)

图 4-15 MAC 地址表示例

如前所述，交换机是即插即用设备，其 MAC 转发表是通过交换机自学习的过程形成的，不需要网管人员手动添加或维护。

2) 学习与转发/过滤

透明网桥的工作原理可以简单描述为"基于源 MAC 学习，基于目的 MAC 转发"，主要包括基于源地址进行的自学习过程和基于目的地址的转发/过滤过程，此外还有泛洪和老化过程。

学习(Self-Learning)是指交换机能够自动地、不需人工参与地建立起 MAC 转发表，并进行动态更新和维护，即具备"学习"能力。对于从端口收到的每个 MAC 帧，交换机将记录该帧的源 MAC 地址、进入的端口，并分配或刷新生命期，形成 MAC 表中的一个条目。通过这种方式，交换机"学到"了发送节点所连接的端口。假如所有的节点都发送过 MAC 帧，则交换机最终将在 MAC 表中记录所有节点，形成完整的 MAC 转发表。

过滤(Filtering)是指当收到 MAC 帧时，交换机决定将该帧通过某端口转发还是将该帧丢弃。转发(Forwarding)是指交换机确定将收到的 MAC 帧从哪个端口发送，并将帧送至该端口。当交换机收到 MAC 时，可能出现三种情况：(1) MAC 转发表中无对应表项，交换机将从除进入端口之外的所有端口广播，这个过程也称为泛洪(Flooding)；(2) MAC 表中存在该表项，但其对应端口与 MAC 帧的入端口相同，表明目的节点与源节点在同一个网段，此时交换机不需要转发该帧，将直接丢弃，即执行过滤操作；(3) MAC 表中存在该表项，且其对应端口与 MAC 帧的入端口不同，此时交换机执行转发操作，将该帧从对应端口输出。

另外，为了提高内存的使用效率，减少查表的时间，交换机在转发表中建立每条表项时，都会分配一个时间戳，代表了该表项的生命期。每当收到来自于该 MAC 地址的帧时，生命期将被更新，若长时间未接收到帧，一旦生命期减为零，该表项将被清除，此过程称为老化(Aging)。规范中建议该值为 300 秒。

交换机的学习、转发/过滤流程可以用图 4-16 描述。

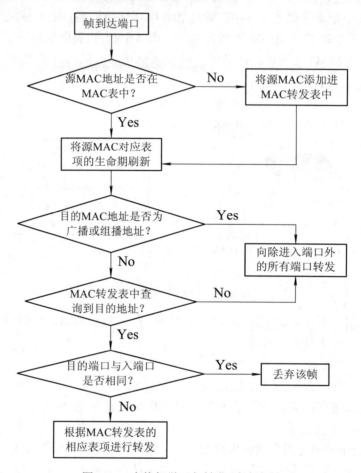

图 4-16　交换机学习与转发/过滤流程

下面举例说明交换机的工作过程。如图 4-17(a)所示的网络，主机 A、B 通过一个 Hub 连接到交换机 1 号端口，主机 C、D 则分别连接到 2 号、3 号端口，假设每台主机的 MAC 地址分别为 MAC-A、MAC-B、MAC-C、MAC-D，图 4-17(b)、(c)、(d)、(e)为省略了生命期的简化版 MAC 转发表的变化过程。以下我们分析 MAC 地址表的形成过程以及交换机的工作过程。

(1) 交换机开始加电启动时，其 MAC 转发表是空的，如图 4-17(b)所示。

(2) A 向 D 发送数据帧。交换机从 1 号端口收到该帧，通过其中的源 MAC 地址"学习"到 A 经由 1 号端口接入，在转发表中为 A 创建一项，如图 4-17(c)所示。这个学习过程的意义在于：交换机知道 A 在 1 号端口之后，随后以 A 为目的地的帧，就知道该如何转发。

(3) 由于目的地址不在 MAC 转发表中，交换机不知道 D 的位置，因此它将向除 1 号端口之外的其他所有端口转发该帧，即泛洪。

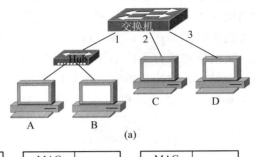

MAC 地址	端口

(b)

MAC 地址	端口
MAC-A	1

(c)

MAC 地址	端口
MAC-A	1
MAC-D	3

(d)

MAC 地址	端口
MAC-A	1
MAC-D	3
MAC-B	1

(e)

图 4-17　交换机的工作原理

(4) D 收到帧并向 A 发送数据进行响应，交换机在 3 号端口收到此帧，重复刚才的学习过程，将 D 的 MAC 地址放入 MAC 转发表中，如图 4-17(d)所示。由于交换机已经知道 A 的位置，因此 D 到 A 的帧将基于目的地址转发，且仅向 1 号端口转发，即转发过程。之后，由于交换机已知 A、D 的位置了，因此 A、D 之间的帧将直接转发，它们之间的通信只有这两台设备会收到，C 和 B 将不会收到帧。

(5) 考虑 B 向 A 发送数据的情形。交换机同样在转发表中记录 B 的位置信息，如图 4-17(e)所示，此时交换机已知 A 的位置，可以判断出 A、B 位于同一端口，这时交换机将忽略该帧，即过滤。

(6) 以上的例子中我们假设主机发出的是单播帧，如果是广播或组播帧，在进行自学习之外，交换机会将帧从除了入端口之外的所有端口转发。

通过以上的例子，我们看到，交换机形成 MAC 转发表的依据是源 MAC 地址。交换机会认为："既然我能从该端口收到来自某个节点的帧，那么它一定连接在那个端口上，我记下这个信息，待会儿如果有主机要发信息给这个节点，我应该从这个端口送出"。因此，交换机的 MAC 地址表是"基于源 MAC 进行学习"的。另外，交换机收到一个帧时，要根据目的 MAC 地址查询 MAC 转发表，从而决定将该帧丢弃还是从某个或某些端口送出，因此交换机是"基于目的 MAC 进行转发"的。

3. 分离的冲突域

以下我们分析交换机所互联网络的冲突域和广播域。

遵循透明网桥原理，交换机为连接到不同端口的节点保持分离的冲突域，这将允许不同 LAN 网段中的两组节点可以同时通信而不相互干扰。

图 4-17 中，假设交换机的完整 MAC 地址表已经形成，现在 A 要发送数据给 D，B 要发送数据给 C。对于 A—D 之间的通信，交换机将从 3 号端口转发；对于 B—C 之间的通信，交换机将从 2 号端口转发。显然，这两个通信过程互不干扰，可以同时进行通信。这个例子表明：只要交换机的 MAC 表是完整的和准确的，交换机就可以隔离各端口的冲突域而允许多对端口之间同时通信。

使用交换机连接的网络仍然处于同一个广播域中。对于广播帧、未知目的地址的帧，交换机将从除了入端口之外的所有端口进行广播，这样，连在交换机端口上的所有节点都可以收到这样的帧。因此，交换机的所有端口都属于同一个广播域。

至此，我们可以得出一个结论：交换机的每一个端口都是一个独立的冲突域，而所有端口属于同一个广播域。图 4-18 描述了交换机的冲突域和广播域。

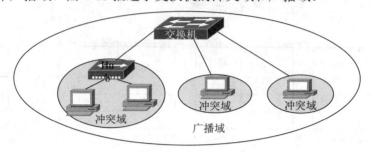

图 4-18　交换机的冲突域、广播域示意图

4. 交换式以太网组网示例

图 4-19 是某大学交换式以太网的组网示例图。每个学院(部门)都有自己的交换式以太网，再通过交换机级联进行组网，接入更大的交换式以太网。实现接入的交换机基本都是端口密集型的，直接用来连接主机或级联其他交换机，因此 Hub 已基本不再使用。核心交换机一般处理能力较强，可实现网络的高速交换。通过交换机级联进行组网是交换式以太网的常用方式，可以看到，网络中所有的节点都处于同一个广播域，是一个典型的扁平式二层网络。

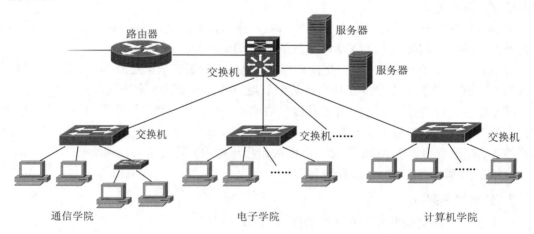

图 4-19　交换式以太网组网示例

5. 交换式以太网的特点

1) 扁平二层网络，广播域过大

交换式以太网中，交换机每个端口是一个独立的冲突域，所有接口处于同一个广播域中，这解决了共享式以太网冲突域过大的问题，可以保证每个端口上的速率。另外，与网桥主要用来进行网段互联不同，现代的交换机都具有大量的、密集的接口，因此便于直接将主机和交换机相连，而不再需要 Hub。这样，实际上每个主机都独享交换机一个端口的

带宽，处于一个分离的冲突域中。

但是，交换机所有的接口都处于同一个广播域，由交换机所互联的网络是一个扁平式的二层网络，而过大的广播域也会带来一些问题。特别是，在一个完全由交换机构造的网络中，广播风暴会使数据传播到每个地方。

2) 全双工方式

交换式以太网中，每个站点可以进行全双工通信，能够同时发送和接收数据。

如图 4-20 所示网络，假设每个连接使用了两对双绞线，一对用于从主机到交换机的传输，另一对用于从交换机到主机的传输。显然，当主机 A 通过上行的线对发送数据时，并不会和来自于交换机的下行传输帧相冲突，因此主机 A 可以同时进行发送和接收数据，而不会发送冲突。通过直接的上行和下行连接，冲突检测和载波侦听都不需要了。实际上，每条链路都成为了点对点链路，此时该网段成为一个无冲突网段，因此不再需要CSMA/CD 协议。图 4-20 中，当 B 正在给 B′发送文件、

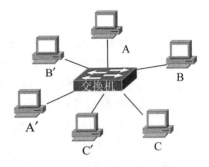

图 4-20　全双工以太网原理

C 正在 C′发送文件时，主机 A 能够给 A′发送文件。如果每台主机都有一个 100 Mb/s 的适配卡，那么在这 3 个文件同时传输期间合计吞吐量是 300 Mb/s。假如 A 和 A′有 100 Mb/s 的适配器且其余的主机有 10 Mb/s 适配器，那么这 3 个文件同时传输期间总计吞吐量是 120 Mb/s。

由于全双工以太网能够同时发送和接收数据，这在理论上可以使传输速率翻一番。例如工作于全双工模式的 100BASE-T 双绞线链路速率可达 200 Mb/s。网段长度不再受共享介质半双工局域网要求的限制，它只受介质系统本身传输信号能力的限制。例如，在半双工模式下，100BASE-FX 光纤网段长度限制为 412 m，而同样的介质系统在全双工模式下的长度可达 2000 m。目前几乎所有的交换机都可以工作在全双工模式，它们能够在一个端口上同时发送和接收帧。

4.4.2　生成树协议

由交换机的工作原理可知，交换机通过自学习机制获知每个站点的位置，形成 MAC 转发表，从而可以实现即插即用、零配置功能。假如网络的拓扑结构不存在环路，那么交换机的自学习机制是非常有效的。然而，在实际的组网中，为保证网络的可靠性和故障恢复能力，往往需要在网络拓扑中配置一定的冗余链路，这样两个网段之间就可能存在多条可选路径，这意味着网络中存在闭合环路。此举虽然增加了网络的可靠性，但由于交换机对目的地未知的分组采用了泛洪的处理方式，因此容易导致广播风暴(Broadcast Storms)和其他难以预料的问题，大大影响二层网络的性能。

为解决上述问题，IEEE 在 802.1d 中定义了生成树协议(STP)，以解决由闭合环路引起的各种问题。

1. 二层环路的影响

在一个存在冗余链路的二层网络，即存在环路的二层网络中，由于交换机对于地址是

自学习的，而对于未知目的的帧、广播帧、多播帧都采用了泛洪的处理方式，这会引起帧的无限循环、广播风暴、MAC 漂移等问题。下面举例说明。

如图 4-21 所示网络，假设交换机开始时不知道站点 A 和 B 的位置。

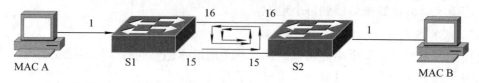

图 4-21　二层环路的影响

(1) A 向 B 发送帧，交换机 S1 收到该帧，它将 "A 位于 1 号端口" 的信息加入自己的 MAC 转发表中。由于此时 S1 并不知道 B 的位置，因此从 15、16 号端口转发。

(2) 交换机 S2 从 15、16 号端口均会收到该帧。

(3) 以 15 号端口为例分析：S2 从 15 号端口收到帧后，将 "A 位于 15 号端口" 的信息加入自己的 MAC 转发表中，同样由于 B 的地址未知，S2 从 1 号和 16 号端口转发，在 B 收到该帧的同时，S1 也将从 16 号端口收到该帧，将 MAC 转发表中关于 A 的位置更新为 "A 位于 16 号端口"，并从 15 号端口送出。S2 又将从 15 号端口收到帧，然后重复以上的过程。如果不加控制，该过程将无限循环下去，如图 4-21 中所示。

(4) 同理可知，S2 的 16 号端口收到帧后，也将进行类似步骤 3 的过程，请读者自行分析。

(5) 通过以上的过程，将出现以下问题：① B 将收到多个重复的帧；② 引起广播风暴：广播帧、未知 MAC 地址的帧将在 S1 和 S2 的链路上无限循环，网络中充斥着大量的广播帧，导致交换机无法正常工作，这一现象称为广播风暴。③ MAC 表不稳定：在上述的无限循环中，除第一次从 1 号收到外，S1 将不断地从 15、16 号端口收到来自 A 的帧，S1 将不断地更新自己的 MAC 表："A 位于 1 号端口" → "A 位于 16 号端口" → "A 位于 15 号端口" → "A 位于 16 号端口" →……，导致 MAC 转发表不稳定；同理，S2 也将遭遇同样的问题。

可以看出，透明桥算法在有环路的网络中无法很好地工作，可采用生成树算法来解决以上问题。

2. 生成树的基本概念

生成树协议 STP 用来维护一个无环路的二层交换式网络，阻止在二层网络中产生环路。生成树的概念来自于图论中的一个基本原理：对于一个连通图，都存在一个最小生成树，它既保证图的连通性，又消除了闭合环。

STP 的基本思路是监视网络中的所有链路，创建一个拓扑数据库，然后通过阻断冗余链路来消除网络中可能存在的环路。运行了 STP 算法之后，帧只能被转发到由 STP 挑选出来的链路上。而在当前活动路径发生故障时，STP 能够自动激活冗余备份链路从而恢复网络连通性，整个过程也不需要人工参与。这样，既能保证网络有一定的冗余性，又可以避免出现广播风暴等问题。

交换机是通过彼此之间传递网桥协议数据单元(BPDU，Bridge Protocol Data Unit)实现算法的。交换机通过 BPDU 获得足够的信息来确定一条最优的路径，同时屏蔽其他路径。而当网络拓扑发生变化或交换机配置发生改变时，网络各节点可以通过生成树算法重新找到一个新的生成树，以适配这种变化。

在详细讨论 STP 怎样在网络中起作用之前，需要理解一些基本的概念和术语。

(1) 桥 ID(Bridge Identifier)：每个网桥都有单一的标识符，STP 利用桥 ID 来跟踪网络中的所有交换机。桥 ID 由 2 字节的桥优先级和 6 字节的 MAC 地址组成，桥 ID 最小的网桥一般具有最高的优先级。

(2) 端口开销(Port Cost)：描述交换机端口所接本地链路的开销，链路的开销一般与链路的带宽成反比。

(3) 端口ID (Port ID)：标识交换机每个端口，由端口优先级和端口号组成。

3. 生成树算法原理

STP 协议的执行大体分为以下几步：(为了与规范表述一致，此处用网桥代表交换机)

(1) 在所有网桥中，选出其中的一个作为根网桥(Root Bridge)。根桥是桥 ID 最小的网桥。对于 STP 来说，关键的问题是在网络中推选一个根桥，并让根桥成为网络中的参考点。

(2) 每台"非根"网桥确定一个"根端口"，每个非根网桥计算到根网桥的最短路径，并记下哪个端口在最短路径上，该端口即为网桥的根端口。

(3) 对每一个 LAN，从位于其上的网桥中选出一个指定网桥(Designated Bridge)。

(4) 选择包含在生成树上的端口，这些端口由根端口和指定端口组成，处于转发状态(Forwarding State)，网桥将通过这些端口转发或者接收帧。其他的端口则处于阻塞状态(Blocking State)，既不发送，也不接收。

图 4-22(a)是一个多交换机互联的二层网络。每个网桥的桥 ID、端口开销如图所示。

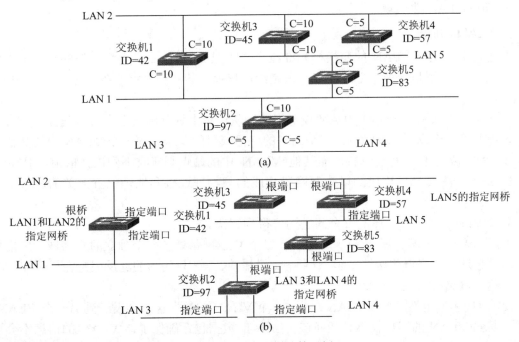

图 4-22　生成树计算示例

图(b)是图(a)生成树计算的结果。图中可以看到，根桥是桥 ID 为 42 的 1 号网桥，其他每个非根桥都有一个根端口。对于每一个 LAN 网段而言，都有一个指定端口。如 LAN1、LAN2 的指定网桥为根桥 1 号网桥，LAN5 的指定网桥是桥 ID 为 57 的 4 号网桥，LAN3、

LAN4 的指定网桥则是桥 ID 为 97 的 2 号网桥。这样，每一个 LAN 网段都只有一个指定网桥负责收发信息，不会再有环路产生。

4.4.3　虚拟局域网(VLAN)

扁平式二层网络中，所有的端口、站点都处于同一个广播域，随着交换机的级联，构成了更大范围的二层网络，这样大范围的网络在实际组网和运行中会引起以下问题：

(1) 广播域过大。虽然交换机隔离了冲突域，但对于广播帧、组播帧、未知目的 MAC 的帧都采用泛洪的方式处理，这类帧仍然会穿越整个网络。随着网络规模的扩大，这类帧占用大量的网络资源，将严重影响网络性能。

(2) 安全性问题。即使在企业内部的部门之间，有些信息也是保密的，尤其是涉及机密的部门，例如财务部、人事部等，有些信息是不能流传到部门之外的。但当所有的用户都接在一个 LAN 上时，利用像 Wireshark 这样的网络分析软件，在任何一个节点都可以将 LAN 上的所有帧进行捕获，造成信息泄露。另外有很多病毒也是通过广播包的方式进行攻击的，导致网络出现安全性问题。

(3) 用户管理不便。例如图 4-19 中，当通信学院一名员工的办公室搬至电子学院时，硬件连接从通信学院的交换机改变至电子学院的交换机，但其仍然希望接入通信工程学院的网络时，如何实现？

以上问题的解决可以在三层通过路由器完成，也可以在二层通过虚拟局域网 VLAN(Virtual LAN)来实现。

1. VLAN 的概念

顾名思义，支持 VLAN 的交换机允许在一个物理 LAN 上定义多个虚拟的、逻辑上的 LAN。VLAN 并不是一种新型的网络，只是给用户提供的一种网络服务，标准号为 IEEE 802.1Q。

在交换式以太网中，使用 VLAN 技术将网络从逻辑上划分出一个个与地理位置无关的子集，每个子集构成一个 VLAN。一个站点的广播帧只能发送到同一个 VLAN 中的其他站点，不管他们处于什么物理位置，而其他 VLAN 中的站点则接收不到该广播帧。因此，VLAN 是由一些交换机连接的以太网网段构成的与物理连接和地理位置无关的逻辑工作组，属于一个广播域。

划分 VLAN 之后，上述的三个问题均可得到解决。

(1) 隔离了广播域。划分 VLAN 之后，每个 VLAN 都处于一个独立的广播域，广播报文不能跨越这些广播域传送，从而将广播帧、组播帧、未知目的帧的泛洪限定在一个 VLAN 之内，达到隔离的效果。

(2) 增加了安全性。划分 VLAN 之后，一个 VLAN 的数据包不会发送到另一个 VLAN，这样，其他 VLAN 的用户收不到任何该 VLAN 的数据包，确保了该 VLAN 的信息不会被其他 VLAN 的用户窃听，从而实现了信息的保密，达到了安全性的效果。

如图 4-23(a)所示，四台主机接入交换机，划分成 VLAN10 和 VLAN20，每个 VLAN 形成一个广播域。A、B 之间可正常通信，C、D 之间可正常通信，但 A、B 的帧不会被转发至 C、D，所发的广播帧也限制在 VLAN10 中。因此一方面隔离了广播域，大大减少网络中的广播帧，提高了网络性能；另一方面网络安全性也得到了保证。在图 4-23(b)中，10 台主机通过两台交换机连接。在划分 VLAN 之前，所有的 10 台主机处于同一个广播域，任何一个主机送出的广播帧、未知帧，所有其他 9 个主机都能收到。现在划分如图所示的通信学院 VLAN A、电子学院 VLAN B，将广播帧或未知帧的传播范围限制到一个 VLAN 内。例如，当 A2 发送广播帧时，只有和它处于同一个 VLAN 的 A1、A3、A4、A5 会收到该帧，而其他主机则不会收到该广播帧，即使是和它连接在同一个交换机的 B1、B2 也不例外。

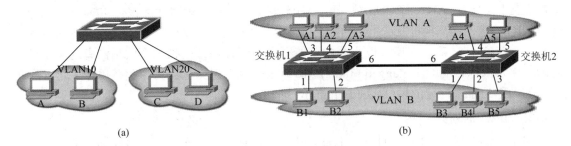

图 4-23　VLAN 示例图

(3) 用户管理方便。划分在同一 VLAN 中的成员并没有任何物理或地理上的限制，它们可以连接到网络中同一台或者不同交换机上。可以根据功能、应用等因素，将用户从逻辑上划分为一个个功能相对独立的工作组，每一个 VLAN 都可以对应于一个逻辑单位，如一个部门、项目组等。图 4-23(b)中，当用户从通信学院搬至电子学院时，只需要在网络管理处进行配置即可实现。

2. VLAN 帧格式

IEEE 802.1Q 中定义了 VLAN 的帧格式，1998 年发布的 IEEE 802.3ac 是 802.1q 的伙伴协议，它定义了针对以太网上 VLAN 的实现规范，修订了最初的 802.3 标准，允许最大帧长度由原来的 1518 字节扩展到 1522 字节，确保 VLAN tag 可以插入。如图 4-24 所示，在标准以太网的帧格式中插入了一个 4 字节的标识符，称为 VLAN 标记(tag)，用来指明发送该帧的工作站属于哪一个虚拟局域网。VLAN 标记插入在以太网的源地址和长度/类型字段之间，增加 VLAN 标记后的帧称为 802.1Q 的帧。

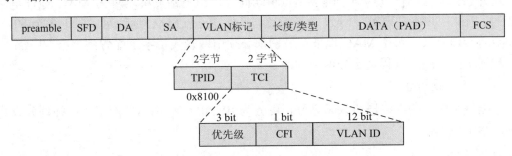

图 4-24　VLAN 帧格式

4 个字节的 VLAN 标记包含了 2 个字节的标记协议标识符(TPID，Tag Protocol Identifier) 和 2 个字节的标记控制信息(TCI，Tag Control Information)。

TPID 的含义与原来以太网的长度/类型字段的含义相同，为固定值 0x8100，表明这是一个加了 802.1Q 标记的帧，称为 802.1Q 标记类型。当 MAC 层检测到源地址之后的字节值是 0x8100 时，就知道这是一个插入了 4 字节 VLAN 标记的帧。

TCI 包含的是标签控制信息，它包括 3 个字段：

(1) 用户优先级(UP，User Priority)：3 bit，指明帧的优先级，最多可以有 8 种优先级。

(2) 规范格式指示符(CFI，Canonical Format Indicator)，1 bit，表示 MAC 地址是否采用规范格式。以太网没有使用该比特，总是置为 0。

(3) VLAN 标识符(VLAN ID，VLAN Identifier)：12 bit，取值范围是 0～4095，其中 0 表示该帧不属于任何 VLAN，而 4095 被保留，因此实际可分配的 VLAN 标识有 4094 个。每个支持 802.1Q 协议的由交换机发送出来的数据包都会包含这个域，以指明自己属于哪一个 VLAN。

划分 VLAN 之后，交换式以太网中可能存在着两种格式的帧：一类是没有这 4 字节标志的，称为未标记的帧(Untagged Frame)，即原来的标准以太帧；另一类是添加了这 4 字节标志的，称为带有标记的帧(Tagged Frame)，即 802.1Q 的帧。

3. VLAN 的划分

在交换机上划分 VLAN 的方式主要有基于端口划分、基于 MAC 地址划分、基于协议划分、基于 IP 子网划分等。

1) 基于端口划分

基于端口划分是指将交换机的某些端口划分在一个 VLAN 中。这些端口可以在单个交换机上，也可以跨越多台交换机。

基于端口划分是目前定义 VLAN 最常用的方法。这种划分方法的优点是定义 VLAN 成员时非常简单，只要将指定端口添加进 VLAN 就可以了。其缺点是站点移动和变更时需要重新定义，当工作站从一个端口移动到另一个端口时，需要改变 VLAN 的设置。另外，无法实现将一个端口的设备划分到多个 VLAN 当中。

2) 基于 MAC 地址划分

这种方法根据每个主机的 MAC 地址来划分，一个 VLAN 就是一组 MAC 地址的集合。交换机需要维护一张 VLAN 映射表，对站点的 MAC 地址和交换机端口进行跟踪。当有新的 MAC 地址加入时，根据需要将其划分至某一个 VLAN，并记录 MAC 地址和 VLAN 的对应关系。

这种划分方法的优点是便于解决站点移动问题，由于站点移动时其 MAC 地址是保持不变的，因此用户不需要对 VLAN 重新配置。另外，一个 MAC 地址可以属于多个 VLAN。其缺点是管理复杂。每个 MAC 地址在最初都必须由网管人员手工配置到一个 VLAN 中，在大型网络中，配置过程是十分繁琐的。

3) 基于协议划分

根据每个站点的网络层协议来划分，可分为 IP、IPX 等 VLAN 网络。这种划分方式在实际应用中用的很少。

4) 基于子网划分

根据 IP 子网号来划分，可将同一个 IP 子网中的站点划分在一个 VLAN 内。

4. VLAN 通信

1) VLAN 的链路类型

VLAN 中定义了三种类型的链路：接入链路、中继链路、混合链路，较常用到前两种。

接入链路(Access Link)用于连接主机和交换机。图 4-23(b)中，A1～A5、B1～B5 连接到交换机的链路均为接入链路，相应的交换机端口称为 Access 端口，Access 端口只能属于一个 VLAN。中继链路(Trunk Link)主要用于交换机之间的互联。图 4-23(b)中，两台交换机之间的链路即为中继链路，用于交换机互联的端口则相应地称为 Trunk 端口。

VLAN 划分是在交换机上进行的，添加和删除 VLAN 标记的操作均由交换机完成，对终端是透明的。这样做的好处是引入 VLAN 之后，终端上的软硬件无需改变，主机网卡发送和接收的帧仍然是标准以太帧(Untagged)。当这样的帧到达连接主机的 Access 端口时，交换机将根据该端口所属的 VLAN，添加 VLAN 标记。对于送出的帧，交换机将剥离 VLAN 标记，还原成标准以太帧送出。

交换机之间的中继链路要传输多个不同 VLAN 的数据。因此数据在中继链路上传输的时候，交换机必须用一种方法来识别该帧属于哪个 VLAN，此时传输的帧就必须是打上标记的 802.1Q 帧(Tagged)。通过这些标记，交换机就可以确定该帧属于哪个 VLAN。对于 Trunk 端口，交换机会将打过标记的帧进行透明传输，既不打标记，也不剥离标记。

2) 单交换机 VLAN 内通信

划分 VLAN 之后，只有属于同一 VLAN 的主机之间才能够在二层通信，不同 VLAN 则不能直接在二层通信，广播帧也只能在同一 VLAN 内传输。如图 4-25 所示，A 发送一个标准以太网格式的广播帧，交换机从 1 号端口收到该广播帧后，查询端口和 VLAN 的映射信息，并从所有属于 VLAN10 的 2 号、3 号端口送出。采用 VLAN 之后，与 1 号端口不在同一个 VLAN 的 4 号端口是收不到广播帧的，VLAN 很好地将广播域限制在一个 VLAN 的范围内。

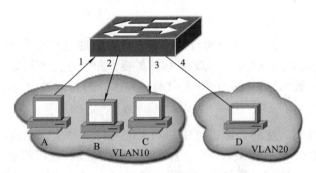

图 4-25　单交换机 VLAN 通信过程

3) 跨交换机 VLAN 通信

下面再来分析 VLAN 跨多个交换机时的通信过程。如图 4-26 所示，两台交换机互联，VLAN A 和 VLAN B 都跨越了两台交换机。

当主机 B1 发送广播帧时，交换机 1 根据入端口查询到 VLAN ID 为 VLAN B，然后将该广播帧打上 VLAN B 的标签，从所有属于 VLAN B 的端口 2 号和 6 号送出。2 号端口是 Access 端口，剥离 VLAN 标记后送出，B2 可以收到该帧。6 号端口是一个 Trunk 端口，交换机将打上 VLAN B 标记的广播帧从 6 号端口透明送出。帧到达交换机 2 的 6 号端口时，交换机透明传输，并根据 VLAN 标记将帧从所有属于 VLAN B 的端口输出，即从端口 1、2、3 剥离 VLAN 标记送出，因此图中 B3、B4、B5 均可收到该帧。

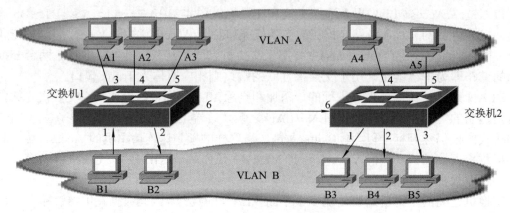

图 4-26　多交换机 VLAN 通信

4.5　高速以太网

4.5.1　高速以太网概述

相对于 10 Mb/s 的传统以太网而言，速率达到或超过 100 Mb/s 的以太网统称为高速以太网。目前为止 IEEE 802.3 标准系列中已经定义了包括 100 Mb/s、1 Gb/s、10 Gb/s、40 Gb/s、100 Gb/s 在内的高速以太网规范，这些以太网的标准都是后向兼容的。与传统 10 Mb/s 以太网不同，高速以太网具有全双工、自动协商等特点。

1. 全双工方式

如 4.4.1 中所述，如果一个站点通过双向的点到点链路连接至交换式以太网，则原来用于共享介质访问控制的 CSMA/CD 机制将不再需要，每个站点都可以全双工方式同时发送和接收数据。除极少数网络外(如 100Base-T4)，大部分的高速以太网都支持全双工方式。

2. 自动协商

在以太网从低速到高速的升级过程中，网卡能支持多种工作模式，可能是 10Base-T，也可能是 100Base-TX、1000Base-T 等；可能是半双工模式，也可能是全双工模式。因此当两个设备端口间进行连接时，为了达到逻辑上的互通，需要进行工作模式的协商。

自动协商是指端口根据另一端设备的连接速度和双工模式，自动把它的工作方式调节到线路两端能具有的最快速度和双工模式。自协商功能完全由物理层芯片设计实现，并不使用专用数据包，不会带来任何高层协议开销。

自动协商的内容主要包括双工模式、传输速率、流量控制等内容，一旦协商通过，链路两端的设备就锁定在这样一种运行模式下。

4.5.2　快速以太网

快速以太网又称为百兆以太网，是由 IEEE 802.3 委员会于 1995 年颁布的一组规范，规范总称是 100Base-T，标准名称为 IEEE 802.3u，可支持 100 Mb/s 的数据传输速率，并且能够与传统以太网兼容。快速以太网支持共享式与交换式两种使用环境，在共享式环境中采用 CSMA/CD，在交换式环境中可以实现全双工通信。

IEEE 802.3u 仍然使用了 IEEE 802.3 的 MAC 子层协议和相同的帧结构。为了能够实现 100 Mb/s 的传输速率，快速以太网在物理层做了一些重要的改进。例如，采用了编码效率更高的 4B/5B 编码方式，而摒弃了传统以太网采用的曼彻斯特编码。

快速以太网中定义了 100Base-TX、100Base-FX、100Base-T4 等不同的物理层，如表 4-2 所示。其中 100Base-TX、100Base-FX 又合称为 100Base-X，100Base-X 在一对双绞线或一根光纤上的单向传输速率可以达到 100 Mb/s，一般以全双工方式工作。

表 4-2　100Base-T 物理层标准

	100Base-X		100Base-T4
	100Base-TX	100Base-FX	
传输介质	两对屏蔽或五类非屏蔽双绞线	两根光纤	两对三类非屏蔽双绞线
信道编码	4B/5B	4B/5B	8B/6T
数据速率	100 Mb/s	100 Mb/s	100 Mb/s
最大网段长度	100 m	100 m	100 m
网络范围	200 m	400 m	200 m

1．100Base-X

100Base-TX 使用两对屏蔽双绞线或五类、超五类、六类非屏蔽双绞线，一对用于发送数据，一对用于接收数据，最大网段长度为 100 m，最大网络范围可以延伸至 200 m。100Base-TX 是 100Base-T 中使用最广的物理层规范。100Base-FX 使用两根多模或单模光纤，一根用于发送，一根用于接收。

100Base-X 采用 4B/5B 编码，因此需要 125 MHz 的带宽支持 100 Mb/s 的传输速率。

2．100Base-T4

100Base-T4 是为了利用当时原有的大量三类音频级双绞线而设计的，当然也可以使用五类以上的双绞线。100Base-T4 使用 4 对双绞线，其中 3 对线同时用于发送、接收数据，第 4 对线用于冲突检测时的接收信道。100Base-T4 采用 6B/6T 编码，最大网段长度为 100 m。由于没有专用的发送或接收线路，所以 100Base-T4 不能进行全双工操作，只能工作于半双工方式。现代以太网中已基本不使用 100Base-T4。

快速以太网目前主要用于将计算机连接到网络。

4.5.3　吉比特以太网

IEEE 802 委员会 1998 年 6 月正式公布了关于吉比特以太网的标准。吉比特以太网(GE，Gigabit Ethernet)也称为千兆以太网，是对以太网技术的再次扩展，其数据传输率为 1000 Mb/s 即 1 Gb/s。千兆以太网保留了原有以太网的帧结构，因此能够与以太网、快速以太网后向兼容，从而原有的以太网均可以方便地升级到千兆以太网。千兆以太网可以工作于全双工模式，CSMA/CD 关闭；也可以使用 CSMA/CD，工作于半双工模式。

由于受到铜线传输能力的限制，千兆以太网的物理层以光纤传输为主，同时为了兼容原有的物理层，仍保留了以铜线为介质的物理层。千兆以太网的标准 IEEE 802.3ab 和 IEEE 802.3z 分别用来支持铜线传输和光纤传输。

IEEE 802.3z 和 IEEE 802.3ab 标准中定义了千兆以太网的几种物理层标准：1000Base-LX、1000Base-SX、1000Base-CX、1000Base-T 等，分别用于不同的介质类型，如表 4-3 所示。其中前三种又合称为 1000Base-X。

表 4-3　千兆以太网物理层标准

物理层标准	1000Base-X			1000Base-T
	1000Base-SX	1000Base-LX	1000Base-CX	
传输介质	光纤，850 nm	光纤，1310 nm	短距离屏蔽铜缆	4 对超五类 UTP
信道编码	8B/10B	8B/10B	8B/10B	4D-PAM5
数据速率	1000 Mb/s	1000 Mb/s	1250 Mb/s	1000 Mb/s
最大网段长度	100 m	100 m	25 m	100 m

1. 1000Base-X

1000Base-SX 采用纤芯直径为 62.5 μm 或 50 μm 的多模光纤，使用短波长激光作为信号源，波长范围为 770～860 nm。使用 62.5 μm 多模光纤时，传输距离为 275 m，使用 50 μm 多模光纤时传输距离为 550 m。1000Base-SX 适用于作为大楼网络系统的主干通路。

1000Base-LX 采用纤芯直径为 62.5 μm、50 μm 的多模光纤和 9 μm 单模光纤，使用长波激光作为信号源，波长范围为 1270～1355 nm。1000Base-LX 使用多模光纤时，传输距离为 550 m，使用单模光纤时传输距离可达 5 km。1000Base-LX 适用于校园网或城域网的主干网络。

1000Base-CX 使用一种特殊规格的高质量屏蔽铜缆作为网络介质，最长传输距离为 25 m，传输速率为 1.25 Gb/s。1000Base-CX 适用于交换机之间的短距离连接，尤其适用于千兆主干交换机和主服务器之间的短距离连接，也适用于集群网络设备的互联，例如机房内连接网络服务器。

2. 1000Base-T

1000Base-T 采用 4 对 5 类 UTP 双绞线，传输距离为 100 m，传输速率为 1 Gb/s，主要用于结构化布线中同一层建筑的通信，从而可以利用以太网或快速以太网已铺设的 UTP 电缆，也可被用作大楼内的网络主干。

在千兆以太网的 MAC 子层，除了支持以往的 CSMA/CD 协议外，还引入了全双工流量控制协议。其中，CSMA/CD 协议用于共享信道的争用问题，全双工流量控制协议适用于以交换机为星型拓扑中心的交换式以太网。

千兆以太网目前主要用于园区网中，如校园网、企业网等，用于骨干连接。图 4-27 给出了千兆以太网组网示例。一台 1 Gb/s 的交换机提供了到中央服务器和各工作组交换机之间的骨干连接，各工作组交换机可以支持千兆和百兆链路，其中千兆链路连接到骨干交换机，从而可以提供到中央服务器的高速访问，而百兆链路则用来连接各个计算机。

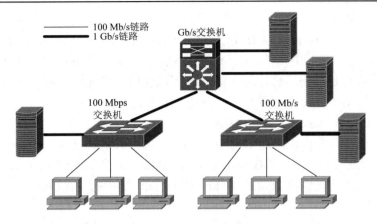

图 4-27 千兆以太网组网示例

4.5.4 10 吉比特以太网

在很长的一段时间中，由于带宽以及传输距离等原因，人们普遍认为以太网只能用于局域网，不能用于城域网，10 吉比特以太网的出现打破了这一认识。1999 年 IEEE 成立了 802.3ae 工作组，致力于 10 吉比特以太网技术的研究，并于 2002 年正式发布了 IEEE 802.3ae 10GE 标准。10 吉比特以太网(10GE，10 Gigabit Ethernet)的数据传输率为 10 Gb/s，又称为万兆以太网。10 吉比特以太网不仅再度扩展了以太网的带宽和传输距离，更重要的是使得以太网从局域网领域向城域网领域渗透。

10 吉比特以太网的帧格式与 10 Mb/s、100 Mb/s 和 1 Gb/s 以太网的帧格式完全相同，也保留了 802.3 标准规定的以太网最小和最大帧长，从而能充分兼容已有的以太网技术。同百兆、千兆以太网一样，10 吉比特以太网属于以太网技术发展中的一个阶段，但其并非将千兆以太网的速率简单地提高 10 倍，它只工作于全双工模式，而且有许多技术问题要解决。

从使用的介质以及物理层规范来看，10 吉比特以太网大致可以分为三种类型：(1) IEEE 802.3ae 定义了在光纤上传输 10 G 以太网的标准，传输距离从 300 m 到 40 km。(2) IEEE 802.3ak 定义了在对称铜缆上运行 10 G 以太网的标准，传输距离小于 15 m，适用于数据中心内部服务器之间的连接应用。(3) IEEE 802.3an 定义了基于双绞线作为媒质的 10 G 以太网标准，希望传输距离至少达到 100 m。其中以光纤为介质的 IEEE 802.3ae 得到了广泛应用，以下仅介绍 IEEE802.3ae 物理层。

1. IEEE 802.3ae 的物理层接口

10 吉比特以太网的 IEEE 802.3ae 标准只支持光纤作为传输介质，但提供了两种不同的物理层(PHY)类型。一种是提供与传统以太网进行连接的速率为 10 Gb/s 的 LAN 物理层设备，即"LAN PHY"，包括 10GBase-LX4、10GBase-SR、10GBase-LR 和 10GBase-ER 等；另一种是提供与 SDH/SONET 进行连接的速率为 9.58464 Gb/s 的 WAN 物理层设备，即"WAN PHY"，包括 10GBase-SW、10GBase-LW 和 10GBase-EW。通过引入 WAN PHY，提供以太网帧与 SONET OC-192 帧结构的融合，WAN PHY 可与 OC-192、SONET/SDH 设备一起运行，从而在保护原有网络投资的基础上，能够在不同地区通过 SONET 城域网提供端到端的以太网连接。

在接口类型中，10GBase-LX4 使用了粗波分复用技术，把 12.5 Gb/s 的数据流分成 4 路 3.125 Gb/s 的数据流在光纤中传播，由于采用了 8B/10B 编码，因此有效数据流量是 10 Gb/s。这种接口类型的优点是应用场合比较灵活，既可以使用多模光纤，应用于传输距离短、对价格敏感的场合，也可以使用单模光纤，应用于较长距离的传输。

10GBase-SR、10GBase-LR 和 10GBase-ER 的物理编码子层 PCS 使用了效率较高的 64B/66B 编码，在线路上传输的速率是 10.3 Gb/s。10GBase-SR 使用 850 nm 波长，在多模光纤上的传输距离是 300 m；10GBase-LR 和 10GBase-ER 分别使用 1310 nm 和 1550 nm 波长，在单模光纤上的传输距离分别是 10 km 和 40 km，适用于城域网范围的传输，是目前的主流应用。

10GBase-SW、10GBase-LW 和 10GBase-EW 是应用于广域网的接口类型，其传输速率和 OC-192SDH 相同，物理层使用了 64B/66B 的编码，通过 WIS 把以太网帧封装到 SDH 的帧结构中去，并做了速率匹配，以便实现和 SDH 的无缝连接。

2. 10 吉比特以太网的应用

在组网拓扑方面，10 吉比特以太网既支持星型连接，也支持点到点连接。10 吉比特以太网的 MAC 子层已不再采用 CSMA/CD 机制，只支持全双工方式，不存在争用问题，因此传输距离不再受进行碰撞检测时的限制而大大提高了。

10 吉比特以太网技术基本承袭了以太网、快速以太网及千兆以太网技术，因此在用户普及率、使用方便性、网络互操作性及简易性上皆占有极大的引进优势。在升级到 10 吉比特以太网解决方案时，用户不必担心既有的程序或服务会受到影响，因为升级的风险非常低，同时在未来升级到 40 Gb/s 甚至 100 Gb/s 时都将有很明显的优势。

10GE 具有 10 Gb/s 的带宽和长可达 40 km 的传输距离，主要用于高速企业园区网或城域网。如 4-28(a)为 10GE 在企业园区网中的应用示例，(b)为在城域网中的应用示例。

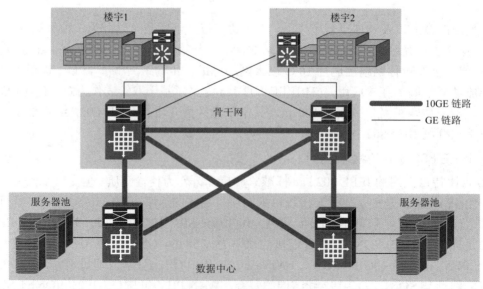

(a)

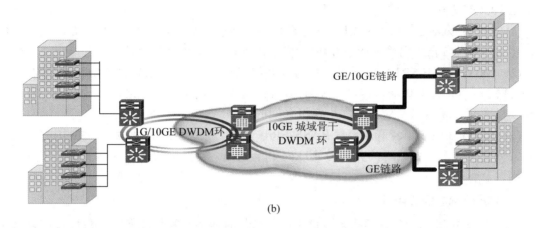

(b)

图 4-28　10 吉比特以太网组网示例

4.5.5　40/100 吉比特以太网

2006 年下半年，IEEE 成立了高速研究组(HSSG，High Speed Study Group)，致力于研究制定下一代高速以太网标准。40/100 吉比特以太网(40GE/100GE)标准 IEEE 802.3ba 于 2010 年 6 月得到批准。这是第一次在同一个以太网标准中存在两种不同的速率，主要原因是针对本地服务器和骨干网互联方面不同的需求。40 Gb/s 主要针对本地服务器计算、存储等应用，而 100 Gb/s 则主要针对核心和汇接应用。提供两种速度，IEEE 意在保证以太网能够更高效更经济地满足不同应用的需要，进一步推动基于以太网技术的网络汇聚。

40/100GE 仍然使用 802.3 标准的以太网帧格式，并保留了 802.3 标准的最小和最大帧长度，能够提供低于 10^{-12} 的误比特率，支持 40 G 和 100 Gb/s 的 MAC 数据。40/100GE 只支持全双工工作模式，能够支持光传送网 OTN。

由于速率高，40GE/100GE 的 PMA 子层和 PMD 子层与 10GE 相比有较大变化，40GE/100GE 的 MAC 与 PHY 的接口由原来的 XGMII 接口演变成 XLGMI 接口(40GE)和 CGMII(100GE)，XLGMII/CGMII 接口容量由 10 G 提高到 40 G 和 100 G，同时 PHY(物理层)的层次结构上多了 FEC(前向纠错)功能子层。

1. 物理层规范

40/100GE 标准中包含了多种物理层规范，如表 4-4 所示。

表 4-4　40/100GE 主要的物理层规范

物理层	40 GE	100 GE	距离
背板	40GBase-KR4	100GBase-KR4	1 m
双同轴电缆(twinax cable)	40GBase-CR4	100GBase-CR10	7 m
双绞线	40GBase-T		30 m
多模光纤	40GBase-SR4	100GBase-SR10	100 m
单模光纤	40GBase-LR4	100GBase-LR4	10 km
单模光纤(超长距离)	40GBase-ER4	100GBase-ER4	40 km

以 100GE 为例，常用的规范包括：

(1) 100 G Base-CR10：100 Gb/s 信号在铜缆上应用的规范，采用了 10 × 10 G 的并行模式，传输距离为 7 m。主要是应用在机架/机柜内或机架/机柜间的互联。

(2) 100 G BASE-SR10：100 Gb/s 信号在多模光纤上应用的规范，采用 850 nm 的波长，在 OM3 的多模光纤上传输，传输距离为 100 m。主要应用于办公室之间，数据中心服务器到交换机之间互联，以及交换机和交换机之间的互联。

(3) 100 G BASE-LR4 和 100 G BASE-ER4：100 Gb/s 信号在单模光纤上应用的规范，采用波分复用技术，传输距离分别为 10 km 和 40 km。主要应用于互联网交换、校园网、城域网以及骨干网。

2. 40/100GE 的应用

40/100GE 标准的诞生，解决了数据中心、运营商网络和其他流量密集型环境中越来越高的宽带需求，同时也将推动万兆以太网的普及，可以提供更多的万兆链路汇聚。

未来几年，100 G 以太网将在数据中心领域强势增长。云计算、大数据的蓬勃发展，使得数据中心开始向云数据中心、超大型数据中心演进，而在这一过程中，100 G 以太网交换机将开始全面普及；特别是以谷歌为代表的互联网公司(开始部署 40 G 服务器)，将成为推动 100 G 以太网交换机快速增长的巨大推动力。图 4-29 是 40/100GE 在计算中心、数据中心、局域网之间互连的应用示例。

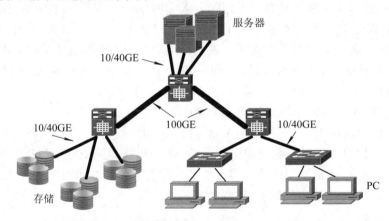

图 4-29　40/100GE 在数据中心与计算中心的应用

在城域网中，100GE 可以用于城域网的骨干连接，汇聚交换机可以通过 100GE 链路上行连接至核心路由器，从而形成高速的城域网核心层，如图 4-30 所示。

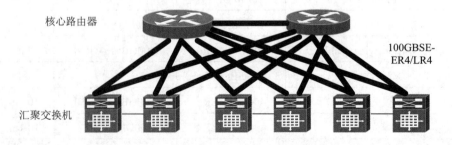

图 4-30　40/100GE 在城域网中的应用

习 题

1．简述局域网的基本特点。

2．IEEE 802 局域网参考模型与 OSI 参考模型有何异同之处？

3．局域网将数据链路层分割为哪两个子层？这两个子层分别完成什么功能？

4．请描述 IEEE 802 的 MAC 地址结构，说明如何保证 MAC 地址的唯一性？并分析其地址空间的容量。

5．试分析 DIX Ethernet V2 和 802.3 帧格式有何不同？当终端收到帧时，如何判断是哪一种类型的帧？

6．以太网帧结构中为什么定义了最小帧长？如果不满足最小帧长条件，如何处理？

7．以太网使用的 CSMA/CD 协议是以争用方式接入到共享信道的，这与传统的时分多址 TDMA 相比优缺点如何？

8．一个使用 CSMA/CD 的网络，假设其数据率为 100 Mb/s，设信号在网络上的传播速率为 200 km/ms，网络的范围为 1 km，忽略设备的处理时延，要保证网络正常进行冲突检测，能够使用此协议的最短帧长应该为多少？

9．某广播信道的传送速率为 R b/s，如果信道上两站点同时发送长度为 L 的帧，假如站点之间的传播时延为 D。分析当 D < L/R 时，能否检测出冲突？请给出你的理由。

10．解释冲突域、广播域的概念。

11．10Base-T 采用星形的拓扑结构，实现了主机与集线器之间的点到点连接，为什么说 10Base-T 仍然是共享式以太网？请从集线器的工作原理角度进行分析。

12．与共享式相比，交换式以太网有什么优点？交换式以太网需要的典型设备包括什么？

13．以太网交换机的工作原理是什么？转发和过滤的规则是怎样的？

14．描述局域网交换机 MAC 转发表的构造过程。

15．以太网交换机中的转发表是用自学习算法建立的。如果有的站点总是不发送数据而仅仅接收数据，那么在转发表中是否存在与这样的站点相对应的条目？如果要向这个站点发送数据帧，交换机能否将数据帧正确转发至该站点？

16．在图 4-31 所示的网络中，四台主机 H1、H2、H3、H4 的 MAC 地址分别为 MAC1、MAC2、MAC3、MAC4。一开始三个交换机中的转发表都是空的。以后有以下各站向其他的站发送了数据帧，即 H1 发送给 H2，H2 发送给 H4，H4 发送给 H1，请描述三个交换机的转发表。

表 4-5　题 16 表

发送的帧	交换机 1 的转发表		交换机 2 的转发表		交换机 3 的转发表	
	地址	接口	地址	接口	地址	接口
H1-->H2						
H2-->H4						
H4-->H1						

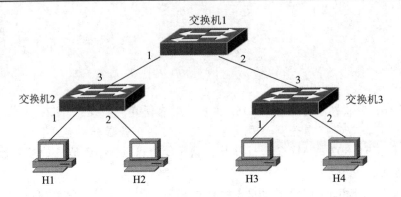

图 4-31　题 16 图

17．分析以太网交换机的冲突域和广播域。对网桥而言，当收到一个帧，而不知其目的地时，该帧将被如何转发？后果是什么？

18．比较集线器和以太网交换机的区别。

19．什么是 VLAN？划分 VLAN 之后可以解决二层网络中的哪些问题？

20．划分 VLAN 可以有哪些方法？在一个由多个交换机构成的二层网络中，可以划分多少个 VLAN？为什么？

21．在图 4-23 中，分析 A1 发送数据给 A5 时，交换机的处理过程。

22．如果不加控制，有环路的二层网络中会出现哪些问题？

23．请描述生成树协议的算法及作用。

24．10 Mb/s 以太网升级到 100 Mb/s 和 1 Gb/s 甚至 10 Gb/s 时，需要解决哪些技术问题？在帧的长度方面需要有什么改变？为什么？传输媒体应当有什么改变？

25．分析高速以太网中的全双工方式和半双工方式？

26．总结快速以太网、吉比特以太网、10 吉比特以太网、40/100 吉比特以太网都有哪些常用的物理层规范。

27．查找资料，分析以太网技术的最新发展和应用情况。

第 5 章　互联网及 TCP/IP 协议

本章讨论互联网及其协议，主要内容有：互联网的网络结构、互联的方式、TCP/IP 协议结构、IP 分组转发、路由协议、传输层协议，以及互联网的典型应用及其工作原理。最后介绍互联网技术中两个重要的发展演进 IPv6 和 MPLS。

5.1　互联网概述

互联网(Internet)是指采用分组交换技术、使用 TCP/IP 协议，将不同类型的网络互联在一起而形成的覆盖全球的信息基础设施。该设施采用开放的应用编程接口，能够为用户提供各种通信与信息服务，例如 Web 浏览、电子邮件、信息搜索、文件共享、VoIP、IPTV、电子商务等。

互联网发源于 1969 年美苏冷战时期美国国防部高级研究计划署(DARPA，Defense Advanced Research Projects Agency)研发的军事科研网 ARPANET。20 世纪 90 年代互联网商业化后，其规模取得爆炸式的发展。国际电信联盟发布的 2014 年 ICT 报告显示，接近 98% 的网络流量由互联网承载，到 2014 年年底，全球已有 30 亿人使用互联网。

互联网领域的最高管理机构是互联网协会(Internet Society)，简称为 ISOC。ISOC 成立于 1992 年，是一个国际性的、非营利的、松散的会员制组织，其主要作用是为与互联网发展有关的标准、教育和政策等工作提供财政和法律支持，以推动互联网在全球范围的应用和健康发展。ISOC 下设的互联网架构委员会(IAB，Internet Architecture Board)，承担 ISOC 技术顾问组的角色，负责定义整个互联网的架构和长期发展规划。IAB 管理下的互联网工程任务组(IETF, The Internet Engineering Task Force)，负责互联网相关技术规范的研发和制定等具体工作。实际上，ISOC 最重要的工作之一就是对 IETF 的技术工作提供资助。另一个与互联网运营管理密切相关的机构是互联网域名与地址分配机构(ICANN，Internet Corporation for Assigned Names and Numbers)，其成员主要由 ISOC 的会员构成，也是一个独立于官方的非营利性国际组织，负责全球互联网运营中 IP 地址、域名资源，以及根和顶级域名服务器系统的分配、协调和管理工作。

5.1.1　网络结构

1. 网络组成

互联网的结构与传统电话网不同，它不是"一个网络"，而是一个"网络的网络"。全球互联网实际上是由成千上万的服务提供商、企业、大学、政府，以及其他各类机构、团体的网络互联在一起而形成的一个网络的集合。因此，互联网不属于任何一家公司或机构，每个运营公司、机构、团体或个人网络都只是互联网的一部分。

互联网也是由不同类型的网络单元组成的，主要包括终端、链路、路由器和交换机。终端可以是任意具备联网功能的终端设备，最常见的是通用 PC、笔记本电脑、智能手机等。路由器和交换机属于网络单元，它们执行分组的路由和转发功能，其中交换机位于一个网络的内部，可以是 LAN 交换机、ATM 交换机、电话交换机等，路由器则位于一个网络的边缘，负责互联不同的网络。关于路由器和交换机的细节将在后续章节进一步介绍。互联网的链路与其他类型的网络所使用的没有区别。由于近年来网络安全问题的日益突出，安全设备，如防火墙、ICS/IPS 等也成为网络的基本设备。

任意用户想成为互联网用户，必须通过某个互联网服务提供商(ISP，Internet Service Provider)接入，而该 ISP 必须已经是互联网的一部分。ISP 可以是为公众提供商业服务的电信运营商，也可以是建有自己园区网的公司、学校和各类机构。后一种情况的 ISP 一方面为自己的员工提供接入，另一方面又是大型商用 ISP 的客户，通过租用电信专线接入上一级互联网。如图 5-1 所示，一个大型商用 ISP 网络通常包含接入网，城域网和骨干网三部分，互联网的骨干网就是由商业 ISP 骨干网互联而成。出于对网络管理与控制的考虑，大型商用 ISP 网络之间仅在骨干网层面，通过边界网关路由器实现互联，互联的 ISP 之间，会通过签署保密的商业协议来规定彼此的义务和责任，包括相互交换路由信息，转发彼此的流量，以及如何进行网间结算等内容。

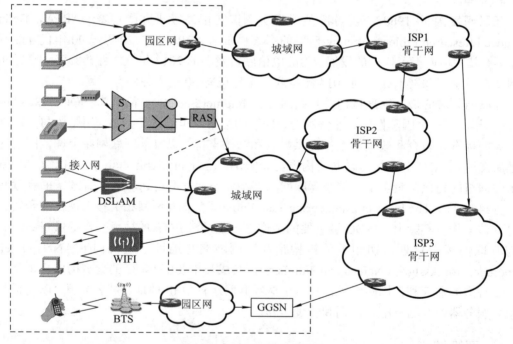

图 5-1　互联网的网络结构

2. ISP 与互联方式

ISP 为用户提供的主要服务包括互联网接入、流量中转、域名服务、通信与信息服务等。按经营范围，商业 ISP 分为骨干 ISP、区域 ISP 和接入(本地)ISP 三个层次。骨干 ISP，也称第一层 ISP，其网络规模通常都很大，覆盖从国内到国际、从接入到传输的全部服务，例如 AT&T、Sprint、NTT、中国电信等大的电信基础服务运营商。第二层 ISP，即区域 ISP，通常连接一个或多个骨干层 ISP，也可能与其他第二层 ISP 直接互联，其网络覆盖为一个区域。第三层 ISP，即接入(本地)ISP，是网络的最后一跳，直接面向用户，为互联网用户提供接入服务，通常是高层 ISP 的客户。另外像 Google 和亚马逊这样的 IT 公司，主要为用户提供互联网应用服务，它们则租用基础电信运营商网络的传输资源，互联自己分布在全球的数据中心，形成自己的信息服务网络，但它们并不为用户提供接入、域名等基础服务。

图 5-2 描绘了互联网的三层次 ISP 结构。ISP 之间的互联通常有两种方式：中转方式(Transit)和对等方式(Peering)。中转方式指一个 ISP 允许另一个 ISP 的流量通过自己的网络转发，通常是小型 ISP 从大型 ISP 处以付费方式购买该服务。此时，大型 ISP 成为小型 ISP 的上游服务提供商，如区域 ISP 与第一层的骨干 ISP 之间的互联多采用这种方式。对等方式指两个网络规模基本相当的 ISP 之间直接互联、相互转发对方的流量、互不收费。此时，两个 ISP 之间称为对等方，如第一层的 ISP 之间，多采用对等互联方式。对等互联可以采用在两个 ISP 边界路由器间建立直达专线的方式实现，也可以通过 IXP(Internet Exchange Points)来实现。

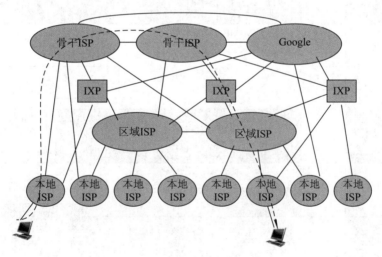

图 5-2　互联网的三层次结构

IXP 是一个采用二层网络技术(Ethernet 或 MPLS 等虚电路)，主要采用对等模式构建的公共互联网基础设施，用于 ISP 之间的对等互联。IXP 的对等模式指连接到 IXP 的所有 ISP 按占用接口带宽的比例分担建设运维费用，ISP 之间通过 IXP 的两层网络直接互联，相互转发流量时互不收费，即所谓的 SKA (Sender Keep All)模式。

在具体实现上，IXP 通常设置在区域中心城市，每个接入到 IXP 的 ISP，都要在 IXP 所在地安装一台运行 BGP 协议的路由器，IXP 的两层网络为它提供与其他 ISP 的两层点对点直连链路。现有的 IXP 主要采用 Ethernet 技术组建可管理的两层网络，采用 E-APS 技术提供链路冗余，保证网络可靠性。IXP 方式的优点是，两个 ISP 之间可以采用交换的方式实现直连，而无需通过一个或多个第三方的 ISP 来中转实现，节约了互联的成本，降低互联的复杂度，使互联的跳数减少，传输时延降低。另外，IXP 的两层网络通常可以在 ISP 之间设置冗余链路，也大大改善了 ISP 之间互联的可靠性。在我国，为解决运营商之间的互联互通，在北京、上海、广州分别设置了 3 个公共 IXP，IXP 的参与方包括了中国电信、联通、移动、教育科研网等，并要求经营性网络加入全部三个 IXP，但目前国内 ISP 之间还主要是以专线对等直连和中转方式为主。

5.1.2　TCP/IP 协议

1. 分层结构

互联网使用的通信协议是 TCP/IP 协议族，其核心协议包括 IP、TCP、UDP、路由协议、DNS 等。TCP/IP 协议是从 ARPANET 发展而来的，在建立它们时积累的经验对 OSI 参考模型产生了很大的影响。TCP/IP 协议采用分层结构，但没有统一的约定，其结构定义在 1989 年发布的 RFC1122、RFC1123 中，它比 OSI 参考模型要简单。图 5-3 中，我们将 TCP/IP 协议描述成一个五层的结构，五个层次自底向上依次是物理层、数据链路层、网络层、传输层和应用层。

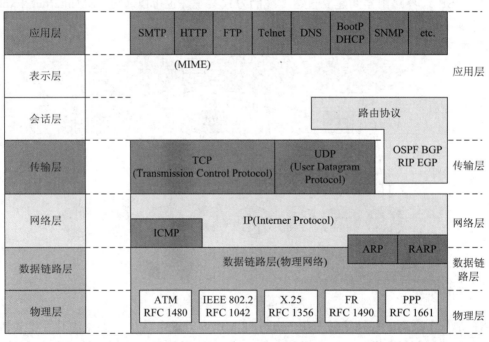

图 5-3　TCP/IP 协议的分层结构

从图 5-3 中能看到 TCP/IP 与 OSI 模型之间是有差异的。首先，TCP/IP 的应用层包含了 OSI 的应用层、表示层和会话层三个层次的功能；其次，TCP/IP 核心协议主要在网络层和传输层，并不直接涉及物理层。很多讨论 TCP/IP 技术的文献和教材讲 TCP/IP 分层结构时，将数据链路层和物理层合在一起，称为物理网络、网络接入层，或数据链路层。实际中，IETF 制定标准时也不独立定义新的数据链路层和物理层协议，而是使用现存的标准，但会定义 IP 如何在其上承载的相关协议。最后要指出的是，互联网的 TCP/IP 协议作为工业实现，强调在性能与模块化之间折中，并不严格遵循分层的约束。以路由协议为例，它们属于网络层功能，但在 TCP/IP 的分层结构中，OSPF 通过 IP 层传输，而 BGP 则通过 TCP 来传输，但路由协议的讨论仍然要归入网络层的范畴，而不是划到传输层或应用层来讨论，这样的情况在互联网中很多。

数据链路层为两台直连的主机提供点到点的通信链路。该层可以使用现有的各种物理网络协议，例如 ATM、Ethernet、PPP、MPLS 等。实际组网中，两台设备之间的数据链路可以是点到点型，可以是广播型，也可以是虚电路型。但从 IP 的观点看，它们都是直连的一条链路，没有什么区别。

网络层在数据链路层之上，为网络上任意主机之间的通信提供不可靠的、无连接的数据报服务。网络层包含多个协议，核心是 IP 协议和路由协议(Routing Protocol)。IP 协议定义了 IP 分组和 IP 地址的格式，以及分组转发的规则，当前网络主要使用的版本是 IPv4。路由协议如 OSPF 和 BGP4 等，主要实现路由功能，负责创建和维护每台路由器上的路由表，保障端到端选路和转发行为的一致性。由于 IP 协议的功能很简单，仅靠 IP 协议很难满足商业电信网络上运营维护的需求，在图 5-3 中能看到网络层还有很多扩展的辅助协议，由它们来完成 IP 和路由协议不提供的功能。例如，通过 ARP 协议来进行 IP 地址到数据链路层地址的翻译；使用 ICMP 来完成维护和差错信息的通告功能；使用 DNS 协议完成域名服务等。

传输层在网络层之上，为不同主机上两个进程之间的通信提供传输信道。鉴于 IP 层不可靠的特性和应用的多样性，传输层设计了几种协议以满足不同的需要，并允许扩展新的传输层协议。目前最常用的是 TCP 和 UDP 两个协议。例如应用如果不要求可靠传输，则使用 UDP 协议；没有实时要求但有可靠性要求的应用则使用 TCP 提供的可靠信道服务。

应用层在传输层之上，它为典型的网络应用提供服务接口，以简化网络应用的设计实现。目前已经定义了支持互联网服务的各种应用层协议，例如 SMTP(Simple Mail Transfer Protocol)，它是创建邮件应用的基础；HTTP 用于支持 Web 服务；FTP 用于支持文件传输服务等。

在现代电信网络中，从运营、管理的视角来看，在分层模型的基础上将网络划分为三个功能面，依次是数据面、控制面和管理面。互联网也不例外，发展成商业运营网络后，在 TCP/IP 核心协议的基础上，扩展了控制面和管理面协议，以支撑商业运营和管理的需要。例如，互联网的数据面负责承载和处理用户数据流，包括执行分组转发功能、根据分组头执行分组过滤的 ACL、对数据进行传输加密等。数据面也实现例如排队管理、分组调度等功能。互联网的管理面负责承载和处理管理数据流，包括监视、故障告警定位、计费、业务流量统计等。例如 SNMP、DHCP、AAA/Radius 均属于管理面的协议。互联网的控制面核心是路由协议。正确合理地配置路由协议、优化路由系统参数，可以提高数据面的分组转发效率，降低网络管理的复杂度，是改善网络性能的主要手段之一。除路由协议外，ARP 和 DNS 等从功能看，都可归属于控制面的协议。

2. TCP/IP 体系的特点

采用 TCP/IP 协议的互联网结构主要有三个特点：

(1) 漏斗模型。互联网的特点可以描述为"简单的网络，智能的端系统"。端系统一般指计算机主机或其他联网的智能终端。在互联网上所有的主机和路由器都要实现 IP 协议，但 IP 仅提供最低限度的功能来支持主机到主机的分组交付。流量控制、差错控制、拥塞控制、连接管理等复杂的功能由传输层和应用层执行，但它们仅在端系统实现，这代表了互联网最基本的设计哲学。

(2) 无状态结构。网络层采用无连接的数据报服务传输分组，网络内部不维持用户通信时的连接状态信息。这些信息仅在上层需要时保存在主机端。换言之，为保持网络的简单性，路由器上不保持数据面的用户状态信息，仅保持网络的当前状态信息！网络状态信息帮助数据面正确执行分组转发功能。在路由器上，保存网络的状态信息最重要的组件就是路由表。

(3) 接口开放。为网络应用程序开发提供了一个开放的应用编程接口 API，通过 API，任何用户和第三方服务提供商在技术上都可不受限制地开发自己的网络应用程序。

互联网的这种服务模型被称为"尽力而为"模型。其优点是由于网络层的简单性，容易与不同网络互联。其次，传输层与网络层分离，可以方便地引入新的传输层协议以支持新的应用，而无需修改核心网。再次，网络无状态，路由器转发分组自主灵活，提高了网络的生存性。

但是，尽力而为的服务模型对很多应用并不是一个有效的抽象，例如对于有明确带宽、计费、QoS 要求的应用，路由器如果能够维持连接或者"流(Flow)"状态，则上述需求会更容易实现。但直到目前，还没有在保持简单性和提供可管理性之间找到一种折中的方法。

图 5-4 描述了互联网上常用设备的 TCP/IP 协议栈结构。我们看到，互联网应用主要在网络边缘的主机上实现，网络层之上的通信协议处理是端到端的。网络设备，例如交换机、路由器等主要负责分组和帧的逐跳转发，协议栈的层级都比主机要少，网络层之下(含网络层)的通信协议处理是逐跳处理的。

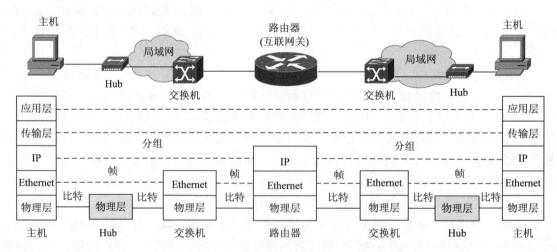

图 5-4　互联网设备的 TCP/IP 协议栈结构

可以看到，TCP/IP 协议在结构设计上一个非常鲜明的特点是：保持了网络的简单性，而把应用执行需要的复杂业务逻辑放在终端域(主机、服务器)中实现。其优点是实现了业务与网络的无关性，业务的开发和实现在技术上不受网络限制。但其缺点也很多，例如，网络中没有集中的业务管理机制,用户要发现业务必须通过第三方的门户网站和搜索引擎,这也导致所提供公共服务(安全、计费)等的成本高且复杂。

5.2　网　络　层

互联网的网络层包含一组协议,其中核心是 IP 协议,网络层负责实现主机到主机的通信服务,是 TCP/IP 协议栈中最复杂的层次。为实现分组从源主机到目的主机的正确传送,网络层需要实现如下两个基本功能。

(1) 选路(Routing):指路由器之间通过路由信息的交换和路由算法的执行,创建路由表,决定端到端的分组转发路径的过程。选路过程通常需要多台路由器之间的协作完成,属于控制面的功能。

(2) 转发(Forwarding):指路由器从输入接口接收到一个分组后,根据分组目的地址查询路由表,将分组转发到指定的输出接口的过程。与选路过程相比,转发过程仅涉及一台路由器,其至是一个板卡,处理过程也相对简单,属于数据面的功能。

路由表是联系选路和转发两个基本功能的关键部件。在每个路由器上,路由表存储了到已知目的网络的路由信息,它确保一个路由域中所有路由器分组转发行为的一致性。

图 5-5 描述了网络层的主要协议,首先是 IP 协议,它定义了 IP 分组的格式、编址方案和分组转发规则,是网络层的必备组件;其次是路由协议,负责决定分组从源端到目的端的转发路径,计算生成路由表;ICMP 协议负责网络层的差错和信息报告;ARP 协议则负责 IP 地址到物理地址的解析。本节我们讨论 IP、ARP 和 ICMP,路由协议则放到第 5.4 节进行专门讨论。

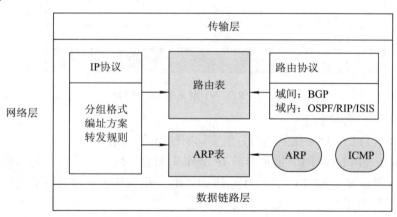

图 5-5　网络层的主要协议

5.2.1　IP 协议

IP 协议版本 4 发布在 1981 年的 RFC791,它定义了 IP 协议的分组格式和全局逻辑地址,为主机之间的通信提供"尽力而为"的数据报服务。互联网上有各种类型的应用,不同的应用进程之间通信往往依赖不同的应用层协议和传输层协议,但共同点是,在网络层它们都使用 IP 协议。

1. 分组格式

IP 协议可以运行在任何第二层协议上。如图 5-6 所示，以最常见的以太网协议为例，可以看到 IP 分组被封装在 Ethernet 帧的净负荷部分，每个 IP 分组包含 IP 头部和分组净负荷两部分。IP 头部即 IP 层的协议控制信息，包含路由器处理转发 IP 分组所需的各类控制信息，分组净负荷部分则承载各类上层协议的分组信息。

Ethernet头部	IP头部	IP分组净负荷 (TCP/UDP/ICMP等)

图 5-6　IP 分组的封装

IP 协议能够提供的功能主要体现在 IP 头部提供的控制信息上，下面我们结合分组格式和控制信息对其功能做简单的介绍。如图 5-7 所示，IP 分组是长度可变的，由头部和净负荷两部分组成。头部本身也是可变长的，它由一个 20 字节的定长部分和一个变长的可选字段部分组成。

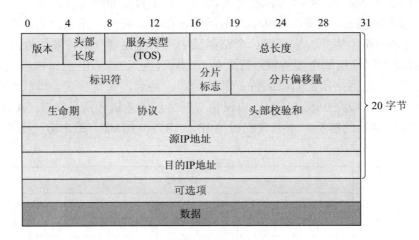

图 5-7　RFC791 定义的 IP 分组格式

IP 头部各字段含义如下：

(1) 版本号(4 bit)：用于指示当前分组实际所使用的格式，在版本 4 的情况下，取值是 4。

(2) 头部长度(4 bit)：用于指示当前 IP 分组头部的长度，以 4 字节为单位。协议规定 IP 分组头部最小长度是 5(即 20 个字节)，实际中 IP 分组头部的长度几乎都是 5，只有非常特殊的情况下和发生错误时，该值才不等于 5。

(3) 服务类型(8 bit)：用于指示当前分组的优先级和特殊处理需求，包括可靠性、优先级、时延、吞吐量等。由于该字段目前没有被路由设备广泛支持，通常设置为 0。

(4) 总长度(16 bit)：以字节为单位，用于指示当前分组包括头部和数据部分的总长度。分组总长度最大为 64 KB，但实际中分组的长度通常都远小于 64 KB，典型的如 RFC791 中推荐的 576 字节。

(5) 标识符(16 bits)：一个分组在异构的互联网上传输过程中有可能被分片，该字段用于指示哪些分片属于同一个分组，以帮助目的地进行分组的重装。该字段的值是随机选择的，同一个 IP 分组的每一个分片都有相同的标识符，实际上无论是否分片，该字段始终保持不变。

(6) 分片标志(3 bits)：用于指示如何处理当前分组分片，目前仅使用了两个比特。MF 比特(More Fragment)，置 1 代表该分片是分组中的一片，后面还有该分组的分片，置 0 则代表该分片是分组的最后一片；DF 比特(Don't Fragment)，置 1 代表该分组不允许被分片，置 0 则允许分片。实际中假如一个分组被设置成不允许分片，当其长度超出网络允许的范围时，则路由器就丢弃该分组。

(7) 分片偏移量(13 bits)：与分片标识符字段结合使用，用于在重新组装分组时指示分片在原分组中的位置(以 8 字节为单位)。

(8) 生命期(TTL，Time to live，8 bits)：该字段用于控制分组超时和路由环路问题。实际中路由器每次收到一个分组，都会将该字段减 1，如果为零则丢弃分组，不再转发。

(9) 协议(8 bits)：该字段用于指明 IP 分组净负荷部分来自于哪一个上层协议。通过该字段，IP 可以将分组交付给指定的上层协议。典型的取值如：1 为 ICMP 协议，6 为 TCP 协议，17 为 UDP 协议，89 为 OSPF 协议，大多数取值对应的上层协议可参看 RFC790。

(10) 头部校验和(Header checksum，16 bits)：用于差错检测，以字为单位(16 比特为 1 个字)对头部执行反码求和运算。IP 协议对校验出错的分组采用简单的丢弃处理方式。

(11) 源和目的 IP 地址：用 32 比特标识分组的源 IP 地址和目的 IP 地址，它们是全局逻辑地址，用于端到端的主机识别，实现选路、转发功能，不会沿路径改变。

(12) 可选项(Options)：该字段用于承载可选参数，如特殊的路由和安全需求等，长度可变。RFC791 要求路由器要支持可选项字段，但实际中大多数情况下的 IP 分组中都不使用该字段。

2. IP 编址基本原理

在 IP 网络中，每台设备均通过唯一的 IP 地址标识连接网络的一个接口。在无连接型的 IP 网络中，IP 编址方案要实现两个基本任务：第一，唯一地标识一台主机；第二，帮助路由器快速地确定目的主机所在的网络。IP 编址是其他所有网络和用户服务的基础，也是网络设计的核心工作之一。如果没有这一基础，用户将无法使用网络和服务，网络也无法快速、高效地管理用户和服务。

IPv4 地址是一个 32 比特的整数值，分为四个字节，每个字节代表一个 0～255 之间的十进制数值，或一个 00000000～11111111 之间的二进制数值。这 4 个字节分成两个部分，表示成{<网络前缀>，<主机部分>}的形式。网络前缀是设备接口所连接的 IP 子网的标识。地址分配时，要求属于相同 IP 子网的设备接口的网络前缀必须相同，主机部分必须不同，这个规则用于确保一个 IP 地址唯一标识一个设备接口所在的网络及接口。

IPv4 地址一般采用点分十进制表示法。例如，以二进制表示的 IP 地址 11000000.10101000.00000001.00000001，表示成点分十进制则为 192.168.1.1，每个字节用一个十进制数表示，数之间通过圆点分割，更加易于阅读。IP 地址中网络前缀部分位数是可变长的，因此引入了子网掩码来确定网络前缀的位数。一个子网掩码在形式上是一个特殊的 IP 地址，其中网络前缀部分全部为 1，主机部分全部为 0。

表 5-1 中，IP 地址 192.168.1.1，假如其子网掩码为 255.255.255.0。用这个子网掩码与

192.168.1.1 执行逻辑与运算，如下例所示：

　　192.168.1.1　　　　　　　　11000000. 10101000. 00000001. 00000001

　　255.255.255.0　　　　　　　11111111. 11111111. 11111111. 00000000

　　按位执行逻辑与运算　　　　11000000. 10101000. 00000001. 00000000

表 5-1　采用二进制和点分十进制表示法的 IP 地址示例

类　型	二 进 制 表 示	点分十进制表示
IP地址	11000000.10101000.00000001.00000001	192.168.1.1
子网掩码	11111111.11111111.11111111.00000000	255.255.255.0
网络前缀	11000000.10101000.00000001.00000000	192.168.1.0
主机部分	00000000.00000000.00000000.00000001	0.0.0.1

　　按位执行逻辑与运算后得到的网络前缀是 192.168.1.0。实践中，通常采用更易理解和阅读的"前缀/长度"法来表示一个 IP 网络的网络前缀。本例中，24 位掩码的网络前缀可以表示为 192.168.1.0/24。在本书后续部分，除非需要用点分十进制掩码来进行更多说明，否则都采用网络前缀/长度表示法。

3. 分类编址

　　最初设计互联网的编址方案时，根据不同的网络规模和用途，定义了 5 类地址空间。其中的 A、B、C 类用于不同规模下普通网络的单播通信，D 类地址用于 IP 组播通信，E 类地址保留供实验使用。我们重点介绍 A、B、C 类地址。

　　如图 5-8 所示，我们看到 A、B、C 类地址的网络前缀有以下特点：

　　(1) 在 A 类地址中，第一个字节用于网络前缀，其余三个字节用于主机。

　　(2) 在 B 类地址中，前两个字节用于网络前缀，其余两个字节用于主机。

　　(3) 在 C 类地址中，前三个字节用于网络前缀，最后一个字节用于主机。

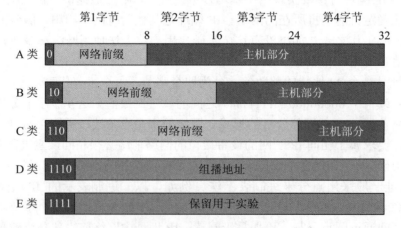

图 5-8　分类 IP 地址结构

　　为便于确定一个 IP 地址属于哪个类型，分类编址方案采用了"首字节规则"，即通过 IP 地址的第一个字节中的标志位区分地址的类型。如图 5-8 中，如果 IP 地址首字节的第一个比特为 0，则为 A 类地址，如果 IP 地址首字节的前 2 个比特为 10，则为 B 类地址，依

次类推。通过"首字节规则"，路由器可以快速地确定一个 IP 地址的网络前缀，提高分组
转发效率。

根据首字节规则，我们可以确定 A 类地址的网络前缀的取值范围为 0～127，每个网络
的最大可能的主机数是 16,777,216，如表 5-2 所示。

表 5-2　分类 IP 地址的网络和主机地址空间的可能取值范围

地址类别	首字节中标志位的值	首字节中的取值范围	可能的网络数	每个网络可能的主机数	掩码
A	0	0～127	128	16 777 216	255.0.0.0
B	10	128～191	16 364	65 636	255.255.0.0
C	110	192～223	2 097 152	256	255.255.255.0
D	1110	224～239	N	N	N
E	1111	240～255	N	N	N

表 5-2 中，可以看到，在实际中，我们给每一类地址分配了相应的掩码，掩码也采用
点分十进制表示法，比特 1 对应网络前缀部分，比特 0 对应主机部分，对于 B 类地址，则
相应的掩码记为 255.255.0.0。为分类地址分配的掩码，我们习惯叫做自然掩码。

实际中如何为一个 IP 网络中的每个端口分配 IP 地址呢？由于 IP 地址是物理位置相
关的，为保证正确地转发分组，每个接口的 IP 地址不能任意分配。地址分配的规则是，
每个路由器的接口连接一个 IP 子网，每个 IP 子网要分配唯一的网络前缀，同一个 IP 子
网的接口网络前缀要相同，主机部分不能相同，拥有相同网络前缀的接口组成的集合定
义为一个 IP 子网。两台路由器如果直连(中间不存在任何三层设备)，则直连的两个接口
属于同一个 IP 子网。

以图 5-9 中描述为例，图中路由器互联了两个二层网络，地址分配的步骤如下：

(1) 以路由器端口为界，确定要划分 2 个 IP 子网；为每个 IP 子网分配唯一的网络前缀，
分别为 172.16.0.0/16 和 10.0.0.0/8。

(2) 为子网内每台主机分配 IP 地址的主机部分，同一个子网内的接口 IP 地址的网络前
缀部分要相同，主机部分要不同。

这样路由器每收到一个分组，先查看其目的 IP 地址，如网络前缀为 172.16.0.0/16，则
转发到左侧接口，如网络前缀为 10.0.0.0/8，则转发到右侧接口，转发处理过程非常简单。

图 5-9　IP 网络中的地址分配

4. 子网划分与 VLSM

分类编址是互联网早期采用的方案，该方案中，每个企业或机构只能根据自己的网络规模选择 A、B、C 类网络之一，每类网络内部是一层扁平结构，不再支持子网。该方案既不灵活，也不实用。例如，每个 A 类网络支持 16 777 214 个主机，而一个主机数目超过 1600 万的单一扁平网络显然是不现实的。实际中，300 人到 3000 人规模的中小企业和机构居多。对一个几千人规模的企业，要满足组网需求，需申请一个 B 类网络，由于每个 B 类网络支持多达 65 536 台主机，则 90% 以上的地址空间都会闲置。另一方面，运营商、公司和机构组建网络时，性能、安全和管理等需求是必须考虑的。以大中型企业网为例，组网时通常需要给每个部门分配一个单独的子网，要求子网之间在二层相互隔离，各子网通过企业骨干网互联。对这样的组网要求，按分类编址，需要给一个企业网分配多个分类网络地址块才能满足组网的需要。实际中，管理机构如果为了满足他们的要求而分配多个网络地址块，就会造成 IP 地址的巨大浪费，也会导致互联网路由表项的增长过快，影响核心网的转发性能。

子网划分允许将一个大型网络(A 类、B 类或 C 类网络)划分为多个较小的网络(子网)，具体定义在 RFC950 中。子网划分的思想是将分类地址中的主机部分进一步分成两部分：子网号和主机部分，即将一个分类 IP 地址块细分成了多个子地址块，每块分配给一个内部子网。子网划分后，一个分类 IP 地址就变成了 { <网络前缀>，<子网号>，<主机部分> } 的结构，如图 5-10 所示。

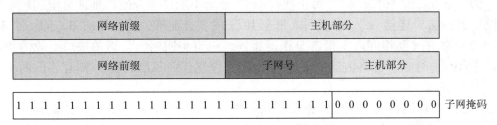

图 5-10　子网划分与子网掩码

例如，某企业申请到一个 A 类网络，组网时，如果使用地址中主机部分的 16 位(特别是第 2 和第 3 个字节)来创建子网，就能够划分为 65 535 个规模较小的网络，每个网络有 254 个主机地址，而不再是一个支持 1600 万主机的网络。对于大多数企业来说，这是一种更为灵活、实用的网络设计，这种方法目前广泛使用于大中型分布式三层路由网络中。

引入子网后，一个网络内部划分的子网可通过子网号区分，但对外仍然拥有相同的分类网络前缀。机构网络内部路由器使用扩展的网络前缀 { <网络前缀>，<子网号> } 来转发分组，而外部路由器仍然根据分类地址的网络前缀部分选路。机构网络的边界路由器不对外广播子网路由信息，子网号在机构网络外部是不可见的。因此，子网划分不会增加骨干网路由器路由表的大小，却提高了地址的使用效率。

对子网划分后的网络，路由器确定网络前缀时仍然使用掩码的方法。对任意给定的子网化的 IP 地址，计算掩码的规则是：

(1) 将 IP 地址中的网络前缀和子网号部分全部置"1"，主机部分全部置"0"。

(2) 将其变换成点分十进制形式。

实践中要求子网掩码的"1"序列必须连续，例如 255.255.255.0，255.255.192.0，都是有效的子网掩码，而 254.255.0.0，255.127.255.0 就不是一个有效的掩码。这样"1"序列和

"0"的分界点，就是网络前缀和主机部分的分界点。

例如 172.16.1.0 是一个 B 类地址，其自然掩码是 255.255.0.0，如果将第三个字节全部扩展为子网号，按规则网络掩码记为 255.255.255.0。如图 5-11 所示，路由器把 IP 地址与掩码执行按位与运算后，得到的结果为 172.16.1.0，即可确定该地址属于子网 172.16.1/24。

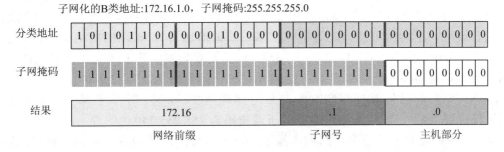

图 5-11　子网计算和表示法

采用子网编址后存在全"0"和全"1"子网的混淆问题。考虑网络地址 172.16.0.0，假如进行了子网划分，那么如何区分它是一个 B 类网络"172.16.0.0"，还是一个子网"172.16.0.0"？同样我们考虑广播地址 172.16.255.255，它是对整个网络"172.16.0.0"的定向广播，还是仅对子网 172.16.255.0 的广播？进行子网划分后，子网 0 和子网广播的含义变得不确定了！为了避免混淆，RFC950 规定子网划分后，全"0"子网和全"1"子网都被保留不用。图 5-12 是对一个 B 类网络进行子网划分的例子。

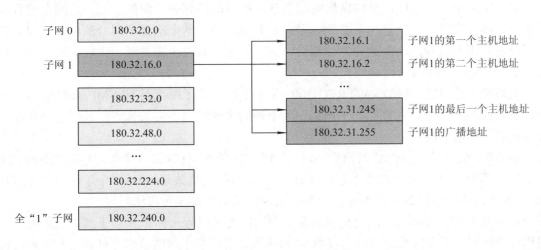

图 5-12　子网划分中的地址计算方法

例 5.1　假设某大型机构分配了一个 B 类网络地址块 180.32.0.0/16。该机构规划了 10 个子网，每个子网的主机数基本相当，要求完成子网规划，计算每个子网的子网号、掩码、子网广播地址。具体步骤如下：

(1) 首先确定子网号的位数。$(2^4 = 16) > 10$，取子网号为 4 个比特，保留全"0"子网和全"1"子网，可用子网号为 14 个，满足规划要求。下面计算每个子网的网络前缀、子网掩码和子网广播地址。

(2) 计算子网的网络前缀。常规的方法是先将 IP 地址写成二进制形式，主机部分全部置 "0"；然后将子网号占用的 4 个比特看成独立的一个部分，从 "0" 到 "15" 取值，再转换成点分十进制形式。

我们可以用简便的方法计算子网的网络前缀。本例中，划分了 16 个子网，确定子网的网络前缀时，主机部分置 "0"，然后就只需要确定子网号所在的第三字节的取值即可。由于一个字节的编码空间为 $2^8 = 256$，而 $256/16 = 16$，子网的网络前缀等于每个子网地址空间中的首地址，子网号每加 1，等于第三字节的值增加 16，子网的网络前缀计算公式为 $180.32.N \times 16.0$(其中 $N = 0$，1，2，…，15)。以子网 0 为例，其子网地址为 180.32.0.0，则子网 1 为 180.32.16.0，子网 2 为 180.32.32.0，…，子网 15 为 180.32.240.0。

(3) 计算子网掩码。按照规则，第一、二字节取全 "1"，第三字节子网号部分位置 "1"，其余比特位置 "0"，转换为十进制后的子网掩码为 255.255.240.0。

(4) 子网广播地址。每个子网的广播地址，可以按照广播地址的规则计算。知道了子网的网络前缀后，由于广播地址是每个子网地址空间的最后一个地址，计算也可以简化。以子网 1 为例，我们知道子网 2 的网络前缀是 180.32.32.0，将其地址减 1，即得子网 1 的广播地址为 180.32.31.255，即第三字节值减 1，同时将第四字节全部置 "1"。全部划分的结果见图 5-12。

上述子网划分的方法称为 "定长子网划分"，它有一个使用限制，即在一个分类地址空间覆盖的整个网络中仅能使用一个子网掩码！其含义是，一个机构的网络只允许附加一个层次的子网，并且每个子网的规模相等，网络前缀/掩码等长。

实际组网中，一方面，机构网络内部通常是按照部门划分子网的，部门之间主机数相差很大，网络前缀等长就意味着必须根据主机数最多的子网来选择子网号的位数，如果多数子网的主机数很少，就会造成地址浪费；另一方面，有时也需要对一个较大的子网进行再次的子网划分，以改善网络结构。

为解决上述问题，1987 年的 RFC 1009 定义了可变长子网掩码 VLSM(Variable Length Subnetting Mask)方案，允许在一个网络中为不同的子网使用不同的掩码，其思想是允许进一步创建子网的子网。

例 5.2 假设一个拥有 C 类网络 200.117.15.0/24 的小型机构，6 个部门相应地划分成 6 个子网。其中 4 个子网主机数不超过 10，一个子网的主机数是 60，一个子网的主机数是 100，整个网络不超过 200 台主机，一个 C 类网络的地址容量可以满足需求。

如果采用定长子网划分，就至少需要 3 个比特的子网号来标识 6 个子网，则主机部分只剩 5 个比特，所支持的子网最大容纳 30 台主机，有两个子网的要求不能满足！常规的解决办法只能是申请另外一个 C 类地址块，但这样会造成很大的地址浪费。

采用 VLSM 方案，上述问题可以很好地解决，具体步骤如下：

(1) 进行基本子网划分。将最大子网记为 N1，子网要求的主机数是 100，则主机部分至少 7 位，网络容量 $2^7 - 2 = 126$ 满足 N1 的要求。此时子网号占 1 位，子网掩码为 255.255.255.128，得到两个基本子网 200.117.15.0/25 和 200.117.15.128/25。将子网 200.117.15.0/25 分配给 N1。

(2) 对基本子网 200.117.15.128/25 再次进行子网划分。这里我们将容纳 60 台主机的子网记为 N2，在子网 200.117.15.128/25 的 7 比特主机号中，再取出 1 个比特用作二级子网号，子网掩码为 255.255.255.192，得到两个子网 200.117.15.128/26 和 200.117.15.192/26。将 200.117.15.128/26 分配给 N2，由于有 6 个比特主机号，网络容量 $2^6 - 2 = 62$ 满足 N2 的要求。

(3) 最后将 200.117.15.192/26 进一步划分给剩下的 4 个子网，则至少需要 2 个比特做子网号，剩下 4 个比特做主机号，子网掩码为 255.255.255.240，每个最多容纳 $2^4 - 2 = 14$ 台主机，满足要求。子网划分后，4 个子网分别是 200.117.15.192/28，200.117.15.208/28，200.117.15.224/28，200.117.15.240/28。

划分完成后，在该机构的网络中，同时存在三个子网掩码 255.255.255.128，255.255.255.192 和 255.255.255.240，它们分别代表了三种不同的子网规模，见图 5-13。显然，VLSM 显著提高了网络内部 IP 地址的使用效率和灵活性。使用 VLSM，要求路由协议必须支持在路由更新报文中传递掩码信息，同时 RFC1812 对路由器的选路转发算法也做了新的修订。目前的新版路由器系统均支持 VLSM，并且全 "0"、全 "1" 子网的使用在新算法下也是没有限制的。

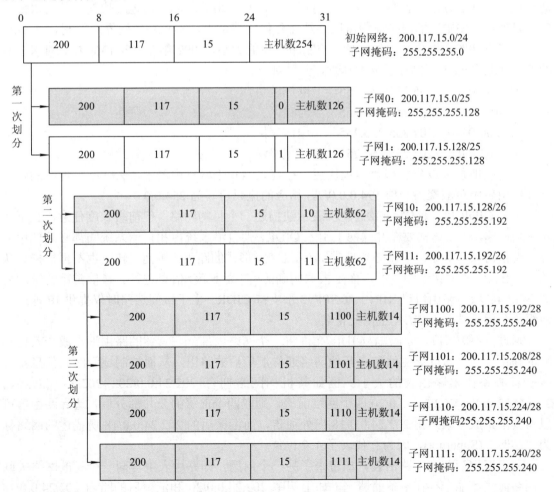

图 5-13　例 5.2 中 VLSM 子网划分结果

5. 无分类域间路由

使用子网划分，解决了一个机构网络内部编址不灵活、地址分配效率低的问题，但限制是地址分配必须以分类地址为基础进行。例如，某机构的网络要容纳的主机数约为 4000，按分类地址方案要么分配一个 B 类网络，要么分配多个 C 类网络，但一个 B 类地址块太大，很浪费。因此多数情况下，是倾向于将多个连续的 C 类网络地址块分给该机构，但 C 类网络数之和相当庞大，两百多万个 C 类网络会导致互联网核心路由器路由表项爆炸性增长，使性能下降。

RFC1519(最新为 RFC4632)提出了无分类域间路由(CIDR，Classless Inter-Domain Routing)来克服上述问题。CIDR 不再以分类地址为单位进行地址分配，而是根据网络的实际规模灵活地将任意连续地址块分给一个机构，拥有者再对该地址块进行进一步的子网划分。CIDR 的思想是取消分类地址的约束，将子网编址中 VLSM 的思想扩展到整个互联网。

例如，可以给要容纳 4000 主机的网络分配连续的 16 个 C 类网络，地址空间范围 202.4.16.0～202.4.31.255。该地址块的网络前缀表示为 202.4.16.0/20，掩码是 255.255.240.0，由于主机部分为 12 位，最多标识 4094 台，因此满足设计要求。按 CIDR 方式分配地址时，地址块的空间必须连续，且大小是 2 的幂次方，其网络前缀部分由地址块的公共前缀部分确定。理论上 CIDR 的网络前缀可以终结在任何比特位上，不受字节边界的限制。

为了方便路由器执行地址汇聚，控制路由表的大小，1992 年在 RFC1366 中，对未分配的 C 类地址块按大洲制订了分配计划，具体如下：

① 194.0.0.0～195.255.255.255　　　　欧洲区
② 198.0.0.0～199.255.255.255　　　　北美区
③ 200.0.0.0～201.255.255.255　　　　中南美区
④ 202.0.0.0～203.255.255.255　　　　泛太平洋

严格按地理区域分配 C 类地址块后，在互联网骨干网路由器中，去往欧洲地区的路由项在路由表中可汇聚为一项 194.0.0.0/7，相应的掩码可写为 254.0.0.0。

引入 CIDR 后，使用<前缀/长度>表示法描述一个目的网络，但前缀长度任意，且不暗示任何网络类型。这样要在互联网上引入 CIDR，则自治系统内和自治系统间都必须使用无分类路由协议，即路由信息必须携带<前缀/长度>形式的路由。进而，转发也不再根据默认的 A、B、C 类网络前缀进行，而是根据明确的<前缀/长度>信息进行。目前常用的域间协议 BGP-4、域内路由协议 RIPv2、OSPFv2 都支持 CIDR。由于域间选路时仅提供 IP 地址的前缀部分用于选路，CIDR 也由此得名。

通过<前缀/长度>表示法，CIDR 允许将一个网络内部一些具体的路由汇聚成一条更一般的路由，通过域间路由协议向其他网络通告汇聚后的路由，从而控制域间路由信息量，减少核心路由器路由表的大小。例如某机构网络拥有 202.24.0.0/20、202.24.16.0/20、202.24.32.0/20、202.24.48.0/20 四个网络前缀，则取四个前缀的公共部分后，边界路由器可以将其汇聚成一条路由 202.24.0.0/18 向外通告，而汇聚后的 202.24.0.0/18 所描述的网络称为"超网"(Supernet)，因为它代表了 4 个网络。

路由汇聚后节省了路由表，却带来了另一个问题，即路由表中与同一个目的网络关联的网络前缀可能会存在多条的情况。如上例中 202.24.0.0/20 和汇聚后的路由 202.24.0.0/18 都指向同一个目的网络，显然更长的前缀代表更具体的路由，因此路由器在转发分组时必须优先选择更具体的路由，即选择最长的网络前缀，称为"最长前缀匹配"转发算法。

例如，假设一个 ISP 网络分配有地址块 120.14.64.0/18，则按照 CIDR 的规则，在 ISP 网络内部再进一步给他们的用户按需分配子块，然后根据网络规模为子网分配不同的掩码，在 ISP 网络的边界进行地址汇聚后，通过 BGP 向其他 ISP 通告汇聚后的路由，如图 5-14 所示。

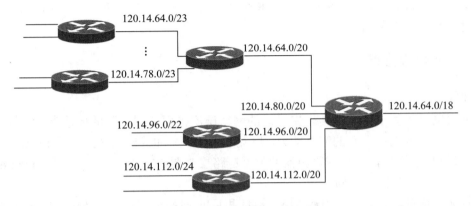

图 5-14　路由汇聚和通告

目前互联网主要采用基于 ISP 的地址分配方式，即顶层 ISP 从 IANA 获取地址，然后再分配子块给自己的客户，例如第二级 ISP。实践中，为了减少路由表的大小，顶层的骨干 ISP 不接受来自其他 ISP 网络前缀长度大于 19 的路由。比较子网编址和 CIDR 两种方案，我们看到子网编址是扩展主机部分，目标是把一个地址块分成几个子块，而 CIDR 则主要是将多个连续的地址块汇聚成一块。

6. 特殊地址与私有地址

按照约定，编址方案保留有一些特殊用途的地址，它们不能分配给设备接口。其中主要有网络地址、广播地址、全 0 地址、环回地址(Loopback)，如表 5-3 所示，这些特殊的地址都被保留用于各自特殊的用途，不能把它们分配给一个主机的接口使用。

有了上述约定，对于一个任意类型的 IP 地址块，假如其主机部分有 N 比特长，因为地址空间中的首地址代表网络地址，最后一个地址代表广播地址，都不能分配给主机接口，则可用的主机地址数为 $2^N - 2$。

表 5-3　保留的特殊 IP 地址

网络前缀	主机部分	实例	用　　途
全"0"	全"0"	0.0.0.0	主机使用DHCP协议动态获取IP地址时用该地址标识主机自身
IP地址	全"0"	139.21.0.0	网络地址，特定网络的网络地址
IP地址	全"1"	139.21.255.255	指定网络的广播地址
全"1"	全"1"	255.255.255.255	当前网络的广播地址
127	任意	127.0.0.1	Loopback，用于测试或本地主机(localhost)

除了表 5-3 中保留的特殊地址外，RFC1918 中还定义了可以用于企业、办公室、家庭

等私有 IP 网内部通信的 A、B、C 类保留地址块。这些私有地址块包括：

　　　　10.0.0.0～10.255.255.255

　　　　172.16.0.0～172.31.255.255

　　　　192.168.0.0～192.168.255.255

　　上述地址不能在公众互联网中出现，如果私有 IP 网络的用户要访问公众互联网，则必须通过地址翻译设备 NAT 实现私有地址和公网地址之间的转换，通常公网路由器会过滤掉那些包含私有地址的分组。

5.2.2　地址解析协议

1. 概述

　　在分层网络模型下，数据传输在不同的网络层次需要使用不同的地址类型，因而要求网络提供不同类型地址之间的解析能力。以互联网为例，如果数据链路层是 Ethernet，网络层向下交付 IP 分组后，主机或路由器的数据链路层需要先把 IP 分组封装成 Ethernet 帧，然后才能将数据发送到下一跳。

　　发送端在成帧时，需要知道源 MAC 地址和目的 MAC 地址，源 MAC 地址就是本地输出接口的 MAC 地址，目的 MAC 地址则是下一跳设备接口的 MAC 地址。发送端通常不知道目的 MAC 地址，但通过路由表知道下一跳的 IP 地址，在互联网上，问题就变成如何通过已知的 IP 地址寻找对应的 MAC 地址？

　　互联网采用地址解析的方法来解决 IP 地址到数链层(即数据链路层，以下简称数链层)地址的映射。地址解析可以是静态方式，也可以是动态方式。例如在 IP over ATM 和 IP over FR 网络中，通常是管理员手工配置 IP 地址和数链层地址的映射关系，即静态方式；在 IP over Ethernet 组网模式中，则采用 ARP 协议(Address Resolution Protocol)动态地确定 IP 地址对应的 MAC 地址。

2. 工作原理

　　ARP 消息是直接封装在 Ethernet 帧中传输的，在 Ethernet 帧中，ARP 消息的类型字段编码为 0x0806(16 进制)。ARP 协议定义了两种消息类型：ARP 请求和 ARP 响应消息，消息的格式见图 5-15。

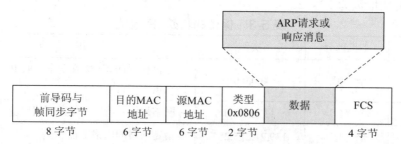

图 5-15　ARP 消息在 Ethernet 帧中的封装

由于 Ethernet 帧头不包含 IP 地址，因此 ARP 消息是不可路由的，仅在一个二层的广播域内传播，路由器收到 ARP 消息后，不会向其他端口转发该消息。

　　图 5-16 描述了 ARP 协议解析地址的过程。图中主机 A(IP 地址 192.168.15.100)要和主

机 B 通信(IP 地址 192.168.15.101)，如果 A 不知道 B 的 MAC 地址，ARP 过程如下：

(1) 主机 A 首先在 192.168.15.0/24 网络上广播一条 ARP 请求消息，询问谁有 192.168.15.101 的 MAC 地址。由于目的 MAC 地址是广播地址，因此 192.168.15.0/24 网络上所有的接口都会接收该消息，只要 192.168.15.101 的主机在线，它就会响应该请求。

(2) 主机 B 看到请求的是自己的 MAC 地址，则发送一个单播 ARP 响应消息，响应消息中包含 192.168.15.101 的 MAC 地址。

(3) 主机 A 收到 ARP 响应消息后，完成把 IP 分组封装到 Ethernet 帧的工作，同时在一个本地 ARP 缓存表中保存获得的 IP 地址和 MAC 地址的映射关系，以备下次使用。

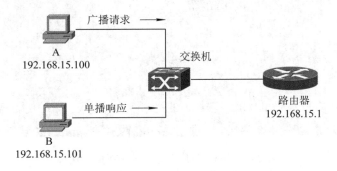

图 5-16　一个广播域中 ARP 地址解析过程

在每台设备上建立 ARP 缓存表是为了优化性能，实践中，由于 ARP 请求是一个广播消息，192.168.15.0/24 网络上的所有听到该消息的设备，即使自身不拥有 192.168.15.101 的 MAC 地址的设备，都会把主机 A 的 IP 地址和 MAC 地址的映射关系存储到本地 ARP 缓存表中，以备使用。ARP 缓存表具有如下的形式：

IP 地址	物理地址	类型
192.168.15.100	0A:4B:00:00:07:08	Dynamic
192.168.15.101	0B:4B:00:00:07:00	Dynamic
192.168.15.1	0A:5B:00:01:01:03	Dynamic

ARP 缓存表中的表项可以是通过 ARP 请求学习得来的，也可以是管理员手动加入的。实际的系统上，每个 ARP 协议学习得来的表项都有一个超期定时器。Windows 系统上典型值是 2 分钟，如果某个表项长期没有使用，定时器超时，相应的表项就会自动清除。另外，图 5-16 中路由器也会收到 A 的 ARP 请求消息，但会隔离广播报文，不向其他 IP 子网转发。

5.2.3　互联网控制消息协议

互联网控制消息协议 ICMP(Internet Control Message Protocol)是网络层的另一个重要协议。ICMP 通过在网络中产生错误和通知信息以增强互联网的可管理性，这些功能 IP 协议本身不提供。ICMP 消息是通过 IP 分组来承载的，在 IP 分组头中的协议字段，ICMP 的编号是 1，因此 ICMP 消息是可路由的。

ICMP 的工作方式很简单，对于运行 ICMP 协议的任何中间路由器，一旦发现任何分组传输问题，它就向该分组的源端回送一条 ICMP 报文，告知发送者分组传输失败的原因。

ICMP 协议最著名的一个应用就是 ping 程序，如图 5-17 所示，通过 ping 程序可以测试某个目的主机的可达性，如可达，则目的主机的 ICMP 会响应，如目的主机不可达，则中间路由器会给出不可达的原因。

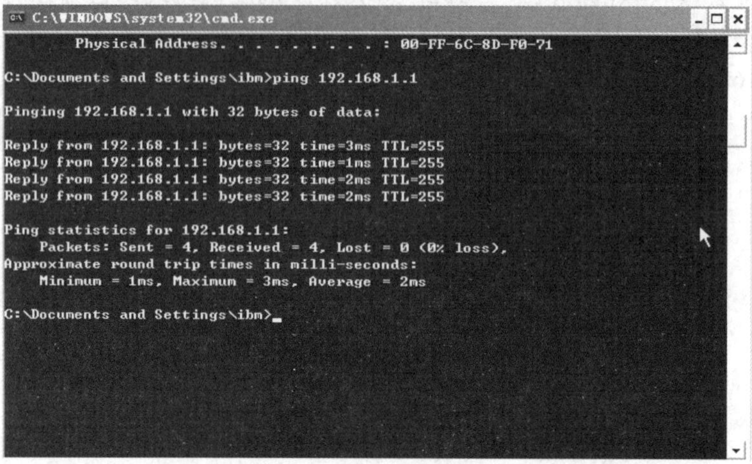

图 5-17　ping 程序检查目的主机的可达性

ping 程序在目前的网络设备和主机操作系统中都有提供，它是最基本的网络测试和故障分析工具，表 5-4 描述了常见的 ICMP 错误原因。

表 5-4　常见的 ICMP 错误原因列表

错 误 消 息	可 能 的 问 题
Destination host unreachable	通常是在源端到目的地之间的路由出现了故障
Unknown host hostname	域名解析无法解析主机名，或主机名写错
Request timed out	域名解析可以正确解析主机名，但远端主机没收到，或收到不响应

5.2.4　路由器原理

1. 功能与结构

如前所述，路由器是一个在不同的网络之间转发分组的设备。通常一台路由器会通过自己的多个物理接口连接不同的网络，当一个分组从一个物理接口到达路由器时，路由器会读取分组头中的 IP 地址信息，确定其最终的目的地，然后查找内部预先建立的转发表或路由策略，将分组转发给去往目的地的"下一跳"路由器，这个过程在每台路由器上重复执行，直到分组到达最终目的地。由于该过程是基于第三层的 IP 地址转发分组，因此路由器也称为第三层设备。

现代路由器主要由控制面和转发面两部分组成，具体功能如下：

(1) 控制面(Control Plane)。主要功能有路由功能，包括执行路由协议、创建和维护路由表、为转发面生成转发表；还有系统配置、维护和管理功能等。控制面功能没有严格的实时性要求，通常由软件来实现。

(2) 转发面(Forwarding Plane)。主要执行转发功能，即根据 IP 分组中的 IP 地址查找转发表，将分组从入端口转发到指定出端口的操作。其他功能还包括分组调度、流量监管等。转发功能基于每分组执行，有严格的实时性要求，主要由 ASIC(Application-Specific Integrated Circuits)硬件实现。

图 5-18 描述了现代分布式路由器一般的结构，转发面由一组线卡(Linecard)以及交换结构(Switch Fabric，也叫背板 Backplane)组成；控制面则由处理器、存储器、网络操作系统，以及运行在操作系统之上的路由协议、操作维护管理系统组成，各部分通过交换结构互联在一起。

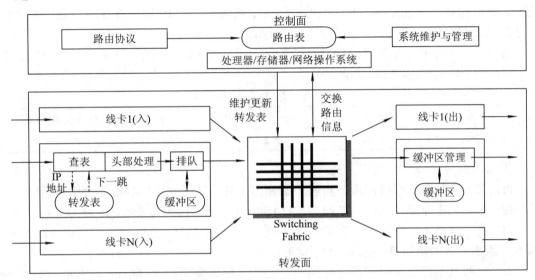

图 5-18　路由器的功能与结构

分布式结构的路由器中，转发面的每个线卡里都有本地路由表。控制面则负责创建与维护全局路由表，然后定期分发与更新每个线卡的本地路由表。大多数设备制造商将本地路由表称为"转发表"，以区别于全局路由表(本书后续不区分，还叫路由表)。有了转发表，转发决策就可以分散到每个线卡上并行执行，提高了转发面的分组转发能力，目前高端路由器都使用这种结构。

2. 路由器类型

提供不同网络之间的互联是路由器的主要功能，按照提供互联服务的范围和位置，路由器可以分为以下几类：

(1) 边缘路由器(ER，Edge Router)：位于 ISP 网络和大的企业网或机构网络的边界，负责企业网或机构网络与 ISP 网络之间的互联。其中位于 ISP 一侧的又称为 PE (Provider Edge) 路由器，企业网一侧的又称为 CE (Customer Edge)路由器。

(2) 边界路由器(BR，Inter-provider Border Router)：位于 ISP 网络的边界，负责 ISP 网络之间的互联。

(3) 核心路由器(CR，Core Router)：位于 ISP 网络的内部，负责传递 BR 和 ER 之间的流量。对于结构复杂的大型企业网或园区网络，也会使用类似功能的多台路由器构建骨干网,但习惯上核心路由器都是指 ISP 网络内部用于互联其 ER 和 BR 设备的路由器。由于 ISP

骨干网通常要求所有的 BR 和 ER 设备要建立网状全互联拓扑,所以现代 ISP 网络核心路由器都要求支持虚电路(MPLS 或 ATM)和 VPN。

(4) 接入路由器:典型的包括 SOHO 路由器,负责将家庭或小型办公室的网络接入互联网,这类设备通常路由能力简单、价格低、体积小。

3. 路由表

转发是指主机或路由器将收到的分组从输入端口发送到去往目的地的输出端口的过程。转发过程需要路由器预先创建一张路由表,表中保存指导路由器如何转发分组的路由信息。路由器每次转发分组,要先根据分组头部携带的目的 IP 地址查找路由表,然后根据查找的结果将分组从输入接口发送到指定的输出接口。

表 5-5 给出了一个路由表中路由项的例子,这些信息描述了到达一个目的网络 172.168.1.0/24 的路由信息及开销。

表 5-5　路由表项的内容

目的网络前缀	掩码	下一跳地址(GW)	接口	度量值(Metric)
172.168.1.0	255.255.255.0	222.24.1.1	fei_0/1	10

下面我们解释每个字段的含义:

(1) 第一列是目的网络前缀,指明该条路由是到目的网络 172.168.1.0 的路由项;

(2) 第二列是掩码,指明目的网络 172.168.1.0 对应的掩码是 255.255.255.0;

(3) 第三列是下一跳地址,有的设备上表示为网关(GW),指明到目的网络 172.168.1.0 的下一跳路由器的接口 IP 地址是 222.24.1.1;

(4) 第四列是接口,指连接下一跳路由器的本地转发接口是 fei_0/1,有些厂商设备中该字段直接填写的是本地转发接口的 IP 地址;

(5) 度量值,指明该条路由的度量值是 10,即成本值。

路由表是由控制面创建和维护管理的,路由项由以下三种方式之一产生:

(1) 直连路由:当设备接口上正确地配置了 IP 地址,则相应路由信息自动出现在路由表中,这类路由项由设备的链路层发现。

(2) 静态路由:由系统管理员通过维护管理接口人工配置,静态路由不随网络拓扑结构的改变而改变。

(3) 动态路由:由路由协议动态生成,在路由器之间相互交换,动态路由可以根据网络的状态变化自动更新与维护路由信息,适用于大规模和复杂的网络环境。

路由协议的原理在后面的 5.3 节专门介绍,这里假设路由表已经通过某种方式建立了,一个携带目的 IP 地址为 10.1.1.5 的分组到达路由器,图 5-19 描述了路由器正确接收一个分组后,转发处理的主要步骤:

(1) 分组到达路由器线卡后,先经数据链路层处理,帧解封装后,转交给第三层处理。

(2) 第三层收到待转发的分组后,从中提取目的 IP 地址,查找路由表,如表中存在目的路由,则更新 TTL 值,重新计算校验后,转发分组到接口,否则丢弃。

图 5-19 是一个查表转发过程的例子。首先路由器将表中路由项掩码字段的值取出与目的 IP 地址 10.1.1.5 执行逻辑与运算,计算网络前缀,确定分组所属的目的网络。例如目的地址 10.1.1.5 与表中第一行的掩码执行逻辑与,计算的结果是 10.1.1.0,与该行的目的网络

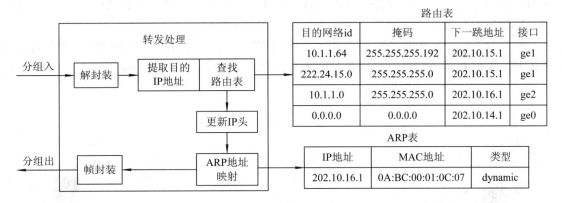

图 5-19　IP 分组的转发过程

前缀值 10.1.1.64 不匹配，则继续查找；将目的地址与表中第三行的掩码执行逻辑与，计算的结果是 10.1.1.0，与该行的目的网络前缀值 10.1.1.0 匹配，该行对应的下一跳 202.10.16.1 和接口 ge2 即为查找的结果，前缀计算过程见图 5-20。

目的IP地址	10. 1 . 1 . 5		目的IP地址	10. 1 . 1 . 5
第一行掩码	255.255.255.192		第三行掩码	255.255.255.0
逻辑与结果	10. 1 . 1 . 0≠ 10. 1 . 1 . 64		逻辑与结果	10. 1 . 1 . 0= 10 . 1 . 1 . 0

图 5-20　网络前缀的计算

采用 CIDR 方案时，实际中经常会遇到计算结果与路由表中多条路由项的网络前缀都匹配的情况，按照"最长前缀匹配"的规则，要选择网络前缀最长的路由项作为下一跳(注：网络前缀的长度就是指掩码中 1 的位数)。这是因为在无分类编址方案中，更长的网络前缀代表更具体、更短的路由，因此会选择该路由进行转发分组。

(3) 分组转发到本地接口后，通过查 ARP 表获取下一跳对应的 MAC 地址，如果表中没有则执行 ARP 请求，获取下一跳的 MAC 地址，随后完成第二层的帧封装。

(4) 最后，转发完成封装的分组到输出链路上。

4. 直接交付与间接交付

在互联网上，位于不同子网的主机之间的通信通常需要经过多台路由器转发，转发是以"逐跳"(hop-by-hop)方式进行的。"一跳"指到达目的地路径上的一个中间节点，通常是一台路由器。如前所述，路由器的路由表中存储的不是到目的网络的完整路径信息，而仅是下一跳的地址(部分路由信息)。"逐跳"转发的特点是中间路由器对分组逐个执行独立的选路转发，当分组转发到下一跳后，再由下一跳设备为该分组执行相同的转发过程，直至将分组交付到目的主机。

分组转发过程中，如果目的主机与源主机位于同一个 IP 子网，则分组无需经过中间路由器转发，这个过程称为"直接交付"。目的主机与源主机位于不同的 IP 子网时，无法"直接交付"，则需要至少一台以上的路由器参与才能将分组转发到目的主机，这个过程称为"间接交付"。

间接交付时，源主机负责选择间接交付的第一跳路由器(通常称为缺省网关)，然后将分组转发到缺省网关即可。这个过程会在每个中间路由器上重复执行，直到最后一跳。由于目的主机连接在最后一跳路由器的直连网络上，而最后一跳路由器要执行一次直接交付，最终完成转发任务，因此间接交付至少包含一次直接交付。

执行直接交付还是间接交付依赖于网络前缀的比较，假如源主机的网络前缀与目的主机的网络前缀相等，则执行直接交付；否则执行间接交付。下面我们以图 5-21 为例，描述直接交付和间接交付的过程。

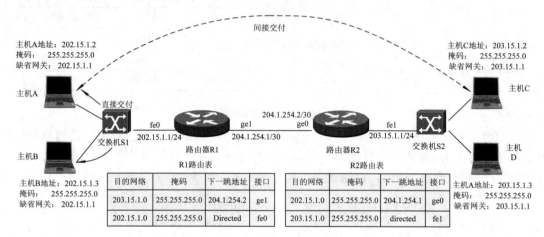

图 5-21 直接交付与间接交付

先讨论直接交付过程，假设主机 A 要和主机 B 通信：

(1) 执行转发过程时，主机 A 根据本机的 IP 配置信息知道自己属于网络 202.15.1.0/24，将待发送分组的目的 IP 地址与掩码 255.255.255.0 执行逻辑与，结果是 202.15.1.0/24，确定主机 B 与自己在同一个网络上，此时主机 A 无需通过路由器就可直接交付分组到主机 B。

(2) 为了完成数链层成帧，主机 A 先查本地的 ARP 表，获取主机 B 的 IP 地址 202.15.1.3 对应的 MAC 地址，如果 ARP 表中没有，就通过 ARP 请求主机 B 的 MAC 地址。获取主机 B 的 MAC 地址后，主机 A 完成分组的数链层封装后，通过接口将分组发给主机 B，完成一次分组的直接交付。

接下来讨论间接交付过程，假设主机 A 要和主机 C 通信：

(1) 首先主机 A 根据自己的 IP 配置信息，确定目的主机 C 与自己不在同一个网络，因此主机 A 执行分组间接交付。即主机 A 需将分组转发给到目的网络的下一跳设备。对主机 A 而言，下一跳就是本地 IP 配置中的缺省网关 R1 对应网络 202.15.1.0 的 fe0 接口，IP 地址为 202.15.1.1。

(2) 主机 A 向 R1 发送分组前，先通过本地 ARP 表或 ARP 请求的方式获取 R1 对应 fe0 接口的 MAC 地址，完成数链层封装后，将分组转发给 R1。

(3) R1 在 fe0 接口收到主机 A 发来的数据帧，检查目的 MAC 地址与自己匹配后就收下该数据帧，进行二层处理。二层协议处理完毕，检查用户净负荷类型是 IP，则继续交付分组给网络层处理。R1 的网络层执行转发处理，查找路由表确定目的主机 C 在 203.15.1.0 网络，到该网络的下一跳是 R2(204.1.254.2)，本地转发接口是 ge1。

(4) 接下来，R1 通过 ARP 完成数链层封装后，将分组通过本地接口 ge1 发往 R2。

(5) R2 收到分组后，查表可知主机 C 所在的网络 203.15.1.0 是自己的一个直连网络，通过本地接口 fe1 可达。R2 完成二层封装后，将分组通过本地接口 fe1 发往主机 C。这一步实际是直接交付，不再通过其他路由器转交。

表 5-6 描述了间接交付过程的地址变化。

表 5-6 间接交付中的每一跳中分组地址

地址项	主机 A->R1	R1->R2	R2 到主机 C
源 IP 地址	202.15.1.2	202.15.1.2	202.15.1.2
目的 IP 地址	203.15.1.2	203.15.1.2	203.15.1.2
源 MAC 地址	MAC-A	MAC-R1	MAC-R2
目的 MAC 地址	MAC-R1	MAC-R2	MAC-C

通过上表，我们看到间接交付分组的过程中，每一跳数链层地址都会改变，但整个过程中网络层的 IP 地址保持不变。简言之，IP 地址在互联网中是全局地址，作用是完成端到端的选路决策，找到去往目的地的下一跳和本地转发接口，而数链层地址是局部地址，用于完成在每段物理网络中的分组传输。

5.3 路 由 协 议

路由器转发分组需要路由表，路由表的信息主要通过路由协议来创建和维护。在互联网中，路由协议是一个运行在路由器之间动态交换路由信息的分布式算法。实际网络上运行的路由协议类型很多，但完成的主要功能都一样，如下所示：

(1) 自动发现非直连的远端网络的信息；

(2) 计算到每个远端网络的最佳路径，创建路由表；

(3) 自动监视网络的拓扑变化，更新和维护路由表内容。

实际中为满足管理、性能以及可扩展方面的要求，互联网引入了自治系统 AS(Autonomous System)的概念，并在 AS 之间和一个 AS 内部使用不同的路由协议。本节重点介绍域内的 OSPF 协议(Open Shortest Path First)与域间的 BGP 协议(Border Gateway Protocol)，并讨论两者的主要不同点和应用。

5.3.1 分层路由与自治系统

在互联网中，一个 AS 是一个基本的管理域，仅为一个机构或商业实体所有。每个 AS 独立制定自己的分组转发策略，以及与其他 AS 之间的路由通告策略。引入 AS 后，互联网的路由逻辑上就变成了两层结构，AS 之间构成一个层次，AS 内部的网络之间构成另外一个层次。如图 5-22 所示，AS 之间采用域间路由协议，负责在 AS 之间交换网络可达性信息，目前的工业标准是 BGPv4 协议；在一个 AS 内部，使用域内路由协议，常用的协议包括 RIP(Routing Information Protocol)、OSPF、EIGRP、IS-IS 等。不同的 AS，其内部可以使用不同的域内路由协议。

BGP 与域内路由协议关键的区别之处是：BGP 设计上强调策略(商业的、政治的)，例如 AS 之间路由信息交换方式要灵活、可扩展，每个 AS 可以独立制定自己的路由策略；域内路由协议更强调 AS 内的路径优化(如跳数，带宽，时延等)。

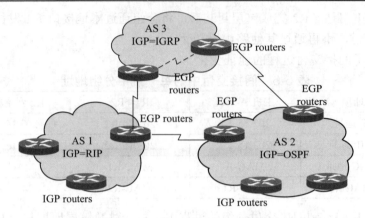

图 5-22　域间、域内路由的概念

　　网络分层的原因主要是因为互联网的规模很大，并在不断地扩张变化，而让每台路由器了解整个互联网的网络信息，在性能和技术上都不可取；另一方面，互联网本身是由隶属不同机构和商业实体的 AS 构成，每个机构和 ISP 都希望独立地运行和管理自己的网络，并对外隐藏 AS 内部的网络结构。因此路由协议的内外有别就是自然的选择。

　　与每个网络必须拥有一个网络前缀一样，每个 AS 也需要从管理机构获得一个唯一的 AS 号。2007 年之前分配的 AS 号均为 16 比特(注：RFC4893 中说明了 32 位 AS 号在 BGP 中的使用方法)。以 16 位 AS 号为例，具体分配规定如下：

　　0：保留用于标识一个不可路由的网络。

　　1~55295：由区域互联网机构负责分配，如 ARIN，APNIC，AFRINIC 等。

　　55296~64495：IANA 保留。

　　64496~64511：保留用于文档和样本代码使用。

　　64512~65534：IANA 指定的私有 AS 号。

　　65535：保留。

　　私有 AS 号可以让 ISP 更灵活地组织和管理自己的网络和客户。例如，多个独立的机构通过一个 ISP 的 AS 接入互联网，每个机构的网络作为 ISP 的客户使用私有 AS 号，并运行 BGP 协议与 ISP 网络互连，这种情况在实践中非常普遍。甚至第一层的 ISP 本身也采用多 AS 的组网方式，但整个 ISP 对外仍然呈现统一的路由策略。只是要求在出 ISP 网络边界的时候，将私有 AS 号转换成整个 ISP 的公有 AS 号。

　　以图 5-23 为例来说明分层选路的工作原理。图中三个 AS 互联，路由器分为两个层

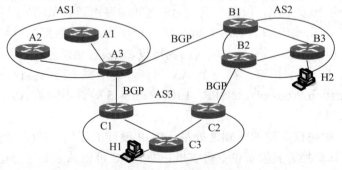

图 5-23　互联网的分层选路

次，A3、B1、B2、C1、C2 为 AS 边界路由器。边界路由器同时运行 BGP 和一个 IGP，其他为 AS 内部路由器，运行各自的内部网关协议。执行 AS 域间选路时，每个边界路由器完成两项任务：学习其他 AS 的网络可达性信息，将这些信息通告给内部路由器，这两个任务都是由 BGP 来完成的。

图 5-23 中，主机 H1 位于 AS3 中，H2 位于 AS2 中。以 H1 要和 H2 通信为例，当路由器 C3 收到由 H1 发往 H2 的分组时，路由选择过程如下：

(1) C3 先根据域内路由选择一个最靠近自己的边界路由器，图 5-23 中即为 C2。

(2) 分组到达 C2 后，C2 再根据域间路由转发分组到 AS2 的边界路由器 B2。

(3) 分组到达 B2 后，由于目的网络在 AS2 中，于是 B2 根据域内路由选择从 B2 到目的主机 H2 所在网络的最佳路径发送分组，最终分组会发送到 H2。

5.3.2　OSPF 协议

1. 协议简介

OSPF 和 RIP 是目前两个使用最广泛的域内路由协议。RIP 采用距离向量算法，优点是协议简单、稳定，缺点是对网络规模有不超过 15 跳的限制，邻居路由器间需要周期性地交换路由信息以完成路由表的创建和更新。由于每次收到路由更新都是先修改路由表，再向邻居通告路由更新，因此路由收敛速度慢，适用于小型 AS 内。OSPF 是 IETF 推荐的首选域内路由协议，最新的 OSPFv2 规范定义在 RFC 2328 中，针对 IPv6 的 OSPFv3 定义在 RFC 5340 中。OSPF 采用链路状态算法，协议相对复杂，但没有网络跳数的限制，路由器之间直接以洪泛方式交换链路状态信息，不采用周期更新方式，因此路由收敛速度快，适用于结构复杂的中大型 AS。

OSPF 协议虽然复杂，但链路状态过程却简单、易于理解。在 OSPF 中，链路指路由器上的接口，链路状态指接口的有关信息，包括接口的 IP 地址、子网掩码、网络类型、链路开销、邻居路由器等，它实际描述了一台路由器在网络中的位置。

运行 OSPF 协议的路由器会首先创建自己的链路状态信息，寻找路由域内的邻居路由器，然后将自己的链路状态信息洪泛到路由域内其他所有的路由器。通过洪泛，路由域中的每台路由器最终会构建一个内容相同的本地链路状态数据库(LSDB，Link State Database)，它包含了所有其他路由器的链路状态信息，这些信息描述了整个网络的拓扑结构。利用 LSDB，每台路由器采用最短路径算法独立地计算去往目的网络的最短路径，构建一棵以自身为树根的最短路径树，通过该树，每台路由器均可确定通向指定网络的最佳路径。一旦网络结构稳定，则停发链路状态消息，仅以周期性地发送短小的 Hello 消息来监控网络变化，仅当发生链路的增删、修改时，再重新发送链路状态消息修改 LSDB，更新路由表。

2. 网络结构

为便于扩展网络规模,控制链路状态信息洪泛过程对性能的影响,OSPF 采用区域(Area)的方式来组织网络结构。在 OSPF 中，一个区域是为某一组网络转发流量的路由器的集合，运行 OSPF 的 AS 则可由多个区域组成，如图 5-24 所示。

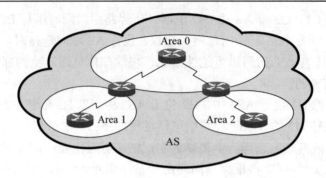

图 5-24　多区域 OSPF 网络结构

在多区域的 OSPF 网络中，每个区域各自运行独立的链路状态协议实例，构建本区域的 LSDB 和路由表，而不是整个网络运行一个链路状态协议实例。每个区域分配一个 32 比特的 Area ID 来标识，Area ID 可以采用十进制或 IPv4 地址的点分十进制表示法，例如区域 2，也可以写成 0.0.0.2。一个 OSPF 网络至少需要配置一个区域，该区域称为骨干区 (backbone)，骨干区的 Area ID 约定为 0，其他的区域均为非骨干区。为防止路由环路，便于路由汇聚，OSPF 要求非骨干区必须在物理或逻辑上(通过 VPN 或隧道)与骨干区直连，组成一个星型网络拓扑，即任意两个非骨干区之间不能直接相连去转发流量，必须通过骨干区转发。

如图 5-25 所示，在多区域星型网络结构下，OSPF 网络中的路由器分成以下几类：

(1) IR(Internal Router)。IR 为一个区域的内部路由器，IR 的所有接口都属于同一个 OSPF 区域，IR 只需要维护它所在区域的链路状态数据库即可。

(2) ABR(Area Border Router)。ABR 位于一个区域的边界，负责将一个非骨干区与骨干区相连，它至少同时属于两个区域，因此 ABR 需要同时维护它所在的两个区域的链路状态数据库，不同的区域之间通过 ABR 来传递路由信息。

(3) BR(BackBone Router)。BR 为骨干路由器，位于骨干区 0。显然，所有的 ABR 同时也是 BR。

(4) ASBR(AS Boundary Router)。自治系统边界路由器 ASBR 负责获取自治系统外部的路由信息，将其他路由协议(例如静态路由、RIP 或 BGP 等)发现的路由引入到 OSPF 路由

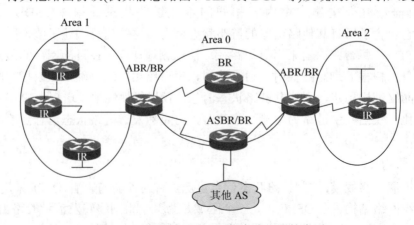

图 5-25　多区域 OSPF 网络中路由器的类型

域内的路由器。需要注意的是：ASBR 并不要求必须位于 AS 的边界，它可以在自治系统中的任何位置。

分区后，OSPF 将整个 AS 内的流量分成了区域内和区域间两类，两个非骨干区之间的流量必须经过骨干区转发。而一个区域内两个网络之间的流量转发，则无需穿越骨干区。

通过分区，OSPF 对链路状态信息的泛洪方式进行了合理优化，一个路由器的链路状态信息仅在所属的区域内进行泛洪，不会向其他区域转发。同时，AS 外部路由和内部其他区域的路由信息以汇总消息的形式向全网各区域泛洪，汇总消息实质是一种距离矢量消息。另外，OSPF 支持 CIDR，允许在 ABR 对本区域的路由信息汇聚后发送，同样 ASBR 也可以对外部路由汇聚后向内发送，实现一定程度上可控的路由优化。

3. 消息格式与类型

作为控制面的协议，OSPF 消息是直接封装在 IP 分组的数据字段中进行传输，其协议字段值为 89。不含 IP 头部的 OSPF 消息格式见表 5-7。要说明的是，OSPF 消息的 IP 头部，源 IP 地址为发生消息的接口 IP 地址，目的 IP 地址为两个组播地址之一：224.0.0.5 或 224.0.0.6。如果数据链路层为以太网，则目的 MAC 地址也是一个组播地址：01:00:5e:00:00:05 或 01:00:5e:00:00:06。

表 5-7　OSPF 协议消息格式

版本	类型	分组长度
路由器 ID		
区域 ID		
校验和		认证类型
认证信息		
数据		

在类型字段中，OSPF 中定义了 5 种消息类型，用于控制邻居路由器之间的链路状态信息的交互过程。分别为 Hello 消息、数据库描述消息 DBD、链路状态请求消息 LSR、链路状态更新消息 LSU、链路状态确认消息 LSAck。其中 LSU 负责泛洪链路状态通告 LSA，每条 LSU 可以包含多条 LSA。为保证泛洪过程的可靠，OSPF 协议通过 LSAck 对 LSU 进行确认。表 5-8 是 5 种 OSPF 协议消息的功能说明。

表 5-8　OSPF 的 5 种类型消息

类型	名　称	说　明
1	Hello	用于发现邻居，建立并维持邻接关系
2	DBD	包含发送方 LSDB 信息摘要，用于发收双方的 LSDB 信息同步
3	LSR	用于向另一台路由器请求特定的链路状态信息
4	LSU	用于回复 LSR 的 LSA 请求，以及主动通告链路状态更新信息
5	LSAck	用于对收到的 LSU 进行确认

4. 链路状态过程

一个 OSPF 路由域内，路由器之间进行链路状态交换的过程包括：了解直连网络，发现邻居，建立链路状态消息，泛洪链路状态消息给邻居，创建链路状态数据库，计算最短路径等步骤。下面以图 5-26 为例讨论创建 LSDB 的过程，方便起见，我们以 R1 为例来描述通信过程。

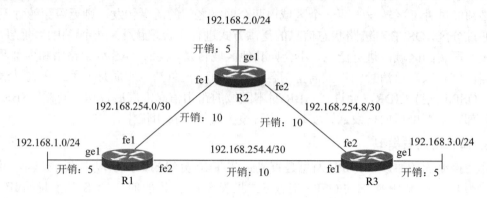

图 5-26　链路状态交换过程示意

第一步：了解直连网络信息

一旦路由器上 OSPF 进程启动后，在正确配置接口的 IP 地址、掩码，且链路处于 UP 状态的条件下，路由器会自动学习本机所有参与链路状态路由协议的接口状态信息。以 R1 为例，它有 3 个直连网络：

192.168.1.0/24，通过 ge1 连接，UP 状态。

192.168.254.0/30，通过 fe1 连接，UP 状态。

192.168.254.4/30，通过 fe2 连接，UP 状态。

第二步：执行 Hello 协议，建立邻接关系

了解完直连网络信息后，路由器向所有的直连网络发送 Hello 消息来通告自身、发现邻居。OSPF 协议中，邻居是指位于同一个网络中，启动了 OSPF 协议的其他任何路由器。

图 5-26 中，R1 将向所有链路(接口)发送 Hello 消息确定是否有邻居。R2、R3 也运行配置相同的 OSPF 协议，它们就向 R1 发送 Hello 消息来应答，Hello 消息中包含目前已发现的所有的邻居路由器 id。R1 就会在收到的 Hello 消息的邻居列表中看到自己，这样，R1 与 R2、R3 之间就建立了邻接关系。R1 的接口 ge1 上没有邻居，从该接口就收不到应答的 Hello 消息，因此 R1 后面就不会在接口 ge1 上继续执行链路状态路由过程。随后，Hello 消息会周期性的在邻接的邻居间发送，以监控邻居状态，维持邻接关系。

在广播型链路上(如以太网)，OSPF 使用多播地址 224.0.0.5 发送 Hello 报文，在非广播多路访问 NBMA 型链路上(虚电路型网络，如 X.25、FR、ATM 等)，由于这类链路不支持广播/多播机制，需要手动为路由器配置邻居列表，此时 Hello 报文的目的地址是一个单播地址。

为减少链路状态信息泛洪对带宽的占用量，除点到点型的链路外，在广播型和 NBMA 型的链路上，Hello 报文的交互过程中，还会在相应的链路上选举指定路由器 DR(Designated Router)和备份指定路由器 BDR(Backup Designated Router)，链路上的其他路由器仅跟 DR 交换链路状态信息。网络中的链路状态发生变化时，DR 负责更新其他的所有 OSPF 路由器，BDR 会监控 DR 的状态，在 DR 故障时接替其角色。

第三步：创建自己的链路状态信息

一旦与某链路上的邻居建立了邻接关系，就可创建与该链路相关的链路状态信息。R1 创建的链路状态信息的简化版如下：

(1) R1，以太网，192.168.1.0/24，开销 5；

(2) R1->R2，以太网，192.168.254.0/30，开销 10；

(3) R1->R3，以太网，192.168.254.4/30，开销 10。

第四步：交换链路状态信息，同步 LSDB

为保证网络拓扑的一致性，同一个区域内所有路由器的 LSDB 数据必须保持一致。OSPF 中，路由器在成功建立邻接关系后，则进入 LSDB 数据库同步过程。OSPF 简化了 LSDB 同步的要求，仅要求建立了邻接关系的路由器之间进行数据库同步。LSDB 同步用到 OSPF 中定义的其他 4 种消息：DBD 消息、LSR 消息、LSU 消息和 LSAck 消息。

我们以 R1 和 R2 之间 LSDB 的同步过程为例，简述如下：

(1) R1 和 R2 首先发送不含链路状态信息的 DBD 报文协商参数，选举 Master 和 Slave。通常路由器 id 值大的，就将成为 Master，Master 负责主动发起链路状态的请求。

(2) 协商成功后，两台路由器会交换一系列 DBD 消息，每个 DBD 消息中包含一组本地 LSDB 拥有的链路状态信息的摘要说明。邻居路由器收到摘要后，如果本地数据库没有相应信息或收到的信息更新，则会进行记录，以便后续通过 LSR 消息向邻居请求以获取完整的链路状态信息。DBD 消息交换结束，每台路由器都有了一个需要进行更新请求的链路状态信息列表。

(3) R1 发送 LSR 进行链路状态信息的请求，R2、R3 则用 LSU 进行响应。LSU 中包含的链路状态信息称为 LSA(Link State Advertisements)，每个 LSU 消息可以包含多条 LSA。一旦要更新的 LSA 列表的所有信息更新完毕，则两台路由器就实现了 LSDB 同步，建立了完全邻接关系，简称进入 FULL 状态。

一个区域内所有的 LSA 就构成了一个区域的 LSDB，在 RFC2328 中，定义了 5 种类型的 LSA，见表 5-9。

表 5-9　OSPF 的 5 种 LSA 类型

类型	名称	LSA的源 路由器	泛洪的范围	功能说明
1	Router-LSA	所有路由器	一个区域	每条描述路由器的一个接口所在区域的链路状态信息
2	Network-LSA	DR	一个区域	每条描述连接到所在网络的路由器列表
3	Summary-LSA (IP网络)	ABR	除stub区域外的所有区域	每条描述到区域外一个IP网络的一条路由
4	Summary-LSA (ASBR)	ABR	除stub区域外的所有区域	每条描述到ASBR的路由
5	AS-external-LSA	ASBR	整个AS	每条描述到其他AS的一个目的网络的路由

上述每一种 LSA 都完成自己特定的功能，例如 Router-LSA 和 Network-LSA 用来描述

一个区域内的路由器以及它们通过哪些网络互联，Summary-LSA 则提供了一种压缩区域间路由信息的方法，AS-external-LSA 则提供了一种向整个 AS 内部通告外部路由的方法。

经过一段时间的泛洪，每个路由器都拥有了来自其他路由器的 LSA，泛洪结束后，R1的完整 LSDB 内容如表 5-10 所示。

表 5-10　R1 的链路状态数据库

来　源	LSA
来自R2的LSA	(1) R2->R1，以太网，192.168.254.0/30，开销10 (2) R2->R3，以太网，192.168.254.8/30，开销10 (3) R2，以太网，192.168.2.0/24，开销5
来自R3的LSA	(1) R3->R1，以太网，192.168.254.4/30，开销10 (2) R3->R2，以太网，192.168.254.8/30，开销10 (3) R3，以太网，192.168.3.0/24，开销5
R1的LSA	(1) R1，以太网，192.168.1.0/24，开销5 (2) R1->R2，以太网，192.168.254.0/30，开销10 (3) R1->R3，以太网，192.168.254.4/30，开销10

5) 计算最短路径树，构建路由表

R1 拥有完整的 LSDB 后，即可以自己为根，采用最短路径优先算法，计算到每个目的网络的最佳路由，构建最短路径树，R1 的简化最短路径树如表 5-11 所示。基于最短路径树，R1 就方便地得到路由表。

表 5-11　R1 的简化最短路径树

目的网络	最短路径	下一跳	开销
192.168.1.0/24	R1	R1	5
192.168.2.0/24	R1-R2	R2	15
192.168.3.0/24	R1-R3	R3	15

6) 更新链路状态数据库

在网络稳定之后，仅当网络拓扑发生变化时，才会发送新的 LSU 消息。例如当 R1 上发生链路的添加、删除、修改时，R1 会将新的 LSA 泛洪给同一区域内的其他路由器。其他路由器收到新的 LSA 后，会更新其 LSDB，重新运行最短路径优先算法，创建新的最短路径树，并更新路由表。

另外，OSPF 还会每隔 30 分钟周期性的泛洪整个链路状态数据库来保证每个 OSPF 路由器有最新的网络信息。每条 LSA 都有自己的计时器用来确定什么时候必须要发送 LSA 来刷新数据包，每条 LSA 还有一个 60 分钟的最大老化时间。假如一个 LSA 在 60 分钟内没有被刷新，那么它将会被认为是故障而从链路状态数据库中删除。

5.3.3　BGP 协议

1. 概述

边界网关协议 BGP 是目前自治系统间使用的唯一的路由协议，最新的 BGP 协议版本

v4，在 2006 年 1 月发布的 RFC4271 中定义。BGP 路由信息报文使用 TCP 协议承载，端口号为 179。执行 AS 间选路时，由于 AS 通常属于不同的 ISP，能够根据商业、甚至政治策略执行域间选路。因此，BGP 采用一种策略优先的路径-向量选路算法，而不是域内路由协议常采用的性能优先或最短路径优先的策略。

路径-向量选路算法与距离矢量算法的不同主要有以下两点：

(1) 路径-和量采用增量、触发式更新方式，而不是距离矢量算法中每次传递整个路由表；

(2) 路径-向量算法在路由更新消息中，包含完整的路径信息，在避免路由环路的同时也支持选路策略。

BGP 路由更新消息包含了网络可达性信息和路径属性两部分内容，网络可达性信息包含经由自身可达的目的网络前缀，路径属性部分则描述了目的网络所经过路径的属性，例如 AS 列表、路由来源、下一跳等属性信息，以及 ISP 定义的域间选路策略。

图 5-27 描述了在三个 AS 之间传递 BGP 路由更新消息的原理，A 通过边界路由器向 B 通告一条路由信息"10.1.0.0/16：path(A)"，含义是经由路径 A 可达 10.1.0.0/16。如果策略允许，B 会向 C 通告该路由信息"10.1.0.0/16：path(B，A)"，含义是经由路径 B->A 可达 10.1.0.0/16。每个 AS 在发布路由信息时都会将自己的 AS 号按序附加在路径属性中的 AS 号列表中。

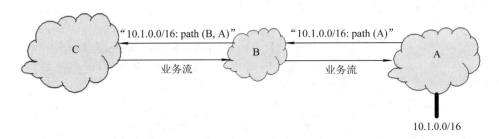

图 5-27　包含 AS 列表的路由信息传递

路由器使用这些信息可以构造一个域间 AS 互联的拓扑图，节点是 AS，目的地是网络前缀(例如 10.1.0.0/16)，节点之间的链路既代表物理连接，也代表 AS 之间的商业互联关系。这样，一方面可以避免路由环路，另一方面可以根据路径中是否包含特定的 AS 来执行相应的路由策略。

通过 BGP 协议，不同的 AS 系统之间实现了路由信息的共享，这样不管一台主机的位置在哪儿，路由器都能发现一条到达它的有效路由，任意两个用户之间的通信就成为可能。简单来说，BGP 的作用就像一个黏合剂，把各个隔离的 AS 粘合起来，形成完整的互联网。

2. AS 间的互联

每个 AS 至少有一台边界路由器运行 BGP 协议，代表整个自治系统与互联网的其他部分相连，负责策略管理、地址汇聚，以及域间选路等功能。按照互联方式，AS 之间有两种基本的商业关系：

(1) A 和 B 是客户-服务提供者关系(Customer- Provider)；

(2) A 和 B 是对等关系(Peers)。

如果 A 和 B 两个 AS 之间是以 Customer-Provider 方式互联，则意味着 B 为 A 提供互联网接入服务，A 需要向 B 支付接入费用，而 B 负责转发进出 A 的流量，Customer-Provider 方式也称为转发方式(Transit)。如果 A 和 B 是以对等方式互联，则意味着 A 和 B 以互不收费的方式相互转发对方的流量。实际上，在域间这个层面，AS 间的互联拓扑，以及路由方式主要受 AS 之间的商业互联方式影响。

以图 5-28 为例，P 一般是顶层 ISP 的 AS，X、Y 是 P 的客户；X、Y、Z 假设是区域 ISP 的 AS，X 与 Y，Y 与 Z 之间是对等关系；C1、C2、C3 分别是 X、Y、Z 的客户。以 X 和 C1 为例，C1 是 X 的商业客户，则 X 负责为 C1 提供自己路由表中所有可达目的网络的访问。再来看对等关系的情况，通常只要两个 AS 间的流量不是非常不对称(一般不超过4:1)，即可建立对等关系。以图中 X 和 Y 为例，它们会相互向对方提供自己的路由表的一个子集，通常包括自己的内部网络和自己的客户网络，例如 X 向 Y 提供的地址应包括 X 自己和 C1，Y 向 X 提供的地址相应地也是 Y 和 C2。这样，基于对等关系，C1 和 C2 之间的访问，通过 X—Y 就是合法且允许的，并且相互不收费。而 C1 和 C3 之间的访问，通过 X—Y—Z 则是不被允许的。原因在于，从商业上看，C1、C3 均不是 Y 的客户，转发 C1—C3 之间的流量，Y 不会获得任何收益！Y 要避免这种情况发生的做法也很简单，在通告路由时，坚决不把自己一个对等方的路由通告给另一个对等方。图 5-28 中，Y 要严格遵守，既不把 X + C1 通告给 Z，也不把 Z + C3 通告给 X。这样，就保证在 X 和 Z 的路由表中都不存在通过 Y 可达对方的路由信息。

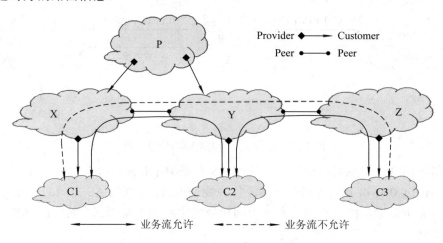

图 5-28　AS 之间的互联关系

当区域内存在很多 ISP 的 AS 要实现对等互联时，主要还是通过 5.1 节所述的 IXP 基础设施来实现高效低成本的对等互联，此外则通过第一层 ISP 的 AS 以转发方式实现互访的需要。5.1 小节中，在第一层 ISP 的 AS 网络中的路由器，其路由表包含当前互联网全部可达网络的路由信息。

3. 消息类型

由于 TCP 协议处理了消息的可靠传输问题，因此 BGP 的消息类型比 OSPF 简单很多。BGP 消息包含 4 种类型：Open、Updata、Notification 和 KeepAlive。四种消息的头部格式都是一样的，如图 5-29 所示，长度为 19 字节。

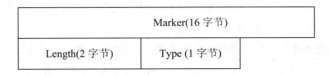

图 5-29　BGP 消息头部格式

其中 Marker 字段包含认证信息，Length 字段指明以字节为单位的报文总长度，Type 字段指明该报文的类型。下面简要介绍 4 种 BGP 报文的格式和作用。

(1) Open 消息：在两个 BGP Speaker 之间创建 BGP 会话，形成邻居关系。

(2) Updata 消息：用于向 BGP 邻居通告网络可达性信息 NLRI (Network Layer Reachability Information)、路径属性，或撤销不可用的路由。BGP 将<NLRI，属性>构成的二元组称为一条 BGP 路由，其中：

NLRI 包含一条或多条网络信息，每条网络信息由二元组(length, prefix)表示，支持 CIDR。

路径属性提供与一条 NLRI 有关的属性信息，例如 AS-path 属性、下一跳属性等。属性信息主要用于 BGP 路由过滤，选路决策等处理过程。

一条 BGP 路由由 NLRI(IP 前缀+掩码)和路径属性(下一跳、AS-Path、路由来源，其他可选属性)构成。

(3) Notification 消息：用于向 BGP 邻居通告异常状态错误。Notification 消息发送完后，将关闭 BGP 会话，终止邻居关系。

(4) KeepAlive 消息：用于维持与邻居的 BGP 会话。KeepAlive 消息没有数据字段，仅包含一个 19 字节的 BGP 头部信息，缺省的发送周期是 60 秒。

4. 路由策略

BGP 与域内路由协议最大的不同是，可以实现基于策略的路由，路由策略在 Updata 消息的路径属性中携带。BGP 可以定义导入(Import)和导出(Export)两类路由策略：

(1) 导入：定义一个 AS 的路由选择策略，用于控制具体的流量能否以及如何离开 AS。

(2) 导出：定义一个 AS 的路由通告策略，用于控制具体的流量能否以及怎样进入 AS。

在选择是否将一条路由导入路由表时，BGP 同样会遇到对去往同一个目的地的多条不同路由的选择问题，选择策略实际上是一个对路由排序的过程。在 BGP 的导入策略中，一般的选路优先级如下：

(1) 首先根据路由来源选择。一般的优先级顺序是 customer > peer > provider。即对去往同一个目的地的路由，来自客户的优先级高于来自对等方的，来自对等方的又高于来自提供者的。在 BGP 中，可以通过设置 LOCAL_PREF 属性值，来影响路由器的路由选择。

(2) 其次，根据 AS 路径最短原则进行选择。BGP 将根据路由经过的 AS 最少跳数来选择。

(3) 最后，使用自己的带宽进行选择。即根据"烫山芋(Hot Potato)"原则选路。

BGP 的路由导出策略需要决策哪些路由可以通告给自己的邻居 AS，哪些不能通告。导出策略的重要性在于：AS 之间，如果一方向另一方通告了一条到某目的地的路由，则意味着另一方可以通过该路由向对应目的地转发分组。而从商业上考虑，没有哪个 ISP 愿意转发那些根本挣不到钱的流量，因此导出策略的制定需要非常小心。在实践中，导出规则遵循"Gao-Rexford"规则，如表 5-12 所示。

表 5-12　BGP 路由通告策略："Gao-Rexford"规则

路由的来源	向哪些 AS 通告路由
客户(customers)	可以向任意 AS 通告来自自己客户的路由(providers, peers, 和其他自己的 customers)
对等方(peer)	仅向自己的 customers 通告来自对等方的路由
提供者(provider)	仅向自己的 customers 通告来自 provider 的路由

从表 5-12 中我们看到，按照"Gao-Rexford"规则，一个 ISP 仅向自己的客户 AS 通告所有可能的路由！因为，对一个 ISP 而言，确保互联网上所有潜在的发送者都能访问到自己的客户是它的一个基本责任。因此，来自客户的路由就是一个 ISP 中最重要的路由。ISP为一个客户转发的流量越多，意味着客户需要的带宽越大，也就意味着 ISP 可以获得更多的收入。因此，当一个 AS 收到来自多个邻居到同一个目的地的路由时，来自客户的路由总是优先级最高。因为在互联网上，ISP 间的游戏规则是，只有客户流量的增加，才能带来收入的增加。基于同样的商业原因，对于来自 peer 和 provider 的路由，一个 AS 仅将其向自己的客户通告，而不会向其他的 peer 和 provider 通告。因为替他们转发流量，不能带来任何收入！

5. 工作原理

1) eBGP 与 iBGP 会话

在 BGP 中，执行 BGP 协议的路由器称为 BGP 发言人(BGP Speaker)。两个 BGP 发言人之间必须先通过 TCP 端口号 179 建立一个 BGP 会话，形成邻居或对等方关系后才能交换 BGP 更新消息。

如图 5-30 所示，当形成邻居关系的两个 BGP 发言人位于不同的 AS 中时，则双方建立eBGP (External BGP)会话。当两个 BGP 发言人在同一个 AS 中，则双方建立 iBGP(Internal BGP)会话。这样 BGP 发言人之间就存在两种邻居关系，iBGP 邻居和 eBGP 邻居，其中 eBGP会话负责学习来自其他 AS 的外部路由，iBGP 会话负责将学习到的外部路由在同一个 AS内部的 iBGP 邻居间传递。对于存在多个边界路由器的 AS，都需要 iBGP 配置，以确保整个 AS 所有出口路由策略的一致性。

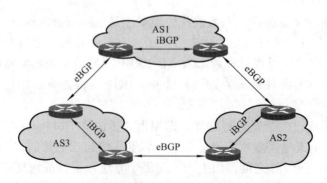

图 5-30　eBGP 与 iBGP 会话

2) 工作过程

这里简要描述 BGP 协议的工作过程。

第一步：如图 5-31 所示，BGP 发言人首先建立与另一个 BGP 发言人的 TCP 连接，然后在该连接上发送 Open 消息协商建立邻接关系。收到 Open 消息的路由器则用 KeepAlive 消息进行确认，接受建立邻居关系。

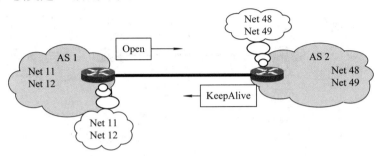

图 5-31　创建 BGP 会话

第二步：如图 5-32 所示，首次形成邻居关系后，无论 iBGP 还是 eBGP 邻居，都将根据定义的策略使用 Updata 消息交换所有已知的路由信息。每条 Updata 消息会包含一条或多条 BGP 路由。

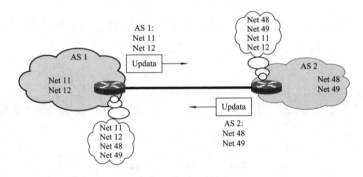

图 5-32　交换路由信息

第三步：如图 5-33 所示，经过 Open/Updata 消息交换过程后，BGP 进入稳定状态。状态稳定后，除了在邻居之间定期发送 KeepAlive 消息维持 BGP 会话外，BGP 协议几乎处于静默状态，KeepAlive 的缺省发送周期为 60 秒。

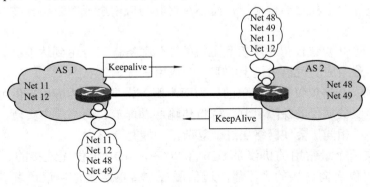

图 5-33　维持邻居间会话

第四步：如图 5-34 所示，当网络拓扑或路由属性发生变化时，BGP 仅发送与变化相关的路由信息。Net48 变为不可达时，AS2 通过 Updata 消息中的 Withdraw 信息告知 AS1，Net48 不可达，AS1 收到 Withdraw 信息后，修改 BGP 路由表，删除关于 Net48 的路由信息。

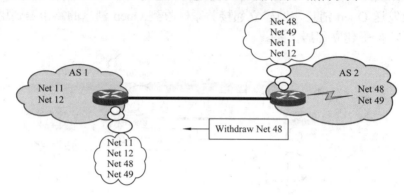

图 5-34 触发更新

5.4 传 输 层

传输层位于应用层与网络层之间，负责为网络中主机上的应用进程提供通信，它和应用层协议一样，主要实现在主机/服务器端，见图 5-35。

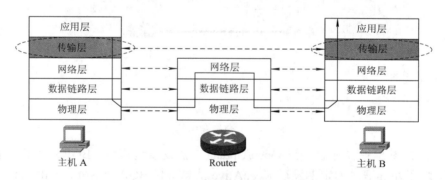

图 5-35 传输层的位置和功能

为什么要设计一个独立的传输层，而不是将其与应用层或网络层合并？主要的原因有两点：

(1) 网络层的 IP 协议仅提供主机到主机的通信服务。当分组到达主机后，需要一种方法来进一步确定分组应交付给主机上的哪一个应用进程。

(2) 网络层的 IP 协议仅提供简单的尽力而为服务模型，不为应用提供可靠性、流量控制、差错控制等服务质量的保障机制。若将传输层功能放在网络层中实现，由于应用层要求的网络服务不尽相同，会使网络层过于复杂，功能冗余很大。

目前传输层两个最常用的协议是 UDP 和 TCP，UDP 提供无连接的、不可靠的通信服务，TCP 则提供面向连接的、可靠的通信服务，传输层其他协议还有 SCTP、MTCP、RDP 等。

5.4.1　端口号与应用进程

图 5-36 描述了传输层的报文格式,该层使用一个 16 比特的端口号(port)作为一个应用进程的标识,在每个传输层报文的头部会携带源端口号和目的端口号信息。端口号由每台主机独立地为本地应用进程分配,其作用范围是一台主机。这避免了端口号全网统一的管理开销,但需要同时使用端口号和 IP 地址来唯一标识网络中的一个应用进程。例如,在 IP 地址 20.1.1.2 的主机上运行 Web 服务进程的端口号为 80,则该服务进程就需要用<20.1.1.2,80>的形式来唯一标识。

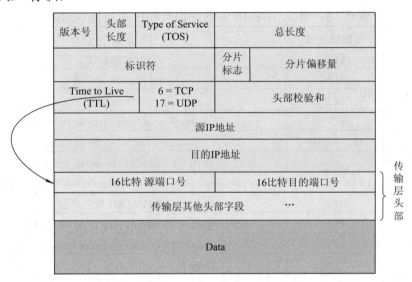

图 5-36　传输层的报文格式

IANA (Internet Assigned Numbers Authority)是端口号的分配管理机构,它将所有的端口号分成了 3 部分,见表 5-13。

表 5-13　端口号的分类

类　型	取值范围	说　　明
知名端口(Well-known Ports)	0～1023	由 IANA 分配,用于提供知名的公众服务的服务器进程,例如 Web、FTP、Email 等。
注册端口(Registered Ports)	1024～49151	由 IANA 分配,主要用于私有服务器进程,但也可用于客户进程,一般没有严格的限制
动态/私有端口 (Dynamic/Private Ports)	49152～65535	由主机按需分配给本地客户进程

传输层通常在主机操作系统内核中实现,它会保存每个活跃的本地应用进程的<IP 地址,端口号>组合,该组合称为套接字(Socket)。套接字是传输层与本地应用进程之间的逻辑通信接口,该接口是双向的。应用进程在与远端主机上的进程通信之前,首先通过操作系统获取一个套接字。发送数据时,应用进程通过自己的套接字把数据传给传输层,传输层通过套接字对收集的来自应用进程的数据完成封装后,交付给网络层,这个过程称为复用。接收数据时,传输层则根据接收到的报文中的<目的 IP 地址,目的端口号>信息将报文

通过对应的套接字交付给应用进程，这个过程叫做分解。

以 C/S 模式为例，客户进程是一次通信的发起者，它总能从本地操作系统中获得自己的源端口号和 IP 地址，如果服务器进程提供的是互联网标准定义的知名服务，则该进程总是在一个事先约定的知名端口上接收来自客户进程的请求。例如，域名服务器(DNS)总是在端口 53 上接收消息，简单网管协议(SNMP)总是在端口 161 上监听消息。假如服务器进程提供的不是标准公共服务，则要么使用事先配置好的专用客户端软件，要么在使用通用客户端软件时，指明服务器进程的端口。常见 TCP/IP 知名端口号和应用层协议对应见表 5-14。

表 5-14　常见 TCP/IP 知名端口号和应用层协议对应表

端口号	传输层协议	应 用 层 协 议
20	TCP	ftp(数据信道)
21	TCP	ftp(控制/命令信道)
23	TCP	telnet
25	TCP	Smtp(Simple Mail Transfer Protocol)
53	TCP + UDP	DNS(Domain Name System)
67	UDP	BOOTP / DHCP(Bootstrap Protocol / Dynamic Host Configuration Protocol) (服务器端)
68	UDP	BOOTP / DHCP(客户端)
80	TCP	http(Hypertext Transfer Protocol or World Wide Web)
110	TCP	pop3(Post Office Protocol version 3)
143	TCP	Imap(Internet Message Access Protocol)
161	UDP	Snmp(Simple Network Management Protocol)
161	UDP	Snmp trap(Simple Network Management Protocol)
179	TCP	BGP(Border Gateway Protocol)
520	UDP	RIP(Routing Information Protocol v1，v2)

5.4.2　UDP 协议

1. 功能简介

UDP 是一个轻量级的传输层协议，它为应用层提供简单、无连接、不可靠的进程到进程的通信服务。如果应用进程需要低时延、小开销，同时没有对有序和可靠传输的需求，则适合采用 UDP 协议。

UDP 协议也被称为"尽力而为"的用户数据报服务。与 IP 协议提供的"尽力而为"数据报服务相似，UDP 不提供 UDP 报文的差错恢复，不保证有序传输，不提供流量控制；UDP 采用无连接方式，即 UDP 发送者和接收者之间通信时没有握手信号，无需事先建立连接。

为实现两个进程间的通信，主机仅需为每个应用进程保存一个由<本地 IP 地址，本地端口号>构成的 Socket 即可。当应用进程位于不同的主机时，由于 IP 地址不同，即使端口号相同，也可以区分出是两个不同的 Socket。当应用进程位于同一个主机时，虽然 IP 地址相同，但本地分配的端口号肯定不同，也可以区分出是两个不同的 Socket。

2. 报文格式

图 5-37 描述了 UDP 的格式，其头部长度为 8 个字节，包含一个源端口号和一个目的端口号字段，源端口号标识发送进程，目的端口号则标识接收进程。长度字段描述了包含头部和数据部分的 UDP 段的总长度；16 比特的校验和字段用于差错检测，通过它可以检查 UDP 段的正确性。UDP 校验和的内容与 IP 协议中的稍有不同，在 IP 协议中仅计算头部的校验和，不计算数据部分，而在 UDP 校验和中 UDP 是计算 UDP 头部、用户数据、伪头部(Pseudo-Header)三部分的校验和，校验和的具体计算生成算法与 IP 协议一样。伪头部由 IP 头部的协议号、源 IP 地址、目的 IP 地址加上 UDP 长度字段组成。校验和包含伪头部信息的目的是让接收端可以验证 UDP 报文是否是在正确的两个主机之间进行传输的，假如传输过程中目的 IP 地址被修改，接收端就可以检查出这种错误。

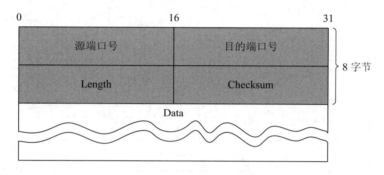

图 5-37 UDP 的报文格式

与其他传输层协议比较，UDP 有以下优点：(1) 没有连接建立的时延，速度快；(2) 无状态记忆、协议简单；(3) 头部只有 8 个字节，开销小；(4) 无流量控制：理论上 UDP 可以用任意速率发送，但存在引起拥塞和报文丢失的风险。

UDP 最常用于流媒体应用，这一类应用的特点是可以容忍丢失，对时延很敏感，并且由于 UDP 是无连接的，支持多播和广播应用时简单、开销很小，恰好可以满足此类应用的要求。UDP 的另一类应用是互联网中控制和管理协议消息的承载，如 DNS 和 SNMP，由于 UDP 不保证可靠传输，应用层必须增加可靠性机制和特定的差错恢复机制来保证可靠通信。

5.4.3 TCP 协议

1. 功能简介

与 UDP 相比，TCP 相对复杂，能够为进程之间的通信提供可靠的、面向连接的字节流服务，适用于对时延不敏感，可靠性需求高的应用。基于 TCP 来实现进程间的通信时，应用层就不必考虑流量控制、数据丢失和错序等问题。缺点是由于协议复杂，TCP 的控制开销和传输时延较大，实时多媒体应用基本不使用 TCP 协议。

TCP 协议提供的主要功能包括：连接管理；基于端口的复用和分解；可靠传输，包括差错控制、流量控制，顺序控制等。

TCP 协议将来自应用层的数据看成连续的字节流，对发送的字节流的长度不作限制，但会把字节流分段传输，并对每字节按序编号，保证每个段的可靠传输。在接收端则将段重装后，通过端口交付给应用进程。

TCP 采用面向连接的通信协议，两个进程通信前，必须先建立连接，然后才能交换数据。在 TCP 协议中，端口号的使用规则与 UDP 一样。但由于面向连接，且多数情况下，服务器进程都要同时保持与多个客户端进程的连接，为了正确区分连接，主机需要用一对套接字来标识一个连接，具体形式是，连接 = {<本地 IP，本地端口号>，<远端 IP，远端端口号>}，除此之外还要保存进程通信期间每个连接的信息，因此开销很大。图 5-38 描述了客户/服务器模式下，主机上一个进程如何使用套接字对来标识每一个不同的连接。

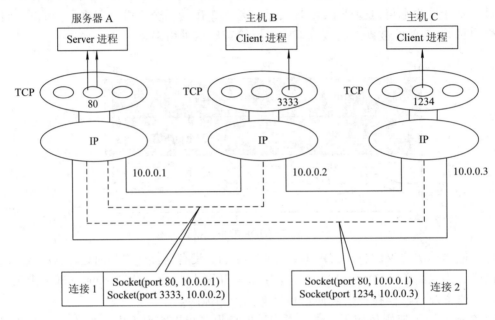

图 5-38   TCP 连接的标识

图中主机 A 是一个 Web 服务器，服务器进程用本机 IP 地址和知名端口号 80 标识自己，即 SocketA = [IP = 10.0.0.1，port = 80]；主机 B 和 C 是两个客户机，它们通过浏览器进程访问 Web 服务器。假设为主机 B 上的浏览器进程分配一个端口号为 3333，本机 IP 地址是 10.0.0.2，则它的 SocketB = [10.0.0.2，3333]；同理主机 C 上的浏览器进程的 SocketC = [10.0.0.3，1234]。在 Web 服务器 A 所在的主机上，需要同时保持到客户机 B 的连接 1 和到客户机 C 的连接 2。在服务器上，连接 1 标识为(SocketA，SocketB)，连接 2 则标识为(SocketA，SocketC)，所有连接都是收发双向的。通过使用套接字对，服务器进程就可以方便地在一个套接字上建立多个连接，并能将数据返回到每个正确的客户端进程。

2. 报文段格式

图 5-39 描述了 TCP 报文段的格式，它由头部和用户数据两部分组成。头部本身也是可变长的，由一个 20 字节的定长部分和一个变长的可选字段部分组成。实际应用中，主要采用 20 字节定长格式。各报文段含义如下：

(1) 源端口号、目的端口号：分别表示正在通信的两个进程的端口号。

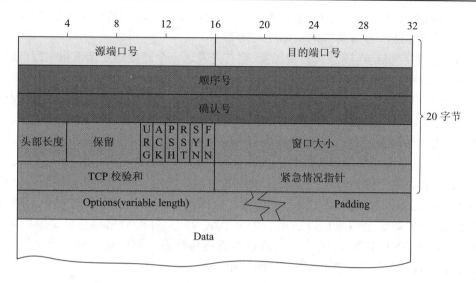

图 5-39　TCP 报文的格式

(2) 顺序号、确认号、窗口大小：这三个字段合在一起在 TCP 的滑动窗口算法中使用。由于 TCP 是一个面向字节的协议，所以数据流中的每个字节都有一个编号，其中顺序号由发送端确定，描述本报文段中首字节在整个字节流的位置编号；确认号的值由接收端确定，代表接收端已经正确接收了确认号之前的全部字节，该值本身代表接收端期望接收的下一个字节的编号；窗口大小由接收端确定，并通知发送端当前的窗口大小，以此来实现一个基于接收者的流量控制机制。发送端需要根据确认号、窗口大小两个字段的值来精确地定义发送窗口的字节范围，发送窗口的起始字节号=确认号，而终止字节号 = (确认号 + 窗口大小) − 1。

(3) 头部长度：它以 32 bit(4 字节)为单位描述了 TCP 头部的长度，通过该字段，可以很容易地确定数据字段的起始位置。

(4) Flags 标志：包含 6 个比特的标志位，主要用于连接管理。其中常用的是：

① SYN 比特：该比特置 1 表示 TCP 报文段是一个连接建立请求，此时顺序号字段携带的是初始序号值 ISN。SYN 仅用于连接建立阶段，收发双方在连接建立时需要通过 SYN 置位来实现初始序号的同步，识别谁是连接的发起方。

② ACK 比特：该比特置 1 代表 TCP 报文段中携带的确认号字段有效，确认号指明接收端期望接收的下一个字节的编号。

③ FIN 比特：该比特置 1 表示 TCP 报文段是一个 TCP 连接释放请求，其携带的数据是数据流中的最后一个字段。FIN 仅用于连接释放阶段。

④ RESET 比特：该比特置 1 表示异常终止一个连接。

(5) 校验和：使用和 IP 协议相同的校验和算法，但校验和包含 TCP 头部、TCP 数据部分、IP 伪头部(注：包括 IP 源和目的地址，协议类型 IP 总长度字段的信息)。这样的好处是校验和保护完整的 Socket 信息。

3. 连接管理

连接管理包括对连接的建立和释放，以及连接的流控等内容。图 5-40 描述了 TCP "三次握手(3-way handshake)"连接建立过程，"三次握手"指客户机和服务器之间建立一个连接要交换三次信息，协商两端的初始序号等参数。

图 5-40 中，客户机是连接建立的发起者，它首先发送一个连接建立请求报文段，其中 SYN 置为 1，并选择一个随机的初始顺序号 Seq = x。由于它是整个会话的第一个报文段，不可能包含任何数据字节，因此 ACK 标志不能置位；服务器正确接收到该段后，看到 SYN = 1，知道是一个连接建立请求报文段，如果允许，则给客户机返回一个报文段，其中 ackn 字段为 x + 1，并为本端随机选择一个初始顺序号 Seq = y，同时置两个标志位 ACK = 1，SYN = 1，代表连接请求确认。由于服务器返回的报文段中标志位 SYN = 1，客户机就知道连接请求被接受了，然后客户机再发送一个报文段给服务器，设定其中的确认号 ackn = y + 1，标志位 ACK=1，服务器收到该报文段后则连接建立成功。"三次握手"过程中，SYN 报文段，不能包含任何数据字节，但要占用一个字节编号，实际的数据部分首字节的顺序号是 Seq + 1，而不是 ISN！SYN + ACK 报文段也不能传输数据，但也要占用一个字节编号。而 ACK 报文段，如果未携带数据的话，则不占用字节编号。

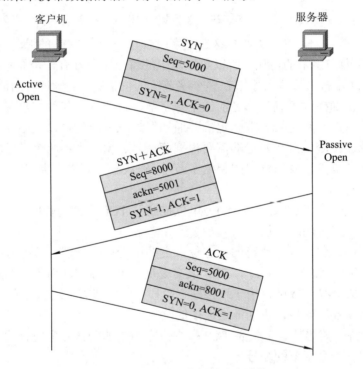

图 5-40　TCP 三次握手建立连接

"三次握手"算法中的第三次握手看起来似乎是多余的，但主要原因是，在连接建立之前，TCP 仅能依靠 IP 协议不可靠的网络服务，这意味着算法必须考虑服务器返回的第二次握手信号可能会因为丢失、超时等原因不能按时送达客户机的情况。假如没有第三次握手信号，出现上述的情况时，客户机会认为连接请求失败，而选择放弃或发起新的连接请求。此时服务器在发出第二次握手信号后就认为连接建立成功，再为连接分配资源，但实际的情况是连接建立仅仅成功了一半(Half Open)。这种打开了一半的连接一样会占用服务器的资源，且很容易被攻击者利用。使用三次握手，在没有收到第三次握手信号前，服务器不会为连接分配资源，如果没有按时收到第三次握手信号，则服务器就删除这种打开了一半的连接。

连接建立成功后，就可以开始进行双向数据传输了。图 5-41 中，主机 A 向主机 B 发送一个 23 字节数据长度的报文段，其中确认号 $_{A-B}$ = 434，顺序号 $_{A-B}$ = 922。主机 B 正确接收后，向主机 A 返回一个包含确认信息的报文段，由于收到的报文段中顺序号 $_{A-B}$ = 922，数据长度是 23 字节，因此确认号 $_{B-A}$ = 顺序号 $_{A-B}$ + 数据长度 = 945。为简单起见，假设 B 到 A 方向数据部分长度为 0 字节，则顺序号 $_{B-A}$ = 确认号 $_{A-B}$ = 434；主机 A 收到主机 B 的确认报文段后，继续发送 15 字节长的数据报文段，其中确认号 $_{A-B}$ = 434，顺序号 $_{A-B}$ = 945；通过发送确认机制，TCP 可以实现可靠的双向数据传输。在 TCP 的数据传输过程中，每个字节都要求确认。但 TCP 中的确认机制并不是针对每个字节进行确认的，例如确认号 = X，代表正确接收了顺序号为 0～X－1 范围的所有字节，我们称这种方法为累积确认，其优点是即使前一个确认信号丢失，后续的确认信号也会对已经收到的字节给出确认。

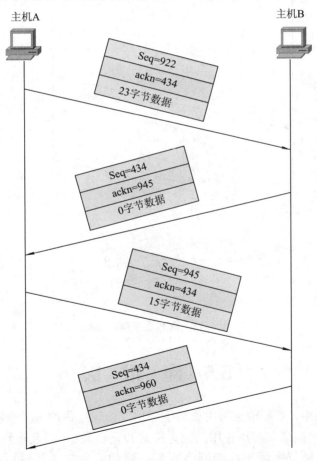

图 5-41　基于字节流的数据传输

数据传输结束后，TCP 的连接释放是对称的，即任何一方均可主动发起连接释放过程，收到请求的一方必须立即无条件释放连接。鉴于 C/S 情况下数据传输的不对称性，连接释放需要在两个方向上各自独立地进行，这意味着正确释放一个连接典型情况下需要 4 个报文段。

如图 5-42 所示，如果 A 到 B 方向的数据传输完毕，则 A 主机就给 B 主机发送一个报文段，标志位 FIN = 1，表示要主动关闭 A 到 B 方向上的连接；B 收到后，检查 FIN = 1 就知道这是一个连接释放请求，就返回一个确认，释放这个方向的连接；B 到 A 方向的连接释放过程是一样的，这样通过 FIN 和 ACK 就可以确保两个方向都能接收全部的字节。和 SYN = 1 时一样，标志位 FIN = 1，也要象征性地占去一个字节编号。为保证数据的可靠传输，TCP 协议提供了超时、差错重传、流量控制等机制，对这些方面的内容本书不再详细描述。

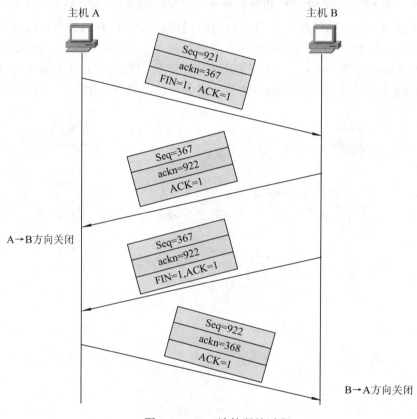

图 5-42　TCP 连接释放过程

5.5　应　用　层

在 TCP/IP 体系中，互联网应用主要基于应用层协议提供的服务来实现。应用层协议定义了网络应用进程之间通信时所使用的消息格式和发送顺序，以及收到消息后的处理方式。不同类型的应用层协议实现不同的网络服务。例如，超文本传输协议 HTTP(HyperText Transfer Protocol)提供 Web 网页浏览服务，文件传输协议 FTP(File Transfer Protocol)提供文件传输服务，SMTP 则提供 Email 传输服务。因此，一个应用层协议仅是相应互联网应用的一部分。在应用层协议的设计实现中，要考虑的共性问题包括：采用什么样的消息格式？采用哪个传输层协议来传输？客户端和服务器如何发现彼此等问题。

本节首先讨论互联网应用的类型和结构，然后介绍用于控制面的两个典型的应用层服务：名字解析服务 DNS 和地址分配管理服务 DHCP，它们可方便用户使用互联网。最后介绍最常用的 C/S 型应用层的代表 HTTP 和 P2P 型代表 BitTorent。

5.5.1　应用的结构与分类

按照进程在通信系统中的相互关系，互联网应用可分为客户/服务器和 P2P 两种方式。

1. 客户/服务器方式

客户/服务器(Client/Server)方式是互联网应用最常用的方式。C/S 的应用中涉及两类应用进程：客户机进程与服务器进程。客户进程是服务请求方，服务器进程是服务提供方，C/S 方式描述的就是进程之间服务和被服务的关系。如图 5-43 所示，主机 A 上运行客户进程，主机 B 上运行服务器进程。这时，客户 A 向服务器 B 请求服务，而服务器 B 可同时向客户 A 等很多客户提供服务。

图 5-43　C/S 工作模式

C/S 方式的典型代表有 Web 服务、E-mail、FTP 等。在互联网上，访问 Web 服务时，客户端通常采用浏览器(browser)。Web 服务习惯上称为 B/S 型应用，其实 C/S 和 B/S 并没有本质的区别，B/S 是基于特定通信协议(HTTP)的一种 C/S 架构，包含在 C/S 类型中。

2. P2P 方式

P2P 方式(Peer-to-Peer)是指参与通信的双方是对等的，都可以发起服务请求，或响应请求提供服务，而不明确区分服务器和客户端。在 P2P 方式下，每一个参与者的进程都可以充当服务器，向其他用户提供所需要服务。如图 5-44 所示，主机 A、C 和 D 上都运行 P2P 软件，这几个主机之间可进行 P2P 通信。随着互联网社交服务应用的流行，P2P 应用成为目前最流行的互联网应用方式之一。典型的 P2P 应用有 BT(Bit Torrent)、eDonkey、对等文件共享、目录服务、即时消息系统(如微软的 MSN，国内的 QQ、微信、微博等)。

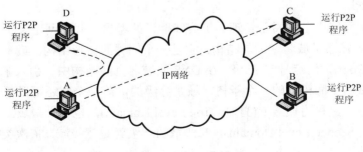

图 5-44　P2P 工作模式

3. 应用的类型

按照用途不同，应用可分为以下几类：

(1) 用户间交流：分为在线方式和离线方式。如 VoIP、即时信息(MSN、QQ 等)都属于在线用户间交流的应用，要求用户必须在线，才能进行实时信息交互。另一类是离线方式的用户交互，如 E-mail，BBS 等，即使信息接收者不在线，信息也能发送成功，当接收者上线后可以查询到发送者发送的相应内容。这类应用的价值来源于用户间的互动，使用者越多，价值越大。

(2) 信息浏览：如 WWW、FTP、PPLive，YouTube，对等文件共享等应用都是为了从对端获取相应的信息资源。这类应用的内容越丰富、更新越快，越有价值。

(3) 工具：完成特定的功能，如搜索引擎。这类应用关键在于功能是否有价值，可用性是否好。

(4) 网络支撑：此外，还有一类应用实现的是网络控制和管理面的功能，主要用于保证和方便应用的运行，普通用户使用网络时并不直接调用它们。例如，远程认证拨号用户服务(RADIUS，Remote Authentication Dial-In User Service)协议实现认证、授权和计费(AAA，Authentication，Authorization and Accounting)；域名系统(DNS，Domain Name System)实现名字和 IP 地址之间的解析；动态主机配置协议(DHCP，Dynamic Host Configuration Protocol)为用户动态分配 IP 地址以及相关的网络配置信息，简化了用户的手动配置内容。

5.5.2 DNS

在互联网中，IP 地址采用易于机器处理的二进制形式，但其并不便于终端用户直接使用。随着互联网规模的扩大，20 世纪 80 年代中期，开始在互联网中部署使用域名系统 DNS，它负责提供主机域名到 IP 地址的翻译服务，其标准定义在 RFC1034 及 1035 中。DNS 协议运行在 UDP/TCP 上，使用端口号 53。

实际中的 DNS 系统实现为一个分布式数据库，核心思想是分层、分步，主要内容包含三部分：

(1) 分层的域名空间；

(2) 分步式域名服务器系统；

(3) C/S 模式的域名解析协议。

1. 域名空间

出于对大型网络中名字易于管理、扩展和翻译的考虑，互联网定义了一种层次化的域名空间。图 5-45 描述了域名空间的结构，它是一个倒置的树形结构，最上方是域名空间树形结构中的根(Root)，用点号"."表示。在 DNS 的域名空间结构中，引入了域(Domain)的概念，一个域是域名空间树中的一个子树，域是分级的，即一个域还可以包含下级子域。图 5-45 中，根的下一级称为顶级域(TLD，Top Level Domain)，也称一级域。顶级域的下级就是二级域(SLD，Second Level Domain)，二级域的下级就是三级域，依次类推。每个域都是其上级域的子域。

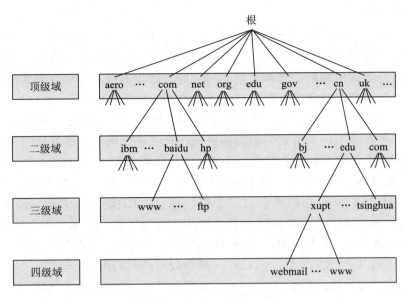

图 5-45　因特网的域名空间

顶级域分为国家地区顶级域(ccTLD，Country Code Top Level Domain)和通用类别顶级域(gTLD，Generic Top Level Domain)两种。例如："cn"为中国顶级域，"com"、"net"、"arpa"均为通用类别顶级域。

在域名空间树上，每个节点分配有一个标记，其长度最大不超过 63 个字符，根的标记为空字符串。域名定义为树中一个节点的名字，每个节点的域名表示为从该节点到根的路径上用圆点分割的所有节点标记组成的字符串。为保证域名空间中每个节点域名的唯一性，要求同一个节点下的子节点必须分配不同的标记。以图 5-46 为例，www.xupt.edu.cn 是一个 Web 服务器的域名，它由 4 个节点的标记组成，其所在的顶级域名为 cn，二级域名为 edu，权威域名为 xupt.edu.cn，完整域名为 www.xupt.edu.cn。层次化的域名空间结构，易于扩展和修改域名，也可以避免名字的冲突问题。在图 5-46 中，我们可以看到，域 cn 是棵子树，它由该子树上的所有节点组成，域的名字就是该子树根节点的域名；而域名是树上某个节点的名字。xupt.edu.cn 域则是 cn 域下的一个子域。

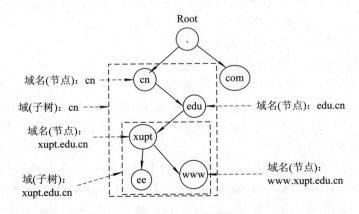

图 5-46　域与域名的概念

2. 域名服务系统

理论上讲，可以使用一台域名服务器来保存全部域名信息，并承担互联网上所有的查询请求。然而由于互联网的规模庞大，该方法既不可靠，也无法保证性能。实际中，域名服务系统采用了分布式的结构，将域名空间的信息存储和解析工作分布到多台域名服务器上，每台域名服务器承担域名空间中一部分域名的解析和管理工作。

每台域名服务器负责的域名管理范围，采用逐级授权的方式确定。授权(Delegation)是指将子域的管理授权给某一个特定的组织或机构，其域名记录信息就直接由该组织或者机构所管理的权威服务器进行存储和解析。互联网中，根域由 ICANN/IANA 共同负责维护管理，具体的根服务器运营是由 12 个机构(公司或组织)负责 13 个根。其中 A 根(A.root-servers.net)为主服务器，其余 12 个根，即 B 根(B.root-servers.net)到 M 根(M.root-servers.net)为辅服务器。ccTLD 一般由各个国家或地区的网络信息中心(NIC)负责管理和维护。ICANN/IANA 再将 TLD 的管理维护授权给专门机构，如我国顶级域 cn 由 CNNIC 负责，德国 DE 由 DENIC 负责；gTLD 一般由公司(如 Verisign 公司)、非营利性机构(EDUCAUSE、PIR)或美国政府部门(如 gov 的管理单位)负责。TLD 管理机构再对下一级域名授权，整个域名空间及相应的授权形成了一个授权体系。

对应分层的域名结构，再根据域名服务器的管理范围和作用，将域名服务器分为以下三种：

(1) 根域名服务器(root name server)。根域名服务器是最高层次的域名服务器，它管理 13 个根服务器，并知道所有的顶级域名服务器的域名和对应的 IP 地址。不管是哪一个本地域名服务器，若要对因特网上任何一个域名进行解析，只要自己无法解析，就首先求助于根域名服务器。

(2) 顶级域名服务器 TLD(top-level domain server)。顶级域名服务器负责维护顶级域名(com、net、org、gov、edu 等)和所有国家级顶级域名(cn、ft、uk、jp、us 等)，当收到 DNS 查询请求时，就给出相应的回答(可能是最后的结果，也可能是下一步应当查找的域名服务器的 IP 地址)。

(3) 权威域名服务器 AD(authoritative domain server)。每个在互联网上拥有公共可访问主机的机构(例如 Web 服务器和邮件服务器)都必须提供相应的 DNS 记录，这些记录将主机的域名映射为对应的 IP 地址。机构的权威域名服务器保存并管理该机构注册的所有域名。

在域名服务器的三层次结构中，域名信息分布的基本规则是：

(1) 每个服务器都要保存根服务器的地址；

(2) 根服务器必须保存所有顶级域名服务器的地址；

(3) 每个顶级域名服务器要保存自己管理的所有下一级权威域名服务器的地址；

(4) 每个权威域名服务器要保存自己所管理域内每个主机的域名-IP 地址映射记录。

这样的规则，实际上是要求每台域名服务器都能发现域名空间上任何一部分的域名是由哪一台服务器负责解析的！

在 DNS 服务器的层次结构中，除了根、TLD 和 AD 服务器外，还有一类重要的 DNS，称为本地域名服务器(Local Domain Server)。本地 DNS 并不属于 DNS 三层次结构，但它对改善域名解析的服务性能又非常重要。目前的 ISP 都会为自己的 AS 配置一台或多台本地 DNS(也叫默认 DNS)。当主机发出 DNS 查询时，该查询首先发给本地 DNS，本地域名服务器起着 DNS 代理的作用，它会缓存 DNS 记录，如果在本地 DNS 服务器上没有查到相应 DNS 记录，它再负责将 DNS 查询请求转发到 DNS 三层次结构中。在基于 ISP 的网络结构中，要求每个 ISP 在自己的网络中至少配置两台本地 DNS 服务器，对于小型机构而言则可以将 DNS 服务委托给自己的 ISP。

3. 资源记录 RR

DNS 消息可以使用 UDP 或 TCP 协议封装，但主要使用 UDP。在这两种情况下，服务器使用的都是端口 53。当消息的长度小于 512 字节时就使用 UDP，因为大多数 UDP 封装受 512 字节的分组长度限制。若消息的长度超过 512 字节就使用 TCP。

DNS 协议定义了查询和响应两种消息，其格式相同。根据请求消息，DNS 会在响应消息中包含条数可变的资源记录(RR，Resource Records)，RR 主要记录域名到 IP 地址的映射信息。在域名服务器上，以 zone 文件的形式保存所管理区域的 RR 信息和配置信息。当收到 DNS 查询请求时，域名服务器就查询 zone 文件，然后将与请求匹配的所有 RR 记录通过响应消息发给客户机。

RR 采用 5 元组的格式(name，ttl，class，type，rdata)，其中 name 参数指该 RR 所有者的名字；ttl 参数指以秒为单位的 RR 的有效期；class 参数指地址的类别，最常用的值是 IN，代表 Internet 地址类别；type 参数指 RR 的类别，RFC1035 中定义了 13 种 RR 类型，常用的有 6 种；rdata 参数指实际的 RR 记录值，其格式和内容依据 type 参数的不同而变化。表 5-15 是常用的 6 种 RR 记录列表。

表 5-15　常用的 6 种 RR 记录

Type	值	含　义	说　　明
A	1	a host address	指定一个主机的域名对应的 IP 地址,例如 zone 文件中一条 A 型 RR 记录如下: www.xupt.edu.cn 86400 IN A 222.24.102.16
NS	2	an authoritative name server	指定一个域对应的域名服务器, 例如: xupt.edu.cn. 86400 IN NS dns1.xupt.edu.cn.
CNAME	5	the canonical name for an alias	为一个规范域名指定别名(alias),例如: ftp.xupt.edu.cn. 86400 IN CNAME www.xupt.edu.cn 在一台主机上运行多个服务时使用该 RR
SOA	6	marks the start of a zone of authority	标识域名服务器中一个 zone 文件数据的开始, 以及 name 参数所指定的域的权威域名服务器
PTR	12	a domain name pointer	与 A 型 RR 相反,用来指定一个主机 IP 地址对应的域名,例如: 16.102.24.222. in-addr.arpa. 86400 IN PTR www.xupt.edu.cn
MX	15	mail exchange	指定一个域对应的邮件服务器名,例如: xupt.edu.cn 86400 IN MX 0 mail.xupt.edu.cn. 这样, 发往地址 admin@xupt.edu.cn 的邮件就会发给服务器 mail.xupt.edu.cn。

4. 域名解析过程

域名解析过程采用 C/S 模式，通常需要多次迭代才能完成一次域名解析过程。下面以图 5-47 为例，说明域名解析的过程。假设客户机 A 的应用程序要访问 www.xupt.edu.cn 服务器，则其会触发本地解析器(resolver)发出域名解析请求，该请求首先发给本地域名服务器，本地 DNS 服务器收到 www.xupt.edu.cn 查询后，如果本地缓存有 www.xupt.edu.cn 对应的 IP 地址的记录，则立即响应客户机 A。如果没有，则本地 DNS 服务器需要执行多次迭代查询。本地域名服务器的 IP 地址应该预先在客户机 A 上做配置，具体过程如下：

(1) 本地 DNS 服务器作为代理，先向一个根服务器发送对 www.xupt.edu.cn 的查询请求。

(2) 根服务器向本地 DNS 服务器返回下一次应该查询的顶级域"cn"域名服务器的 IP 地址。

(3) 本地 DNS 服务器继续向"cn"域名服务器发送对 www.xupt.edu.cn 的查询请求。

(4) "cn"域名服务器向本地 DNS 服务器返回下一次应该查询的"edu.cn"域名服务器的 IP 地址。

(5) 本地 DNS 服务器继续向"edu.cn"域名服务器发送对 www.xupt.edu.cn 的查询请求。

(6) "edu.cn"域名服务器向本地 DNS 服务器返回下一次应该查询的"xupt.edu.cn"权威域名服务器的 IP 地址。

(7) 本地 DNS 服务器继续向"xupt.edu.cn"域名服务器发送对 www.xupt.edu.cn 的查询请求。

(8) 权威 DNS 服务器向本地 DNS 服务器返回所查询主机 www.xupt.edu.cn 的 IP 地址。

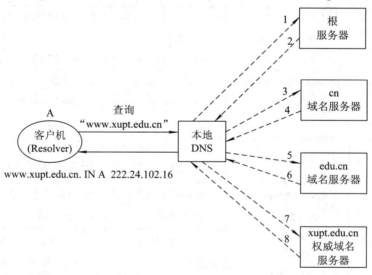

图 5-47　迭代式查询过程

本地 DNS 服务器最后把查询结果返回给客户机 A，同时在本地缓存 www.xupt.edu.cn 的 IP 地址，以备下次使用。为了提高 DNS 查询效率，减轻根 DNS 服务器的负荷，在各级 DNS 服务器中广泛使用缓存技术，存放最近查询过的域名以及从何处获得域名映射信息的记录。

为防止高速缓存中的内容过期，DNS 服务器为每项内容设置了计时器，并处理超过合理时间的项(例如，每个项目只存放两天)。当 DNS 服务器已从缓冲中删除某项信息后又被请求查询该项信息时，就必须重新到授权管理该项的域名服务器中获取绑定信息。当权威 DNS 服务器回答一个查询请求时，在响应中都指明绑定有效存在的时间值。增加此时间值可减少网络开销，而减少此时间值可提高域名转换的准确性。

5.5.3　DHCP

1．协议概述

动态主机配置协议(DHCP，Dynamic Host Configuration Protocol)是一个在服务器端实现地址集中管理，并自动为网络中的主机分配 IP 地址、网络参数的应用层协议，其标准定义在 RFC2131 中。DHCP 采用 C/S 模式，其消息通过 UDP 承载，DHCP 服务器使用 UDP 端口 67，而 DHCP 客户端使用 UDP 端口 68，这两个端口都是知名端口。DHCP 服务器会监听客户端的请求，然后响应客户端请求，自动为客户端分配 IP 地址和其他必要的网络参数。

如前所述，在互联网上，一台主机要能正常与其他主机通信，需要配置的 TCP/IP 参数至少包括：(1) 自己的 IP 地址；(2) 网络掩码；(3) 本地 DNS 的 IP 地址；(4) 缺省网关 IP 地址。

对应客户端的需求，运行 DHCP 服务前，网络管理员需要在服务器端预先配置的 TCP/IP 配置信息包括：(1) IP 地址池，对分配给主机的地址进行集中管理；(2) 网络掩码；(3) 缺省网关 IP 地址；(4) DNS 服务器的 IP 地址等。

DHCP 协议使用广播机制实现客户机与 DHCP 服务器之间的通信，实际的网络中，为提高服务性能和可靠性，通常会部署多台 DHCP 服务器同时响应客户端的请求。

2．通信过程

下面以 DHCP 服务器和客户端位于同一子网为例说明其通信过程，如图 5-48 所示。

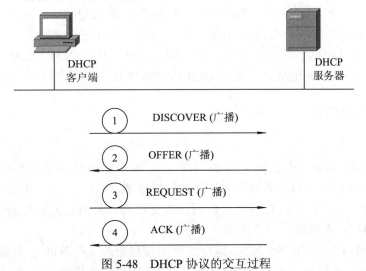

图 5-48　DHCP 协议的交互过程

1) 客户端向服务器发送 DISCOVER 消息

客户端首先发送 DISCOVER 消息，用于发现子网中的 DHCP 服务器。开始时客户端不知道服务器的 IP 地址，所以 DISCOVER 消息以广播方式发送。此时客户端还没有获得

IP 地址，因此该报文以 0.0.0.0 作为源 IP 地址，255.255.255.255 作为目的 IP 地址。该消息中包含了客户端的 MAC 地址和计算机名，以便服务器进行区分和识别。

2) 服务器向客户端发送 OFFER 消息

所有收到 DISCOVER 消息并且拥有可用 IP 地址的 DHCP 服务器会向客户端发送 OFFER 消息作为响应，因此，客户端可能收到来自不同服务器的多个 OFFER 消息。OFFER 消息中包含了预分配的 IP 地址、子网掩码、网关、地址租期等信息。由于此时客户端还没有 IP 地址，OFFER 消息也是以广播形式发送。

3) 客户端向服务器发送 REQUEST 消息

当子网内的服务器不止一台时，客户端会收到多个来自不同服务器的 OFFER 消息，它会优先选择最先到达的消息，并以广播形式发送 REQUEST 消息通告自己的选择，而其他的服务器就可及时收回预分配的 IP 地址。由于没有得到服务器的最后确认，此时客户端仍然使用 0.0.0.0 作为源 IP 地址，255.255.255.255 作为目的 IP 地址。

4) 被选择的服务器向客户端发送 ACK 消息

提供地址租约的服务器在收到客户端的 REQUEST 消息后，发送 ACK 广播消息进行最后的确认，该报文中包含了租期及其他的 TCP/IP 配置参数。客户端收到 ACK 消息后，就可以使用这个 IP 地址了，这种状态叫做已绑定状态。

我们将上述地址分配过程简称为 DORA(所使用的 4 个消息的首字母)。DHCP 使用了租约的概念，即客户端从服务器端获取的 IP 地址有一定的有效期，在租约到期时，客户端需要再次发起请求续租。这种方式被称为"软状态"，即服务器端不需要永久维持 IP 地址和主机的绑定关系。

客户端收到 ACK 消息后，要根据服务器提供的租期 T 设置两个计时器 T_1 和 T_2，T_2 指向所有服务器发请求更新租期的广播包，它们的超时时间分别是 0.5T 和 0.875T。当租用期过了一半(T_1 超时)，客户端会以单播的形式向服务器发送 REQUEST 消息，要求更新租用期。若服务器同意，则向客户端发送 ACK 报文，其中包含了新的租用期，得到新的租用期后，客户端将重置计时器。若服务器不同意，则向客户端发送 NAK 消息，这时客户端必须立即停止使用原来的 IP 地址，并发送 DISCOVER 消息，重新申请 IP 地址。

5.5.4　Web 与 HTTP

1. 概述

Web 是 World Wide Web(WWW)的简称，它是一个通过超文本传输协议(HTTP，Hypertext Transport Protocol)将全球不同位置的信息资源互联在一起，方便用户分享、访问的分布式信息系统。目前 Web 已成为互联网上最受欢迎、最流行的信息服务系统。

Web 技术的主要内容包括三个方面：

(1) 系统架构：Web 采用 B/S 架构，即可访问的信息资源放在 Web 服务器端(俗称网站)，用户通过通用 Web 浏览器来访问，B/S 结构是 C/S 架构的一种特例。

(2) 内容：包括信息资源的命名规则，目前主要采用统一资源定位器(URL，Uniform Resource Locator)；信息资源的存储格式，目前主要采用超文本标记语言(HTML，HyperText Markup Language)。

(3) 信息交互协议：目前采用超文本传输协议(HTTP)，当前的版本是 HTTP 1.1(RFC 2616)，HTTP 采用的传输层协议是 TCP，服务器端使用知名端口号 80。

Web 上的信息以资源为基本单位，资源可以是文本、图像、声音、视频，以及其他多媒体内容。资源按照 HTML 格式组成网页(Page)，每个网页以一个文件的形式存储在 Web 服务器上。每个网页使用统一资源定位器 URL 来标识自身。在一个网页中，允许嵌入其他网页的 URL，也称为超链接。在网页中点击一个超链接，就可以跳转到其他网页。通过使用超文本和超链接这样的技术，就可以根据需要方便地将分散在全球不同服务器上的各种信息通过网页组织到一起，形成一个不断线的网呈现给用户，极大地化简了用户对互联网进行信息发布、共享和搜索的过程。

图 5-49 描述了用户通过浏览器访问服务器端 Web 网页的底层过程。目前互联网上的 Web 客户端软件主要指浏览器，包括 IE、Firefox、Chrome 等。Web 网页驻留的主机则运行 Web 服务器软件，目前流行的 Web 服务器有 Apache、Microsoft IIS 等。

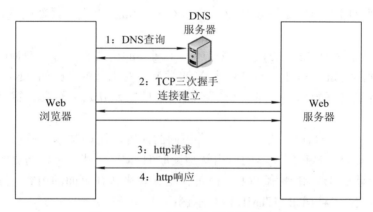

图 5-49　Web 浏览器与服务器的交互

首先，用户在客户端启动浏览器，输入要访问的 Web 资源地址，这个地址是 URL 形式的地址，例如访问新浪网站，其地址形式为 http://www.sina.com.cn/(后面进一步详细介绍)，后续的过程就由浏览器与服务器自动交互完成，如下所述：

(1) 浏览器通过本地 DNS 解析器发起对 www.sina.com.cn 的域名解析请求，获得该服务器的 IP 地址。

(2) 获得服务器 IP 地址后，浏览器发送到服务器的 TCP 连接请求，通过三次握手过程，创建到服务器的 TCP 连接。

(3) 通过 TCP 连接，发送对 http://www.sina.com.cn/的请求。

(4) 服务器在 TCP 的 80 端口收到 http 请求后，将 http://www.sina.com.cn/对应的网页内容，通过 http 响应报文发送给客户端浏览器进程。

2. 统一资源定位符 URL

URL 是一个描述 Web 上资源的位置以及访问该资源的方法的字符串。例如用户要浏览互联网上的网页，必须在浏览器中输入描述网页所在位置的 URL。URL 的一般形式如下：

　　　　<protocol>//<user>:<password>@<host>:<port>/<url-path>

上述形式中，<user>:<password>@，<port>，以及/<url-path>可以省略，让系统使用默

认参数，主要参数介绍如下：

(1) 协议(Protocol)：指明使用何种协议来访问该资源。现在最常用的是超文本传输协议 HTTP，也可以是文件传送协议 FTP 等。

(2) 主机(Host)：指明了资源存放在哪台主机上，通常是主机在因特网上的域名或 IP 地址。

(3) 路径(Url-Path)：指明了资源在主机上的存放路径。

下面是一些常见的 URL 形式的例子：

http://www.xupt.edu.cn/school/img/logo.gif

ftp://richard:helloworld@ftp.xupt.edu.cn/projects/book.doc

telnet://mail.xupt.edu.cn:120/

3. HTML

HTML 是一种用于描述网页内容和格式的标记语言，用 HTML 编写的文档就是我们常说的网页，其规范由 W3C (World Wide Web Consortium)制定，最新的规范是 2012 年的 HTML5 版本。

HTML 采用标签(HTML tag)方式来描述一个网页的格式和内容。HTML 标签是由尖括号包围的关键词，比如 <html>。HTML 标签通常是成对出现的，比如 <b> 和 </b>，标签对中的第一个标签是开始标签，第二个标签是结束标签，开始和结束标签也被称为开放标签和闭合标签。

通过不同的标签，HTML 文档可以包含不同的内容，比如文本、链接、图片、列表、表格、表单、框架等。Web 浏览器的作用就是读取 HTML 文档，并以网页的形式显示出它们。浏览器不会显示 HTML 标签本身，而是使用标签来解释页面的内容，然后按指定格式显示内容。下面是一个简单的 HTML 网页示例：

```
<html>
  <head>
    <title>我的第一个 HTML页面</title>
  </head>
  <body>
    <p>body 元素的内容会显示在浏览器中。</p>
    <p>title 元素的内容会显示在浏览器的标题栏中。</p>
    <a href="http://www.w3school.com.cn/">Visit W3School</a>
    <img src="http://www.w3school.com.cn/i/site_photoref.jpg" />
  </body>
</html>
```

上例中，<html>与</html>标签对定义了整个 HTML 文档；<body>与</body>定义了浏览器可见的页面内容；<h1>与</h1>之间的文本被显示为标题；<p>与</p>之间的文本被显示为段落；<a href="url">Link text</a>定义一个超链接，url 指明该超链接的位置，Link text 指定该链接在浏览器中的显示内容；<img src="url" />定义显示内容为图片，url 指明该图片资源的位置。图 5-50 为该 html 文件在浏览器中的显示结果。

图 5-50　HTML 文件在浏览器中的呈现

4. HTTP

HTTP 是 Web 应用的核心协议，它定义了客户端和服务器通信的报文格式以及过程。客户端上运行的是浏览器进程，负责把用户请求通过 HTTP 请求消息发送给 Web 服务器。Web 服务器上运行服务器进程，在 80 端口监听来自客户端的请求，收到请求后，把请求的内容通过 HTTP 响应消息发送给 Web 客户端进程。

HTTP 是一种无状态的协议(Stateless Protocol)，服务器把每一次客户的请求/响应都看做一次独立的事务去处理，不存储任何客户端访问的历史信息，即使某个客户在很短的时间内再次请求同一服务器上的同一对象，服务器仍然会重新发送这个对象。

访问 Web 服务器上的资源，需要先创建到服务器的 TCP 连接，方式有两种：非持久连接(Nonpersistent Connection)和持久连接(Persistent Connection)。HTTP/1.0 使用非持久连接，HTTP/1.1 则默认使用持久连接。

非持久连接是指每个 TCP 连接只用于传输一个 HTTP 请求消息和一个 HTTP 响应消息，每次服务器发送一个对象完成后，相应的 TCP 连接就关闭。假设用户点击了网页上的一个链接，其 URL 是 http://www.xupt.edu.cn/ index.html，该 Web 页面由 1 个基本 HTML 文件和 2 个 JPEG 图像共 3 个对象构成，而且所有这些对象都存放在同一服务器上。图 5-51 说明在非持久连接情况下，服务器 B 向客户端 A 传送一个 Web 页面的步骤：

(1) 客户端与服务器 B 建立 TCP 连接。

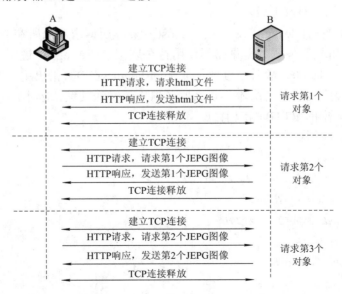

图 5-51　非持久连接工作过程

(2) 客户端通过这个 TCP 连接，向服务器发送一个 HTTP 请求消息。这个消息中包含路径名/index.html。

(3) 服务器接收到这个请求消息后，取出对象/index.html，通过该 TCP 连接发送包含该对象的 HTTP 响应消息。

(4) 客户端收到这个响应消息后，TCP 连接关闭。该消息表明所封装的对象是一个 HTML 文件。客户端从中取出这个文件，加以分析后发现其中有 2 个 JPEG 对象的引用。

(5) 对每一个引用到的 JPEG 对象重复步骤 1~4，将其由服务器传送到客户。

可以看到，当一个 Web 页面包含多个对象时，就需要依次为每个对象建立 TCP 连接，这样会使 Web 服务器的负担加重，且传输时延增大。

为克服上述问题，HTTP/1.1 使用了持久连接，允许 Web 服务器在发送响应报文后仍然在一段时间内保持这条连接，同一对客户/服务器之间的后续请求和响应可以通过这个连接发送。采用持久连接后，上例中整个 Web 页面就可以通过单个持久 TCP 连接发送，而不需要创建三次 TCP 连接。

HTTP 协议是基于文本的，消息中的各个字段都是 ASCII 码串。HTTP 请求消息和响应消息都由三个部分组成。下面是一个典型的 HTTP 请求消息的例子：

> *GET /somedir/page.html HTTP/1.1*
>
> *Host: www.someschool.edu.cn*
>
> *User-agent: Mozilla/4.0*
>
> *Connection: close*
>
> *Accept-language: cn*
>
> (blank line)

第一部分：请求行(Request line)包含方法、URL、HTTP 版本三个字段。方法字段指执行的命令，包括 GET、POST 和 HEAD 等。HTTP 请求消息绝大多数使用 GET 方法，用来请求在 URL 字段中标识的指定对象。本例表明浏览器在请求对象/somedir/ somepage.html，本例中浏览器采用 HTTP/1.1 版本。

第二部分：首部行(Header line)，其中 Host 参数是所请求对象所在的主机。Connection 参数取值 close，告知服务器本浏览器不使用持久连接。User-agent 说明产生当前请求的浏览器的类型为 Mozilla/4.0。最后，首部行 Accept-language 参数指出用户希望优先得到中文版的对象，如果没有这个语言版本，那么服务器应该发送其默认版本。

下面是一个典型的 HTTP 响应消息：

> *HTTP/1.1 200 OK*
>
> *Connection: close*
>
> *Date: Thu, 06 Aug 2015 12:00:15 GMT*
>
> *Server: Apache/1.3.0 (Unix)*
>
> *Last-Modified: Mon, 22 Jun 2015 ...*
>
> *Content-Length: 6821*
>
> *Content-Type: text/html*
>
> *(blank line)*
>
> *data data data data data ...*

第一部分：状态行(Status line)，有协议版本、状态码、原因短语等三个字段。本例的状态行表明，服务器使用 HTTP/1.1 版本，响应过程成功，意味着服务器找到了所请求的对象，并正在发送。下面列出了一些常见的状态码和相应的原因短语：

200 0K：请求成功，所请求对象在响应消息中返回。

301 Moved Permanently：所请求的对象已永久性转移。

400 Bad Request：表示服务器无法理解相应请求，一般是由于请求出现语法错误。

404 Not Found：服务器上不存在所请求的文档。

505 HTTP Version Not Support：服务器不支持所请求的 HTTP 协议版本。

第二部分：首部行(Header line)，服务器使用 Connection: close 告知客户自己将在发送完本消息后关闭 TCP 连接。Date 参数指明了服务器创建并发送本响应消息的日期和时间。Server 参数指明了本消息是由 Apache 服务器产生的，它与 HTTP 请求消息中的 User-agent 类似。Last-Modified 指明了对象本身的创建或最后的修改时间。Content-Length 指明了所发送对象的字节数。Content-Type 指明了包含在实体主体中的对象是 HTML 文本。对象的类型是由 Content-Type 而不是由文件扩展名指出的。

第三部分是数据部分。

5.5.5　P2P 与 BitTorrent

1. P2P 概述

P2P 应用是一种分布式结构的互联网应用。在 P2P 应用中，每个参与者共享他们所拥有的一部分资源，如文件、带宽、CPU、存储器等，同时分享其他参与者提供的资源。每个参与者既是资源(内容或服务)的提供者(Server)，又是资源的获取者(Client)。

P2P 应用兴起于 2000 年之后，一方面由于当时普通 PC 终端的存储、处理能力显著增强，以及宽带普及后，大多以包月方式计费，很多普通终端处于始终在线的联网模式，具备了扮演原来服务器角色的能力和条件。另一方面，随着音视频多媒体文件、大型游戏、应用软件的不断发布及用户之间的分享需求旺盛，采用传统的 C/S 结构的文件传输协议时(FTP 和 HTTP 等)，由于服务器的处理能力和带宽的限制，当文件很大，同时下载的用户很多时，会使下载速度急剧下降，用户的体验会很差。

如图 5-52 所示，P2P 应用与 C/S 应用最大的不同是，采用了一种无中心结构的模式。在 P2P 结构中，每个节点的地位是平等的，资源分布在很多节点上，资源的下载不依赖于某个中心节点。每个节点可以自由地加入和离开，不会影响其他节点的运行。由于每个节点都提供了自己的存储、带宽和 CPU 资源，使整个网络的性能得到了提高。同时网络中的流量也不再集中分布在少数的服务器上，而是分布到整个网络中的各个节点对之间，流量的分布更均匀合理，使网络的带宽得到更充分的利用。由于这些优点，P2P 技术得到了迅速的应用和发展，从最初的文件共享，很快发展到计算共享、协同工作、即时通信、流媒体应用、社交网络等多个领域。目前，P2P 流量已经发展成为互联网流量的主要贡献者，Cachelogic 在 2006 年的统计表明，P2P 应用的流量已占据互联网业务总量的 60～70%，而其中 BitTorrent 又占据了总业务量的约 1/3，这个数据今天依然是基本有效的。表 5-16 是 P2P 应用的分类。

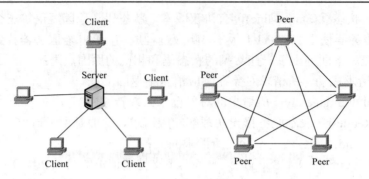

图 5-52 C/S 结构与 P2P 结构

表 5-16 P2P 应用的类型

类型	应　用	主　要　特　点
文件共享	Napster，Limewire，Gnutella，edonkey，BitTorrent，eMule，Kazaa	(1) 搜索下载共享文件 (2) 将大文件分块下载
IP 电话	Skype	(1) 在互联网的任何地方免费打电话 (2) 基于 Kazaa 的 P2P 文件共享
流媒体	Freecast，Peercast， Coolstreaming，PPLive，PPStream	(1) 基于 Kazaa 的 P2P 文件共享 (2) 按需内容传送 (3) 搜索以及基于 peer 的流中转
即时通信	MSN Messenger，Tecent QQ，ICQ，AOL Instant Messenger	消息/音频/文件交换
网格计算	SETI@HOME	(1) 科学计算 (2) 多计算机协同搜索外星智能生命
协同社区	Microsoft GROOVE	(1) 文档共享和协同 (2) 用户间共享数据的同步更新 (3) 消息与视频会议集成

通常，P2P 应用的通信过程都由三个阶段组成：加入 P2P 网络、发现资源和下载资源。过程如下：

(1) 首先，一个 peer 通过加入过程加入到 P2P 网络中，获得网络中已存在的 peers 列表。

(2) 其次，在 P2P 网络中查找一个对象。查找算法可以是基于一个集中式的目录服务器的，也可以是请求洪泛式，或分布式散列表 DHT(Distributed Hash Table)的，目前的主流 P2P 应用主要采用 DHT 算法。

(3) 最后，假如查找成功，则 peer 获取资源持有者的信息，如 IP 地址等，然后创建到资源持有者的 TCP 连接，下载资源。

2. Bittorrent 及术语

BitTorrent 简称"BT"，是 Brahm Cohen 在 2001 年开发的采用 P2P 方式的文件传输协议，虽然有诸如 eDonkey 和 eMule 等竞争者，但 BitTorrent 协议仍然是目前互联网最流行的文件共享软件，其协议可以在 www.bittorrent.org 中下载。

在描述 BitTorrent 协议原理之前，首先介绍主要的术语：

(1) 客户(client)：运行 BitTorrent 软件的计算机，执行文件的上传、下载、管理等功能。

(2) piece：BitTorrent 把要共享的文件虚拟地分成大小相等的块(由于是虚拟分块，硬盘上并不产生各个块文件)，每块称为 1 个 piece，piece 的大小与具体的文件大小相关，但必须是 2 的幂次方，典型的长度为 256 K。每个 piece 再进一步分成 chunk，peer 以 chunk 作为请求内容的基本单位。

(3) .torrent 文件：一个扩展名为 .torrent 的文本文件，描述一个通过 BitTorrent 协议下载的文件的元数据(metainfo)，.torrent 文件中包含 announce 和 info 两部分内容。announce 包含 tracker 的 URL，info 部分包含文件每个 piece 的索引信息，它是通过 SHA-1 算法计算的 Hash 值，并保存在.torrent 文件中。peers 只有在检查了 piece 的完整性之后，才会通知其他 peers 它拥有这个 piece。

(4) peer：P2P 网络中，同时上传和下载同一个文件的客户群中的一个客户。

(5) seed：一个拥有完整的文件内容，并为其他用户提供上传的 peer。

(6) leecher：又称吸血鬼，指仅下载而不给或很少为其他用户提供上传的 peer。

(7) swarm：通过相同的 torrent 文件连接起来，共享一个文件的 peer 群。

(8) tracker：每个共享的文件或文件群对应一个 tracker，负责跟踪一个 swarm 中的 peer 和 seed 信息，协调 peer 之间的内容传输。Tracker 不一定保存下载文件本身。

3. BT 工作原理

2005 年后的 BT 系统，很多采用无 tracker 的方式(每个 peer 均可担任 tracker)，但集中式的 tracker 仍然被广泛使用。为简单起见，下列以集中式 tracker 为例描述 BT 协议的工作原理，见图 5-53。

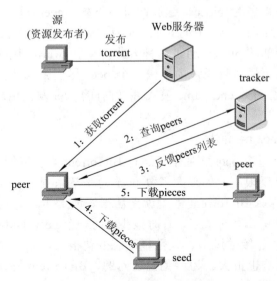

图 5-53　BitTorrent 的工作原理

1) 文件发布与下载

要通过 BT 共享一个文件，文件发布者首先需做以下工作：

(1) 生成一个扩展名为 .torrent 的文件，其中包含该共享文件的文件名、文件长度、piece

的长度、每个 piece 的 SHA-1 码、每个 piece 的状态信息，以及 tracker 的 URL。

(2) 将 .torrent 文件通过知名的 Web 服务器发布，然后假设用户可以自己发现 .torrent，并采用带外查找方式来规避版权风险。

(3) 启动一个 tracker 服务器。

(4) 启动一个 BT 客户端，它拥有完整的文件，做初始 seed(Origin)，这个 seed 到 tracker 注册后，循环等待后来的 peer 加入服务。

当一个 client 要下载该文件时，步骤如下：

(1) 用 Web 浏览器从 Web 服务器端下载 .torrent 文件。

(2) 用 BT 客户端打开 .torrent 文件，BT 客户端会自动查找 tracker，并请求当前的 peer 和 seed 列表。

(3) tracker 向 BT 客户端反馈 peer 列表。

(4) BT 客户端根据 piece 选择算法，选择 peer 和 seed，然后直接与 peer 和 seed 建立连接，同时开始下载一个文件不同的 pieces。BT 的 peer 之间采用 TCP 或 μTP 协议。

2) piece 的选择

对于一个新来的 peer，由于初始阶段没有任何 piece 可用来与其他 peer 交换，所以它先随机选择一个 piece 来下载，拥有一个完整的 piece 后，则切换到"最少优先"的策略选择 piece。

"最少优先"策略指：在选择要下载的 piece 时，peer 之间会通过 peer 协议交换它们已下载的 piece 列表，并总是选择 swarm 中副本最少的那个 piece 来下载。这样做的思想是，尽快使每个 piece 在 swarm 中形成多个可用的副本；另一方面，如果每个 peer 都按照一样的顺序下载 piece，很容易造成很多 peer 同时从 seed 下载同一个 piece 的情况，会形成新的瓶颈，这也确保了那些越多的 piece，越放在最后下载。peer 每下载完一个 piece，检查 picce 的完整性后，就会向 swarm 中的其他 peer 通告它拥有了该 piece，最终，每个 peer 总会下载完一个文件全部的 piece。通过这种方式，一个 swarm 中的每个 peer 都可以维持稳定、快速的下载速率。最后阶段，为加快一个 peer 尽快完成文件的下载，仅剩少数几个未下载 piece 的 peer 会进入 end-game 模式，向所有的 peer 发出请求，以请求缺失的 piece 下载。

3) peer 的选择与 choking 算法

在 BitTorrent 系统，每个 peer 实质上是运行 BitTorrent 客户端的一台计算机，一个 peer 加入和离开 swarm 时不受限制，如果大多数 peer 总是从系统中下载而不愿意提供上传(此类用户称为 leecher)，那么 BitTorrent 系统就无法很好地工作。另一方面，由于 swarm 中的 peer 数量是动态变化的，有时很多，有时很少，而一个 peer 的计算机 CPU 性能和带宽有限，如果保持的 TCP 连接数过多、且数量动态变化很大，则每个连接都很难获得稳定的速率，对系统性能影响也很大。为避免上述问题，BitTorrent 协议在设计时，要考虑下面的问题：

(1) 对积极为其他人提供上传的 peer 给予奖励；

(2) 为保证有稳定的连接性能，peer 应对提供的最大同时上传数进行限制；

(3) 一旦有比当前连接性能更好的 peer 出现，系统应该在一定时间内尽快发现；

(4) 应避免 peer 之间的连接状态在 choked 和 unchoked 间频繁抖动。

当前的 BitTorrent 协议引入了 choking 算法来解决上述的问题,该算法采用一个称为针锋相对的策略(tit for tat),其思想是:对积极上传的 peer 给予奖励,即一个 peer 提供的上传越多,获得的下载速率就越快。choking 算法中,一个正在与其他 peer 交换 piece 的 peer,其状态为 unchoked,反之则为 choked 状态。为保证每个 peer 都能获得一个合理的下载速度,具体做法是:在保证让新来者获得一个初始 piece,以便它可以与其他 peer 进行交换的前提下,1 个下载者仅从为它提供下载的 peer 中选择性能最好的 4 个 peer,将它们的连接状态置为 unchoked,为这些 peer 提供上传服务。假如 1 个下载者已经拥有了完整的文件,则其仅根据上传速度来选择 unchoked 哪些 peer。

为了让 peer 在下载过程中能够发现性能更好的 peer,算法规定,任何时间,下载者选取的 unchoked 状态的 4 个 peer 中,允许有一个 peer 不用考虑上传速率,只要到自己的连接状态为 interested 即可。这个特殊 peer 的选择采用周期为 30 秒的轮转法,被选中的 peer 称为 optimistic unchoke。这样做的目的是给每个新来者一个上传完整的 piece 的机会。新加入的 peer 有三次成为 optimistic unchoke 的机会。同时,为了避免抖动,将一个 peer 的连接状态进行改变,将周期设置为 10 秒。

5.6　IPv6 与 MPLS

尽管互联网以其易扩展性和简单性获得了巨大的成功,但试图扩展或修改其核心的网络层仍然是非常困难的事,本节介绍互联网发展过程中两个最重要的网络层的演进与扩展:IPv6 和 MPLS。

5.6.1　IPv6

1. 概述

IPv6 是 Internet Protocol Version 6 的简称,当前标准是在 1998 年 12 月发布的 IETF RFC 2460 中定义的。IPv6 是下一代互联网网络层的核心协议,IETF 计划用它取代当前的 IPv4,以解决互联网大规模增长所带来的扩展性问题,尤其是 IP 地址空间的扩展性问题。

如前所述,互联网上的每台设备都需要至少分配一个 IP 地址用于和其他设备之间的通信。IPv4 的地址空间有 2^{32}(4 294 967 296)个地址,理论上大约可以接入 40 亿台主机。但实际中,IPv4 采用的编址方案不可能达到 100%的地址利用率。例如,IPv4 编址方案中的 D、E 两类地址,A 类地址中的 0 和 127 两个网络,以及 RFC1918 中保留的地址,都不能分配给公网中的主机使用。如果考虑到给每个有线电视机顶盒、移动智能手机、各种家用和工业电子设备都分配地址,即使可以 100% 地使用全部的 IPv4 地址,地址空间也会很快耗尽。

与 IPv4 相比,IPv6 主要的特性有:提供比 IPv4 更大的地址空间,IPv6 采用 128 比特长的地址,拥有大约 3.4×10^{38} 个地址,相当于 2011 年 70 亿地球人口中的每一个人拥有大约 4.8×10^{28} 个地址;其他新特性还包括实时业务支持、网络层的安全性、无状态的主机地址自动配置、选路能力的增强、移动性支持等。

2. 分组格式

IPv6 采用了新的 128 比特的地址格式，并在多个方面对 IPv4 的功能进行了扩展，因此必须采用新的分组格式以反映这些变化。IPv6 的分组格式如图 5-54 所示。

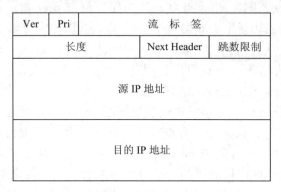

图 5-54　IPv6 的分组头部格式

IPv6 分组包含头部和净负荷两部分，其中头部包含一个 40 字节的固定头部，和 0 个或多个长度可变的扩展头部。固定头部包含版本号(Ver)、优先级(Pri)、流标签(Flow label)、净负荷长度(Payload length)、Next Header、跳数限制(Hop limit)，以及源地址和目的地址合计 8 个字段。每个字段的作用如下：

(1) 版本号：因为是 IPv6，因此设为 6。

(2) 优先级：标识一个流中分组的优先级。

(3) 流标签：标识属于同一个流的分组，它与优先级字段用于支持 QoS，但目前没有明确的定义。

(4) 跳数限制：该字段与 IPv4 中的 TTL 字段作用一样。

(5) Next Header：该字段指示接收者固定头部之后紧邻的那个字段如何解释。假如分组包含扩展头部字段，Next Header 字段指示下一个扩展头部字段的类型和在分组中的位置，最后一个 Next Header 字段指示净负荷字段承载的上层协议类型，此时该字段的作用相当于 IPv4 中的 Protocol 字段。假如分组不包含扩展头部，则 Next Header 字段直接标识净负荷字段所属的上层协议。实际上，每个扩展头部的类型都是由前一个 Next Header 字段标识的，而每个扩展头部都包含一个 Next Header 字段，这个字段则指示下一个扩展头部的类型。

(6) 净负荷长度：在没有可选扩展头部的情况下，该字段长度不超过 64 KB，如果存在 Hop-By-Hop 类型的扩展头部，则净负荷最大可达 4 GB，称为 "jumbo payload"。

与 IPv4 头部的 20 字节的定长部分相比，虽然 IPv6 分组的固定头部有 40 字节，但实际上 IPv6 的头部反而更为简单了，原来 IPv4 头部包含 12 个字段，而 IPv6 仅包含 8 个字段，40 字节的固定头部主要被 128 比特的 IPv6 地址占据了。IPv6 简化分组报头格式的主要目的是为了方便路由器高速处理和转发分组，例如在 IPv6 中，路由器不允许对分组进行分片，分片仅允许在源主机进行。表 5-17 描述了 Next Header 字段中的扩展头部类型编码。

表 5-17　Next Header 字段中的扩展头部类型编码

编码	Next Header 类型
0	Hop-by-Hop option
2	ICMP
6	TCP
17	UDP
43	Source Routing
44	Fragmentation
50	Encrypted security payload
51	Authentication
59	Null(no next header)
60	Destination option

3. 编址方案(RFC4291)

IPv6 地址的长度为 128 比特，采用 16 进制数+冒号的表示法，书写时将一个 IPv6 地址分为 8 组，每组由 4 个 16 进制数组成，组之间用冒号分开，例如 2001:0db8:85a3:0000:0000:8a2e:0070:7334。

当地址中存在大量连续的 0 时，可以采用下面的规则简化 IPv6 的地址表示：

规则 1：删除一个或多个 16 进制组中开头的零，例如可以将一组 0042 缩写成 42。

规则 2：用双冒号"::"代替地址中连续的 0，但"::"在地址中仅允许使用一次。

例如原始的 IPv6 地址是 2001:0db8:85a3:0000:0000:8a2e:0070:7334，使用规则 1 后，表示成 2001:db8:85a3:0:0:8a2e:70:7334；继续使用规则 2 后，表示成 2001:db8:85a3::8a2e:70:7334。

IPv6 地址按照使用方法分为三类：

(1) 单播地址(Unicast)：用于标识单个接口。通常发给单播地址的一个分组，会被发送给用单播地址标识的一个接口。

(2) 多播地址(Multicast)：用于标识一个接口集合。发给多播地址的一个分组，会被发送给这个集合的所有接口。IPv6 中没有广播地址，由多播地址来提供原来广播地址的功能。

(3) 任播地址(Anycast)：是 IPv6 新引入的地址类型，用于标识一个接口集合。通常一个发给任播地址的分组，会被发送给这个集合中距离源节点最近的一个接口，"最近的接口"由所使用的路由协议决定。

每个 IPv6 地址标识一个接口或一个接口集合，而不是一个节点，但单播地址仅能分配给一个接口。同时，一个接口仅属于一个节点，因此我们可以用某节点的任意一个接口的单播地址来代表该节点。在 IPv6 中，为了方便选路和管理，允许为一个接口分配多个单播地址。每个 IPv6 地址的类型仍然使用地址的高阶比特(前缀)来标识。IPv6 地址空间的分配如下表 5-18。

表 5-18　　IPv6 地址前缀和地址空间

地址类型	高阶比特(前缀)	16 进制	地址空间大小
Unspecified	00…0　(128 比特)	::/128	
Loopback	00…1　(128 比特)	::1/128	
Unassigned	0000 0000		1/256
Unassigned	0000 0001		1/256
保留用于 NSAP	0000 001		1/128
Unassigned	0000 01		1/64
Unassigned	0000 1		1/32
Unassigned	0001		1/16
Global Unicast 单播	001	2000::/3	1/8
Unassigned	010		1/8
Unassigned	011		1/8
Unassigned	100		1/8
Unassigned	101		1/8
Unassigned	110		1/8
Unassigned	1110		1/16
Unassigned	1111 0		1/32
Unassigned	1111 10		1/64
Unassigned	1111 110		1/128
Unassigned	1111 1110 0		1/512
Link-local 单播	1111 1110 10	FE80::/10	1/1024
Site-local 单播	1111 1110 11	FEC0::/10	1/1024
Multicast	1111 1111	FF00::/8	1/256

　　单播地址是 IPv6 中最重要的一种地址类型，IPv6 的单播地址主要有 global 单播、Site-Local 单播和 Link-Local 单播三类。global 单播还定义了几种特殊用途的子类型，例如 Loopback 地址、6 to 4 隧道、用于嵌入 IPv4 地址的 IPv6 地址等，下面一一做以介绍。

　　global 单播地址的通用格式见图 5-55。除了前缀为 000 的 global 单播地址外，其他所有的 global 单播地址中的 interface ID 长度都为 64 比特，且遵循改进的 EUI-64 格式。global routing prefix 是分层次的，由具体的区域互联网注册管理机构 RIR(Regional Internet registries)和 ISP 定义。subnet ID 则由子网所属的网络定义。

n 比特	m 比特	128－(n＋m) 比特
global routing prefix	subnet ID	interface ID

图 5-55　global 单播地址的通用格式

表 5-18 中，前缀为 001 的 global 单播地址为当前 IANA 可分配的单播地址。标注为 Unassigned 的 global 单播地址，目前 IANA 不能分配，而是为未来保留。前缀为 001 的 global 单播地址格式见图 5-56。

45 比特	16 比特	64 比特
001	global routing prefix	subnet ID	interface ID

图 5-56　前缀为 001 的 global 单播地址格式

下面介绍特殊用途的 global 单播地址：

(1) unspecified 单播地址 0:0:0:0:0:0:0:0，功能与 IPv4 中的全"0"地址相同，该地址出现在一个 IPv6 分组的源地址字段时，表示某节点目前没有 IP 地址，例如一个 IPv6 节点在初始化阶段还没有学到自己的地址时，就用该地址标识自身。

(2) 单播地址 0:0:0:0:0:0:0:1 称为 Loopback 地址，主机通过该地址可以将一个分组发给自己，同 IPv4 中的 127.0.0.1 作用相同。

Link-Local 地址和 Site-Local 地址是 IPv6 定义的两类本地使用的单播地址，如图 5-57 所示。

(1) Link-Local 地址：该类型地址可分配给单个链路，在执行地址的自动配置、邻居发现时使用，路由器不会转发任何带有该类地址的分组。当在一个节点启用 IPv6 时，启动时节点的每个接口会自动生成一个 Link-Local 地址。

(2) Site-Local 地址：IPv6 定义的私网地址，作用与 IPv4 中的私网保留地址相同。路由器不会把带有 Site-Local 地址的分组转发出私网范围。

10 比特	54 比特	64 比特	
1111111010	0	interface ID	Link-Local地址

10 比特	54 比特	64 比特	
1111111011	subnet ID	interface ID	Site-Local地址

图 5-57　Link-Local 地址和 Site-local 地址

IPv6 还定义了两种支持 IPv4 向 IPv6 过渡的地址类型，即 IPv4-compatible IPv6 地址和 IPv4-mapped IPv6 地址。这两种地址的低 32 位可以承载一个 32 比特的 IPv4 地址，如图 5-58 所示。

80 比特	16 比特	32 比特	
0000················0000	0000	IPv4地址	IPv4-compatible IPv6 地址

80 比特	16 比特	32 比特	
0000················0000	FFFF	IPv4地址	IPv4-mapped IPv6 地址

图 5-58　IPv4-compatible IPv6 地址和 IPv4-mapped IPv6 地址

(1) IPv4-compatible IPv6 地址，该类型的地址用于通过隧道技术在 IPv4 的基础设施上传输 IPv6 分组，此时相应的主机和路由器会分配一个特殊的 global 单播地址，其低 32 比特会嵌入一个 global IPv4 地址。由于当前的过渡技术已经不需要该类型地址的支持，实际上该类地址已经被放弃不再使用。

(2) IPv4-mapped IPv6 地址，该类型的地址用于将一个 IPv4 的地址映射成一个 IPv6 的地址，通常仅在拥有 IPv4 和 IPv6 双协议栈节点中使用。

4. 过渡技术

由于公共互联网的规模巨大，IPv6 与 IPv4 协议又不兼容，将现有的 IPv4 网络完全升级到 IPv6 将是一个缓慢的过程。成功地向 IPv6 过渡的关键技术是让新部署的 IPv6 节点能够与规模庞大的现有 IPv4 节点通信。RFC4213 定义了两种过渡技术，通过实现这两种技术，IPv6 节点可以实现与现有 IPv4 节点的互操作，可利用现有的 IPv4 基础设施传输 IPv6 分组。这两种技术是：

双栈技术(Dual IP layer)：该技术在一个 IPv6 节点中同时支持 IPv4 和 IPv6 两个版本的网络层。

隧道技术(Configured tunneling of IPv6 over IPv4)：该技术通过将 IPv6 分组封装到一个 IPv4 分组的净负荷中来创建一个点到点的隧道，这样可以通过 IPv4 的基础设施来传输 IPv6 分组。

1) 双栈工作原理

实现 IPv6 节点与 IPv4 通信的最直接方式是在 IPv6 节点中提供完整的 IPv4 协议栈。具有双协议栈的节点称作"IPv6/v4 节点"。IPv6/v4 节点既可以收发 IPv4 分组，也可以收发 IPv6 分组，它们可以使用 IPv4 分组与 IPv4 节点通信，使用 IPv6 分组与 IPv6 节点互通。

"IPv6/v4 节点"需要同时配置 IPv6 和 IPv4 地址，其中 IPv4 地址需要通过 IPv4 的地址配置方式获取，IPv6 地址需要通过 IPv6 的地址配置方式获取。实际中，一个"IPv6/v4 节点"的双栈可根据具体情况开启或关闭。双栈节点另外一个要解决的问题是确定通信的对方是 IPv6 使能的节点，还是仅支持 IPv4 的节点，该问题采用 DNS 来解决。若要解析名字的节点是 IPv6 使能的，则 DNS 会返回一个 IPv6 地址，否则返回一个 IPv4 地址。在双栈方式中，如果有一个节点是 IPv4，则必须使用 IPv4 分组通信，如果两个节点都是 IPv6 则必须使用 IPv6 分组通信。图 5-59 是双栈工作方式的路由器协议栈。

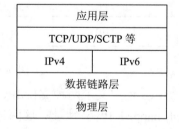

图 5-59　主机/路由器双栈协议结构

双栈结构的缺点是，将一个 IPv6 分组映射到一个 IPv4 分组时，IPv6 头部中的某些字段在 IPv4 的头部没有对应部分，这样在映射时这些字段的信息就会丢失。因此即使能把一个 IPv6 分组传输到目的地，但并不能保证目的地收到的 IPv6 分组与初始的 IPv6 分组完全一致。

2) 隧道工作原理

所谓 IP 隧道技术，是指将一个 IP 分组封装到另一个 IP 分组的净负荷字段中的技术，它可以解决双栈技术存在的问题。隧道的典型应用场合是两个"IPv6/v4 节点"之间通过一个 IPv4 的网络连接起来。其工作原理如下：

隧道入口节点：负责创建并保存每个隧道的配置信息，例如分组的 MTU、隧道的源和目的节点的 IPv4 地址等信息；将 IPv6 的数据分组封装入 IPv4 中，封装一个 IPv6 分组到 IPv4 分组中时，IPv4 分组的 protocol 字段值取 41。

隧道的出口节点：创建并保存与入口一致的隧道的配置信息；根据需要解封装 IPv4 分组，并将提取出来的 IPv6 分组继续转发。

IPv6—IPv4 分组封装和解封装的示意如图 5-60 所示。发送时，将整个 IPv6 分组完整地封装到一个 IPv4 分组的净负荷中，接收时，再去掉 IPv4 的封装，还原 IPv6 分组。

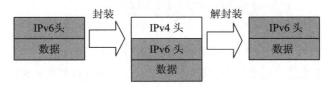

图 5-60　IPv6 隧道的工作原理

5.6.2　多协议标签交换(MPLS)

1. 概述

MPLS(Multiprotocol Label Switching)是多协议标签交换的简称，定义在 IETF 的 RFC3031 中，采用虚电路方式，主要用于运营商核心网。所谓多协议是指 MPLS 向上可以承载多种网络层协议，例如 IPv4、IPv6、IPX 等，向下可以在 ATM、FR、Ethernet、PPP 等现存的数链层上传输，如图 5-61 所示。标签交换是指分组在 MPLS 网络入口处被打上一个长度固定的标签，当分组通过 MPLS 路由器时，MPLS 路由器根据该定长标签而不是变长 IP 前缀实现快速高效的第二层交换。MPLS 是将第二层交换的高效率与第三层路由的灵活性综合在一起的多层交换技术。

IPv4	IPv6	IPX	其他	网络层
MPLS				
ATM	FR	Ethernet	PPP	其他	数链层

图 5-61　MPLS 的多协议支持特性

通过采用 MPLS 建立"虚连接"的方式，为 IP 网络引入了流量工程、服务质量、VPN 等运营管理手段，现今 MPLS 已经成为为运营商提供高质量企业互联、有效的网络流量管理、保证 QoS，以及提供各种增值新业务的重要手段，目前的 IP 核心网主要采用 IP/MPLS 技术构建。

2. MPLS 分组格式

根据数据链路层的不同，MPLS 分为帧模式和信元模式两种格式。当数据链路层是 ATM 时，MPLS 标签直接包含在 ATM 信元中。目前 IP 网络中，主流的是 Ethernet、PPP 等采用可变长帧结构的链路，其分组格式如图 5-62 所示。

帧模式的 MPLS 分组 Header 有 4 个字节，位于第二层头部和第三层头部之间，当第二层的类型字段取值为 0x8848 时，表示帧中包含 MPLS 标签。MPLS Header 包含以下字段：

(1) 标签(Lable)字段：20 比特，该字段实际承载 MPLS 的标签。

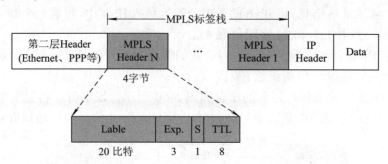

图 5-62　帧模式下的 MPLS 分组格式及标签

(2) Exp 字段：3 比特，用于实现 MPLS 的 QoS，目前可以实现 8 种优先级，支持语音、视频、数据等多种业务类型，类似 IP 中的 ToS 字段。

(3) S 标志(bottom of stack)：1 比特，该比特置 1 表示当前标签是栈中最后一个标签。理论上 MPLS 允许标签栈有无限层，实际应用中多为 2~3 层。例如在 MPLS VPN 中，外层标签标识出口路由器，内层标签标识 VPN 自身，这样当分组到达出口路由器时，出口路由器就可以立即弹出外层标签，然后根据内层标签将分组转发到正确的接口；同样的原理，在 MPLS 隧道中，外层标签标识隧道的目的端，内层标签标识最终的目的地。

(4) TTL 字段：8 比特，作用与 IP 分组中的 TTL 相同，默认情况下将 IP 的 TTL 复制到该字段。

3. 名词术语

1) FEC

FEC(Forwarding Equivalence Class)指转发等价类。MPLS 实质是一种面向连接的分类转发技术，它要求精确定义每条标签交换路径 LSP 上转发的分组集合的特征。在 MPLS 中，为每条 LSP 指定一个 FEC，一个 FEC 由多个 FEC 元素组成，每个 FEC 元素定义了需要映射到一条 LSP 上的分组的集合。MPLS 中，FEC 元素可以是网络前缀、QoS 类型、所属的多播组、VPN、MPLS TE 隧道等。

2) 标签

RFC3031 中，定义标签为"一个短的、定长的、用来标识一个 FEC、本地有效的标识符，每个分组所属的 FEC 用标签标识"。MPLS 通过标签绑定过程为 FEC 分配一个标签，起局部连接标识符的作用。标签的 0~15 保留，实际可分配标签号为 16~1 048 575($2^{20} - 1$)。

由于标签是局部有效的，仅用来标识两个相邻 LSR 之间的一跳，因此相邻 LSR 之间都要通过标签分配协议协商标签空间。一个 LSR 用于 FEC/标记绑定而使用的标签空间可分为两类：

每平台唯一：一个标记在一个 LSR 中是唯一的，不同的端口上不会出现相同值的标记，标记都从一个公共标记池中分配。

每端口唯一：该方法每一个端口都需配置一个标记池，不同端口上的标记可以有相同的值。

3) LSP

LSP 指标签交换路径(Label Switched Path)，它是 MPLS 网络传输流量的路径，功能上等效于虚电路。一个 LSP 由一个标签序列标识，它由从入口路由器到出口路由器间路径上的所有节点上的相应标签组成。一条 LSP 可以通过 LDP、RSVP-TE 或 CR-LDP 等标签分配协议来创建。来自同一个节点、携带相同标签的分组序列通常将走同一条 LSP(多路径的情况下，选择同一个路径集中的某一条 LSP 即可)。

4) LDP

LDP 指标签分配协议(Label Distribution Protocol)。MPLS 路由器使用 LDP(Label Distribution Protocol)协议交换 FEC/标签绑定信息，建立从入口路由器到出口路由器的一条 LSP。

4. 标签交换原理

与传统路由器对分组采用无连接的逐跳转发方式不同，MPLS 采用面向连接的虚电路方式转发分组，对转发平面和控制平面都进行了改进。在转发平面，用定长标签转发取代基于变长 IP 地址前缀转发，执行精确匹配查表转发。MPLS 明确区分边界网络和核心网络，位于网络边界的 MPLS 路由器称为 LER(Label Edge Router)，位于网络核心的 MPLS 路由器称为 LSR(Label Switching Router)。MPLS 仅在网络的边界 LER 执行一次对分组分类、分配标签的过程，在核心网中，LSR 则仅根据定长标签执行快速转发。在控制平面上，MPLS 路由器除了执行路由协议创建路由表外，还要通过标签分配协议交换 FEC/标签绑定信息，创建标签信息库，完成 LSP 的创建过程。

由于要处理标签交换，标签交换路由器(LSR/LER)增加了标签处理的组件，图 5-63 描述了标签交换路由器的功能结构，灰色的模块代表与传统路由器比较，在控制面和转发面增加的部分，其中两个重要的数据库分别是标签信息库(LIB，Label Information Base)和标签转发表。LIB 存储所有可用的 FEC/标签信息；标签转发表是 LIB 的子集，它仅保存实际用于转发 MPLS 分组的标签信息。LIB 中哪些标签进入标签转发表通常由路由协议提供的下一跳信息和管理层面共同决定。

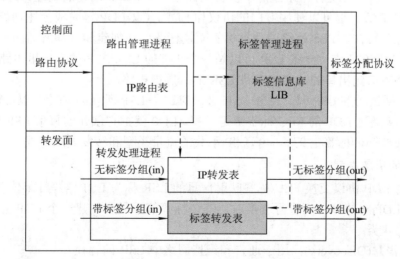

图 5-63　标签交换路由器的功能结构

图 5-64 是一个 MPLS 网络的示意图。标签交换的简单过程如下：

(1) 初始时，MPLS 网络中的路由器先通过路由协议创建路由表，并根据路由表中的地址前缀和管理面的预先配置创建 FEC，然后通过标签分配协议构建初始 LIB，建立到相关目的网络的 LSP。

(2) 在 MPLS 网入口处，入口 LER 收到 IP 分组后，为其划分 FEC，执行标签插入操作，然后执行标签交换，将其转发到对应的 LSP 上。

(3) 在 MPLS 核心网中，LSR 收到带有标签的分组，不再执行 IP 层的处理，仅执行标签交换操作，完成快速标签交换。

(4) 在 MPLS 出口，出口 LER 收到分组后，先执行标签删除操作，再根据目的 IP 地址前缀查表，将分组转发到目的网络。

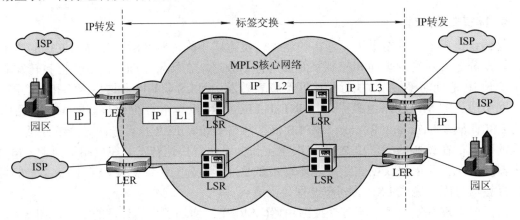

图 5-64　MPLS 网络标签交换

5. 标签分配协议

1) LDP 简介

MPLS 是一个面向连接的协议，需要通过标签的交换来创建端到端的标签交换路径。在 MPLS 中，可以扩展现有的路由协议以实现标签分配、LSP 创建的功能，例如 OSPF-TE、MP-BGP、RSVP 等，也可以使用专门的协议如 LDP、CR-LDP 等完成上述功能。本书介绍 LDP 协议，它负责在 MPLS 网络中执行标签交换任务，并创建和管理普通的 LSP，最新的版本定义在 RFC 5036 中。一条 LSP 可以是两个相邻的 LSR 之间的二层虚电路，也可以是从 MPLS 网络入口到出口的、穿越多跳 LSR 的二层虚电路。

MPLS 在创建一条 LSP 时，相邻 LSR 必须对这条 LSP 所属的 FEC，以及标识 FEC 的标签进行协商。通过 LDP 的 FEC/标签绑定过程，LDP 就把它创建的每条 LSP 与一个 FEC/标签关联起来，FEC/标签定义了一条 LSP 承载的流量类型和转发处理方式。

2) LDP 的消息类型

两台使用 LDP 协议交换 FEC/标签映射信息的 LSR 称为 LDP 对等体(不一定需要物理相邻)，两个 LDP 对等体之间进行交换时，FEC/标签信息需要创建一个 LDP 会话。LDP 使用的消息分为 4 类：

(1) 发现消息(Discovery)，用于通告和维持网络中 LSR 的存在。

(2) 会话消息(Session)，用于两个 LDP 对等体之间对话的创建、维持、终止。

(3) 通告消息(Advertisement)，用于建立、删除、改变一个标签到 FEC 的映射。

(4) 通知消息(Notification)，用于发送错误信息和提供咨询信息。

在 LDP 的发现过程中，允许 LSR 使用组播地址 224.0.0.2 在 UDP 的端口 646 上周期性地发送 Hello 消息，通告和维持自己在一个网络中的存在。当一个 LSR 选择与另一个通过 Hello 消息发现的 LSR 建立会话时，LSR 会在 TCP 端口 646 执行会话初始化过程。初始化成功后，两个 LSR 即成为 LDP 对等体。然后就可以使用通告消息交换 FEC/标签映射信息了。

3) 会话建立与保持

图 5-65 给出了邻接的两台 LSR 之间会话建立和保持的过程。假设图中 LSR2 的 IP 地址大于 LSR1，具体内容如下：

(1) 邻居发现：开始时，LSR1 和 LSR2 都使用组播地址 224.0.0.2 在 UDP 的端口 646 上周期性发送 Hello 消息，交换标签空间范围值，建立邻接关系。

(2) 建立 TCP 连接：建立邻接关系后，由地址大的 LSR2 作为主动方发起 TCP 连接建立。

(3) 会话初始化：连接建立后，主动方 LSR2 向 LSR1 发送 Init 消息，协商会话参数；LSR1 收到 Init 消息后，如果会话参数可接受，则响应一个 Init 消息，其中包含它自己希望使用的参数，并发送一个 KeepAlive 消息表明接受 LSR2 的会话参数，否则发送差错通知消息，然后关闭 TCP 连接。

(4) 会话建立完成：LSR2 收到响应 Init 消息的 KeepAlive 后，如果接受 LSR1 的参数，则会话建立完成，否则发送差错通知消息，然后关闭 TCP 连接。

(5) 维持会话：会话建立后，会启动一个 KeepAlive 定时器，无标签通告消息传送时，则周期交换 KeepAlive 消息，保持会话。

图 5-65　LDP 会话建立与保持

6. 标签分配与管理

1) 标签通告方式

LSR 的每个接口在初始化期间，可以配置成下游自主 DOU (Down-Stream Unsolicited)或下游按需通告方式 DOD(Down-Stream On Demand)之一，两者的区别是由哪个 LSR 负责发起标签映射请求，哪个负责发起标签映射通告。

　　DOU 方式中，下游 LSR 不需要上游 LSR 的标签映射请求，可以自主决定向上游 LSR 发布标签映射，上游 LSR 收到标签映射消息后，保存，并可以继续向自己的上游发布，该方式在现网中应用最多。

　　DOD 方式中，下游 LSR 必须在收到上游 LSR 的标签映射请求后，根据请求的 FEC，从本地标签库中分配标签，然后向上游 LSR 发布标签映射通告消息，同时保存分配的标签映射，该方式目前较少使用。

　　图 5-66 描述了 DOD 方式的消息过程：

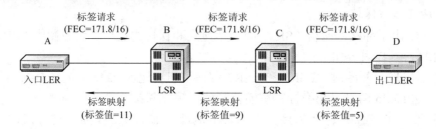

图 5-66　下游按需分配标签

　　2) 标签分配的控制方式

　　LSR 创建一条 LSP，可以采取独立和有序两种方式：

　　独立方式(Independent)：采用独立 LSP 控制方式时，每个 LSR 可根据需要，在任何时间向它的邻居发布标签映射。独立方式的优点是，LSR 无需等待收到下一跳的标签映射，就可以向邻居发布标签映射，使创建 LSP 速度加快；缺点是有可能上游的标签都已经发布了，而下游的标签还没收到，存在隐患。

　　有序方式(Ordered)：采用有序 LSP 控制方式时，每个 LSR 仅当它是出口 LER，或者是收到了一个 FEC 对应下一跳发来的标签映射后，才能向上游 LSR 发布相应 FEC 的标签映射。这样可以保证标签分配必须从 LSP 的一端向另一端顺序进行，因而 LSP 的建立是从出口到入口逆向完成的。

　　上述两种方式各有优缺点，独立方式的优点是可以提供快速的网络收敛，因为每个 LSR 帧听到路由改变时都可以向其他 LSR 发送此信息，并迅速地调整 LSP 以适应网络变化，其缺点是没有一个业务控制节点，难以实施流量工程。

　　有序方式的优点是易于实施流量工程，并能提供更严格的网络控制，但缺点是网络变化时收敛速度慢，出口 LER 的可靠性会影响整个网络，并且 LSP 的建立时延大于独立方式。

　　3) 标签保持方式(Label Retention)

　　在 MPLS 中，标签的保持方式是指，当一个邻居不再是一个 FEC 的下一跳时，LSR 是否还维持从该邻居处学来的相应 FEC/标签绑定。MPLS 定义了两种标签保持方式：

　　保守方法(Conservative)：如果 LSR 接收到一个 FEC/标记绑定信息，但发送者不是指定 FEC 的下一跳，则丢弃该绑定。该方法中，LSR 只需要维持很少的标记，适用于 ATM-LSRs。

　　自由方法(Liberal)：在该方法中，如果 LSR 接收到一个 FEC/标记绑定信息，但发送者不是指定 FEC 的下一跳，则绑定将被保持。它的优点是允许快速的适配网络拓扑的改变，当发生改变时，可以让业务流再切换到另一条 LSP 进行交换，缺点是需要较多的标记开销。

7. LSP 的建立

1) 创建 LSP

在一个 MPLS 域内，一个 LSP 总是对应一个 FEC，并由标签路径上 LSR 中维持的相关联的一组标签来标识。另外，LSP 是单向的，反向必须建立另一条 LSP。图 5-67 描述了采用 DOU 方式创建一条 LSP 的过程。

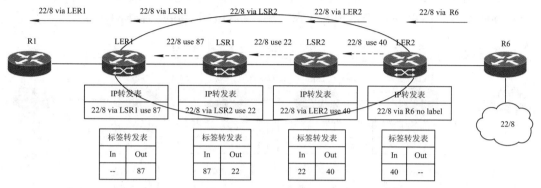

图 5-67　下游自主标签分配的 LSP 创建过程

(1) R6 发现新的网络前缀 22.0.0.0/8，该前缀相当于一个 FEC，然后 R6 通过路由协议向 LER2 发送路由更新消息。

(2) LER2 收到关于 22.0.0.0/8 的路由更新消息后，顺次向上游的 LSR2 发送路由更新，为 22.0.0.0/8 分配标签 40，然后通过 LDP 协议向 LSR2 发送标签映射通告消息，更新自己的 IP 转发表和标签转发表。

(3) 步骤 2 会在沿途的 LSR2、LSR1 以及 LER1 上重复执行，直到整个 LSP 建立。

图 5-68 描述了 LSP 建立后，路由器对一个分组执行标签交换的过程。

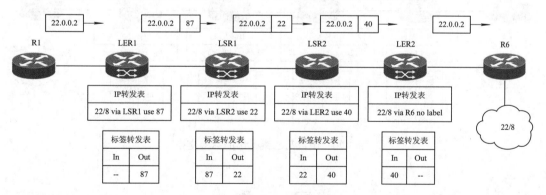

图 5-68　在 LSR 上的标签交换

(1) 在入口 LER1，收到一个无标签的分组，根据目的 IP 地址 22.0.0.2 查 IP 转发表后为其打上标签 87，然后转发。

(2) 在 MPLS 核心网内，LSR1 和 LSR2 则执行二层标签转发。

(3) 在出口 LER2，收到带标签 40 的分组后，先查标签转发表，发现没有对应的输出标签，然后查三层的 IP 转发表，确定到 22.0.0.0/8 的下一跳为 R6，执行删除标签转发。

2) 倒数第二跳弹出 PHP(Penultimate Hop Popping)

上述常规标签交换过程中，在出口 LER2 上对每个分组的转发要执行两次查表，转发效率很低。目前常用的一个改进方案是执行倒数第二跳弹出 PHP，即不在 LER2 上执行删除标签的操作，而是在 LSP 出口的倒数第二跳 LSR2 上执行。图 5-69 描述了执行 PHP 的 LSP 建立过程。

图 5-69 中，LER2 不再为 22.0.0.0/8 分配入口标签，而是通告 LSR2 一个空标签，要求其执行 pop 操作。LDP 协议中，标签 3 保留用作执行 "do pop" 操作的命令。

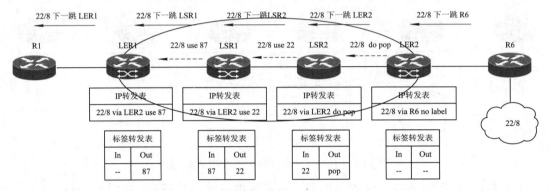

图 5-69　倒数第二跳弹出的 LSP 建立

图 5-70 描述了在 PHP 下的标签交换，倒数第二跳 LSR2 收到带标签的分组后，查标签转发表发现对入标签 22 要执行 pop 操作，就删除标签，然后转发到 LER2。出口 LER2 收到无标签分组后，则查找 IP 转发表，确定下一跳为 R6 后转发。

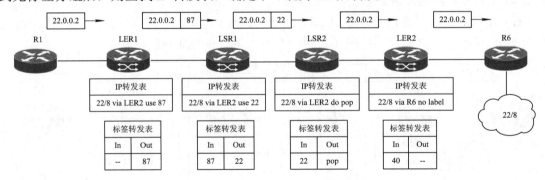

图 5-70　倒数第二跳弹出的标签交换

习　　题

1. 比较互联网体系中，基于网络层交付分组和传输层交付分组的区别？"逐跳"的协议和端到端的协议有什么区别？传输层实现的功能从网络层分离出来有什么优点？网络层仅实现"尽力而为"的不可靠服务的优缺点是什么？

2. 一个主机的 IP 地址是 204.110.10.156，掩码是 255.255.255.240，这个主机所在网络的网络地址和广播地址是什么？该子网可用的主机地址是多少？

3. 对于 IP 地址 222.100.168.0、222.100.169.0、222.100.170.0、222.100.171.0，将这四个 C 类地址聚集成一个超网(CIDR 型地址)后，该超网的网络前缀是什么？掩码是什么？

4. 给定网络 50.0.0.0，已知子网掩码为 255.255.192.0，请问该网络划分了多少个子网？每个子网的地址范围和主机数是什么？

5. 设主机 A 的 IP 地址为 163.168.2.81，子网掩码为 255.255.255.248。假如主机 A 向如下 IP 地址的主机

163.168.2.76，163.168.2.86，163.168.168.168，140.123.101.1

分别发送了 1 个分组。请针对每个地址，说明 A 如何选路，如何发送 ARP 消息发现 MAC 地址的？

6. 如图 5-71 所示网络拓扑结构，从主机 A 到主机 B "逐跳"转发分组过程中，每一跳 IP 分组头部携带的 IP 地址和 Mac 地址是什么？请填写到表 5-19 中。(注：设备接口的数据链路层地址形式为：Mac-设备名，例如 Mac-R1，Mac-A 等)。

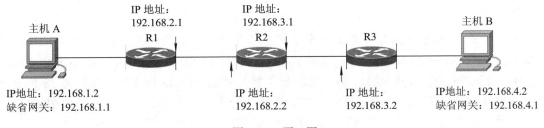

图 5-71　题 6 图

表 5-19　题 6 表

地址类型	主机 A 到 R1	R1 到 R2	R2 到 R3	R3 到主机 B
源 IP 地址				
目的 IP 地址				
源 MAC 地址				
目的 MAC 地址				

7. 描述路由器接收到一个分组后的转发处理过程。

8. 当两台客户机通过 TCP 连接同时访问一台 Web 服务器时，服务器端是如何区分不同客户机的连接的？相同的端口号同时用于 TCP 和 UDP 时，又如何区分不同的进程？

9. 请比较数据链路层的 MAC 地址、网络层的 IP 地址，以及传输层的端口号在通信过程中所承担的作用。

10. 如图 5-72 所示是某企业的网络结构，其中 R 代表路由器，S 代表三层交换机，通过边界路由器 R1 接入电信运营商网络。该企业拥有 IP 地址段 202.10.10.0/24，企业内部有 5 个部门，其中开发部、市场部各有主机 50 台；财务部、人事部各有主机 10 台；数据中心有主机 30 台。要求如下：

(1) 每个部门划分为一个 VLAN(独立子网)，采用变长子网划分分配 IP 地址；

(2) 企业内部采用域内路由协议(如 OSPF)；

(3) R1 和 R3 之间可采用静态或动态方式交换路由信息，但要求 R3 上仅出现一条关于该企业网的路由信息。

根据以上要求，请回答如下问题：根据网络结构，该企业网至少有几个 IP 子网(含互联网段)？每个子网的网络 ID 和子网掩码是什么？为实现企业网内部各部门间的通信，以及企业网与外部互联网的正常通信，R1、R2、R3、S1、S2、S3 需要进行哪些配置？(无需写出具体配置指令，用自然语言分项描述要做的工作即可)。

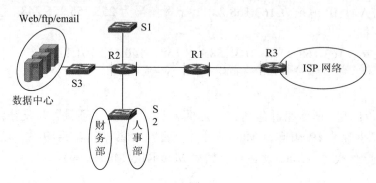

图 5-72　题 10 图

11. 假设 192.168.10.0/24 在某个企业网中已使用以下的/28 子网：192.168.10.0/28、192.168.10.16/28、192.168.10.32/28、192.168.10.48/28、192.168.10.64/28、192.168.10.80/28、192.168.10.96/28、192.168.10.112/28，管理员希望再分配一个/28 的子网，并使用/30 的掩码进一步对其进行子网划分，用于网络中路由器之间的点对点直连，请问还有哪些/28 的子网可用，并写出划分后/30 的子网的网络 ID，子网掩码。

12. 在 TCP/IP 中，比较物理地址、逻辑地址、端口地址的层次、作用的差别。

13. 查找资料，以 OSPF 和 BGP 协议为例，对比域内路由协议和域间路由协议的不同点(最优路径的计算方法、路由更新方式、环路避免方法等方面)。

14. 简述子网、超网、自治系统、ISP 网络概念的含义及相互关系。

15. 某路由器有如下路由表，表中前缀为分类地址前缀，接口为本地输出接口。现在该路由器经过升级后支持 CIDR(最长匹配转发)。请完成下述要求。

表 5-20　升级前的路由表

前缀	接口
222.10.192.0/24	3
222.10.128.0/24	1
222.10.160.0/24	2
222.10.224.0/24	3

表 5-21　升级后的路由表

前缀	接口

要求尽可能请将表 5-20 中的多个前缀合并，缩短前缀的长度，减少项数，并将合并的结果填写到表 5-21。同时要求合并前缀后，表 5-21 对分组的转发等价于表 5-20(对同一个分组，通过相同的接口转发)。当一个分组到达路由器时，其携带的目的地址为 200.10.187.11，请问路由器会通过哪个接口转发该分组？

16. 图 5-73 中，A、B、C 是三个 ISP 的 AS 网络，它们之间互为对等方。X、Y、Z 分别为 A、B、C 的客户 AS。

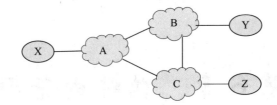

图 5-73　题 16 图

按照"Gao-Rexford"规则，回答以下问题：

(1) 请描述 A、B、C 各自的路由通告策略；

(2) 画出 X、Y、Z 三个 AS 各自看到的网络拓扑结构。

17．MPLS 中 FEC 的含义是什么？FEC 的引入为 MPLS 带来了哪些好处？

18．画图说明 MPLS 的连接建立和分组转发的过程。

19．试画图比较传统路由器与 MPLS 中的 LSR 在 IP 分组转发时处理方式的不同之处，并分析两者转发效率不同的主要原因。

第 6 章　传统电话网

话音业务是发展最早，也是目前应用最为普遍、用户数量最多的通信业务之一。本章介绍的传统电话通信网主要是指以电路交换(CS，Circuit Switching)为核心交换技术的电话网，其典型代表是我国的公共交换电话网络(PSTN，Public Switched Telephone Network)。作为目前普及率最高、覆盖范围最广的一种通信网络，PSTN 能为用户提供高质量、有保障的话音通信业务，并提供数十种附加业务功能。

本章介绍传统电话网及其相关技术，主要内容有传统电话网的特点与体系架构、数字程控交换机、传统电话网的网络结构、路由选择、编号计划、NO.7 信令系统，最后介绍智能网的概念、结构及业务实现方式。

6.1　概　　述

6.1.1　传统电话网的特点

1. 话音通信的特点

自 1876 年全球第一部电话问世，电话通信网随之产生，逐步经历了从人工到自动、从模拟到模数混合再到全数字网的发展过程。传统电话通信网的设计目标主要是为了支持话音通信。话音通信的特点主要体现在以下方面：

(1) 话音业务速率恒定且单一。用户的话音经过抽样、量化、编码后，形成固定速率的数字话音。如 PSTN 中，一般采用 A 律 13 折线 PCM 编码技术，一路话音编码的速率为 64 kb/s。

(2) 话音对实时性要求较高。如果网络存在过大的时延或时延抖动，通话双方将无法正常交流。

(3) 话音通信具有连续性。双方的通话过程一旦开始，通常会持续一段时间。

(4) 话音对差错不敏感。当话音通信的误码率低于 10^{-6} 时，受话者将感觉不到干扰；当误码率为 10^{-4} 时，受话者仅会感到个别轻微的"咔嗒"声。

2. 电话网的技术特征

为适应话音通信实时性要求高、差错不敏感的特点和需求，传统电话网在技术上具备以下特征：

(1) 采用同步时分复用方式。在电话网中，为提高线路利用率，多路用户的话音信息以时分复用的方式共享一条物理传输媒介。线路上的传输帧被划分为若干个等长的时隙，一个用户在传输帧中只占用一个固定的时隙，因而每个用户占用的带宽是恒定的。这一点与话音通信的恒定速率是相适应的。

(2) 采用同步时分交换方式。在交换节点上进行话音交换时，该方式可为通话双方分配固定的内部线路和时隙，使话音信息固定地从一个用户所在时隙交换到对端用户所在时隙中；在通话持续过程中，经历的内部交换通道是不变的。

(3) 面向连接。由于话音通信具有持续性，因此在用户开始呼叫时，电话网为通信双方建立起一条端到端的连接。由于采用同步时分复用与交换方式，连接建立的同时已为话音通路预留了沿途交换节点内部及复用线上的资源(时隙)。当话音信息到来时，沿着事先建立好的通路进行传输，且不需经历排队过程，因而时延非常小。

(4) 对用户信息透明传输。透明是指对用户信息不做任何处理，因为话音数据对差错不敏感，且话音通路的资源是事先预留的，因此电话网络中不必对用户数据进行复杂的控制(如差错控制、流量控制等)，可以进行透明传输。这一特性降低了交换节点对话音信息处理的复杂性，进一步提高了网络的实时性。

从以上几点可以看出，电话网所采用的技术是十分适合于话音通信的。为实现这些技术，在传统电话网上采用了话音信息交换方式，即电路交换。因此，传统电话网又叫做电路交换网，它是电路交换网的典型实例。电路交换的基本工作过程如图 6-1 所示。

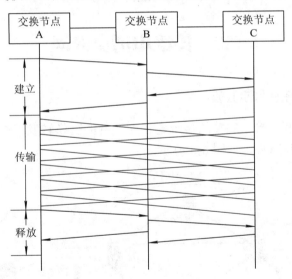

图 6-1　电路交换的基本工作过程

6.1.2　传统电话网的体系架构

传统电话通信网的体系架构由三个部分构成：交换转发、呼叫控制、业务控制，如图 6-2 所示。

在传统电话网中，话音信息的交换转发采用同步时分方式，并由各级程控交换机完成；控制面负责完成话路的建立与释放，局间信令主要采用 No.7 信令系统，信令消息通过 No.7 信令网来传递。当仅提供基本话音业务时，各级程控交换机完成业务控制功能；当需要提供智能业务时，程控交换机仅完成交换转发功能，而由智能网完成业务控制功能。

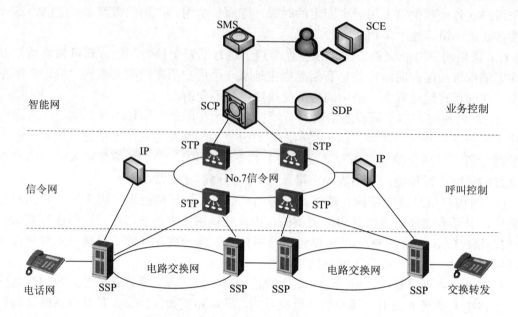

图 6-2　传统电话网的体系架构

6.2　传统电话交换网

6.2.1　传统电话交换网的组成

从组成设备的角度来看，完整的传统电话交换网的交换转发层面主要包括终端设备、交换设备、传输系统和网关，如图 6-3 所示。

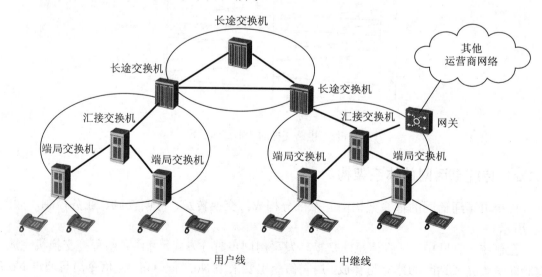

图 6-3　传统电话交换网的构成

（1）用户终端设备。传统电话网中最主要的用户终端设备是电话机，用户通过它发送和接收电话呼叫并实现声音信号与电信号的相互转换。电话机可以是模拟的脉冲式或双音频电话机，也可以是数字电话机。除话机外，用户终端设备还包括传真机等。

(2) 交换设备。传统电话网中的交换设备称为电话交换机，是网络中的核心设备，目前主要采用数字程控交换机。它采用电路交换技术，负责在通话用户之间建立话音通道，并完成用户信息的交换。此外，交换机还可提供多种附加业务功能，如实现计费等功能。交换机具有不同的级别，包括端局交换机、汇接交换机、长途交换机等。

(3) 传输系统。传输系统负责在用户终端、交换机之间传递信息。该系统包括用户线和中继线。用户线负责在用户终端和交换机之间传递信息，而中继线则负责在交换机之间进行信息的传递。传输介质可以是有线的也可以是无线的，传送的信息可以是模拟的也可以是数字的，传送的形式可以是电信号也可以是光信号。

(4) 网关。图 6-3 中的网关设备负责完成不同类型或不同运营商网络之间的互通。电话网中的网关通常称为关口局。

6.2.2　数字程控交换机简介

交换机是传统电话交换网中的核心设备，它负责为用户的电话呼叫进行接续，建立端到端的话音通路，并完成话音信息的交换。交换机的发展经历了从人工到自动、从模拟到数字的多个阶段。在目前的电话网中，主要使用数字程控交换机，其主要特点是通过存储程序控制业务逻辑、基于电路交换方式进行数字话音的交换。

1. 数字程控交换机的硬件功能结构

从硬件构成上看，虽然各个通信设备厂商开发的数字程控交换机相互间有所差异，但在大的功能结构上都是基于公共控制的方式来设计的，即硬件结构划分为话路子系统和控制子系统两部分，如图 6-4 所示。

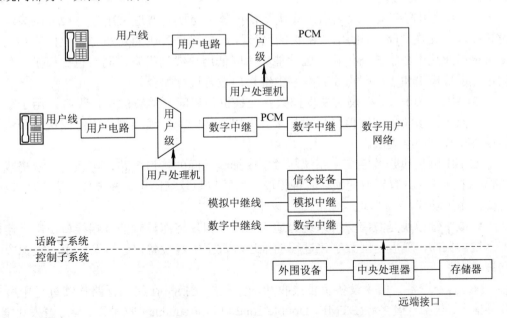

图 6-4　数字程控交换机硬件功能结构

1) 话路子系统

话路子系统包括用户模块、远端用户模块、数字中继、模拟中继、信令设备、交换网络等部件。

(1) 用户模块。用户模块通过用户线直接连接用户的终端设备，该模块包括两部分：用户电路和用户级。

用户电路(LC, Line Circuit)是数字程控交换机连接用户线的接口电路，可分为数字用户电路和模拟用户电路两种类型。目前在电话网中，程控交换机普遍采用数字交换方式，但用户设备大多数是模拟话机，故模拟用户电路使用更为广泛。

数字交换系统的模拟用户电路的功能可归纳为 BORSCHT，如图 6-5 所示。BORSCHT 的含义为：B——馈电；O——过压保护；R——振铃；S——监视；C——编译码；H——混合电路(2/4 线转换)；T：测试。

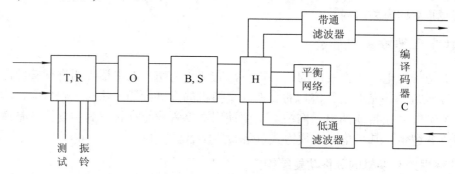

图 6-5　模拟用户电路功能结构

用户级完成话务集中的功能，一群用户经用户级后以较少的链路接至交换网络，来提高链路的利用率。集中比通常为 2：1～8：1。

(2) 远端用户模块。远端用户模块是程控数字交换机普遍采用的一种外围模块，通常设置在远离交换局(母局)的用户密集的区域。远端用户模块的功能与用户模块相同，但通常与母局间采用数字链路传输，因此能大大降低用户线的投资，同时也提高了信号的传输质量。远端模块和母局间需要有数字中继接口设备进行配合。

(3) 中继模块。中继模块是程控数字交换机与局间中继线的接口设备，用于交换机之间及其他传输系统之间的信号传输连接。按照连接的中继线类型，中继模块可分成模拟中继模块和数字中继模块。

数字中继模块是数字交换系统与数字中继线之间的接口电路，可适配一次群或高次群的数字中继线，具有码型变换、时钟提取、帧同步与复帧同步、帧定位、信令插入和提取、告警检测等功能。

模拟中继模块是数字交换系统为适应局间模拟环境而设置的终端接口，用来连接模拟中继线。目前，随着全网数字化进程的推进，数字中继设备已经普及应用，模拟中继设备已被淘汰。

(4) 信令设备。信令设备负责接收和产生程控交换机在完成话路接续过程中所必需的各种信令，包括双音多频(DTMF, Double Tone MultiFrequency)收号器、信号音发生器、No.7 信令终端等设备。

　　(5) 交换网络。交换网络是话路系统的核心，各种模块均连接在交换网络上。交换网络可在处理机控制下，在任意两个需要通话的终端之间建立一条内部通路，即完成连接功能。

　　交换功能是由交换网络在控制系统的控制下完成的。在数字交换机中，每个用户都占用 PCM 系统的一对固定的时隙，分别用于装载该用户发送及接收的话音。如图 6-6 中的甲、乙两个用户，甲用户的发话信息或受话信息都是固定使用 PCM1 的时隙 10(TS10)，而乙用户的发话信息或受话信息都是固定使用 PCM2 的时隙 20(TS20)。

　　当两用户要建立呼叫时，在控制系统指挥下，在交换网络的内部建立双向话音通路，并将交换通路信息记录在"转发表"中。当用户话音信息到来时，直接依据转发表在交换网络中进行交换。

　　在图 6-6 中，当两个用户互相通话时，甲用户的话音信息 a 在 TS10 时隙的时候由 PCM1 送至数字交换网络，数字交换网要按照输入的 PCM 线号和时隙号查转发表，得到输出端的 PCM 线号和时隙号：PCM2 的 TS20，然后数字交换网络就将信息 a 交换到 PCM2 的 TS20 时隙上，这样在 TS20 时隙到来时，就可以将 a 取出送至乙用户。同样地，乙用户的话音信息被送至甲用户，这样就完成了两用户之间的信息交换。

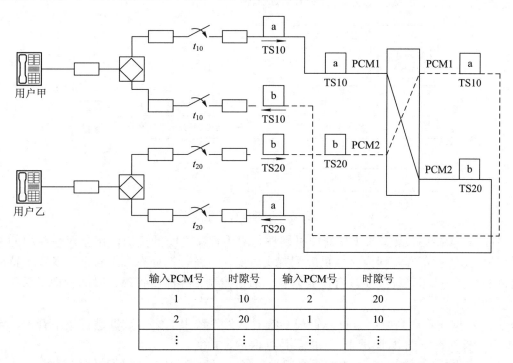

输入PCM号	时隙号	输入PCM号	时隙号
1	10	2	20
2	20	1	10
⋮	⋮	⋮	⋮

图 6-6　交换网络工作原理

2) 控制子系统

　　控制子系统包括处理机系统、存储器、外围设备和远端接口等部件。该系统与软件系统配合，来完成规定的呼叫处理、维护和管理等功能。其各部件功能如下。

　　(1) 处理机是控制子系统的核心，它负责执行程序，完成对交换机中各种信息的处理，并对数字交换网络、用户电路、中继模块、信令设备等进行控制，完成呼叫处理；同时还负责完成对系统的管理及维护。由于程控交换机系统庞大、功能复杂，处理机一般采用多机方式配置。

(2) 存储器一般指的是内部存储器，可细分为程序存储器、数据存储器等区域，根据访问方式又可以分成只读存储器(ROM)和随机访问存储器(RAM)等。存储器容量的大小也会对系统的处理能力产生影响。

(3) 外围设备包括计算机系统中所有的外围部件：输入设备，包括键盘、鼠标等；输出设备，包括显示设备、打印机等；此外也包括各种外围存储设备，如磁盘、磁带和光盘等。

(4) 远端接口包括到集中维护操作中心(CMOC，Centralized Maintenance & Operation Center)、网管中心、计费中心等的数据传送接口。

2. 程控交换机的运行软件

1) 运行软件的组成

运行软件又称联机软件，是指存放在交换机处理机系统中，对交换机的各种业务进行处理的程序和数据的集合。根据功能的不同，运行软件系统又可分为操作系统、数据库管理系统和应用软件系统三部分，如图 6-7 所示。

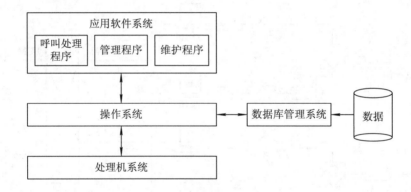

图 6-7　运行软件的组成

(1) 操作系统。操作系统是处理机硬件与应用程序之间的接口，用来对系统中的所有软硬件资源进行管理。程控交换机应配置实时操作系统，以便有效地管理资源和支持应用软件的执行。操作系统主要具有任务调度、通信控制、存储器管理、时间管理、系统安全和恢复等功能。

(2) 数据库管理系统。数据库管理系统对软件系统中的大量数据进行集中管理，实现各部分软件对数据的共享访问，并提供数据保护等功能。

(3) 应用软件系统。应用软件系统通常包括呼叫处理程序、维护和管理程序。

呼叫处理程序主要用来完成呼叫处理功能，包括呼叫的建立、监视、释放和各种新业务的处理。维护和管理程序的主要作用是对交换机的运行状况进行维护和管理，包括及时发现和排除交换机软硬件系统的故障，完成计费管理、交换机运行数据管理、话务数据统计等功能。

(4) 数据。在程控交换机中，所有有关交换机的信息都是通过数据来描述的，如交换机的硬件配置、使用环境、编号方案、用户当前状态、资源(如中继、路由等)的当前状态、接续路由地址等。根据信息存在的时间特性，数据可分为半固定数据和暂时性数据两类。

半固定数据用来描述静态信息，它有两种类型：一种是与每个用户有关的数据，称为用户数据；另一种是与整个交换局有关的数据，称为局数据。这些数据在安装时由操作人员输入一定格式的指令进行配置，一经确定，一般较少变动，因此也叫半固定数据。

暂时性数据用来描述交换机的动态信息，这类数据随着每次呼叫的建立过程不断产生变化，呼叫接续完成后也就没有保存的必要了，如忙闲信息表、事件登记表等。

2) 呼叫处理程序

呼叫处理程序用于控制呼叫的建立和释放。呼叫处理程序包括用户扫描、信令扫描、数字分析、路由选择、通路选择、输出驱动等功能块。

(1) 用户扫描。用户扫描用来检测用户回路的状态变化：从断开到闭合或从闭合到断开。从状态的变化和用户原有的呼叫状态可判断事件的性质。例如，回路接通可能是主叫呼出，也可能是被叫应答。用户扫描程序应按一定的扫描周期执行。

(2) 信令扫描。信令扫描泛指对用户线进行的收号扫描和对中继线或信令设备进行的扫描。前者包括脉冲收号或 DTMF 收号的扫描；后者主要是指在随路信令方式时，对各种类型的中继线和多频接收器所做的线路信令和记发器信令的扫描。

(3) 数字分析。数字分析的主要任务是根据所收到的地址信令或其前几位判定接续的性质，例如判别本局呼叫、出局呼叫、汇接呼叫、长途呼叫、特种业务呼叫等。对于非本局呼叫，从数字分析和翻译功能上通常可以获得用于选路的有关数据。

(4) 路由选择。路由选择的任务是确定对应于呼叫去向的中继线群，从中选择一条空闲的出中继线。如果线群全忙，还可以依次确定各个迂回路由并选择空闲中继线。

(5) 通路选择。通路选择在数字分析和路由选择后执行，其任务是在交换网络指定的入端与出端之间选择一条空闲的通路。软件进行通路选择的依据是存储器中链路忙闲状态的映像表。

(6) 输出驱动。输出驱动程序是软件与话路子系统中各种硬件的接口，用来驱动硬件电路的动作，例如驱动数字交换网络的通路连接或释放，驱动用户电路中振铃继电器的动作等。

6.2.3 传统电话网的网络结构

如 1.1.2 节所介绍的，从水平位置划分来看，传统电话网包括用户驻地网、接入网及核心网三大部分。其中核心网的结构最为复杂，它涉及各个交换中心之间的拓扑连接、级别设置、位置部署、选路规则等。网络结构的选择，将关系到电话网所提供的业务质量、投资成本、运营维护费用等。传统电话网的接入部分称为用户环路，实际上只有用户线而无接入网的概念(接入网的概念是由用户线发展而来的，具体内容见后续章节)，因此不再详细介绍。本节探讨的重点，主要围绕传统电话核心网的网络结构。

1. 电话网的等级结构

网络等级结构是指对网中各交换中心的一种安排，分为等级网和无级网两种。

等级网中，为每个交换中心分配一个等级；除最高等级的交换中心以外，每个交换中心必须接到等级比它高的交换中心，形成多级汇接辐射网；最高等级的交换中心间直接相连，形成网状网。所以等级结构的电话网一般是复合型网。

在无级网中，每个交换中心都处于相同的等级，完全平等，各交换中心采用网状网或不完全网状网相连。

根据我国地理条件、行政区划、经济情况、电话业务流量的分布及服务质量需求等因素，我国传统电话的核心网一直采用等级网结构。

2. 三级电话网结构

目前我国各运营商的电话网一般采用三级结构，如图 6-8 所示为某运营商的电话网结构。三级网包括长途网和本地网两部分，其中长途网由一级长途交换中心 DC1、二级长途交换中心 DC2 组成，本地网由端局(DL)和汇接局(Tm)组成。

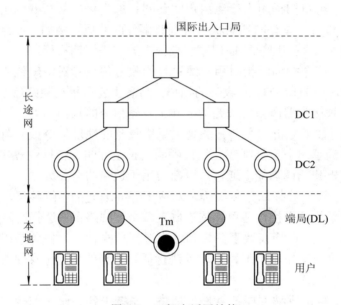

图 6-8　三级电话网结构

1) 长途电话网

长途电话网(简称长途网)由各城市的长途交换中心、长市中继线和局间长途电路组成，用来疏通不同本地网之间的长途话务。长途电话网中的节点是各长途交换局，各长途交换局之间的电路即为长途电路。

长途网由 DC1、DC2 两级长途交换中心组成，为复合型网络，如图 6-9 所示。

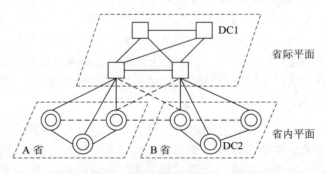

图 6-9　二级长途电话网网络结构

DC1 为省级交换中心，设置在各省(自治区、直辖市)省会，主要职能是疏通所在省的省际长途来话、去话业务，以及所在本地网的长途终端业务。

DC2 为地区中心，设在各地区城市，主要职能是汇接所在本地网的长途终端业务。

较高等级交换中心可具有较低等级交换中心的功能，即 DC1 可同时具有 DC1、DC2 的交换功能。

从连接方式来看，二级长途网形成了两个平面。DC1 之间以网状网相互连接，形成高平面，或叫做省际平面。DC1 与本省内各地市的 DC2 局以星型相连，本省内各地市的 DC2 局之间以网状或不完全网状相连，形成低平面，又叫做省内平面。同时，根据话务流量流向，二级交换中心 DC2 也可与非从属的一级交换中心 DC1 之间建立直达电路群。

2) 本地电话网

本地电话网简称本地网，是指在同一长途区号范围内的所有终端、传输、交换设备的集合，用来疏通本长途区号范围内任何两个用户间的电话呼叫。随着电话用户数的迅速增长，本地网的规模不断扩大，网络结构也更加复杂。

本地网中的交换局包括两类：端局(DL)和汇接局(Tm)。端局通过用户线与用户相连，它的职能是疏通本局用户的去话和来话业务。汇接局与本汇接区内的端局相连，同时与其他汇接局相连，它的职能是疏通本汇接区内用户的去话和来话业务，还可疏通本汇接区内的长途话务。

本地网的网络结构可分为两种：网状网结构和二级网结构。

(1) 网状网结构。网状网结构中仅设置端局，各端局之间个个相连组成网状网。网状网结构如图 6-10 所示。该结构适用于电话网发展早期小规模本地网的组建。随着我国以地市级以上城市为中心的扩大本地网的组建，此种结构已很少使用。

(2) 二级网结构。本地电话网中设置端局(DL)和汇接局(Tm)两个等级的交换中心，组成二级网结构，如图 6-11 所示。目前我国的本地网主要采用此结构。

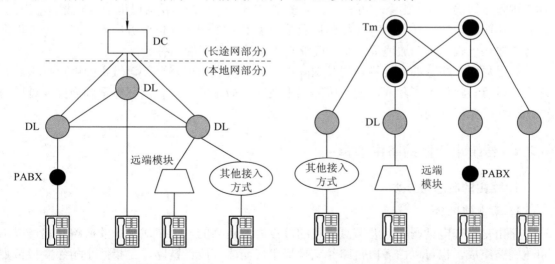

图 6-10　网状网结构的本地网　　　　　　　图 6-11　本地网二级网结构

二级网结构中，各汇接局之间个个相连组成网状网，汇接局与其所汇接的端局之间以星型网相连。在业务量较大且经济合理的情况下，任一汇接局与非本汇接区的端局之间或者端局与端局之间也可设置直达电路群。

3. 国际电话网的网络结构

国际电话网由国际交换中心和局间长途电路组成,用来疏通各个不同国家之间的国际长途话务。国际电话网中的节点称为国际电话局,简称国际局。用户间的国际长途电话通过国际局来完成,每一个国家都设有国际局。各国际局之间的电路即为国际电路。

国际网的网络结构如图 6-12 所示。国际交换中心分为 CT1、CT2 和 CT3 三级。各 CT1 局之间均有直达电路,形成网状网结构,CT1 至 CT2、CT2 至 CT3 为辐射式的星型网结构,由此构成了国际电话网的复合型基干网络结构。除此之外,在经济合理的条件下,在各 CT 局之间还可根据业务量的需要设置直达电路群。

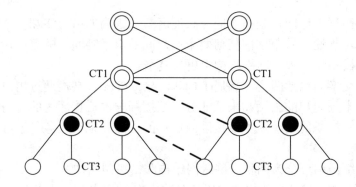

图 6-12 国际电话网结构

CT1 和 CT2 只连接国际电路,CT1 局是在很大的地理区域汇集话务的,其数量很少。在每个 CT1 区域内的一些较大的国家可设置 CT2 局。CT3 局连接国际和国内电路,它将国内和国际长途局连接起来,各国的国内长途网通过 CT3 进入国际电话网,因此 CT3 局通常称为国际接口局,每个国家均可有一个或多个 CT3 局。目前,我国已批准设立北京、上海、广州、昆明、南宁、乌鲁木齐、福州以及哈尔滨等八个国际通信业务出入口局。此外根据业务需要还可设立多个边境局,用于疏通与港澳等地区间的话务量。

国际局所在城市的本地网端局与国际局间可设置直达电路群,该城市的用户打国际长途电话时可直接接至国际局,而与国际局不在同一城市的用户打国际电话则需要经过国内长途局汇接至国际局。

6.2.4 传统电话网的路由选择

1. 路由的概念与分类

1) 路由的概念

路由是指在电话网中,源节点和目的节点之间建立的一个传送信息的通路。它可以由单段链路组成,也可以由多段链路经交换局串接而成。所谓链路,是指两个相邻交换节点间的一条直接电路或电路群。

2) 路由的分类

按链路上所设计的呼损指标的不同,可以将电路分为低呼损电路群和高效电路群。在用户发起呼叫时，由于网络或中继的原因导致电话接续失败，这种情况叫做呼叫被损失，简称呼损。它可以通过呼损率来衡量，即损失的呼叫数与总发起呼叫数的比例。

低呼损电路群上的呼损指标应小于 1%，其上的话务量不允许溢出至其他路由。所谓不允许溢出，是指在选择低呼损电路进行接续时，若该电路拥塞，不能进行接续，也不再选择其他电路进行接续，故该呼叫就被损失，即产生呼损。在网络规划过程中，要根据话务量数据计算所需的电路数，以保证满足呼损指标。而对于高效电路群则没有呼损指标，其上的话务量可以溢出至其他路由，由其他路由再进行接续。

路由也可以相应地按照呼损进行分类，分为低呼损路由和高效路由，其中低呼损路由包括基干路由和低呼损直达路由。若按照选择顺序分，则路由分为首选路由和迂回路由、最终路由。

(1) 基干路由。基干路由由具有上下级汇接关系的相邻等级交换中心之间以及长途网和本地网的最高等级交换中心(指 DC1 局或 Tm)之间的低呼损电路群组成。基干路由上的低呼损电路群又叫基干电路群。

(2) 低呼损直达路由。直达路由是指由任意两个交换中心之间的电路群组成、不经过其他交换中心转接的路由。低呼损直达路由是由任意两个等级的交换中心间的低呼损直达电路组成的。两交换中心之间的低呼损直达路由可以疏通两交换中心间的终端话务，也可以疏通由这两个交换中心转接的话务。

(3) 高效直达路由。高效直达路由是由任意两个等级的交换中心之间的高效直达电路组成的。高效直达路由上的电路群没有呼损指标，其上的话务量可以溢出至其他路由。同样地，两交换中心之间的高效直达路由可以疏通其间的终端话务，也可以疏通由这两个交换中心转接的话务。

(4) 首选路由与迂回路由。当某一交换中心呼叫另一交换中心时，对目标局的选择可以有多个路由。其中第一次选择的路由称为首选路由，当首选路由遇忙时，就迂回到第二路由或者第三路由。此时，第二路由或第三路由称为首选路由的迂回路由。迂回路由一般是由两个或两个以上的电路群转接而成的。对于高效直达路由而言，由于其上的话务量可以溢出，因此必须有迂回路由。

(5) 最终路由。当一个交换中心呼叫另一交换中心时，选择低呼损路由连接时不再溢出，而由这些无溢出的低呼损电路群组成的路由，即为最终路由。最终路由可能是基干路由，也可能是低呼损直达路由，或部分基干路由和低呼损直达路由。

2. 路由选择的概念与原则

1) 路由选择的概念

电话网中的路由选择也称选路，是指一个交换中心呼叫另一个交换中心时在多个可能的路由中选择一个最优的路由。电话网的路由选择方式的确定应考虑选路结构及选路计划两个要素。

选路结构包括等级制选路和无级选路两种。所谓等级制选路，是指路由选择是在从源节点到宿节点的一组路由中依次按顺序进行的，而不管这些路由是否被占用。无级选路是指路由选择是在从源节点到宿节点的一组可以互相溢出而无先后顺序的路由进行的。

选路计划包括固定选路计划和动态选路计划两种。固定选路计划是指交换机的路由表一旦生成后在相当长的一段时间内保持不变，交换机按照路由表内指定的路由进行选择。若要改变路由表，须人工进行参与。而动态选路计划是指交换机的路由表可以动态改变，通常根据时间、状态或事件而定，如每隔一段时间或一次呼叫结束后改变一次。这些改变可以是预先设置的，也可以是实时进行的。

路由选择要遵循一定的基本原则：要确保信息传输质量和信令信息的可靠传输；有明确的规律性，确保路由选择中不会出现死循环；一个呼叫连接中串接的段数应尽量少；不应使网络设计或交换设备过于复杂；能在低等级网络中疏通的话务量，尽量不在高等级交换中心疏通。

2) 电话网的路由选择原则

在等级制网络中，一般采用固定路由计划，等级制选路结构，即固定等级制选路。我国传统电话网在长途网及本地网的路由选择中均采用该方式。这里以我国长途电话网为例，介绍固定等级制选路规则。

我国长途电话网上实行的路由选择规则有：

(1) 网中任一长途交换中心呼叫另一长途交换中心时所选路由局向最多为三个。

(2) 路由选择顺序为先选直达路由，再选迂回路由，最后选最终路由。

(3) 在选择迂回路由时，先选择直接至受话区的迂回路由，后选择经发话区的迂回路由。所选择的迂回路由，在发话区是从低级局往高级局的方向(即自下而上)，而在受话区是从高级局往低级局的方向(即自上而下)。

(4) 在经济合理的条件下，应使同一汇接区的主要话务在该汇接区内疏通，路由选择过程中遇低呼损路由时，不再溢出至其他路由，路由选择即终止。

如图 6-13 所示的网络，按照上面的选路规则，B 局到 D、C 局的路由选择分别如下。

B 局到 D 局有如下的路由选择顺序：
● 先选直达路由 B 局→D 局；
● 若直达路由全忙，再选迂回路由 B 局→C 局→D 局；
● 最后选最终路由 B 局→A 局→C 局→D 局，路由选择结束。

B 局到 C 局有如下的路由顺序：
● 先选直达路由 B 局→C 局；
● 若直达路由全忙，再选迂回路由 B 局→A 局→C 局，路由选择结束。此时，只有一条迂回路由，该迂回路由也是最终路由。

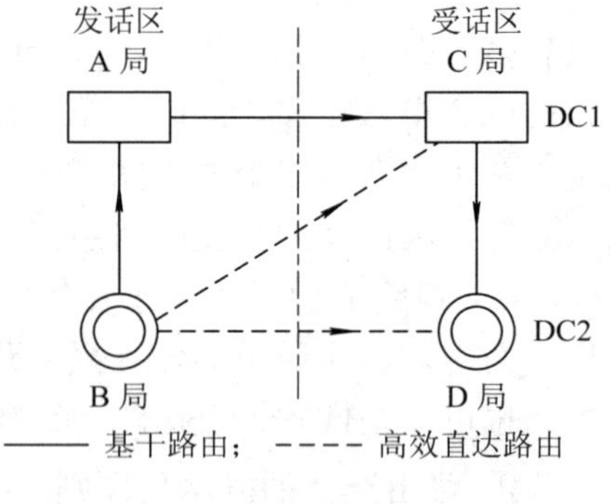

最后得到 B 局的路由表，如表 6-1 所示。

图 6-13　长途网路由选择示例

表 6-1　B 局的路由表

终端局	直达路由	第一迂回路由	第二迂回路由
D	B→D	B→C→D	B→A→C→D
C	B→C	B→A→C	—

6.2.5 电话网的编号计划

在 PSTN 电话网中,为了区分不同的设备与接口,需要分配一个物理号码,称为设备号码,该号码标识了用户连接的物理位置,不对用户公开。为区分不同的电话用户及业务,还需要分配一个逻辑号码,即平时所说的电话号码,该号码对用户公开。PSTN 的编号计划是关于逻辑号码的编排和规程,包括在本地网、国内长途网、国际长途网,以及一些特种业务、新业务等中的各种呼叫的号码分配。编号计划是使电话网正常运行的一个重要规程,交换设备应能适应各项接续的编号要求。

电话网的编号计划是由 ITU-T E.164 建议规定的。

1. 编号原则

电话网的编号原则如下:

(1) 编号计划应给本地电话与长途电话的发展留有充分余地;

(2) 合理安排编号计划,使号码资源运用充分;

(3) 编号计划应符合 ITU-T 的建议,即从 1997 年开始,国际电话用户号码的最大位长为 15 位,我国国内有效电话用户号码的最大位长可为 13 位,结合我国的实际情况,目前采用了最大为 11 位的编号计划;

(4) 编号计划应具有相对的稳定性;

(5) 编号计划应使长途、市话自动交换设备及路由选择的方案变得简单。

2. 编号方案

1) 第一位号码的分配使用

第一位号码的分配规则如下:

(1) "0"为国内长途全自动冠号;

(2) "00"为国际长途全自动冠号;

(3) "1"为特种业务、新业务及网间互通的首位号码;

(4) "2"~"9"为本地电话首位号码,其中,"200"、"300"、"400"、"500"、"600"、"700"、"800"为新业务号码。

2) 本地网编号方案

我国在不同的本地网中可采用不同长度的编号方案。但在一个本地电话网内,采用统一的编号,一般情况下采用等位制编号,号长根据本地网的长远规划容量来确定,但要注意本地网号码加上长途区号的总长不超过 11 位(目前我国的规定)。

本地电话网的用户号码包括两部分:局号和用户号。其中局号可以是 1~4 位,用户号为 4 位。如一个 7 位长的本地用户号码可以表示为

$$\underset{\text{局号}}{PQR} \quad + \quad \underset{\text{用户号}}{ABCD}$$

在同一本地电话网范围内,用户之间呼叫时只需拨统一的本地用户号码。例如直接拨 PQRABCD 即可。

3) 长途网编号方案

(1) 长途号码的组成。长途呼叫即不同本地网用户之间的呼叫。呼叫时需在本地电

号码前加拨长途字冠"0"和长途区号，即长途号码的构成为

$$0 + 长途区号 + 本地电话号码$$

按照我国的规定，长途区号加本地电话号码的总位数最多不超过 11 位(不包括长途字冠"0")。

(2) 长途区号编排。长途区号一般采用固定号码系统，即全国划分为若干个长途编号区，每个长途编号区都编上固定的号码。长途编号可以采用等位制和不等位制两种。等位制适用于大、中、小城市的总数在一千个以内的国家，不等位制适用于大、中、小城市的总数在一千个以上的国家。我国幅员辽阔，各地区通信的发展很不平衡，因此采用不等位制编号，采用 2 或 3 位的长途区号。

① 首都北京，区号为"10"。其本地网号码最长可以为 9 位。

② 大城市及直辖市，区号为 2 位，编号为"2X"，X 为 0~9，共 10 个号，分配给 10 个大城市。如上海为"21"，西安为"29"等。这些城市的本地网号码最长可以为 9 位。

③ 省中心、省辖市及地区中心，区号为 3 位，编号为"X1X2X3"，X1 为 3~9(6 除外)，X2 为 0~9，X3 为 0~9。如郑州为"371"，兰州为"931"。这些城市的本地网号码最长可以为 8 位。

④ 首位为"6"的长途区号除 60、61 保留外，其余号码为 62X~69X 共 80 个号码作为 3 位区号使用。

长途区号采用不等位的编号方式，可以在保证我国长途电话号码的长度不超过 11 位的前提下，满足对号码容量的需要。显然，若采用等位制编号方式，如采用两位区号，则只有 100 个容量，满足不了我国的要求；若采用三位区号，区号的容量是够了，但每个城市的号码最长都只有 8 位，满足不了一些特大城市的号码需求。

4) 国际长途电话编号方案

国际长途呼叫时需在国内电话号码前加拨国际长途字冠"00"和国家号码，即

$$00 + 国家号码 + 国内电话号码$$

其中，国家号码加国内电话号码的总位数最多不超过 15 位(不包括国际长途字冠"00")。国家号码由 1~3 位数字组成，根据 ITU-T 的规定，世界上共分为 9 个编号区，我国在第 8 编号区，国家代码为 86。

6.3　No.7 信令系统

信令系统在通信网中起着十分重要的作用，可实现通信网的呼叫控制功能，相当于通信网中的神经系统。No.7 信令系统是现代电信网中应用最为广泛的一种公共信道信令，它不仅可完成电话网、综合业务数字网中的呼叫接续，而且还可以支持移动通信业务、智能网业务与 No.7 信令网的集中维护管理等。本节在介绍信令基本概念的基础上，重点介绍 No.7 信令系统结构、NO.7 信号单元格式、No.7 信令网结构，并给出了基于 No.7 信令的典型电话业务呼叫接续过程。

6.3.1　信令的基本概念

1. 信令的概念与定义

建立通信网的目的是为实现用户之间各种类型的业务信息的传递，如语音、视频、多媒体等。为完成这些业务信息的传递，用户终端与通信设备之间以及通信设备与通信设备之间，总是伴随着某些控制信息的传递，它们按照既定的通信协议工作，负责指导终端、通信设备间的协同运行，为指定终端间的业务传递建立信息通道，此外还负责完成通信网络的运行维护和管理等。

简单地说，所谓信令，就是在通信网上为完成某种通信业务，节点之间(包括终端节点、交换节点、业务节点等)需要交换的控制信息。

以常见的局间固定电话业务为例，其中涉及的信令流程如图 6-14 所示。

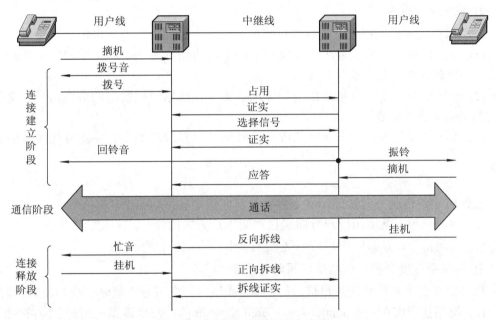

图 6-14　局间电话呼叫信令流程

从上面的例子可以看出，连接建立与释放阶段传送的信令信息和通话阶段传送的用户话音信息是两种不同的信息。作为电话呼叫业务中的控制信息，信令起着十分重要的作用，缺少了信令信息的指挥，用户间的话音通信将无法进行。

在上述电话呼叫信令流程中，电话机与交换机、交换机与交换机之间的信令传送必须遵循一定的规约，否则信令消息将无法被正确发送、接收和解释。在通信网中，信令传送应遵守的通信规约包括信令消息结构形式、传送方式、控制方式等，统称为信令方式。

信令方式需要由一定的软件及硬件来实现，这些软硬件共同构成了信令设备。特定的信令方式和相应的信令设备的集合体称为信令系统。

需要注意的是，信令的概念虽起源于电话网，但在其他各种面向连接的通信网中都涉及信令的使用，如移动通信网、X.25 网、帧中继网、ATM 网、MPLS 网以及下一代网络等。

2. 信令的分类

通信网中涉及的信令类型很多，常见的信令分类方式包括以下几种。

1) 按工作区域分

按照信令的工作区域划分，信令可分为用户线信令和局间信令。

(1) 用户线信令：在用户终端和交换节点之间的用户线上传输的信令，如话机发出的摘机、挂机信令，电话号码，交换机发出的拨号音、忙音、回铃音等。用户线信令可分为模拟用户线信令和数字用户线信令。PSTN 中采用较多的是模拟用户线信令，N-ISDN 使用的 DSS1 信令及 B-ISDN 中采用的 DSS2 信令则属于数字用户线信令。

(2) 局间信令：在交换节点和交换节点、交换节点与业务控制节点、网管中心、数据库中心之间等传递的信令。它们负责完成连接的建立、监视、释放，网络的监控、管理、测试等，其功能比用户线信令复杂得多。

2) 按完成功能分

按照信令完成的功能划分，信令可分为监视信令、地址信令、维护管理信令。

(1) 监视信令：负责监视用户线及中继线上的应用状态变换，如用户线上的摘、挂机信令，中继线上的占用、拆线信令等。

(2) 地址信令：用于表示路由选择地址的信令，包括话机发出的数字信号及交换机间传送的路由选择信息等。

(3) 维护管理信令：用于网络的维护与管理，包括线路拥塞、资源分配、故障告警等信息。

3) 按传送方向分

按照信令的传送方向划分，信令可分为前向信令和后向信令。

(1) 前向信令：从主叫用户方向送往被叫用户方向的信令。

(2) 后向信令：从被叫用户方向送往主叫用户方向的信令。

4) 按信令信道和用户信息信道间的关系分

按照信令信道和用户信息信道之间的关系划分，信令可分为随路信令和公共信道信令。

(1) 随路信令(CAS，Channel Associated Signaling)：信令信息与用户信息在同一条信道上传送，或信令信道与对应的用户信息信道存在一一对应的固定关系。图 6-15(a)是随路信令的示意图，其中交换机 A 和交换机 B 的信令设备之间的信令信息传递需要占用话音通道。

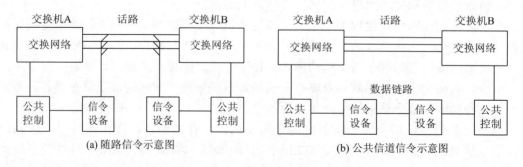

(a) 随路信令示意图　　　　　　　　(b) 公共信道信令示意图

图 6-15　随路信令与公共信道信令示意图

(2) 公共信道信令(CCS，Common Channel Signaling)：简称为共路信令，指传送信令信息的通道和传送用户信息的通道在逻辑上是分离的、相互独立的，而且该信令信道并不为某个用户信息信道专用，而是被一群用户信息信道共享。图 6-15(b)是公共信道信令示意图，其中交换机 A 和交换机 B 的信令设备之间存在一条专门的信令通道，与话路是分开、无关的。

在信令技术的发展历程中，无论是局间信令还是用户线信令，都经历了从随路信令到公共信道信令的发展阶段。从局间信令来看，在机电式交换机时代，均采用随路信令；在模拟程控交换机时代，如我国的中国 1 号(No.1)信令等也属于典型的随路信令；现代通信网一般使用公共信道信令技术，其中最有代表性的就是 No.7 信令。从用户线信令来看，模拟用户线信令主要采用随路方式，而在数字用户线上采用的信令如 DSS1 等则属于公共信道信令。

相比于随路信令，公共信道信令的优点主要体现在以下几方面：

① 信令传送速度快，且在通信的任意阶段均可传输和处理信令，可以方便地支持各类交互、智能新业务。

② 灵活性高，信令系统独立于业务网，改变和增加信令不影响现有业务网业务。

③ 信令种类和容量大大增加，适应未来电信网的发展。

④ 便于实现信令系统的集中维护管理，降低信令系统的成本和维护开销。

6.3.2　No.7 信令系统的结构与信号单元

No.7 信令系统是 ITU-T 提出的适用于数字通信网的局间公共信道信令系统。第一个 No.7 信令系统规程于 1980 年被提出(黄皮书建议)，经过若干次修订和完善，它已成为目前国际上最为通用的用于数字交换和传输网络的公共信道信令系统。目前，我国公网中已全部采用 No.7 信令。

No.7 信令充分体现了公共信道信令的优势，其以分层思想为核心，采用功能模块化结构，基于分组交换技术来实现信令消息的可靠传输。它首先被应用于电话通信网，但因其良好的通用性和扩展性已被迅速应用于基于电路交换的数据网、N-ISDN、B-ISDN、智能网、移动通信网的业务呼叫控制及网络的维护管理等。

1. No.7 信令系统的结构

No.7 信令系统从最初就采用了分层设计思想，但由于在 20 世纪 80 年代背景下，主要考虑的是支持电话业务和基于电路交换方式的数据业务，因此早期的 No.7 信令系统规范只提出了四个功能级的结构。但随着 B-ISDN、智能网、移动通信网的发展，网络系统不仅需要传送与电路相关的信令消息，还需要传送与电路无关的端到端信令消息，因此对 No.7 信令系统的功能提出了更高的要求。1984 年之后，ITU-T 经过不断地研究与努力，陆续推出了一系列补充建议，在原有四级结构的基础上，逐渐增加了新的功能模块，使得 No.7 信令系统各部分的功能和程序日渐完善，且系统结构逐渐与 OSI 七层模型趋于一致。

1) No.7 信令的功能级结构

No.7 信令的功能级结构即 1980 年提出的四级结构。在该结构下，No.信令系统由两部分构成：消息传递部分(MTP，Message Transfer Part)和用户部分(UP，User Part)。其中，MTP 由三个功能级构成，UP 包含一个功能级，两部分共同组成四级结构，如图 6-16 所示。

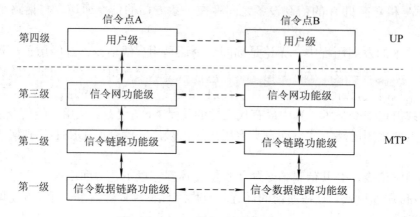

图 6-16　No.7 信令系统的四级结构

MTP 负责完成信令消息的传递，其作用是确保信令消息在信令网中可靠地由源端传送到目的端，它只关心消息的传递，并不负责解释消息的语义。可以认为，MTP 承担了 No.7 信令系统中通信子网的功能，是一个信令系统必不可少的组成部分。UP 则负责解释各种业务下信令消息的语义和进行信令消息的处理。这四个功能级的功能分别为：

第一级，信令数据链路功能级(MTP-1)：定义了信令链路的物理、电气特性及接入方法，为 No.7 信令消息的传递提供一条全双工的传输通道。目前多采用数字传输通道，例如我国窄带信令网中，一条信令数据链路每个方向的传输速率为 64 kb/s。该功能级相当于 OSI 的物理层。

第二级，信令链路功能级(MTP-2)：其作用是保证在一条信令链路的两点之间能可靠地传送 No.7 信号单元，为此须完成信号单元的定界、差错控制、流量控制及信令链路的监视等。该功能级相当于 OSI 的数据链路层。

第三级，信令网功能级(MTP-3)：分为信令消息处理和信令网管理两部分。信令消息处理功能负责将信令消息传送至指定的信令点及用户部分，涉及信令消息的鉴别、分配和路由等。信令网管理功能负责对每一个信令路由和信令链路进行监视，当遇到故障时，完成信令网的重新组合；当遇到拥塞时，完成控制信令流量的功能及程序，以保证信令消息仍能可靠传送。该功能级相当于 OSI 的网络层，但由于它只提供无连接服务，不提供面向连接服务，因此只相当于不完备的网络层功能。

第四级，用户级 UP，定义了各种业务的信令消息和信令过程，相当于 OSI 的应用层。

由于四级结构最早被提出时，主要是为支持电话业务和基于电路交换的非话业务，因此在 UP 中定义了三种用户部分：电话用户部分(TUP)、数据用户部分(DUP)和 ISDN 用户部分(ISUP)。它们都是基于电路交换的业务，定义的信令消息都是与电路相关的。

2) No.7 信令系统结构

NO.7 信令系统四级结构只适合于传送基于电路交换的电路相关消息，且 MTP 能力有限。比如，MTP 的寻址能力不足，不支持网间寻址；只支持逐段转发的信令传送，不支持端到端传送；只支持无连接的信令业务，不支持面向连接的信令业务；最多只能支持 16 种用户部分。因此，老的四级结构已无法适应各种新的网络及业务的发展需求。ITU-T 经过若干次补充修订，在原有四级结构的基础上，通过增加信令连接控制部分来增强 MTP 的功能，通过增加事务处理功能来增强信令节点间的信息请求、响应的对话能力，充分考虑了与 OSI 七层模型的一致性，最终形成了功能更加完整的 No.7 信令系统结构，如图 6-17 所示。

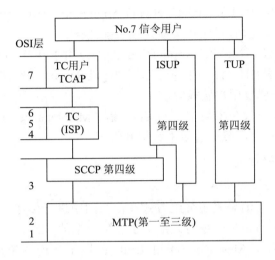

图 6-17　No.7 信令系统结构

图 6-17 中，No.7 信令系统结构是一个四级与七层并存的结构。除原有四级结构外，新增的部分如下：

(1) 信令连接控制部分(SCCP，Signaling Connection Control Part)：该部分在四级结构中属于用户部分之一，其作用是与 MTP-3 一起，共同完成更加完备的 OSI 网络层的功能。SCCP 提供的功能主要包括：

① 提供了基于全局号码(GT，Global Title)的地址翻译功能，增强了 MTP-3 的寻址选路能力，使得 No.7 信令系统能够在全球范围内传送与电路无关的端到端信令消息。

② 增加了面向连接的消息传送方式。

③ 增加了 8 比特的子系统号(SSN，Sub-System Number)字段，使 SCCP 消息可以分配给 256 个不同的应用系统，极大地扩展了网络用户种类，更好地适应了未来业务发展的需要。

如果原有 MTP 提供的功能能够满足某些用户部分，则这些用户部分可以不经过 SCCP，直接与 MTP-3 联络。

(2) 事务处理能力(TC，Transaction Capacities)：网络中分散的一系列应用在相互通信时采用的一组规约和功能，用于在通信网的一个节点调用另一个节点提供的程序，执行程序并将执行结果返回给调用节点。它是现代电信网提供智能网业务、支持移动业务和信令网运行维护管理的基础。TC 完成 OSI 4～7 层的功能，可分为两部分：事务处理能力应用部分(TCAP，Transaction Capacities Application Part)和事务处理能力中间服务部分(TC-ISP，Transaction Capacities -Intermediate Service Part)。TC-ISP 完成 OSI 4～6 层的功能，目前基本不使用。因此，如不特别说明，通常将 TC 等同于 TCAP。

TCAP 完成 OSI 应用层的部分功能，其他应用层功能由 TC-ISP 完成。TCAP 提供了交换节点与处理中心节点之间进行各种业务处理所需的信息转移控制功能，使得各种业务下不同节点间的信息交互可被抽象为统一的、与电路无关的"操作"过程。TCAP 目前主要应用于网络数据库访问相关业务，如智能网中的记账卡业务、移动通信业务等。

TCAP 之上定义了三种用户：

智能网应用部分(INAP，Intelligent Network Application Part)：用于在智能网的各功能实体间传送有关信令信息，以协同这些实体完成智能业务。

移动应用部分(MAP，Mobile Application Part)：用于在移动通信网的移动交换中心(MSC)、归属位置寄存器(HLR)、访问位置寄存器(VLR)等功能实体间传送与电路无关的信令信息，支持移动性管理及用户鉴权等应用。

操作、维护管理应用部分(OMAP，Operations、Maintenances and Administration Part)：用来支持对 No.7 信令网中各节点的集中维护和管理。

2. No.7 信令的信号单元

1) No.7 信号单元类型与格式

No.7 信令系统的信令消息采用分组方式在信网中进行传送，信令消息分组称为信号单元(SU，Signal Units)。No.7 信令协议定义了三种类型的 SU：

消息信号单元(MSU，Message Signal Units)：用于传送各个用户部分产生的消息及 MTP-3 产生的信令网管理消息。

链路状态信号单元(LSSU，Link Status Signal Units)：用于传送 MTP-2 产生的信令链路的工作状态信息，从而完成对信令链路的接通、监视、恢复等功能。

填充信号单元(FISU，Fill-in Signal Units)：是一种特殊的空信号单元，由 MTP-2 产生。当信令链路上没有 MSU 及 LSSU 传送时，通过发送 FISU 来维持信令链路的通信状态，同时可证实对端发来的信号单元。

这三种信号单元的格式如图 6-18 所示。

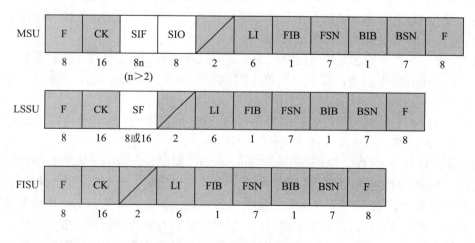

图 6-18　三种信号单元的格式

从图 6-18 可以看出，三种 SU 的格式是有区别的，但其中灰色的字段是所有 SU 都具备的，这些字段是由 MTP-2 产生和处理的，具体解释如下：

(1) 标志符 F：SU 的定界标志，用于标志一个 SU 的起始和结束。长度为 8 bit，其内容为固定值 "01111110"。当在链路上连续发送 SU 时，通常只在每个 SU 头部加上标识符，标志本信号单元的开始和上一个信号单元的结束。为防止出现伪标志码，需要在发送端进行 "插 0" 操作，相应地需要在接收端进行 "删 0" 操作。

(2) 校验码 CK：用于存放 SU 的校验结果，长度为 16 bit，采用 CRC 校验，校验多项式为 $X^{16} + X^{12} + X^5 + 1$。校验码由发送端产生，由接收端进行检查，如果出错则要求发送端重发该 SU。

(3) 长度指示码 LI：用来指示一个信号单元的 LI 与 CK 之间内容的长度，单位为字节。LI 共 6 个比特。利用该字段可区分三种 SU 的类型。当 LI = 0 时，SU 为 FISU；LI = 1 或 2 时，SU 为 LSSU；LI > 2 时，SU 为 MSU。

(4) 前向指示比特 FIB、后向指示比特 BIB：各占 1 个比特，用于 SU 的重发控制。正常情况下，接收端发回的证实消息中，BIB 值保持不变；发送端发出 SU 的 FIB 值与上一个接收端发回 SU 的 BIB 值一致。当接收端要求发送端重发时，先将回送的 SU 的 BIB 值进行翻转，经发送端检测到后，再将自己要发送的下一条 SU 中的 FIB 翻转，以表示该 SU 是重发的。

(5) 前向序号 FSN、后向序号 BSN：各占 7 个比特，FSN 表示发送端发送的 SU 的序号；BSN 表示接收端对收到的 SU 回送的证实序号。假设一条回送 SU 中的 BSN 取值为 X，则代表对收到的 FSN 为 X 号及 X 号之前的 SU 已正确接收。

以上字段为三种 SU 共同具备的字段，下面的字段则是特定类型 SU 才具备的。

(1) 业务信息 8 位位组 SIO：只在 MSU 中存在，长度为 8 bit，分为两个部分：业务指示语 SI 和子业务字段 SSF，各占 4 bit。SI 用于表示 MSU 的 SIF 字段承载的是哪一种用户部分的信令消息，SSF 指示该信令消息是国际信令网消息还是国内信令网消息。SIO 具体编码含义如图 6-19 所示。

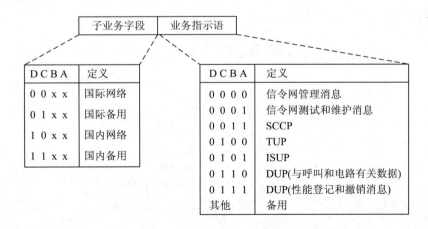

DCBA	定义
0 0 x x	国际网络
0 1 x x	国际备用
1 0 x x	国内网络
1 1 x x	国内备用

DCBA	定义
0 0 0 0	信令网管理消息
0 0 0 1	信令网测试和维护消息
0 0 1 1	SCCP
0 1 0 0	TUP
0 1 0 1	ISUP
0 1 1 0	DUP(与呼叫和电路有关数据)
0 1 1 1	DUP(性能登记和撤销消息)
其他	备用

图 6-19　SIO 字段编码及含义

(2) 信令信息字段 SIF：只在 MSU 中存在，长度可变且大于 2 字节。该字段用于承载各种用户部分的信令信息和信令网的管理信息，其格式如图 6-20 所示。

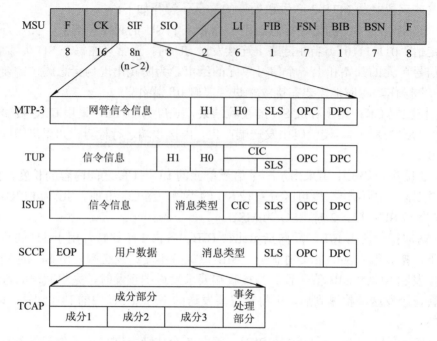

图 6-20　各种 MSU 的 SIF 格式

从总体上看，各类 MSU 的 SIF 字段都包括三个部分：路由标记、消息类型及信令信息。路由标记又可分为三部分：目的信令点编码(DPC)，源信令点编码(OPC)，信令链路选择码(SLS)。国际信令点编码为 14 bit，我国国内信令点编码为 24 bit。SLS 用于实现信令链路的负荷分担。在 TUP 消息中，SLS 使用电路识别码(CIC)的低 4 位；ISUP 消息中，SLS 有专用的 4 bit；信令网管理消息和 SCCP 消息不含有 CIC 字段，因为这两类消息是与电路无关的。

(3) 状态字段 SF：只在 LSSU 中存在，长度为 1 或 2 个字节，用来表示信令链路的工作状态。其字段编码含义如图 6-21 所示。

备用(5比特)	状态指示语

C B A	定义
0 0 0	失去定位(SIO)
0 0 1	正常定位(SIN)
0 1 0	紧急定位(SIF)
0 1 1	故障(SIOS)
1 0 0	处理机故障(SIPO)
1 0 1	忙

图 6-21　SF 字段编码含义

2) 2 M 信令链路上的 SU 格式

除 64 kb/s 信令链路之外，我国还规定了 2 Mb/s 信令链路上的 SU 格式，如图 6-22 所示。可见，2M 信令链路上的 SU 基本结构与 64 k 信令链路一致，只是 LI 字段增加到了 9 bit，而 FSN、BSN 字段增加到了 12 bit。

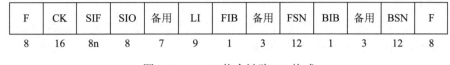

F	CK	SIF	SIO	备用	LI	FIB	备用	FSN	BIB	备用	BSN	F
8	16	8n	8	7	9	1	3	12	1	3	12	8

图 6-22　　2 M 信令链路 SU 格式

6.3.3　No.7 信令网

由于 No.7 信令系统采用公共信道信令方式，信令信息的传递通道与业务信息的传递通道在逻辑上是分离的。因此，在采用 No.7 信令的通信网中，存在着一个与业务网逻辑独立的信息网络，专门用于完成各个节点之间 No.7 信令的传送，这个信息网络就是 No.7 信令网。在 No.7 信令网中，信令消息的传送方式本质上是分组交换，这里的分组就是 No.7 信令的各种消息单元。

1. No.7 信令网的组成

No.7 信令网由三个部分组成：信令点、信令转接点和信令链路。

(1) 信令点(SP, Signaling Point)：信令消息的源点和目的点。产生信令消息的信令点称为源信令点，最终接收信令消息的信令点称为目的信令点。SP 应具备 MTP、SCCP、TCAP 功能及相应的用户部分及应用部分的功能。它可以是各种支持 No.7 信令的交换节点，如电话交换局、ISDN 交换局、移动交换局等；也可以是各类数据或服务中心，如网络数据库、网管中心、业务控制节点等。SP 可内置于交换机，也可独立设置。

(2) 信令转接点(STP，Signaling Transfer Point)：完成信令消息转发功能的节点，负责将信令消息从一条信令链路转发至另一条信令链路。STP 分为独立型和综合型两种。

独立型 STP 只负责完成信令消息的转接功能，不负责处理各种用户部分的信息。它应具备 MTP 的全部功能，在支持智能网业务、移动通信业务、信令网集中维护管理等情况下，还应满足 SCCP、TCAP 等功能。

综合型 STP 是既具备信令转接功能，同时也具备信令点功能的 STP，它除了能完成独立型 STP 的功能之外，还负责完成各种用户部分及应用部分的功能，如 TUP、DUP、ISUP、INAP、MAP、OMAP 等。

(3) 信令链路：连接两个相邻的 SP(或 STP)的信令数据链路及其传送控制功能所组成的实体，它完成 MTP-1 和 MTP-2 两部分功能。每条运行的信令链路都需要分配一条信令数据链路和位于此信令数据链路两端的两个信令终端。两个相邻的 SP(或 STP)间可以具有多条信令链路，称为一个信令链路组。

2. No.7 信令网的结构

我国 NO.7 信令网采用了三级结构，从上到下分别为高级信令转接点(HSTP)、低级信令转接点(LSTP)、信令点(SP)。

HSTP：信令网中最高的一级，负责转接它所汇接的 LSTP 和 SP 之间的信令消息。HSTP 在各省、自治区及直辖市成对设置。一对 HSTP 管辖的区域称为主信令区。HSTP 采用独立型 STP。

LSTP：信令网的第二级，负责转接它所汇接的第三级 SP 的信令消息。它在各个地、市成对设置。一对 LSTP 管辖的区域称为分信令区。LSTP 可以采用独立型 STP，也可采用综合型 STP。

SP：信令网的第三级，是传送各种信令消息的源点或目的点，由各种交换局和特种服务中心(业务控制点、网管中心等)组成。

我国信令网采用的连接方式如图 6-23 所示。

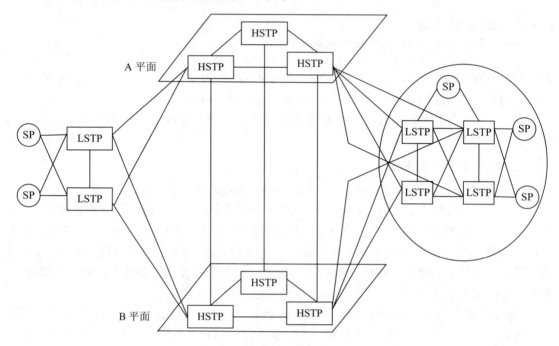

图 6-23　我国三级信令网的结构

(1) 第一级 HSTP 间采用 A、B 平面连接方式。它是网状连接方式的简化形式，可以节约信令链路，通过增加冗余措施，可以具备较高的可靠性。A 和 B 平面内部各个 HSTP 网状相连，A 和 B 平面间成对的 HSTP 相连。

(2) 第二级 LSTP 至 HSTP，或者未采用二级信令网的本地网 SP 至 STP 间的连接方式采用分区固定连接方式。

(3) 大、中城市的两级本地信令网的 SP 至 LSTP 可采用按信令业务量大小连接的自由连接方式，也可采用分区固定连接方式。

分区固定连接方式是指本信令区内的信令点必须连接至本信令区的两个信令转接点，采用准直联工作方式。当本信令区内一个信令转接点发生故障时，它的信令业务负荷全部倒换至本信令区内的另一个信令转接点。如果出现两个信令转接点同时故障，则会全部中断该信令区的业务。图 6-23 左侧小型城市本地网采用了此种方式。

自由连接方式是随机地按信令业务量大小灵活连接的方式。其特点是本信令区内的信令点可以根据它至各个信令点的业务量的大小自由连至两个信令转接点(本信令区的或其他信令区的)。按照这种连接方式，两个信令区间的信令点可以只经过一个信令转接点转接。另外，当信令区内的一个信令转接点发生故障时，它的信令业务负荷可以分配到多个信令转接点上，即使两个信令转接点同时故障，也不会全部中断该信令区的信令业务。图 6-23

右侧大、中型城市本地网采用了此种方式。

自由连接方式比固定连接方式在信令网的设计和管理方面都要复杂得多。但自由连接方式大大地提高了信令网的可靠性。近年来随着信令技术的发展，上述技术问题也逐步得到解决，使自由连接方式得到了广泛的应用。

3. No.7 信令网的路由选择

信令网中的路由是指信令消息从源信令点到目的信令点传送时经过的路径。一条路由信令可以只包含单段信令链路，也可以包含多段信令链路。目前，在我国 NO.7 信令网上，主要采用静态路由选择方式，即选路所需的路由表是静态确定的。

1) No.7 信令的工作方式

当两个信令点之间有信令消息要进行发送和接收时，称这两个信令点之间具有信令关系。信令的工作方式是指信令消息所取的传送通路与所属的信令关系之间的对应关系。No.7 信令网可以采用下面的三种工作方式：

(1) 对应工作方式。两个相邻信令点之间对应某信令关系的信令消息通过直接连接那些信令点的链路组进行传送的工作方式称为直联工作方式。在此方式下，两个交换局的信令消息通过一段直达的公共信道信令链路来传送，而且该信令链路是专为连接两个交换局的电路群服务的，如图 6-24(a)所示。

(2) 准对应工作方式。两个信令点之间的信令消息通过两段或两段以上串联的信令链路传送，并且只允许通过预先确定的路径和信令转接点的传送方式称为准直联工作方式，如图 6-24(b)所示。在准对应工作方式下，信令点间的信令消息是通过 STP 转接的，不是通过直达信令链路传送的。

(3) 全分离工作方式。这种工作方式与准对应工作方式类似，不同的是该方式下，两个信令点间消息的传送可以采用动态路由选择的方式。这种方式十分灵活，但控制机制比较复杂，较少应用。

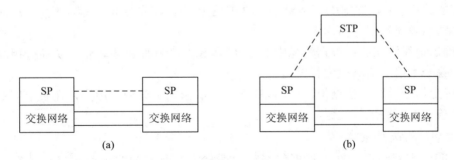

图 6-24 No.7 信令的工作方式

信令网工作方式的选择，应充分考虑经济合理性。当局间的话路群足够大时，可以采用对应工作方式设置直达的信令链路；当两个交换局之间的话路群较少，设置直达信令链路在经济上不合理时，则可以采用准对应工作方式。

2) 信令消息处理

在 No.7 信令网中，信令消息处理功能负责将源信令点产生的信令消息可靠地传送至目的信令点的指定用户部分。如前所述，该功能是由 MTP-3 提供的。

信令消息处理功能包括三个子功能：消息识别、消息分配和消息路由，如图 6-25 所示。

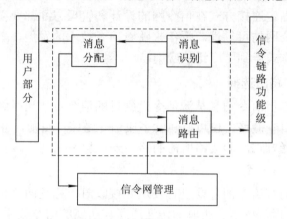

图 6-25　信令消息处理功能

(1) 消息识别功能：负责将接收到的 MSU 中的目的信令点编码(DPC)与本节点的信令点编码进行比较，如果相同，说明该消息的目的信令点是本节点，则将该消息交送给消息分配功能；如果不同，说明该消息的目的信令点不是本节点，本节点只作为信令转接点，则将该消息交送给消息路由功能。

(2) 消息分配功能：负责检查接收到的消息中的业务信息 8 位位组(SIO)字段中的消息指示语(SI)，并判断该消息属于哪一种用户部分，然后将消息提交给相应的用户部分。

(3) 消息路由功能：为本节点产生的消息或需经本节点转发的消息选择发送路由。本节点产生的消息可能是用户部分送来的，也可能是信令网管理功能送来的；需经本节点转发的消息则是由消息识别功能送来的。信令路由功能根据 MSU 中的 DPC、SLS 及 SIO 选择合适的信令链路来传送该信令消息。传送过程主要涉及以下三步工作：

① 确定信令路由：根据消息中的 SIO 字段的 SI 判断消息是由哪一种用户部分产生的，选择相应的路由表；根据 SIO 的 SSF 字段判断是国内网消息还是国际网消息，从而确定应选择国内路由表还是国外路由表。

② 确定信令链路组：根据消息中的 DPC 和 SLS 查找路由表，依据负荷分担原则，确定应选择哪一个信令链路组进行发送。

③ 确定信令链路：根据消息中的 SLS 字段，依据负荷分担原则，在某个信令链路组中选择一条信令链路进行发送。

3) 信令路由选择原则

为保证信令网的可靠性，根据信令路由选择方法获得的路由通常具有多条，它们分为两类：正常路由(正常情况下信令业务流的路由)和迂回路由(正常路由发生故障时选择的路由)。

当存在多条路由时，应按照以下原则进行路由选择：

(1) 首先选择正常路由，存在多条正常路由时，采用负荷分担方式。当正常路由发生故障时，再选择迂回路由。

(2) 当存在多个迂回路由时，首先选择优先级最高的第一迂回路由，当第一迂回路由发生故障时，再选第二迂回路由，依此类推。

(3) 在迂回路由中，若有多个同一优先等级的路由(N)，它们之间采用负荷分担方式，每个路由承担整个信号负荷的 1/N；若负荷分担的一个路由中一条信令链路有故障，应将它承担的信令业务倒换到采用负荷分担方式的其他信令链路上；若负荷分担的一个信令路由有故障时，应将信令业务倒换到其他路由。

对于 No.7 信令网而言，它的消息传递部分为信令消息提供了一种无连接的数据报方式的传递，而为这种数据报分组提供底层传送的物理链路则是基于 TDM 方式的。当 NO.7 信令网采用直联或准直联方式工作时，用于进行信令消息路由的路由表是静态的、事先确定的。相比于其他采用动态路由方式的分组网而言，这种方式具有路由控制简单、信令消息传送效率高的优点，但丧失了一定的灵活性。另一方面，随着 Internet 的迅速发展及下一代网络技术的全面展开，无论是语音、数据、多媒体、移动业务等都呈现 IP 化趋势，传统基于 TDM 方式的 No.7 信令网在管理维护、投资成本等方面都存在着一定的问题。在未来信令网技术的发展中，如何引入全分离的信令工作方式，如何实现 No.7 信令网与 IP 网的结合，将成为提高信令网的灵活性、适应性以及更好地支持各种新的网络业务应解决的关键问题。

6.3.4　电话业务呼叫接续过程

在本节的开始，列举了一个局间电话呼叫的例子，说明了信令的作用。本小节将继续沿用该例子，进一步深入讨论在 NO.7 信令方式下，程控交换机执行呼叫处理程序，使用 TUP 信令消息实现一次电话业务呼叫接续的整个过程。

1. 常用的 TUP 信令消息

TUP 用户部分主要用于支持电话呼叫业务，目前定义了 13 组信令消息，用于实现各类局间接续，常用的有如下信令消息：

(1) 初始地址消息(IAM)：前向信令，为建立呼叫发出的第一个消息，含有建立呼叫、确定路由所需全部或部分地址信息。

(2) 带附加信息的初始地址消息(IAI)：为建立呼叫发出的第一个前向信令，除 IAM 所含地址信息外，还附加主叫用户的信息。

(3) 后续地址消息(SAM)：前向信令，在 IAM 后发送的地址消息，用来传送剩余被叫电话号码。

(4) 地址全消息(ACM)：后向信令，表示收端局已收全呼叫至被叫用户所需的信息，还可包含被叫空闲和计费等信息。

(5) 应答信令(ANC)：后向信令，表示被叫摘机应答，并且是计费应答。

(6) 前向拆线信令(CLF)：发端局发出的前向释放电路信令。

(7) 后向拆线信令(CBK)：收端局发出的后向释放电路信令。

(8) 释放监护信令(RLG)：收端局对 CLF 的响应。收端局收到 CLF 后立即释放话路，并发出 RLG。

2. 基于 TUP 信令消息的电话业务呼叫接续过程

在 TUP 方式下，为完成一次完整的局间电话呼叫接续，需要由交换局和用户话机终端共同配合完成。话机终端与交换局之间的接续控制通过用户线信令来完成，交换局之间的接续控制通过 TUP 信令来完成。图 6-26 给出了一个局间电话业务接续过程的例子。这里假设被叫用户号码为 87654321。

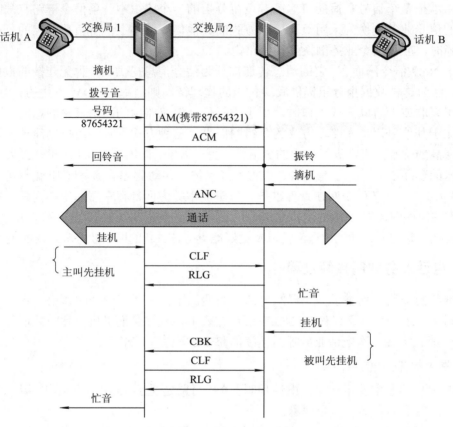

图 6-26 采用 TUP 信令的局间电话接续过程

整个呼叫接续过程包括以下阶段：

(1) 主叫用户摘机，发出呼叫请求。

一次呼叫接续过程是从主叫用户摘机开始的。由于程控交换机在运行状态下周期性地执行用户扫描程序，一旦主叫用户 A 摘机，该摘机动作能够立即被交换局 1 识别，激活呼叫处理进程，执行内部处理程序，根据主叫用户对应的用户线的物理连接位置(设备码)，检索和分析主叫用户数据，以区分用户的用户线类别、话机类别等信息，这些信息对于一个呼叫的处理是必不可少的。

(2) 交换机送出拨号音，准备收号。

在对主叫用户的上述分析结束后，如果判定这是一个可以继续的呼叫，交换局 1 就执行相应的输出驱动程序，寻找一个空闲的收号器并把它连接到主叫用户回路上去，同时连接信号音发生器向用户回路送出拨号音。

(3) 收号。

交换局 1 执行信令扫描程序，当主叫用户拨出被叫用户号码 87654321 时，由连接在用户环路上的收号器进行接收、存储，并将号首报告给呼叫处理程序中的数字分析程序进行分析，呼叫处理程序在收到首位号码后断开拨号音。

(4) 号码分析、路由选择和通路选择。

交换局 1 执行数字分析程序，根据用户所拨的被叫号码进行分析，分析结果为出局呼叫；接下来交换局 1 执行路由选择程序，查找对应的路由表，选择一条空闲的至交换局 2 的出局路由。

交换局 1 执行通路选择程序，预占一条交换局 1、2 之间的出局中继电路，并预占主叫用户 A 和选定的出局中继间的通路；同时产生一条 IAM 信令消息并发送给交换局 2，这条 IAM 消息的路由标记中的 CIC 字段说明了由该信令消息建立的话路将占用哪个局间中继电路，消息的信息字段携带被叫号码 87654321、主叫用户类别及其他控制信息。

交换局 2 收到全部的被叫号码及其他必需的控制信息后，分析消息中的 CIC 字段，并预占对应的入局中继电路。接下来，分析被叫用户号码，分析结果为被叫位于交换局 2，则交换局 2 分析用户 B 的忙闲情况，若用户空闲，而且允许被呼入，则向交换局 1 回送一条 ACM 消息，并预占入局中继和用户 B 间的一条话路，向用户 B 环路发送铃流，以使用户 B 话机振铃，通知用户 B 有呼叫到来，同时通过局间中继话路向主叫用户 A 送回铃音，以通知主叫用户当前呼叫所处的状态。

(5) 被叫应答，通话。

当用户 B 听到振铃音后，摘机应答。这个摘机动作被交换局 2 检测到，并通知呼叫处理程序，断开向用户 B 发送的铃流及向主叫用户 A 回送的回铃音，接通预占的入局中继和用户 B 间的话路，并向交换局 1 发送 ANC 消息，指示被叫应答并应进行计费。

交换局 1 收到 ANC 消息后，接通预占的主叫用户 A 和出局中继之间的话路，同时开始启动计费程序，用户 A 和用户 B 间的通话从此开始。

(6) 话终释放。

通话结束后，假设主叫用户 A 先挂机，则首先由交换局 1 检测到，交换局 1 释放主叫用户 A 和出局中继之间的话路，并向交换局 2 发送 CLF 消息。交换局 2 收到 CLF 消息后，立即释放入局中继和用户 B 间的话路，并向交换局 1 回送 RLG 消息，同时向被叫用户 B 送忙音。交换局 2 送出 RLG 消息后，本次呼叫占用的中继电路重新进入空闲状态。

假设被叫用户 B 先挂机，则由交换局 2 首先检测到，交换局 2 向交换局 1 发送 CBK 消息，在 TUP 中采用主叫控制电路复原方式时，交换局 2 并不立即释放话路，而是启动相应的定时设备，若在规定的时限内主叫用户未挂机，则发端市话局自动产生和发送前向拆线信号(CLF)，随后的电路释放过程与主叫先挂机时一致。

在上面的例子中，当交换局 1 和交换局 2 传送 TUP 信令消息时，它们是产生或接收信令消息的信令点，这两个信令点之间的信令工作方式可以采用直联方式或准直联方式。当采用准直联方式时，它们之间的信令路由还需要经过相应的信令转接点。

需要说明的是，以上给出的是一个最简单的局间呼叫的例子，实际的呼叫处理过程会复杂得多，还需要对呼叫过程中可能出现的其他各种事件进行处理，如主叫用户逾权呼叫、久不拨号、空号、中途挂机、被叫忙、久叫不应、话终久不挂机等。

6.4 智 能 网

智能网(IN，Intelligent Network)并非一种独立的网络，它是在原有通信网的基础上为快速、方便、经济地提供电信新业务而设置的一种附加的网络结构。智能网的出现打破了原有电话通信网的业务提供模式，它采用交换与业务相分离的思想，通过集中的业务控制点和数据库实现各种智能业务的控制。智能网不仅可以服务于电话网，也可以为综合业务数字网、移动通信网、Internet 等服务。

6.4.1　智能网的基本概念

1. 智能网的产生背景

在传统电话通信网中，为了向用户提供各种语音业务，涉及的呼叫处理、业务控制、话音交换等工作都是在程控交换机上集中完成的。这样的方式下，网络结构比较简单，对于提供一些事先设计好的基本语音业务或补充业务也比较容易，但如果想在已经建好的网络上开发和部署新业务，就显得十分困难，主要体现在下面几个方面：

(1) 每增加一项新业务，都需要在涉及的所有的交换机上进行软件的修改，且调试和维护的工作量巨大，不便于大规模部署。

(2) 在不同厂商生产的交换机上增加新业务时，其软件修改和维护的方法不统一，各个厂商的工作协调困难。

(3) 投入新业务的成本高，业务建设周期长，常常跟不上市场需求。

随着人们对电信业务需求的不断提高和电信市场竞争的加剧，如何快速地为用户提供各类新业务成为电信运营公司关注的重要问题。自 20 世纪 60 年代末美国首先开放了"被叫集中付费"的 800 业务以后，智能网业务在世界各国逐渐得到了发展。特别是到了 20 世纪 90 年代，智能网业务给电信运营商带来了很好的经济效益，使智能网在电信业务市场上具有了良好的竞争力，因此得到了广泛的重视。

2. 智能网标准的发展

从 20 世纪 80 年代开始，智能网标准化工作在全球范围内逐步展开，并不断深入到固定电话网、移动通信网、Internet 等多种领域的业务应用中。

1984 年，美国 Bellcore 推出了 IN/1 建议，正式提出了智能网一词，并逐步演化为 AIN(Advanced Intelligent Network)，成为北美国家的智能网标准。

1992 年 3 月，ITU-T 发布了关于智能网的第一套建议 IN CS-1(能力集 1)。IN CS-1 提出了智能网概念模型，列出了 38 种 IN 业务属性，并定义了 25 种新业务，它标志着智能网技术的正式形成。CS-1 主要面向 PSTN、N-ISDN 提供各种智能业务，它只能在一个网内提供智能业务。

1997 年 ITU-T 又推出了 IN CS-2 标准，该标准主要研究智能网的网间互联以及网间业务。1999 年的 IN CS-3 标准主要研究智能网与 Internet 的互通以及对移动网络的支持。2001 年推出的 IN CS-4 则侧重于智能网与 B-ISDN 的互通以及对 IMT2000 的支持。

为了在 GSM 移动通信系统中引入智能网，欧洲电信标准研究所(ETSI)于 1997 年定义了移动网络增强逻辑的客户化应用协议(CAMEL，Customised Applications for Mobile network Enhanced Logic)。在 CDMA 网络中，TIA/EIA 提出了 CDMA 移动智能网标准 WIN(Wireless Intelligent Network，无线智能网)。

在 IN 与 Internet 的结合方面，IETF 成立了 PINT(PSTN/Internet Internetworking)工作组

和 SPIRITS (Service in the PSTN/IN Requesting Internet Service) 工作组，专门研究 Internet 侧发起的 PSTN 业务(PINT)和从 PSTN 一侧激活 Internet 域的业务(SPIRITS)。

3. 智能网的定义

ITU-T 给出的智能网定义是：智能网是在现有交换和传输的基础网络结构上，为快速、方便、经济地提供电信新业务而设置的一种附加的网络结构。智能网的基本设计思想是在不改变现有各基础网络结构的条件下，把交换机的交换逻辑和业务控制逻辑相分离，由附加的智能网络层完成对业务的集中控制，交换机仅完成最基本的呼叫接续功能。通过智能网的体系结构，网络能够实现集中的业务控制、业务配置、业务管理及业务生成等功能。

智能网的设计目标主要有如下三个：

(1) 提供一种结构使得可以在电信网中快速、平滑、简单地引入新业务。

(2) 业务的提供应独立于设备提供商，电信运营商可通过标准的接口提供新业务，而不再像以前那样依赖于设备制造商。

(3) 为适应未来对业务的爆炸性增长的需求，第三方服务提供商应可以通过智能网为用户提供各类业务。

6.4.2 智能网的结构

1. 智能网的总体结构

智能网是在现有电信网、SS7 信令网和大型集中数据库的基础上构建的。在智能网中，原有的交换机仅完成基本电信业务的呼叫处理、业务交换和业务接入功能，新的智能业务的业务控制功能和相关业务逻辑转移至业务控制节点，交换机通过 SS7 接口与 SCP 相连，并受其控制。由于业务控制功能集中在少数 SCP 上，而增改新业务只涉及 SCP，因此在大型集中数据库内增加业务数据和用户数据时，新业务的快速生成和部署变得不再困难。

智能网一般由业务控制节点、业务交换节点、智能外设、业务管理系统、信令转接点、业务创建环境等几部分组成，如图 6-27 所示。

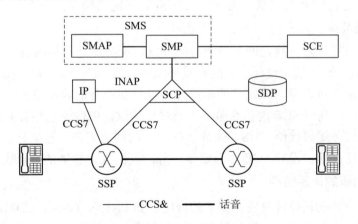

图 6-27　智能网的总体结构

1) 业务交换节点

业务交换节点(SSP, Service Switching Point)是电信网与智能网的连接点。SSP 完成呼叫处理功能和业务交换功能。其中呼叫处理功能负责接收用户呼叫，执行呼叫建立、呼叫保持、呼叫释放等基本接续功能。业务交换功能负责接收、识别出智能网呼叫，与 SCP 进行通信，并对 SCP 的请求做出响应，允许 SCP 中的业务逻辑影响呼叫处理的结果。通常SSP 以数字程控交换机为基础，再配以相应的软硬件和 SS7 系统接口组成。

2) 业务控制节点

业务控制节点(SCP, Service Control Point)是智能网的核心部分，它负责存储用户数据和业务逻辑，接收 SSP 的查询请求，根据请求执行相应的业务逻辑程序、查询数据库、进行各种译码、向 SSP 发回呼叫控制指令，以及实现各种各样的智能呼叫。SCP 与 SSP、SMS之间通过标准接口进行通信。通常 SCP 由大、中型计算机系统和大型实时数据库系统构成。

3) 业务管理系统

业务管理系统(SMS, Service Management System)可实现对 IN 系统的管理，由业务管理点(SMP)和业务管理接入点(SMAP)构成。SMP 是整个网络的管理中心，一般具有五种功能：业务逻辑管理、业务数据管理、用户数据管理、业务检测、业务量管理。SMAP 主要负责为操作员提供一种接入到 SMP 的手段，并通过 SMP 来修改、增删业务用户的数据及业务性能。智能网实施管理的一般过程是在业务生成环境中创建新业务的业务逻辑并由业务提供者将其输入到 SMP 中；SMP 再将其加载到 SCP，完成新业务的开通。另外，通过SMAP 可以接受管理人员的业务控制指令，以进行业务逻辑的修改等工作。

4) 信令转接点

信令转接点(STP)实质上是 SS7 网的组成部分，在智能网中，STP 负责 SSP 与 SCP 之间的信令传递。

5) 智能外设

智能外设(IP, Intelligent Peripheral)是协助完成智能网业务的专用资源，通常是具有语音合成、播放语音通知、语音识别等功能的物理设备。它可以是独立的，也可以是 SSP 的一部分；它可以接受 SCP 的控制，也可以执行 SCP 指定的操作。

6) 业务创建环境

智能网的主要目标之一就是便于新业务的开发，业务创建环境(SCE, Service Creation Environment)为用户提供按需设计业务的开发环境。一般 SCE 都为业务设计者提供了可视化的编程环境，用户可以利用预定义的标准元件设计新业务的业务逻辑，定义相应的业务数据。完成设计后，利用 SCE 的仿真验证工具进行测试，以保证它不会对已有电信业务构成损害。最后将业务逻辑传给 SMS，完成一次业务的创建工作。从某种意义上来说，SCE才是智能网的真正灵魂，没有 SCE 按需定制业务的灵活性，智能的特点也就无从体现。

2. 综合智能网的体系结构

智能网在发展初期只是针对同种网络的应用，如 PSTN、GSM、CDMA 网中分别部署的智能网仅仅面向本网用户，各网相互独立，业务之间不发生关联。各智能网系统采用的协议均不相同(如固定网采用 INAP，移动网采用 CAMEL 和 WIN)，各个网络中智能业务的触发机制也不同(如固定网使用的号码段触发、接入码触发，移动网使用的签约信息触发机制等)。

随着智能业务的快速发展和国内运营商的综合化，这种依据网络建设和运营方式构建智能网的传统方式已经越来越制约业务的跨网络开展，同时多套不同体系的智能网并存也不利于网络的维护和业务的管理。

综合智能网正是为了适应这种多业务、综合运营商和多网络并存而提出的。它实现了智能网与 PSTN、GSM 和 CDMA 的结合，综合了三种智能网的特点，能够满足三种网络所有智能业务的需求，同时还可以支持具有综合特点的各类智能业务。

为兼容原有的智能网系统，综合智能网体系与传统的智能网体系结构基本相同，如图6-28 所示。

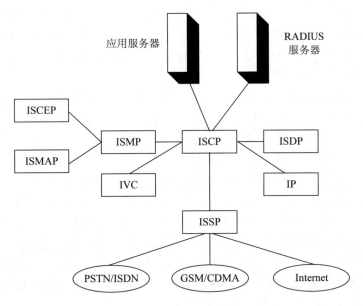

图 6-28　综合智能网体系结构

综合智能网是以综合业务控制点(ISCP)为核心的智能网，可在 ISCP 的控制下完成一次完整的智能业务呼叫。ISCP 与 PSTN、GSM 和 CDMA 三种网络的各种功能实体通过标准接口相连。ISCP 与 PSTN 互通主要采用 INAP 接口协议，与 GSM 互通主要采用 CAP 和MAP 接口协议，与 CDMA 互通主要采用 WIN-MAP 协议。

除了 ISCP 外，综合智能网还包括综合业务交换点(ISSP)、综合业务管理点(ISMP)、智能外设(IP)、综合业务生成环境点(ISCEP)、综合业务管理接入点(ISMAP)、综合充值中心(IVC)、综合业务数据点(ISDP)，同时还应包括支持开放接口的应用服务器和 RADIUS 服务器等。

6.4.3　智能网业务

1. 典型的智能网业务

智能网中的业务设计采用了模块化思想。一种业务由一个或多个业务特征构成，一个业务特征又可以被多个业务所使用。在 IN CS-1 中，共定义了 38 种业务特征，可以组成 25种业务。如 800 被叫集中付费业务可表示为：

被叫集中付费＝"公用一个号码"＋"反向计费"＋"登记呼叫记录"＋……

目前在我国智能网中已开放的常见业务有：

(1) 被叫集中付费业务：用户的呼叫由被叫支付电话费用，而主叫不付费。该业务的接入码为 800。当一个商业、企业部门作为业务客户申请开放该业务时，运营商为该业务客户分配 800 业务号码。当普通用户呼叫该 800 号码时，产生的话费由业务客户支付。

(2) 虚拟专用网业务：一种利用公用电信网的资源，通过程控网络节点中的软件控制向大型企业的用户提供非永久的专用网络业务。它可以避免重复投资，也不需要进行网络的维护工作，同时用户可以管理自己的网络。用户可以通过 VPN 得到快速的业务应用，而运行部门通过虚拟专用网业务可以充分利用已建的网络资源。

(3) 号码携带业务：当一个电话用户改变其电话号码后仍然可以使用他原有的电话号码。例如有人呼叫用户移机前的号码时，智能网能够主动将该号码翻译成移机后的新号码，并进行接续；当有用户拨打移机改号用户的时候，通过播放提示音告知用户移机后的新号码。该业务具有时间限制的特点。

(4) 通用个人通信业务：让用户使用一个唯一的个人通信号码，可以接入任何一个网络并能够跨越多个网络进行通信(例如 700 业务)。该业务实际上是一种移动业务，它允许用户有移动的能力，用户可通过唯一的、独立于网络的个人号码接收任意呼叫，并可跨越多重网络，在任意的网络以用户接口接入。

(5) 统一账号业务：用户申请一个固定的账号，当用户拨打电话、上网或者使用相关业务时发生的费用都从一个统一的账号下扣除，实现多卡合一功能。用户可以通过购买新卡进行充值。统一账号可以采用预付费方式，也可以采用后付费方式。

(6) 广域集中交换机业务：把分布在不同交换局的"集中用户交换机"和单机用户组成一个虚拟的 PABX，使系统资源在专用和公用网络之间自由分配。集团用户可以从设备维护中解放出来。设备直接连接到公共电话网的终端，因而此业务适合地理位置分散的用户。

2. 智能业务的编号

对于 IN 业务，为了识别用户发起的是何种 IN 业务和业务特征，以及方便 SSP 寻址相应的 SCP，也需要对各种 IN 业务和业务特征安排相应的号码。

(1) 被叫集中付费的业务编号。

该业务号码由三部分组成，即接入码 + 数据库标识码 + 用户代码，其中接入码为 800，数据库标识码为三位 KN_1N_2，用户代码为四位 ABCD，例如 800-858-2897。SSP 根据用户拨打的 $800KN_1N_2$，确定相应的 SCP 和 SDP，SDP 再将 KN_1N_2ABCD 翻译成相应的公网用户号码，最后由 SCP 发给 SSP，SSP 根据此号码建立接续。

(2) VPN 业务号码。

该业务号码由四部分组成：接入码(600) + 数据库标识码(N_1N_2) + VPN 群号 + 群内分机号。

3. 智能网业务呼叫流程

智能网中的业务呼叫与传统电话网中的业务呼叫的最大区别是智能网中业务逻辑的控制主要是由 SCP 完成的。SSP 识别出智能呼叫后，提交给 SCP，并在 SCP 的指令下完成所需的呼叫处理。为了协调智能网中各功能实体实现各种智能业务，需要在相关智能实体间进行控制信息流的传递，这主要是通过 INAP 完成的。INAP 目前定义了 SCP 与 SSP、SCP

与 IP、SCP 与 SDP、SSP 与 IP 间的接口规范。在 INAP 中，将有关的信息流都抽象为操作和对操作的响应。在 1997 年原邮电部颁布的 IN CS-1 INAP 规程中，定义了 35 种操作；在信息产业部 2002 年颁布的 IN CS-2 INAP 规程中，定义了 48 种操作。在下面的被叫集中付费业务呼叫流程中，将说明 INAP 操作的执行过程。

下面以 800 业务为例，给出整个呼叫流程的具体步骤，如图 6-29 所示。

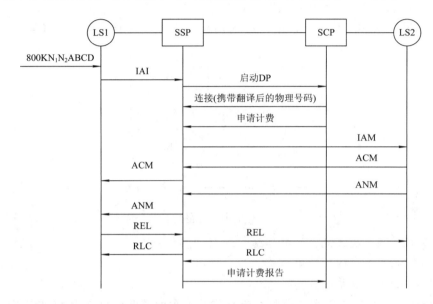

图 6-29　800 业务呼叫流程

(1) 主叫用户拨叫 800 业务号码 800KN$_1$N$_2$ABCD，主叫所在端局识别后，用 IAI 消息将业务号码 800KN$_1$N$_2$ABCD 及主叫用户号码等相关信息发送给对应的业务交换点 SSP。

(2) SSP 收到 IAI 消息后，识别到这是一个 800 智能呼叫，就暂停对该业务的呼叫处理，执行"启动 DP"操作将相关信息报告给对应的 SCP。"启动 DP"操作是一个标准的 INAP 操作，SSP 通过该操作请求 SCP 启动本次业务逻辑，给出完成此智能业务的具体指令。

(3) SCP 启动 800 业务逻辑，根据 KN$_1$N$_2$ 确定对应的业务数据库并进行数据库查询，数据库返回与该业务号码 800KN$_1$N$_2$ABCD 对应的实际目的地号码；接下来 SCP 向 SSP 发出"连接"操作和"申请计费"操作，这两个都是标准的 INAP 操作。其中，SCP 通过"连接"操作中携带的参数指示 SSP 按照翻译后的目的号码完成接续，并通过"申请计费"操作指示对该呼叫应该如何计费。

(4) SSP 收到 SCP 的命令后，按照 SCP 指示的目的号码将呼叫接续至对应的端局。在此过程中，仍使用 TUP 或 ISUP 信令消息完成接续。

(5) 主叫用户挂机后，SSP 向 SCP 发出"申请计费报告"操作。通过这个 INAP 操作，SSP 向 SCP 报告前面的"申请计费"操作中所请求的与计费相关的信息。

习　　题

1. 传统电话网在技术上具备哪些特征?

2. 构成传统电话网时都有哪些必备的要素？这些要素各自的作用是什么？

3. 简要说明电路交换机的基本组成结构，解释电话交换机中为什么要包含模拟用户电路。

4. 电话交换机的运行软件包括几部分？说明各部分的主要作用。

5. 请简述我国电话网的结构及各交换中心的职能。

6. 二级本地电话网的常见汇接方式有哪几种？

7. 什么是选路计划？什么是选路结构？

8. 如图 6-30 所示长途网，请给出从 A 局到 D 局所有可能的路由选择顺序。

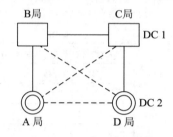

图 6-30 习题图

9. 信令有哪些分类方式？公共信道信令有哪些优点？

10. 说明 No.7 信令的功能级结构。

11. 说明 No.7 信令系统结构。

12. No.7 信令的信号单元有哪些？各类信号单元的哪些字段是由 MTP-2 产生的？

13. 说明我国 No.7 信令网的结构。

14. No.7 信令消息处理是如何完成的？

15. 简要说明一次局间呼叫的信令流程。

16. 说明智能网的总体结构和各部分的主要功能。

17. 举例说明常见的智能网业务有哪些。

18. 比较基本电话业务与智能网业务实现方式的差异，并说明智能网业务实现方式有哪些好处。

第 7 章   IP 电话网

分组交换技术最初被认为不适合支持语音通信。但随着 IP 技术的迅速发展,IP 交换机、路由器的处理能力和速度不断提高,分组化信令技术、语音处理技术、传输技术、接入技术等的不断发展,使得在 IP 网络上提供语音通信业务成为可能。相比于传统电话网,分组化、IP 化的语音业务提供方式有利于降低业务成本,更好地满足业务发展的新需求,适应未来网络结构发展的趋势。

本章介绍基于 VoIP(Voice over IP)技术的电话通信网,主要内容包括: IP 电话发展背景及关键技术、基于 H.323 协议的 IP 电话网、基于会话启动协议 SIP(Session Initiation Protocol)的 IP 电话网和基于软交换的 IP 电话网。

7.1   概   述

7.1.1   IP 电话网的发展背景

IP 电话是在互联网或其他使用 IP 技术的网络上提供的话音通信业务。能够实现 IP 电话的技术很多,它们可以统称为 VoIP 技术。从本质上看,IP 电话属于分组化语音技术。在此之前,类似的技术还有 X.25 上的话音、帧中继上的话音及 ATM 话音等,但随着 Internet、TCP/IP 技术的迅速发展,IP 电话因其覆盖面广、接入方便、设备需求简单、价格低廉等特性而成为备受关注、前景十分广阔的分组化语音技术。

最早出现的 IP 电话是在互联网上的 PC 机与 PC 机之间(PC to PC)的通话。用户 PC 上需要配备相应的硬件(声卡、扬声器、话筒等)并安装客户端软件,用户通过输入被叫的 IP 地址或账号进行呼叫,接通后,主叫话音被封装成 IP 包通过 Internet 进行传送。1995 年,以色列 VocalTec 公司推出的 "iPhone1.0" 是全球第一款 PC to PC 方式的 IP 语音软件。目前较为常见的 QQ 语音、MSN 语音等也属于此方式。

一些公司在 PC to PC 的基础上实现了计算机到 PSTN 用户之间的呼叫(PC to Phone),如图 7-1 所示。在这种方式下,IP 网和 PSTN 之间需要配备 VoIP 网关(Gateway),PC 机上需要安装 IP 电话客户端软件,并进行 VoIP 网关的设置。1996 年,美国 IDT 公司推出了首款 PC to Phone 电话软件 Net2Phone。基于图 7-1 结构,也可以实现 PSTN 到计算机(Phone to PC)的呼叫。PC 端事先获得一个电话号码,PSTN 用户拨叫该号码后先接入到网关设备,通过网关连接被叫 PC。Skype 是美国推出的一款 VoIP 软件,支持 PC to PC、PC to Phone、Phone to PC 三种呼叫方式,在全球范围拥有数亿用户。近年来,随着智能手机的普及,基于 iOS、Android 等手机操作系统并支持多种呼叫方式的 VoIP 软件也迅速发展。

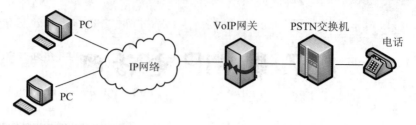

图 7-1　PC to Phone 的 IP 电话方式

　　为了更加方便地使用 VoIP，市场上出现了专门的 IP 话机终端，它属于独立设备，在外观和功能上更像普通话机，如图 7-2 所示。在这种方式下，网络中需要具备专门的代理服务器和应用服务器。IP 话机上需进行 IP 地址、电话号码、代理服务器地址的配置。IP 话机开始工作前应向代理服务器进行注册，代理服务器则完成对网络中 IP 话机的 IP 地址和电话号码的管理及呼叫控制、地址解析等功能。

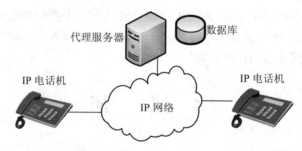

图 7-2　专用的 IP 话机

　　上面的几种方式下，需要在客户端配备相关的硬件和软件才能实现基于 IP 网的通话。此后，很多电信运营公司又推出了普通 PSTN 电话用户之间的 IP 电话，即电话到电话(Phone to Phone)。在这种方式下，运营公司需要在 PSTN 与 IP 网之间引入 IP 电话网关、网守(GateKeeper)等设备，如图 7-3 所示。其中，IP 电话网关是 PSTN 与 IP 网之间的接口与转换设备，主要负责完成呼叫控制、信令转换和语音媒体转换等功能。网守是 IP 电话网的管理者，它负责完成用户注册和管理、地址解析、带宽管理、计费等功能。目前，Phone to Phone 方式的 IP 电话因其使用方便、话费低廉等优势，已成为应用十分广泛的话音通信方式。

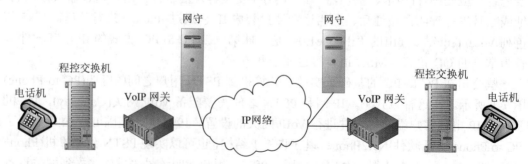

图 7-3　Phone to Phone 方式的 IP 电话

　　随着 IP 电话业务量的迅速增长，IP 电话网关由于功能过于集中，设备实现复杂，有可能成为 IP 电话网的瓶颈。在 Phone to Phone 方式的基础之上，人们又进一步提出了分解网关功能的思想，将网关的呼叫控制、媒体转换、信令转换功能分别放置在不同的实体上完成，软交换技术正是在这种思想基础上产生的。基于软交换结构，网络功能模块分工更加明确、网络结构更加灵活，便于实现 PSTN 到分组化融合网络的演进。

7.1.2 基于分组交换的电话网体系架构

无论采用何种方式实现基于分组交换的话音业务，网络都应包括三个基本组成部分：交换转发、呼叫控制、业务控制，如图 7-4 所示。图中，分组交换网可以采用 IP、帧中继、ATM 等多种交换技术，由各级分组交换机、路由器等构成，完成语音与信令信息之间的交换转发。基本话音业务的呼叫控制主要涉及呼叫服务器及分组话音终端，通过在它们之间传递分组化的信令信息完成连接的建立、释放，该呼叫控制方式可以采用标准化的信令协议，也可以采用自定义的信令协议。呼叫建立之后，终端产生的话音信息转换为数字话音并封装后在分组交换网上进行传输。补充业务与增值业务主要由特定的业务服务器、应用服务器、策略服务器等提供。

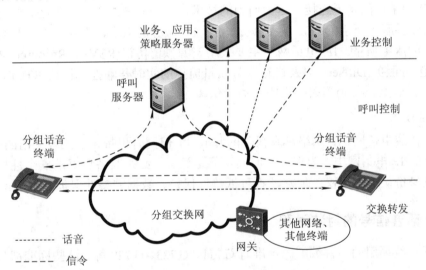

图 7-4 基于分组交换的电话网体系结构

为使不同类型的终端能够接入分组电话网络，或实现与其他网络的互通，还需在网络边缘引入网关设备。根据完成的功能不同，网关设备可以分为媒体网关、信令网关等。在基于软交换的网络中，这些网关被划分到独立的网络层次中，即媒体接入层。

7.1.3 VoIP 关键技术

为了在 IP 网络上提供电话业务，需要解决信令协议设计、语音处理、服务质量等多方面的问题。这些问题的解决，主要依赖于 IP 电话网中采用的各种关键技术，主要包括：

1. 语音处理技术

IP 网中的语音处理主要应解决两方面的问题：一是在保证一定语音质量的条件下尽可能降低编码比特率，二是在 IP 网络的环境下保证一定的通话服务质量。前者主要涉及语音编码技术、静音检测技术等；后者包括分组丢失补偿、抖动消除、回波抵消等技术。这些功能主要采用低速率声码器及其他特殊软硬件完成。基于语音编码技术可以对传统电话业务信号进行较大程度的压缩。例如采用 G.729 标准可以将 DS0 的 64 kb/s 信号压缩成 8 kb/s 的信号。

2. 信令技术

VoIP 信令主要负责完成 IP 电话的呼叫控制，IP 电话网中的信令消息被封装成 IP 包进行传送。目前在电信级 IP 电话网中采用的信令协议主要有：H.323 协议、SIP 协议、MGCP 协议、H.248 协议等。

3. 传送技术

由于 IP 语音分组的传送对实时性要求很高，因此其传输层协议采用 UDP。此外，在 IP 电话网中还采用实时传送协议(RTP，Real-time Transport Protocol)，该协议提供话音分组的实时传送功能，包括：时间戳(用于同步)、序列号(用于丢包和重排序检测)，以及负载格式(用于说明数据的编码格式)。

4. 服务质量保障技术

传统 IP 网采用的是无连接、尽力而为的技术，存在着分组丢失、失序、时延、抖动等问题，无法提供服务质量(QoS)。为了满足语音通信服务的需求，需要引入一些其他的技术来保障一定的服务质量。IP 电话网中主要采用资源预留协议(RSVP，Resource Reservation Protocol)、区分服务(Diffserv)以及进行服务质量监控的实时传输控制协议(RTCP，Real-time Transport Control Protocol)等来提供服务质量保障。

5. 安全技术

相比于传统电信网，IP 网络具有很强的开放性，但同时也带来了比较突出的安全问题。在面向公众的 IP 电话网中，为保证长时间可靠地运行，必须具备良好的安全性机制。该机制主要涉及身份认证、授权、加密、不可抵赖性保护、数据完整性保护等技术。

7.1.4 IP 话音信号的封装过程

IP 电话系统采用的话音编解码标准有 G.711、G.723、G.729 等，这些标准都是由 ITU-T 制定的。

G.711 标准也称为 PCM(脉冲编码调制)，它的采样率为 8 kHz，使用 A 律压缩或 μ 律压缩算法，最终产生 64 kb/s 的语音输出信号。

G.729 标准采用共轭结构的代数码激励线性预测算法，它的采样率为 8 kHz，压缩后数据速率为 8 kb/s，能够实现很高的语音质量和很低的算法延时，被广泛地应用于数据通信的各个领域。

G.723 标准采用 LPC 合成－分析法和感知加权误差最小化原理编码，语音压缩后数据速率为 6.3 kb/s 或 5.3 kb/s。

下面以 G.729 编码为例，说明语音信号的封装过程，如图 7-5 所示：

在图 7-5 中，假定每个语音包的打包周期为 20 ms，则每秒发送的语音包数为 50 个，为了在 1 秒内发送 G.729 编码输出的 8 kb 语音信息，则在每个包中发送的语音信息长度为：$8000 \div 50 \div 8 = 20$ 字节。由于 1 个 G.729 帧长度为 10 Byte，所以在一个语音包中包含 2 个 G.729 帧。

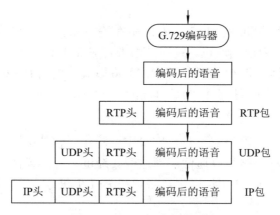

图 7-5　G.729 语音封装过程

RTP 包头部长度为 12 Byte，UDP 包头部长度为 8 Byte，IP 包头部长度为 20 Byte，从而可以计算出 IP 包的总长度为：12 + 8 + 20 + 20 = 60 Byte。

最后可以计算得出一路 IP 语音信号占用的带宽为：60 × 50 × 8 = 24 kb/s。

如果进一步考虑 MAC 层的开销，则一路语音信号占用的带宽为 34.4 kb/s。

7.2　基于 H.323 协议的 IP 电话网

7.2.1　基于 H.323 协议的 IP 电话网的组成

H.323 协议是由 ITU-T 制订的一个标准协议族，是 ITU-T 多媒体通信系列标准 H.32x 的一部分。H.323v1 由 ITU SG-15 于 1996 年通过，目前发展到第六个版本。H.323 制定了无 QoS 保证的分组网络上的多媒体通信系统标准所需的技术要求，为 LAN、WAN、Intranet、Internet 等网络上的多媒体通信应用提供了技术基础和保障。H.323 协议不仅支持语音通信，而且还支持多种视频业务和数据业务，在电信级 VoIP、企业级 VoIP 中得到了广泛的应用。

典型的基于 H.323 协议的 IP 电话网络组成如图 7-6 所示，网络主要包含四种实体，分别是终端(Terminal)、网关(Gateway)、多点控制单元(MCU，Multipoint Control Units)和网守(Gatekeeper)。终端、网关和多点控制单元都可称为端点(endpoint)。下面简要介绍这些实体的功能。

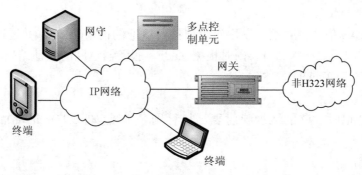

图 7-6　基于 H.323 的 IP 电话网网络结构

1．终端

H.323 终端是一个产生和终止 H.323 数据流/信令的端点，它与其他 H.323 终端、网关或 MCU 之间进行实时、双向的通讯。终端是由带有 H.323 协议栈的软件或硬件来实现的，例如 PC、嵌入式 IP 电话机和 IP 电话软件 Net2Phone 等。根据 H.323 的规定，终端必须支持音频通信，而视频通信和数据会议则是可选的。

2．网关

网关是 H.323 网络中一个可选组件，它最主要的作用就是协议转换。通过网关，可使两个不同协议体系结构的网络得以通信。当通信要经过不同协议体系结构的网络时，网关是必需的。在基于 H.323 的 IP 电话网中，必须在 PSTN 和 IP 网接口处配备 H.323 网关。网关完成的主要功能有：

(1) 接入认证和授权。接入认证用于对 IP 电话用户的身份及信用进行认证，可通过用户电话号码、卡号、密码、IP 地址等进行认证。网关使用 RAS 消息向网守发出用户接入认证请求并接收网守的响应，再根据结果赋予用户接入认证权限和启动计费服务器。

(2) 呼叫处理与控制。网关通过 No.7 信令等完成 PSTN、ISDN 侧的呼叫建立和释放，通过 H.323 信令控制协议完成与被叫所在网关之间的呼叫控制，实现 IP 网络侧的呼叫建立和释放。

(3) 语音处理功能。网关完成语音 PSTN 侧和 IP 网络侧的语音格式转换和处理功能，包括语音编解码、封装、回声消除、静音检测等功能。

(4) 计费功能。网关在通话开始时采集计费信息，在通话结束时或定期地向计费认证中心传送计费信息。

(5) 其他功能。网关还具有与各种网络的接口功能，如通过数字中继、PRI 等实现电话网络侧的接口；通过 LAN 接口实现 IP 网侧的接口；通过网管设备接口完成资源配置、业务统计、故障管理等功能。

3．网守

网守是 H.323 网络的管理者，它是 H.323 系统中一个可选组件。当 H.323 网络中不存在网守时，两个端点间不需要经过认证就能直接通信，然而这不便于运营商开展计费服务，且两个端点的地址解析被分散到网关中，会加大网关处理的复杂度。另外，如果没有网守，扩充新功能(如添加带宽管理和路由控制)是比较困难的。对于实际运行的公用网上的 IP 电话系统来说，网守是不可缺少的重要部分。网守完成的主要功能有：

1) 接入认证和授权

网守通过 RAS 信令接收端点发出对用户接入认证的请求(ARQ)，并通过 Radius 协议与 Radius 服务器完成用户接入认证，同时根据 Radius 服务器返回的认证结果向端点发送接入确认(ACF)或接入拒绝(ARJ)。

2) 地址解析

网守根据登记时建立的地址映射表，执行别名地址(如 E.164 地址)到运输层地址的翻译。

3) 呼叫控制

网守可以支持两种信令呼叫方式：直接端点信令呼叫方式和网守转发信令呼叫方式。

在前一种方式下，呼叫信令从一个端点直接向另一个端点发送，不经过网守转发；后一种方式下，呼叫信令从一个端点向另一个端点发送时，必须经由网守转发。

4) 带宽管理

网守可以为正在进行的呼叫分配附加的带宽，也可在带宽不足时，拒绝 H.323 端点的呼叫。

5) QoS 管理功能

网守可以接收端点发来的话路状态信息报告，如通断情况、语音编码类型、带宽等，从而掌握各个话路的通话情况。端点也可以汇报其当前的呼叫处理能力，网守根据资源报告决定是否接纳新的话路或给网关增加带宽。

6) 操作维护功能

网守应具有与网管设备的接口，完成配置、统计、故障查询及告警灯功能。

4. 多点控制单元

多点控制单元 MCU 主要负责多点会议的通信控制，也是一个可选组件。MCU 由一个必备的 MC(Multipoint Controller)和多个可选的 MP(Multipoint Processor)组成。MC 完成信令控制，它为多点会议中多个终端的参与提供控制，与所有终端进行能力协商，并对会议资源进行管理。MP 为多点会议中的媒体流提供集中处理功能，在 MC 的控制下，进行混音、交换和其他对媒体流的处理。

7.2.2　H.323 协议

1. H.323 协议栈结构

H.323 作为一个协议框架，提供了系统及组成部分描述、呼叫方式描述及呼叫信令程序。H.323 系统需要一组协议的支持，包括呼叫控制协议、媒体控制协议和音／视频编码协议等，这些协议和 H.323 协议组合起来构成分组网多媒体通信的技术标准，如图 7-7 所示。

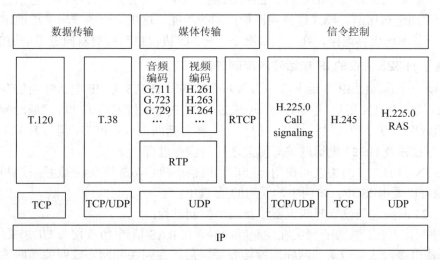

图 7-7　H.323 协议栈结构

从图 7-7 中可以看出，H.323 协议栈由三个模块组成：信令控制模块、媒体传输模块和数据传输模块。信令控制模块又由 H.225.0 呼叫信令协议、H.245 媒体控制协议和 H.225.0 RAS(Registration/Admission/Status)协议组成。媒体传输模块由音频传输和视频传输两部分组成，视频传输主要使用 H.26X 系列编解码标准，音频传输则主要使用 G.711、G.723、G.729 等编解码标准，媒体传输还需要 RTP 和 RTCP 来完成实时传送及控制，其采用的传输层协议为 UDP。数据传输模块则主要由建立在 TCP 上的 T.120 协议族来负责。

2. 信令控制协议

1) H.225.0 RAS 协议

H.225.0 RAS 协议主要用于端点(网关、终端)和网守之间的通信，完成网守查询、端点注册、接入认证等工作。在 RAS 协议中，一般是由端点向网守发送一个请求，网守进行相应处理后，向端点返回接受和拒绝消息。主要的 RAS 消息有：GRQ/GCF/GRJ 查找网守及响应；RRQ/RCF/RCJ 注册请求及响应；ARQ/ACF/ARJ 接入请求及响应；DRQ/DCF/DRJ 断开连接请求及响应等。RAS 协议消息是通过 UDP 传送的。

2) H.225.0 呼叫信令协议

H.225.0 呼叫信令协议消息主要负责完成呼叫的建立、释放等，消息是通过 TCP 承载的。该协议是以 ISDN 的 Q.931/Q.932 为基础制订的，其中 Q.931 最重要。在一个呼叫的建立过程中，首先应通过 H.225.0 协议在端点之间建立呼叫联系，并建立 H.245 控制信道，其后才能在 H.245 控制信道上传送 H.245 媒体控制协议。H.225.0 呼叫信令协议消息的传送方式有两种：直接选路信令方式和网守选路信令方式，在前一种方式下信令消息的传送在端点之间直接进行，不需经过网守；而后一种方式下，端点之间的信令消息传送需要经过网守转发。

3) H.245 媒体控制协议

H.245 媒体控制协议用于完成 H.323 系统中的媒体信道控制。传送 H.245 媒体控制协议消息的通道是一种控制信道，它是由 H.225.0 呼叫信令协议建立的；而 H.245 媒体控制协议负责建立 H.323 系统中的语音、视频等通信的逻辑信道并进行控制，包括打开能力交换、打开/关闭逻辑信道、模式选择和流量控制等功能。这里，一条逻辑信道通常是两个端点之间的一条单向媒体通路，在一些情况下，H.245 协议也支持对双向逻辑信道的控制。

3. 基于 H.323 协议的 IP 电话呼叫控制过程

下面以一个具体的 IP 电话卡呼叫为例，介绍基于 H.323 的 IP 电话呼叫信令过程。设用户 A、B 均为 PSTN 用户，主叫用户 A 通过使用 IP 电话接入码 17908 完成对被叫用户 B 的 IP 电话呼叫。这个呼叫过程使用到的信令主要包括两部分：PSTN 侧与 H.323 电话网关之间的信令过程及 H.323 电话网关与网关之间的信令过程。

在 PSTN 与 H.323 网关之间使用标准电话网信令(如 No.7 信令)完成呼叫控制，可以采用 TUP 也可以采用 ISUP。本例中，采用的是 TUP。

在 H.323 网关之间建立呼叫主要涉及三个控制过程：

(1) 呼叫接入认证控制：网关在发起呼叫时，在 RAS 信道上(底层为 UDP)采用 RAS 协议向网守发出接入认证请求，网守同意接收呼叫后，在网关和网守或网关和网关之间建立 H.225.0 呼叫信令信道(底层为 TCP)。

(2) 呼叫建立控制：网关和网守或网关之间采用 H.225.0 呼叫信令协议建立呼叫联系，呼叫联系建立成功后，在网关之间建立起 H.245 控制信道(底层为 TCP)。

(3) 媒体信道连接控制：H.245 控制信道建立后，网关之间通过 H.245 协议建立二者之间的媒体信道，即通信中传送话音、视频等信息的逻辑信道。实时通信逻辑信道底层采用 UDP。

本例中假设采用直接选路信令方式，详细呼叫信令过程如图 7-8 所示。

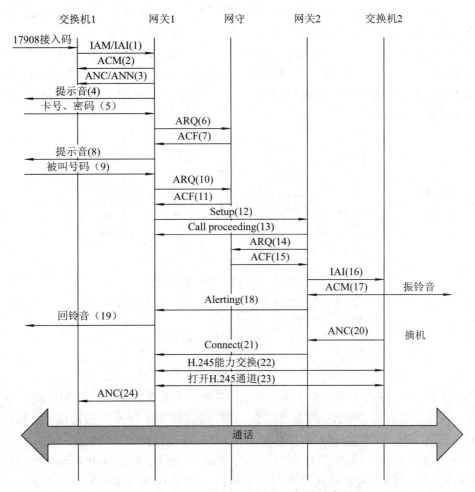

图 7-8　基于 H.323 的 IP 电话卡业务呼叫流程

7.3　基于 SIP 协议的 IP 电话网

7.3.1　SIP 协议简介

1. SIP 协议栈结构

SIP 即会话启动协议，是由 IETF 于 1999 年提出的一个在基于 IP 的网络中，特别是在 Internet 环境中实现实时通信应用的一种信令协议。这里所谓的会话就是指用户之间的数据交互。在基于 SIP 的应用中，每一个会话可以具有不同类型的内容，可以是音频、视频数据，也可以是普通的文本数据，还可以是诸如远程教育、远程医疗、游戏等应用的数据。SIP 协议凭借其简单、易于扩展、便于实现等多方面的优点而具有良好的发展前景，成为网络融合中的重要协议。

作为 IETF 提出的一个标准，SIP 在很大程度上借鉴了其他 Internet 的应用协议，如HTTP、SMTP 等。一方面，它遵循其他 Internet 标准和协议的设计思想，在风格上保持简练、开放、兼容和可扩展等原则，并充分注意到由于因特网开放而变得复杂的网络环境下的安全问题；另一方面，它也充分考虑了对传统公共电话网的各种业务，包括对 IN 业务和ISDN 业务的支持。SIP 采用基于文本消息格式的客户机/服务器模式，用以建立、改变和终止基于 IP 网络的用户间的呼叫，其中呼叫可以是点到点的，也可以是多点之间的。SIP 协议是 IETF 多媒体数据和控制体系结构的一部分，需要与其他相关标准和协议配合。SIP 协议栈结构如图 7-9 所示。

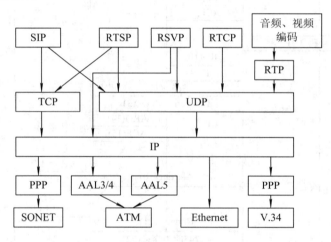

图 7-9　SIP 协议栈结构

图 7-8 中，SIP 协议是呼叫信令控制协议，它涵盖了 H.323 系统的呼叫控制信令 H.225.0和注册、许可、状态协议 RAS 的主要功能。SIP 协议作为一种应用层协议，承载在 IP 网，网络层协议为 IP，传输层协议可用 TCP 或 UDP，但一般首选 UDP。

在媒体控制方面，可通过在 SIP 消息中传送会话描述协议(SDP，Session Description Protocol)来描述多媒体会话，还可通过会话通告协议 SAP(Session Announcement Protocol)以组播方式发布多媒体会话。但是 SIP 协议的功能和实施并不依赖这些协议。

RSVP 协议是任选的，用于预留网络资源。RTP、RTCP 用于传输实时数据并提供服务质量(QoS)反馈，RTSP(Real-Time Stream Protocol)用于控制实时媒体流的传输，例如播放、快进、暂停等。

2. SIP 协议支持的功能

作为一种多媒体会话信令，SIP 可以用来创建、修改、终止多媒体对话或呼叫。SIP 协议支持别名映射、重定向服务、ISDN 和 IN 业务，亦支持个人移动(personal mobility)，即终端用户能够在任何地方、任何时间请求和获得已订购的任何电信业务。总体上，SIP 协议主要支持以下多媒体通信的信令功能：

（1）名字翻译和用户定位。SIP 的最强大之处就是拥有用户定位功能。SIP 本身含有向注册服务器注册的功能，也可利用其他定位服务器(如 DNS、LDAP 等)提供的定位服务来增强其定位功能。SIP 使用一套与 E-mail 类似的地址命名机制，每一个用户由分级 SIP-URL 地址共同决定，如 user@abc.com、88334567@202.113.44.55 等。通过这种地址机制，能够保证无论被叫方在哪里都可以定位到。

（2）会话参数协商。由于并非所有会话参与者都能够支持相同级别的特征，SIP 允许一次呼叫中的所有参与者对会话参数特征进行协商，使得与呼叫有关的会话组在支持的特征上达成一致。例如，几个可视电话用户和一个普通移动电话用户进行会晤时就不能使用可视电话功能；但当移动电话用户退出后，其他用户则可以重新协商使用可视功能。

（3）用户可用性判断。在一次会话过程中，确定被叫方是否空闲及是否愿意加入呼叫。

（4）建立呼叫。在一次会话过程中，呼叫参与者能够邀请其他用户加入呼叫，并在主被叫之间传递呼叫参数。

（5）呼叫控制。在一次会话过程中，在呼叫建立后，可以进行呼叫重定向、呼叫转移和终止呼叫等。

3. SIP 体系结构

SIP 遵从客户机/服务器体系结构。该体系结构中，呼叫由客户机发起，终止于服务端。这里，客户机是指为了向服务器发送请求而与服务器建立连接的应用程序，服务器是用于对客户机发来的请求提供服务，并回送应答的应用程序。

在基于 SIP 的网络中，有两类基本的网络实体：SIP 用户代理(UA，User Agent)和 SIP 网络服务器，如图 7-10 所示。

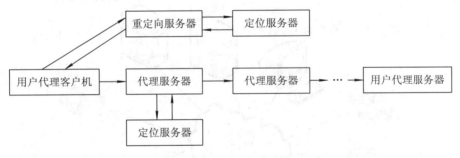

图 7-10　SIP 体系结构

用户代理分为用户代理客户机程序(UAC)和用户代理服务器程序(UAS)。在用户发起呼叫时由客户机程序处理，在用户作为被叫响应一个呼叫时由服务器程序处理。

SIP 网络服务器主要为用户代理提供注册、认证、鉴权、路由等服务，可分为以下几种类型：

（1）代理服务器。代理服务器代表其他客户机发起请求，它既充当服务器又充当客户机的应用程序。客户机请求被代理服务器处理并翻译后，再传送给下一跳服务器。下一跳可以是另一个代理服务器，也可以是最终的用户代理服务器。代理服务器本身并不对用户请求进行响应，只是转发用户请求，然后将自身的地址加入请求消息的路径头部分，以保证响应按原路返回，并防止回路产生。

（2）重定向服务器。当重定向服务器收到用户的请求后，若判断自身不是目的地址，则向用户响应一个应访问的服务器地址，而不是转发请求报文。它本身并不处理任何请求消息，只是在接收 SIP 请求后，把请求中的原目的地址映射成零个或多个新地址，返回给客户机。

(3) 注册服务器。注册服务器接收客户机的注册请求，完成用户地址的注册。用户端启动后，需要执行用户注册过程，到注册服务器进行登记，登记后相应的信息会放置在定位服务器中。在 SIP 系统的网元中，所有 UAS 都要在某个注册服务器中注册，以便 UAC 能通过服务器找到它们。注册服务器可以与代理服务器等集成在一起。

(4) 定位服务器。在 SIP 中，经常提到定位服务器的概念，但严格来讲，定位服务器不属于 SIP 服务器，它是 Internet 中的公共服务器，主要用于存储用户端的相关信息，对其进行定位查询对可采用多种协议，如 LDAP、Finger 等。

7.3.2 基于 SIP 的 IP 电话网的组成

SIP 的组网很灵活，可根据不同情况进行具体设计。

图 7-11 给出了一种综合的 SIP 电话网络结构，其中既包含纯 SIP 域组件，也包含 SIP 网关设备，从而实现 SIP 网络与 PSTN 的互通。图中的纯 SIP 域组件包括用户组件和服务器组件，用户组件可以是基于 SIP 协议的 SIP 话机，也可以是安装了 SIP 用户代理软件的 PC 机等；SIP 服务器组件包含 SIP 代理服务器、注册服务器、重定向服务器等。为了向 PSTN 中的普通电话用户提供基于 SIP 网络的 IP 电话，需要在 PSTN 和 SIP 网络的入口处配置 SIP 网关，用以实现 PSTN 侧和 SIP 侧的信令及媒体格式的转换。

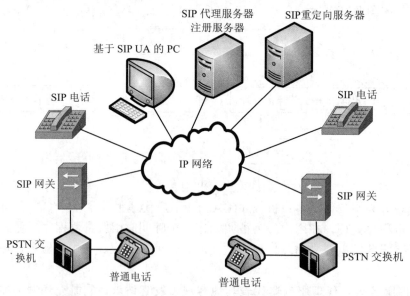

图 7-11 基于 SIP 的 IP 电话网组网方案

7.3.3 SIP 消息简介

SIP 系统遵从客户机/服务器体系结构，客户机和服务器之间依靠 SIP 消息完成通信过程。SIP 消息采用文本方式进行编码。

SIP 消息有两种类型：请求(Request)消息和响应(Response)消息。前者是由客户机发送到服务器的，后者则是由服务器发送到客户机的。无论是请求消息或响应消息，其结构均包含三个部分：起始行、消息头和消息体，如图 7-12 所示。

图 7-12　SIP 请求消息

图 7-12 给出了请求消息的具体结构。其中，起始行包括三个部分：命令名称、请求 URL 地址和 SIP 版本号。这三个部分通过空格符分隔，行的结束用回车换行符表示。命令名称说明该请求命令的类型，请求 URL 是 SIP 请求消息要发送的当前目的地址，SIP 版本号目前为 SIP/2.0。

SIP 请求命令消息包括 6 种类型：

(1) INVITE(邀请)，主叫方使用该命令消息邀请用户参加一个会话；在两方通话情况下，主叫方用 INVITE 向被叫发起一个呼叫。

(2) ACK(证实)，该消息仅与 INVITE 配套使用，发送 INVITE 消息的客户机通过发送一个 ACK 消息，证实已收到对于 INVITE 请求的最终应答。

(3) OPTION(询问)，该消息用于查询服务器的能力。

(4) BYE(再见)，该消息用于终止一个会话，在通话中的一方挂机时，主叫方或被叫方都可以发送 BYE 消息。

(5) CANCEL(取消)，该消息用于取消一个尚未完成的请求，对于已完成的请求(即已收到最终响应的请求)则没有作用。

(6) REGISTER(登记)，在用户登录时，UAC 通过该消息把它的地址注册到 SIP 注册服务器上，这样服务器就可以知道用户当前所在位置的地址。

SIP 消息头中定义了几十种头字段，但并非所有头字段都是必选的。下面对消息头中常用的参数字段进行说明。

(1) Call-ID，该字段用以唯一标识某个客户端的一个特定的邀请或某一客户的所有注册请求。Call-ID 的一般格式为：本地标识@主机。其中主机应为全局定义域名或全局可选路由 IP 地址；本地标识由在主机范围内唯一的标识字符组成。一个多媒体会议可以发起几个不同的 Call-ID 呼叫，例如某个用户可以多次邀请某人参与同一个会议。

(2) From，用以指示请求发起者的永久地址。请求和响应消息中必须包含此字段，服务器将此字段从请求消息复制到响应消息。From 的一般格式为：显示名<SIP-URL>；tag=xxxx。显示名为用户界面上显示的字符，如果系统不予显示，应置显示名为"匿名(Anonymous)"。显示名为任选字段。tag 称为标记，为 16 进制数字串，中间可带字符"-"。当两个共享同一 SIP 地址的用户实例用相同的 Call-ID 发起呼叫邀请时就需用此标记予以区分。标记值必须全局唯一。用户在整个呼叫期间应保持相同的 Call-ID 和标记值。

(3) To，该字段指明请求消息接收者的永久地址，其格式和 From 相同，仅第一个关键词代之以 To。所有请求和响应消息中必须包含此字段。字段中的标记参数可用于区分由同一 SIP-URL 标识的不同的用户实例。由于代理服务器可以并行分发多个请求，同一请求可能到达用户的不同实例(如住宅电话等)，而每个实例都可能响应，因此需用标记来区分来自不同实例的响应。需要注意的是，To 字段中的标记是由每个实例置于响应消息中的。

在 SIP 中，由 Call-ID、From 和 To 三个字段标识一个呼叫分支。在代理服务器并行分发请求时，一个呼叫可能会有多个呼叫分支。

(4) CSeq，称为命令序号。客户在每个请求中应加入此字段，它由命令名称和一个十进制序号组成，该序号由请求客户选定，在 Call-ID 范围内唯一确定。序号初值可为任意值，其后具有相同 Call-ID 值，但对于不同的命令名称、消息体的请求，其 CSeq 序号应加1。重发请求的序号保持不变。服务器将请求中的 CSeq 值复制到响应消息中，用于将请求和其触发的响应相关联。ACK 和 CANCEL 请求的 CSeq 值与对应的 INVITE 请求相同，BYE请求的 CSeq 序号应大于 INVITE 请求。

(5) Via，该字段用以指示目前请求经过的路径。它可以防止请求消息传送时产生环路，并确保响应和请求消息选择同样的路径，以保证通过防火墙或满足其他特定的选路要求。发起请求的客户必须将其自身的主机名或网络地址插入请求的 Via 字段，如果未采用缺省端口号，还需插入此端口号。在请求前传过程中，每个代理服务器必须将其自身地址作为一个新的 Via 字段加在已有的 Via 字段之前。如果代理服务器收到一个请求，发现其自身地址位于 Via 头部中，则必须回送响应"检测到环路"。

(6) Contact，该字段用于 INVITE、ACK 和 REGISTER 请求以及成功响应、呼叫进展响应和重定向响应消息，其作用是给出其后和用户直接通信的地址。INVITE 和 ACK 请求中的 Contact 字段指示该请求发出的位置。它使被叫可以直接将请求(如 BYE 请求)发往该地址，而不必借助 Via 字段经由一系列代理服务器返回。对 INVITE 请求的成功响应消息可包含 Contact 字段，它使其后 SIP 请求(如 ACK 请求)可直接发往该字段给定的地址，该地址一般是被叫主机的地址，如果该主机位于防火墙之后，则为代理服务器地址。

SIP 请求消息中的消息体用于描述要建立的会话的类型，包括所交换的媒体的描述，但是 SIP 并不定义消息体的具体结构，其结构和内容使用其他的协议来描述，最常见的消息体结构使用会话描述协议 SDP 来描述。

SIP 响应消息的结构与请求消息相似，也包括起始行、消息头及消息体。

响应消息的起始行包括三个部分：SIP 版本号、状态码和描述性短语。目前的 SIP 版本号是 SIP/2.0。状态码是一个表示响应结果的 3 位十进制数字码，其取值范围在 100～699之间，其中第一个数字表示应答的级别，如 1XX 表示通知；2XX 表示请求成功；3XX 表示重定向；4XX 表示请求失败等。描述性短语可对该响应结果以文本方式进行描述。

SIP 响应消息头的参数字段及消息体部分可参照请求消息，这里就不再赘述了。

7.3.4　SIP 呼叫流程

在纯 SIP 域中的业务呼叫主要包括三种方式：由 UAC 向 UAS 直接呼叫，由 UAC 在重定向服务器的参与下进行重定向呼叫以及由代理服务器代表 UAC 向被叫方发起呼叫。而如果需要为普通 PSTN 用户提供基于 SIP 的 IP 电话呼叫，则需要在 PSTN 与 SIP 网络接口处引入 SIP 网关。SIP 网关一方面作为一个 SIP 端系统需要具备 UAC、UAS 等功能，用以完成 SIP 网络侧的呼叫过程；另一方面网关应具备 PSTN 信令功能及媒体处理功能等，用以完成 PSTN 侧的电话呼叫过程。

1. UAC 向 UAS 直接呼叫时的信令流程

由 UAC 向 UAS 直接呼叫是最简单的 SIP 呼叫流程，这种呼叫方式需要具备的前提是主叫 UAC 知道被叫 UAS 的当前位置。具体的呼叫过程如图 7-13 所示。

在图 7-13 中，假设主叫的永久 SIP 地址是 sip:user1@sip-service.com，被叫的永久 SIP 地址是 sip:user2@sip-service.com 。 主 叫 的 当 前 地 址 是 sip:user1@office1.sip-service.com，且主叫知道被叫当前的地址是 sip:user2@office2. sip-service.com。

(1) 主叫 UAC 向被叫 UAS 发送 INVITE 请求消息，消息的内容如下：

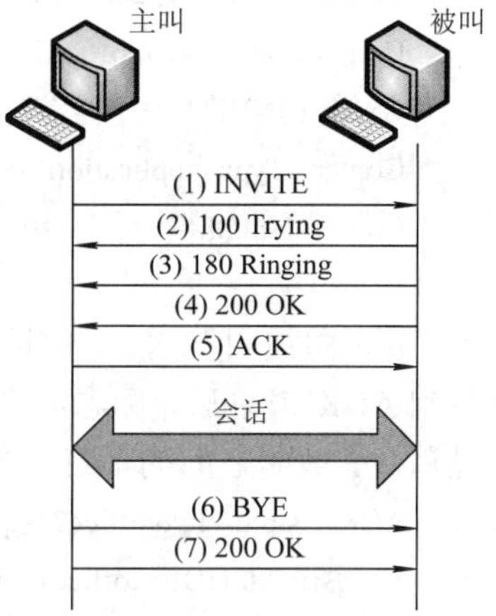

图 7-13　UAC 向 UAS 直接呼叫流程

  INVITE sip:user2@office2. sip-service.com SIP/2.0

  Via: SIP/2.0/UDP office1. sip-service.com

  From: sip:user1@sip-service.com tag=2a315486

  To: sip:user2@ sip-service.com

  Call-ID: 336578942@ office1. sip-service.com

  Contact: sip:user1@office1. sip-service.com

  CSeq: 1 INVITE

  Content-Type: application/sdp

  Conten-Length=…

  ……

(2) 被叫收到 INVITE 请求后，向主叫发送响应消息，状态码为 100，表示正在尝试连接，消息的内容为：

  SIP/2.0 100 Trying

  Via: SIP/2.0/UDP office1. sip-service.com

  From: sip:user1@sip-service.com tag=2a315486

  To: sip:user2@ sip-service.com tag=30e76122

  Call-ID: 336578942@ office1. sip-service.com

  CSeq: 1 INVITE

  Content-Length: 0

(3) 被叫向主叫发送响应消息，状态码为 180，表示正在向被叫振铃。消息的内容为：

SIP/2.0 180 Ringing

Via: SIP/2.0/UDP　office1. sip-service.com

From: sip:user1@sip-service.com　tag=2a315486

To: sip:user2@ sip-service.com tag=30e76122

Call-ID: 336578942@ office1. sip-service.com

CSeq: 1 INVITE

Content-Length: 0

(4) 被叫向主叫发送 200 响应消息，表示被叫用户摘机应答。消息的内容为：

SIP/2.0 200 OK

Via: SIP/2.0/UDP　office1. sip-service.com

From: sip:user1@sip-service.com　tag=2a315486

To: sip:user2@ sip-service.com tag=30e76122

Call-ID: 336578942@ office1. sip-service.com

Contact: sip:user2@office2. sip-service.com

CSeq: 1 INVITE

Content-Type: application/sdp

Conten-Length=…

　　……

(5) 主叫向被叫发送 ACK 请求消息，证实已经收到了对于 INVITE 请求的最终应答。被叫收到 ACK 消息后，标志着一个呼叫的完成邀请过程结束，呼叫建立成功。接下来进入通话过程，主被叫之间的话音被封装为 RTP 包经过 IP 网络进行传输。ACK 消息的内容为：

ACK　sip:user2@office2. sip-service.com　SIP/2.0

Via: SIP/2.0/UDP　office1. sip-service.com

From: sip:user1@sip-service.com　tag=2a315486

To: sip:user2@ sip-service.com tag=30e76122

Call-ID: 336578942@ office1. sip-service.com

CSeq: 1 INVITE

(6) 通话结束，被叫发送 BYE 请求消息，要求释放呼叫。消息的内容为：

BYE　sip:user1@office1. sip-service.com　SIP/2.0

Via: SIP/2.0/UDP　office2. sip-service.com

From: sip:user2@sip-service.com　tag=30e76122

To: sip:user1@ sip-service.com tag=2a315486

Call-ID: 336578942@ office1. sip-service.com

CSeq: 2 BYE

Conten-Length: 0

(7) 主叫收到 BYE 请求，同意释放呼叫，则回送 200 响应消息，呼叫成功释放。消息的内容为：

SIP/2.0 200 OK

Via: SIP/2.0/UDP　office2. sip-service.com

From: sip:user2@sip-service.com　　tag=30e76122

To: sip:user1@ sip-service.com tag=2a315486

Call-ID: 336578942@ office1. sip-service.com

CSeq: 2 BYE

Conten-Length: 0

2. 重定向呼叫流程

当主叫用户不知道被叫用户的当前地址时，可以先由主叫用户向重定向服务器发出一个 INVITE 请求，重定向服务器在对该请求回送的响应消息中，可以传递一个供选择的地址，告诉主叫方接下来应将 INVITE 请求送到这个指定的地址上，其后的呼叫过程与直接呼叫方式相同。重定向呼叫过程如图 7-14 所示。

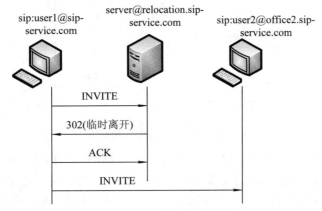

图 7-14　重定向呼叫过程

图 7-14 中，主叫一开始并不知道被叫的当前地址，主叫先向重定向服务器发送 INVITE 请求，该请求起始行中的请求 URL 为重定向服务器地址 sip:server@relocation.sip-service.com，请求中的 to 字段地址为被叫的永久地址 sip:user2@sip-service.com。当重定向服务器收到该请求时，查询到被叫的当前地址，回送响应消息 302 表示被叫临时离开，并在该消息中的 Contact 字段给出了被叫方当前的地址 sip:user2@office2.sip-service.com。主叫接下来则按照这个新的地址向被叫发起 INVITE 请求。

3. PSTN 与 SIP 网络的互通呼叫流程

为解决 SIP 网络与传统电话网的互通问题，IETF 首先提出了 SIP-T(SIP for Telephones) 协议系列，整个协议族包括 RFC3372、RFC2976、RFC3204、RFC3398 等。

SIP-T 并不全是新的协议，它是在 SIP 的基础上增加了实现 SIP 网络与 PSTN 网络互通的扩展机制。SIP-T 采用端到端的研究方法建立了 SIP 与 ISUP 互通时的三种互通模型，即：呼叫由 PSTN 用户发起，经 SIP 网络由 PSTN 用户终结(PSTN-IP-PSTN)；呼叫由 SIP 用户发起由 PSTN 用户终结(IP-PSTN)；呼叫由 PSTN 用户发起由 SIP 用户终结(PSTN-IP)。

SIP-T 为 SIP 与 ISUP 的互通提出了两种方法，即封装和映射，分别由 RFC3204 和 RFC3398 所定义。这里，封装是指将 ISUP 信令信息封装在 SIP 消息体中，经过 SIP 网络透传 ISUP 信令；映射是指将 ISUP 信令消息翻译为一条对应的 SIP 消息或反之。但 SIP-T 只关注于基本呼叫的互通，对补充业务则基本上没有涉及。

PSTN 中使用 ISUP 信令协议，IP 分组网中使用 SIP 信令协议，在 PSTN 与 SIP 网络的接口处，使用 SIP-T 协议。SIP-T 协议的功能通常是在 PSTN/SIP 网关上实现的。

图 7-15 给出了一个 PSTN-IP-PSTN 的呼叫流程实例。

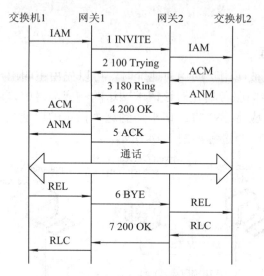

图 7-15　PSTN-IP-PSTN 呼叫流程

在图 7-15 中，交换机 1 发送的 IAM 消息被网关 1 接收到后，网关 1 将其将映射为 INVITE 消息，并将 IAM 消息的内容封装到 INVITE 消息体(SDP)中，经过 SIP 网络发送至网关 2，网关 2 从 INVITE 消息体中取出相应参数，并将其重新映射为 IAM 消息，再向交换机 2 发送。其他信令消息的传送与处理过程与此类似。

7.4　基于软交换的 IP 电话网

7.4.1　软交换的基本概念

在传统电话通信网中，业务提供、呼叫控制和话音信息交换都是在程控交换机上集中完成的，即所谓的"硬交换"。VoIP 技术实现了分组化语音通信，但在早期的 VoIP 网络中，为实现其他网络如 PSTN、ISDN 与 IP 网的互通，需要基于 VoIP 网关来完成。随着用户数的增长和对网关功能要求的不断提高，网关变得日益复杂，成本也日益提高，其电信级可靠性难以得到保障。

在传统 VoIP 网关技术的基础上，人们发现 IP 电话的用户语音流传输和 IP 电话的呼叫接续控制二者之间并没有必然的物理联系和依存关系，因此可以将 IP 电话网关的控制功能和承载功能相分离，形成媒体网关 MG 和媒体网关控制器 MGC。MG 只负责媒体格式的转换，而 MGC 负责呼叫控制、接入控制和资源控制等。MGC 通过标准的控制协议对 MG 进行控制。这样，系统对媒体网关的功能要求将大大降低，而确保通信质量的关键网络设备则是为数不多的媒体网关控制器。这种方式实际上回归了传统电信网集中控制的思想，便于保障 IP 通信系统的可靠性和可扩展性。

在这种分离网关功能的基础上，朗讯公司首先提出了"软交换(Softswitch)"的概念。其思想是松绑传统电话交换机的功能，将呼叫控制、媒体传输、业务逻辑分离到不同的实体中完成，各实体以功能组件的形式跨越在一个分组骨干网上，实体之间通过标准的协议进行连接和通信。其中的"软交换机"实际上是一个基于软件的分布式控制平台，是实现传统电话交换机呼叫控制功能的实体，也是 IP 电话呼叫服务器、媒体网关控制器等的集成。

随着软交换概念的提出，通信制造厂商和运营商联合发起了全球性的"国际软交换联盟"(ISC，International Soft-Switch Consortium)，积极推行软交换技术及标准。其后，ISC 又更名为国际分组通信集团(IPCC，International Packet Communication Consortium)。

IPCC 关于软交换的定义是：软交换是提供呼叫控制功能的软件实体。软交换的基本含义就是将呼叫控制功能从媒体网关(传输层)中分离出来，通过软件实现基本呼叫控制功能，包括呼叫选路、管理控制、连接控制、带宽管理、网关管理、地址翻译、信令互通、安全性和呼叫详细记录等功能，为控制、交换和软件可编程功能建立分离的平面。与此同时，软交换还将网络资源和网络能力封装起来，通过标准的业务接口和业务应用层相连，从而可以方便地在网络上快速地提供新业务。

7.4.2　基于软交换的网络体系结构

1. 软交换网络体系结构

ISC 提出的基于软交换的网络体系结构划分为四个层次：媒体接入层、核心传输层、控制层、业务应用层，如图 7-16 所示。显然，与传统电信交换网络的集中式功能结构相比较，其最大的不同就是把呼叫的控制和业务的提供从媒体的交换和传送中分离出来。

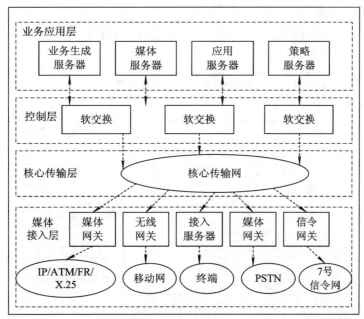

图 7-16　基于软交换的网络体系结构

媒体接入层提供各种网络和设备接入到核心骨干网的方式和手段，该层的主要设备包括信令网关、媒体网关、接入网关等，以实现不同业务的接入。其中，信令网关负责完成

No.7 信令到软交换系统信令的转换，并将 IP 网的信令消息发送给软交换设备。媒体网关主要负责其他网络到软交换系统媒体格式的转换和适配，根据在网络中的位置及所接续网络和用户性质的不同，它又可以划分为中继网关(TG，Trunk Gateway)和接入网关(AG，Access Gateway)。TG 主要用于软交换系统与 PSTN/ISDN、PLMN 中的交换机通过 T1/E1 中继接口的媒体互通；AG 主要负责用户终端或接入网到软交换系统的综合接入，如直接将 PSTN 终端用户、无线基站等接入，AG 除完成媒体流转换功能之外，还负责非 No.7 信令的处理功能。

核心传输层为业务媒体流和控制信息流提供统一的、具有 QoS 保障的高速分组传送平台，它负责媒体信息的端到端传递。原则上可采用任何形式的分组网络技术，目前公认的技术是 IP 技术，所用的主要设备为各种路由器和 IP 交换机。该层的主要任务是将软交换系统的各种实体连接起来，各个实体之间采用 IP 数据包来传送各种业务数据和控制信息，实际上就是一个统一的 IP 承载网络。

控制层主要设备就是软交换机，是软交换系统的核心。其主要功能包括呼叫控制、媒体网关接入控制、资源分配、协议处理、路由、认证、计费等，并可以向用户提供基本语音业务、移动业务、多媒体业务及多样化的第三方业务。

业务应用层是一个开放的、综合的业务接入平台，能够智能地接入各种应用服务器，提供各种增值业务，满足用户个性化的需求。为使业务的提供和呼叫控制相分离，在软交换机和服务器之间，定义了相关的协议或者应用编程接口，如 SIP、JAIN、Parlay API 等。业务应用层的业务主要是在基本呼叫的基础上提供的各种附加增值业务，包括传统智能网上的和新的 IP 网上的 SCP、数据库、AAA 服务器、应用服务器、媒体服务器等。

2. 软交换中的协议

在软交换网络体系结构中，不同层次的实体之间，通过标准的接口和协议进行通信。软交换中涉及的协议如图 7-17 所示。

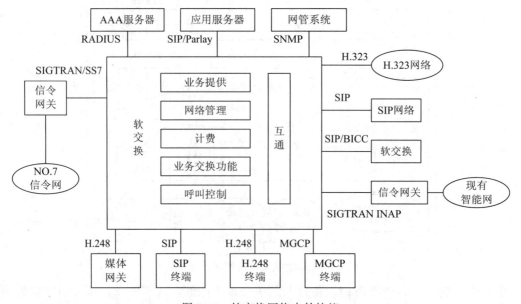

图 7-17　软交换网络中的协议

按照功能和特点来看，这些协议可以分为呼叫控制协议、传输控制协议、媒体控制协议、业务应用协议、维护管理协议等。目前所涉及的具体协议如下：

呼叫控制协议：SIP；H.323；承载无关呼叫控制(BICC)

传输控制协议：SIGTRAN

媒体控制协议：H.248/MEGACO；媒体网关控制协议(MGCP)

业务应用协议：ParLay；　RADIUS

维护管理协议：简单网管协议 SNMP；公共开放策略服务协议 COPS

下面介绍比较重要的几个协议。

1) MGCP

MGCP 即媒体网关控制协议，是由 IETF 的 MEGACO 工作组较早定义的媒体网关控制协议，应用在媒体网关和媒体网关控制器之间。MGCP 采用了将以软件为中心的呼叫处理功能和以硬件为中心的媒体流处理功能相互分离的思想，把网关划分为媒体网关控制器 MGC、信令网关 SG 和媒体网关 MG。MGC 负责对 MG 和呼叫进行控制，并与网守相连。SG 用于连接 PSTN 信令网络，提供 PSTN 信令与分组信令的转换；MG 负责完成 PSTN 和 IP 网之间的媒体格式转换。

MGC、SG、MG 三者之间的工作关系如图 7-18 所示。SG 将 PSTN 的信令转换为分组信令，MGC 接收来自 SG 的信令消息，并使用 MGCP 协议控制 MG 执行事件检测、媒体转换等功能，从而完成呼叫的建立和释放。

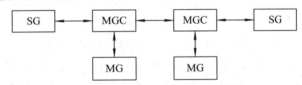

图 7-18　MGC、SG、MG 的组织结构

MGCP 消息采用和 SIP 类似的文本消息格式进行编码，并采用会话描述协议(SDP)描述连接参数，如 IP 地址、UDP 端口、媒体流特性等。在传输层的选择上，MGCP 使用 UDP，其目的是减少信令的传送时延。但为了保证可靠性，必须定义相应的重发机制。

2) H.248/MEGACO

H.248/MEGACO 也称为媒体网关控制协议，是由 ITU 与 IETF 两大国际标准组织合作，在 MGCP 协议的基础上，结合其他媒体网关控制协议的特点发展而来的，应用在媒体网关和媒体网关控制器之间，在媒体网关控制功能和兼容性方面较 MGCP 大大增强。

H.248 与 MGCP 在协议概念和结构上有很多相似之处，但也有不同。H.248/MEGACO 协议简单、功能强大，且扩展性很好，允许在呼叫控制层建立多个分区网关。MGCP 是 H.248/MEGACO 以前的版本，它的灵活性和扩展性不如 H.248/MEGACO；H.248 支持多媒体，MGCP 不支持多媒体；应用于多方会议时，H.248 比 MGCP 容易实现；MGCP 基于 UDP 传输，H.248 基于 TCP、UDP 等传输；H.248 的消息编码基于文本和二进制，MGCP 的消息编码基于文本；H.248/MEGACO 支持更广泛的网络，如 ATM 等。

3) BICC

BICC (Bearer Independent Call Control protocol)即承载无关的呼叫控制协议，由 ITU-T

SG11 研究组完成对其的标准化，是一种在骨干网中实现使用与业务承载无关的呼叫控制协议。BICC 定义了信令传送转换器(STC)、应用传送机制(APM)、承载控制隧道协议(BCTP)和 IP 承载控制协议(IPBCP)。BICC 通过点编码建立信令联系，信令链路通过静态 SCTP 连接，BICC 节点中采用正常呼叫的选路原则选定路由，为呼叫的信令建立通路。信令信息利用信令传送转换器转换之后，再采用 APM 传送 BICC 特定的控制信息。

BICC 从真正意义上解决了呼叫控制和承载控制相分离的问题，使呼叫控制信令可在各种网络上承载如 ATM、IP、STM。

4) SIGTRAN

SIGTRAN 协议是 IETF 的信令传送工作组 SIGTRAN 所建立的一套在 IP 网络上传送 PSTN 信令的传输控制协议，SIGTRAN 协议栈包括 IP 协议层、信令传输层、信令适配层和信令应用层等四层，如图 7-19 所示。

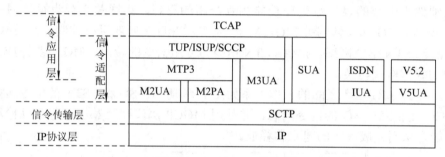

图 7-19 SIGTRAN 协议栈

SIGTRAN 主要定义了信令传输层和信令适配层。信令传输层使用 SCTP(流传输控制协议)，用于通过 IP 网传送窄带 SCN 信令。其目的是在不可靠的 IP 层之上提供可靠的数据报传送协议。SCTP 对 TCP 的一些缺点进行了改善，提供了一定的拥塞控制、安全性控制机制，可支持多归属性，具备更好的实时性和可靠性。信令适配层由多个适配模块组成，分别为上层 No.7 信令的各个模块提供原有的层间原语接口，并将上层的协议封装在 SCTP 中进行传输。信令适配层定义了如下六个模块：

(1) M2UA：以客户/服务器模式提供 MTP-2 业务，比如 SG 到 MGC，它的用户是 MTP-3。

(2) M2PA：以对等实体模式提供 MTP-2 业务，比如 SG 到 SG 连接，它的用户是 MTP-3。

(3) M3UA：以客户/服务器模式提供 MTP-3 业务，比如 SG 到 MGC，它的用户是 SCCP、TUP、ISUP。

(4) SUA：以对等实体模式提供 SCCP 业务，它的用户是 TCAP。

(5) IUA：提供 ISDN 数链层(LAPD)业务，它的用户是 ISDN 第三层(Q.931)实体。

(6) V5UA：提供 V5.2 协议的业务。

5) Parlay

ParLay 协议是由 ParLay 工作组制定、ETSI 发布的开放业务接入的应用编程接口(API)标准，是 NGN 重要的业务接口应用协议。该协议定义了一套开放的、独立于技术的、可扩展的 API，包括框架结构接口、业务接口、公共管理接口等。其中，业务接口是 ParLay 接口的核心，又包括呼叫处理业务接口、通用消息业务接口、移动性业务接口、连通性管理业务接口等。

通过 ParLay API 可完成应用服务器和软交换间的通信，同时应用服务器能提供各种 API，以实现对现有通信网络安全和公开的访问，为第三方应用商提供开发和业务接入的平台。ParLay API 可适用于不同的通信网络，通过对 API 的不断扩展，将解决网络的演进、融合和扩容等方面的一系列问题。

3. 软交换的特点

软交换技术具有以下的特点：

(1) 实现了网络融合及网络的平滑过渡。基于软交换的体系结构，能够将 PSTN 网络、数据网、移动网络等有机地融合在一个分组网络上，并采用统一的业务提供、呼叫控制、网络管理平台。通过各种不同功能的网关设备，能够无缝地接入不同类型的用户，使原来分立的各个网络有机地统一在一起。同时，软交换体系结构便于实现 PSTN 网络的发展演进：即现有电路交换机通过中继网关接入到软交换网络，并使用到自然寿命终结；新增 POTS 用户可通过接入网关、IAD 等设备实现到软交换的接入，网络中新增汇接局、长途局的需求可通过增加中继网关解决；逐步采用软交换设备替代 PSTN 中已到寿命的设备，最终实现向软交换体系的平滑过渡。

(2) 能够快速、灵活地提供各种业务。软交换体系中实现了业务与呼叫控制的分离、呼叫控制与承载的分离，使业务的提供真正独立于网络。业务用户可以自行配置和定义自己的业务特征，而不需考虑承载网络形式及用户终端类型，使得业务的提供十分灵活、方便。而通过在呼叫控制层和业务应用层之间引入统一公开的标准接口，更便于第三方对新业务的提供。

(3) 实现了业务及用户的综合接入。软交换体系中的媒体接入层提供了种类丰富的接入设备，能够无缝地实现各种类型业务及用户的综合接入。如通过接入网关实现传统电话用户、xDSL 用户的接入；通过无线网关(WAG)实现无线用户的接入；通过 IP 网络接口实现各种基于 H.323、SIP 等智能终端上多媒体业务的接入等。

(4) 降低了网络的建设与运营成本。由于软交换网络以统一的分组承载平台来传送多种业务，能够极大地提高网络资源的利用率，降低网络建设成本。另外，由于软交换将呼叫控制与承载相分离，因此软交换机只需完成呼叫控制和信令处理，不需要完成媒体信息的处理和传送，使得软交换每端口成本低于传统 PSTN 网络。又由于软交换设备的标准化程度提高，并采用开放的接口和协议进行互通，使得维护人员数量大大减少，技术培训费用降低。

基于软交换的网络体系结构是电信网向 NGN 演进的一个阶段，软交换技术的出现初步实现了网络的融合，同时也打开了原有封闭网络的一个缺口，为实现开放和可编程的下一代网络提供了良好的开端。

7.4.3　软交换呼叫控制原理

在软交换网络中，存在着多种信令协议。当一个呼叫仅涉及同种协议下的同种业务、同种终端时，呼叫控制过程是比较简单的，如单纯的 SIP 呼叫、单纯的 H.323 呼叫等。但由于软交换业务的多样性及终端的多样性，在同一个呼叫中经常会涉及多种协议交互的情况，呼叫的过程需要软交换设备、各种网关设备等的共同参与。例如，为了经过软交换网络完成一次 PSTN 用户到 PSTN 用户的呼叫，需要使用 No.7 信令、SIGTRAN 协议、H.248 协议等，呼叫过程涉及软交换机、中继网关、信令网关、PSTN 交换机等。

1. H.248 协议简介

在一次呼叫中，软交换机主要负责完成呼叫控制，而媒体流则由媒体网关负责传送与处理，软交换机对媒体网关的控制主要是通过 H.248 协议或 MGCP 协议来进行的。下面以 H.248 协议为例，说明软交换机对媒体网关的呼叫控制流程。

在 H.248 协议中，涉及两个比较关键的概念：终端(Termination)和关联(Context)。

终端是 MG 上的一个逻辑实体，可以发送、接收、控制媒体流，终端可用特性来进行描述。在终端中，封装了媒体流参数、Modem 和承载能力参数，这些特性可以组成一系列描述符包含在命令中。终端有唯一的标志 Termination ID，它由 MG 在创建终端时分配。

关联为一组终端之间的联系。如果一个关联中超过两个终端，那么关联就对终端之间的拓扑结构和媒体混合或交换参数进行描述。空关联是一种特殊的关联，它包含所有那些与其他终端没有联系的终端，例如，在一个中继网关中，所有的空闲线路被作为终端包括在"空"关联当中。关联中的最大终端数是媒体网关的一个特性。仅支持点到点连接的媒体网关在每个关联中仅允许两个终端存在。支持会议呼叫的媒体网关可以允许三个或更多的终端同时存在于一个关联中。

H.248 协议消息分为命令消息和响应消息。命令消息用于对协议连接模型中的逻辑实体(关联和终端)进行操作和管理，目前定义了 8 种命令，如表 7-1 所示。

表 7-1　H.248 命令消息

命令名称	命令代码	描　　述
Add	ADD	MGC→增加一个终端到一个关联中，当不指明 Context ID 时，将生成一个关联，然后再将终端加入到该关联中
Modify	MOD	MGC→MG，修改一个终端的属性，事件和信号参数
Subtract	SUB	MGC→MG，从一个关联中删除一个终端，同时返回终端的统计状态。如关联中再没有其他的终端将删除此关联
Move	MOV	MGC→MG，将一个终端从一个关联移到另一个关联
AuditValue	AUD_VAL	MGC→MG，获取有关终端的当前特性，事件、信号和统计信息
AuditCapabilities	AUD_CAP	MGC→MG，获取 MG 所允许的终端的特性，事件和信号的所有可能值的信息
Notify	NTFY	MG→MGC，MG 将检测到的事件通知给 MGC
ServiceChange	SVC_CHG	MGC↔MG 或 MG→MGC，MG 使用 ServiceChange 命令向 MGC 报告一个终端或者一组终端将要退出服务或者刚刚进入服务。MG 也可以使用 ServiceChange 命令向 MGC 进行注册，并且向 MGC 报告 MG 将要开始或者已经完成了重新启动工作。同时，MGC 可以使用 ServiceChange 命令通知 MG 将一个终端或者一组终端进入服务或者退出服务

所有的 H.248 命令都要求接收者回送响应。命令和响应的结构基本相同，两者之间由事务 ID 相关联。

响应有两种："Reply"和"Pending"。"Reply"表示已经完成了所执行的命令，返回执行成功或失败信息；"Pending"表示命令正在处理，但仍然没有完成。当命令处理时间较长时，可以防止发送者重发事务请求。

2. PSTN 用户到 PSTN 用户的软交换呼叫控制流程实例

假设软交换网络结构如图 7-20 所示。

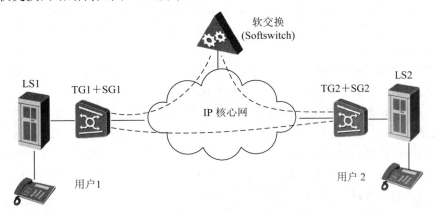

图 7-20　软交换组网与呼叫示例

程控交换局 LS1、LS2 分别通过 TG1、TG2 连接到软交换网络；这里，采用内置式 SG，即 SG 与 TG 集成在同一个物理设备中，但它们在逻辑上是独立的。用户 1、用户 2 分别位于 LS1 和 LS2。现在，用户 1 作为主叫呼叫用户 2，整个呼叫的控制流程如图 7-21 所示。其中，TG 与 Softswitch 之间使用 H.248 协议进行通信，SG 与 Softswitch 之间使用 SIGTRAN 协议通信，SG 与 LS 之间使用 NO.7 信令通信。

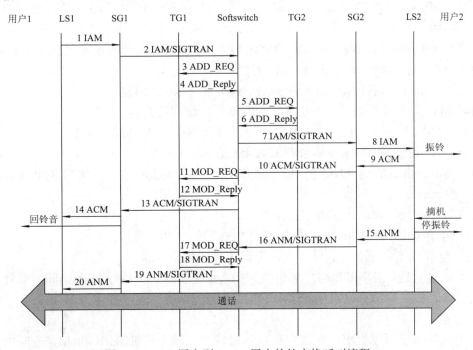

图 7-21 PSTN 用户到 PSTN 用户的软交换呼叫流程

整个呼叫流程包括以下过程：

(1) 主叫用户摘机、拨号后，LS1 进行号码分析，发现是一个出局呼叫，于是进行路由选择，占用 LS1 到 TG1 的中继，产生 IAM 消息发送给 SG1。

(2) SG1 收到 IAM 消息后，通过 SIGTRAN 将 IAM 转发给 Softswitch。

(3) Softswitch 收到 IAM 后，对被叫号码进行分析，判断出这是一个到 LS2 的出局呼叫，于是向 TG1 发送 ADD 消息，请求 TG1 把主叫用户 1 对应的物理终端和某个 RTP 终端加入到一个新的关联中，并设定 TG1 应使用的语音编码算法等参数，同时设置 RTP 终端属性为 Receiveonly。

(4) TG1 向 Softswitch 回送 Reply 消息，根据 Softswitch 的建议确定语音编码算法，分配 RTP 终端，给出 RTP 终端的 IP 地址、RTP 端口号。

(5) Softswitch 根据被叫号码的分析结果，选择 TG2 前往 LS2 的一条出局中继，向 TG2 发送 ADD 消息，请求 TG2 把被叫用户 2 对应的物理终端和某个 RTP 终端加入到一个新的关联中，并设定 TG2 应使用的语音编码算法等参数，同时告知 TG1 的 RTP 终端信息。

(6) TG2 向 Softswitch 回送 Reply 消息，根据 Softswitch 的建议确定语音编码算法，分配 RTP 终端，给出 RTP 终端的 IP 地址、RTP 端口号。

(7) Softswitch 收到 TG2 响应后，确认中继电路已占用成功，接着通过 SIGTRAN 向 SG2 发送 IAM 消息。

(8) SG2 向 LS2 转发 IAM 消息。

(9) LS2 收到 IAM 后，进行号码分析，确定被叫用户 2 属于本局用户且被叫空闲，对被叫进行振铃，并向 SG2 发送 ACM 消息。

(10) SG2 通过 SIGTRAN 向 Softswtich 转发 ACM 消息。

(11) Softswitch 向 TG1 发送 Modify 消息，将 TG2 的 RTP 终端信息告知 TG1，请求 TG1 给主叫用户放回铃音。此时 TG1 和 TG2 已知道对方的 IP 地址和 RTP 端口号，并且协商好了通信的编码算法。但此时 TG1 的 RTP 终端属性仍为 Receiveonly，通信尚未建立成功。

(12) TG1 向 Softswitch 回送 Reply 消息。

(13) Softswitch 通过 SIGTRAN 协议向 SG1 发送 ACM 消息。

(14) SG1 向 LS1 转发 ACM 消息，主叫用户听到回铃音。

(15) 被叫用户摘机，LS2 停止振铃，并发送应答消息 ANM 给 SG2。

(16) SG2 通过 SIGTRAN 协议转发 ANM 给 Softswitch。

(17) Softswitch 收到 ANM 消息后，向 TG1 发送 Modify 消息，将其 RTP 终端属性修改为 SendReceive。

(18) TG1 向 Softswitch 回送 Reply 消息。

(19) Softswitch 通过 SIGTRAN 协议向 SG1 发送 ANM 消息。

(20) SG1 向 LS1 转发 ANM 消息，至此主被叫用户接通。

当呼叫建立后，用户 1 和用户 2 之间的话音信息传送不再经过 Softswitch，只经过电路交换机 LS1、LS2 和 TG1、TG2。TG1、TG2 之间的话音信息已打包为 IP 语音包，并经由 IP 网络传送。

从上面的例子可以看出，在软交换呼叫过程中，软交换机(Softswitch)是呼叫的核心，中继网关、信令网关等在软交换机的控制下，共同完成呼叫的建立、释放等工作。相比于传统的 PSTN 电话呼叫，软交换将电路交换中的功能分离成独立的部件，将核心呼叫控制模块分离成软交换机，将用户模块、中继模块分离成接入网关和中继网关，将信令处理模块分离成功能更为强大的信令网关，将交换矩阵替换为分组承载网络。软交换实现了呼叫控制与具体网络的无关性，将呼叫控制消息转换为抽象的中间消息由软交换机进行统一处理，体现了业务与呼叫控制的分离，呼叫控制与承载的分离，是一种分层、开放的体系结构。

7.4.4　基于软交换的组网方案

目前，全球固网运营商面临着前所未有的巨大冲击，传统电话网向以 IP 为核心传送平台的融合网络演进成为必然趋势。软交换技术已经比较成熟，且建网成本较低，便于实现 PSTN 的平滑演进，因此在全球发展迅速。目前 PSTN 到软交换网的改造方案有：长途局改造组网方案、汇接局改造组网方案、端局改造组网方案等。

1. 长途局改造组网方案

随着 PSTN 长途业务的增加和长途交换局设备的老化，需要对长途局进行扩容和更新。扩容和更新时可采用软交换设备分流长途业务的方式，对现有 PSTN 长途网进行优化改造。随着软交换技术的逐渐成熟，它可以完全替代原来的 PSTN 长途网。基于软交换的 PSTN 长途网络分流组网方案如图 7-22 所示。图中，软交换业务与普通 PSTN 业务的分流是在汇接局 MS 上决定的。当用户的呼叫为普通呼叫时，MS 直接将该呼叫选路到 PSTN 长途局 (TS)。当用户的呼叫为 IP 电话时，则 MS 将该呼叫选路到软交换网络的中继网关(TG)，而软交换机(SS)与 MS 间的信令通过信令网关(SG)进行转换；在软交换网络中，SS 只处理信令流，而不处理语音流，语音流由 TG 进行处理。此方案中，全国网络可以以省或大区为单位，组建多个软交换域，软交换域之间通过 SIP-T 进行互通，省或大区内的长途业务由域内的软交换系统单独进行控制。

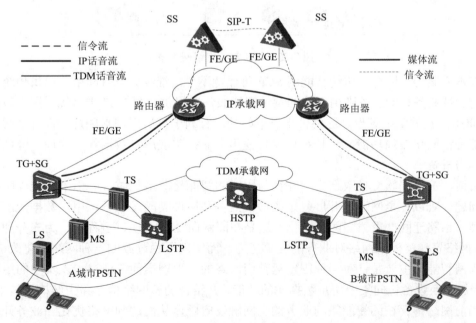

图 7-22　长途局改造组网方案

2. 汇接局改造组网方案

汇接局改造组网方案主要指由软交换机(SS)、中继网关(TG)、信令网关(SG)来替代 PSTN 中的汇接局,如图 7-23 所示。图中,本地网端局 LS 上的业务汇聚到 TG,统一由 SS 控制。为保障汇接的可靠性,一个 LS 同时和两个 TG 相连。而软交换设备采用异地容灾备份方式,当任何一个 SS 出现故障时,业务能够迅速切换到备份设备上。

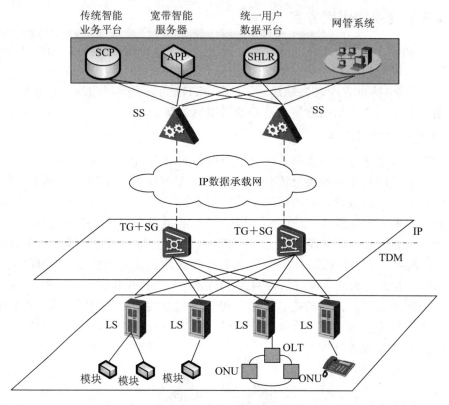

图 7-23　汇接局改造组网方案

在本方案中,原有的传统智能网 SCP 可保持不变,继续为 PSTN 用户提供传统智能业务,而宽带业务和新业务则由新建的宽带智能服务器提供。图 7-23 中,统一用户数据平台 HLR 将用户数据集中管理,这将带来以下好处:有利于打破固网封闭性,提升全网业务的提供能力;简化端局功能,延长端局设备使用寿命;实现用户数据集中管理,降低运营成本和人力投资。

目前,汇接局软交换改造方案往往与固网的智能化改造相结合。由于传统固网的网络架构问题,难以在全网迅速开展复杂的增值业务和属性类触发业务,用户数据无法实现统一管理,话路迂回严重。固网智能化改造是在固网向 NGN 演进过程中,为充分利用现有 PSTN 网络资源,提高网络对业务的支撑能力,而实现平稳过渡的一种网络优化改造方案。

固网智能化主要是针对当前固定运营商网络的本地网层面,通过引入集中的用户数据库、增加交换设备访问集中用户数据库的功能,并结合调整网络信令路由结构等技术手段,解决当前网络中存在的智能签约业务的全网触发问题,从而达到网络优化、业务开放、网元智能化的目标,并满足网络融合演进的需要。

固网智能化方案中的一个关键概念是 SHLR(Smart Home Locator Register)，即智能化用户归属数据寄存器，是固网中新引入的核心网元，可集中管理固网用户数据，保存用户的业务号码、物理号码及用户增值业务签约信息等数据，提供号码可携带能力和基于用户属性触发业务的能力。

目前提出的固网智能化改造方案主要有三种：端局直接访问 SHLR 的组网方案，TDM 汇接局完全访问 SHLR 的组网方案，软交换汇接局完全访问 SHLR 组网方案。

图 7-23 所示方案即属于软交换汇接局完全访问 SHLR 组网方案。统一用户数据平台 HLR 可作为固网智能化改造中的 SHLR，软交换汇接局通过扩展 MAP 协议与 SHLR 进行信息交互，以实现用户数据查询和属性触发功能，为用户提供多样化的增值业务。

3. 端局软交换改造组网方案

从长期来看，软交换网络最主要的组网需求是其作为 PSTN 本地网端局替代原有的 PSTN 端局。但由于本地网端局的复杂性，在向下一代网络演进的初期，为充分利用原有网络资源，保护已有投资，完成传统交换网络的平稳演进，可先采用本地网端局与软交换网的叠加改造方案。随着传统交换设备退网，以及对业务能力要求的提高，PSTN 用户逐步迁移到软交换网络，最终实现对传统 PSTN 端局的全面替代。该组网方案如图 7-24 所示。

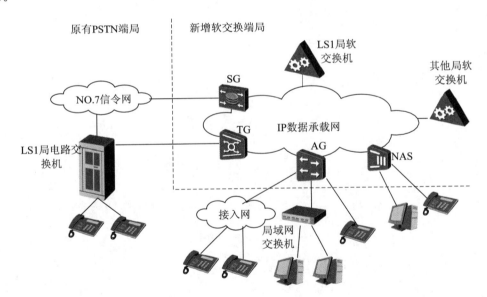

图 7-24　端局软交换改造组网方案

图中，新增软交换网独立构架于 IP 承载网之上。本地网端局原有的接入网 AN 用户全部从 PSTN 电路交换机割接至软交换接入网关 AG，LAN 交换机下的用户也割接至 AG，以充分满足数据、多媒体等通信的需求。企业集团用户的接入，可通过综合接入设备 IAD 完成。

原有 PSTN 端局下挂的普通电话用户，本着利用现有资源的原则，近期可不做割接，而是通过 TG 和 SG 实现 PSTN 端局和软交换网络的互通。随着 PSTN 端局的老化和退网，普通 PSTN 用户可逐步割接至软交换的 AG 下，最终实现到软交换的全面过渡。

习　题

1. 曾经出现的 IP 电话形式都有哪些？

2. IP 电话的关键技术有哪些？

3. 说明 IP 话音信号的封装过程。

4. 简要说明 H.323 协议栈结构。

5. H.323 网关与网守的作用是什么？一个基于 H.323 协议的 IP 电话网中网关及网守是否是必需的？

6. 说明 SIP 体系结构及各部分功能。

7. 在一次 SIP 呼叫中，假设主叫仅知道被叫的永久地址，不知道其当前地址，说明主被叫之间的呼叫如何进行？

8. SIGTRAN 协议的作用是什么？简述 SIGTRAN 协议栈的结构。

9. 简要说明软交换网络的体系结构。

10. 图 7-14 与图 7-20 中的呼叫过程有什么区别？

第8章　移动通信网

　　移动通信是现代通信网的重要组成部分，更是现代通信网中发展最迅速、用户增长最快的部分。自 20 世纪 80 年代以来，移动通信得到了突飞猛进的发展，这是因为移动通信可以满足人们随时随地都可以进行通信的愿望。由于移动通信网要满足用户的移动性，因此有着与固定通信不同的特点。

　　本章首先介绍移动通信网的基本概念、构建移动通信网的基本技术及网络结构，其次介绍第二代移动通信系统中的典型代表 GSM 系统和窄带 CDMA 系统，包括系统结构、关键技术、呼叫接续、移动性管理等。第三节介绍第三代移动通信系统，包括 WCDMA、TD-SCDMA、CDMA2000 三种制式的网络。第四节介绍以 LTE 和 LTE-Advanced 为代表的 4G 移动通信系统，最后对第五代移动通信系统的发展做了展望。

8.1　移动通信概述

　　移动通信是指通信的一方或双方可以在移动中进行的通信，也就是说，至少有一方具有可移动性，通信过程可以是移动用户之间的通信，也可以是移动用户与固定用户之间的通信。移动通信网一方面要给用户提供与固定网络相同的通信业务，另一方面由于用户的移动性和信号传播环境的不同，使得移动通信具有与固定通信不同的特点：

　　(1) 用户的移动性。要保持用户在移动状态中的通信，必须采用无线通信，或无线通信与有线通信的结合。系统中要有完善的管理技术来对用户的位置进行登记、跟踪，使用户在移动时也能进行通信，不因为位置的改变而中断。

　　(2) 电波传播条件复杂。移动台可能在各种环境中运动，如建筑群或障碍物等，电磁波在传播时不仅有直射信号，还会产生反射、折射、绕射、多普勒效应等现象，从而产生多径干扰、信号传播延迟和展宽等影响。因此，必须充分研究电波的传播特性，使系统具有足够的抗衰落能力，才能保证通信系统的正常运行。

　　(3) 噪声和干扰严重。移动台在移动时不仅会受到环境中的各种噪声干扰，而且系统内的多个用户之间也会产生互调干扰、邻道干扰、同频干扰等，这就要求移动通信系统中需要对信道进行合理的划分和频率的再用。

　　(4) 系统和网络结构复杂。移动通信系统是一个多用户通信系统和网络结构，必须使用户之间互不干扰，能协调一致地工作。

　　(5) 有限的频率资源。有线的资源是无限的，无线的资源是有限的。在有线网中，可以依靠多铺设电缆或光缆来提高系统的带宽资源。而在无线网中，频率资源是有限的。ITU 对无线频率的划分有严格的规定，如何提高系统的频率利用率是移动通信系统的一个重要课题。

8.1.1 移动通信的分类

移动通信的种类繁多，其中陆地移动通信系统有蜂窝移动通信、无绳电话、集群系统等。另外，移动通信和卫星通信相结合产生了卫星移动通信，它可以实现国内、国际大范围的移动通信。主要的移动通信系统包括：

(1) 蜂窝移动通信系统。公用移动通信系统的组网方式可以分为大区制和小区制，小区制移动通信又称蜂窝移动通信，是目前使用最广泛的形式。现代移动通信均采用小区制，因此蜂窝移动通信系统成为公用移动通信系统的代名词。

(2) 卫星移动通信系统。卫星移动通信系统采用卫星转发信号实现移动通信的方式，对于终端尺寸不受限的车载移动通信，可采用同步卫星；而对于尺寸受限的手持终端，采用中低轨道的卫星通信系统较为有利。

(3) 集群移动通信。集群移动通信是一种移动调度系统。系统的可用信道为全体用户共用，该系统具有自动选择信道的功能，是共享资源、分担费用、共用信道设备及服务的多用途和高效能的无线调度通信系统。

目前提到移动通信系统，如果不加说明，一般是指蜂窝移动通信系统。由于篇幅原因，本书中只介绍蜂窝移动通信系统。

8.1.2 移动通信的发展历史

移动通信可以说从无线电通信发明之日就产生了。早在 1897 年，马可尼所完成的无线通信试验就是在固定站与一艘拖船之间进行的，距离为 18 海里。现代移动通信的发展始于 20 世纪 20 年代，而公用移动通信是从 20 世纪 60 年代开始的。公用移动通信系统已经经历了第一代(1G)、第二代(2G)、第三代(3G)、第四代(4G)的发展，第五代(5G)的研究工作也已经全面展开。

1. 第一代移动通信系统(1G)

第一代移动通信系统为模拟移动通信系统，以美国的 AMPS(IS-54)和英国的 TACS 为代表，采用频分双工、频分多址制式，并利用蜂窝组网技术以提高频率资源利用率，克服了大区制容量密度低、活动范围受限的问题。但 1G 系统信道利用率较低、通信容量有限、通话质量一般、保密性差、制式太多、标准不统一、互不兼容、不能提供非话业务、不能提供自动漫游。因此，已逐步被各国淘汰。本书将不再介绍。

2. 第二代移动通信系统(2G)

第二代移动通信系统为数字移动通信系统，在 20 世纪 90 年代后期得到快速发展，以 GSM 和窄带 CDMA 系统为典型代表。第二代移动通信系统中采用数字技术与蜂窝组网技术。多址方式由频分多址转向时分多址和码分多址技术，双工技术仍采用频分双工。2G 系统采用蜂窝数字移动通信，使系统具有数字传输的种种优点，克服了 1G 的弱点，话音质量及保密性得到了很大提高，可实现不同地区的自动漫游。但系统带宽有限，限制了数据业务的发展，也无法实现移动多媒体业务，并且由于各国标准不统一，无法实现全球漫游。

得到广泛使用的 2G 系统主要有美国的 D-AMPS、窄带 CDMA、欧洲的 GSM 全球移动通信系统、日本的 PDC 等。

3. 第三代移动通信系统(3G)

1985 年 ITU-T 提出了第三代移动通信系统的概念，最初命名为未来公共陆地移动通信系统(FPLMTS，Future Public Land Mobile Telecommunication System)，后来考虑到该系统将于 2000 年左右进入商用市场，且系统工作频段在 2000 MHz，最高业务速率为 2000 kb/s，故 1996 年更名为 IMT-2000(International Mobile Telecommunication-2000)。3G 系统的目标是能提供多种类型、高质量的多媒体业务；能实现全球无缝覆盖，具有全球漫游能力；与固定网络的各种业务相互兼容，具有高服务质量；与全球范围内使用的小型便携式终端可在任何时候任何地点进行任何种类的通信。

3G 系统主要有三种制式：WCDMA、CDMA2000、TD-SCDMA。

4. 第四代移动通信系统(4G)

4G 技术的正式名称是由 ITU-R 命名的 IMT-Advanced，系统可提供高速的蜂窝移动通信，其下载传输速率可以达到百兆级。目前的 4G 系统包括 TD-LTE 和 FDD-LTE 两种制式，但从严格意义上来讲，LTE 只能算作 3.9G，尽管被宣传为 4G 无线标准，但它其实并未达到 IMT-Advanced，即 4G 的标准。只有升级版的 LTE-Advanced 才满足 ITU 对 4G 的要求。4G 移动通信网络能够满足用户宽带移动互联的要求，可快速传输数据，如高质量的音频、视频和图像等。

5. 第五代移动通信系统(5G)

面向 2020 年及未来，移动通信技术和产业将迈入第五代移动通信(5G)的发展阶段，目前 5G 正处于研究当中。2015 年 6 月国际电信联盟 ITU 已制定出 5G 发展的总体路线图，并将其命名为"IMT-2020"。预计未来 5G 网络将至少有 20 Gb/s 的速度，且预计将在 2020 年商用。

8.1.3 覆盖方式

移动通信的信号传播依靠的是无线电波，移动通信网的结构与其无线覆盖方式是相适应的，其覆盖方式可分为小容量的大区制和大容量的小区制。

1. 小容量的大区制

所谓大区制，是指由一个基站(发射功率为 50~100 W)覆盖整个服务区，该基站负责服务区内所有移动台的通信与控制。大区制的覆盖半径一般为几十公里。

采用这种大区制方式时，由于采用单基站制，没有重复使用频率的问题，因此技术问题并不复杂。只需根据所覆盖的范围，确定天线的高度、发射功率的大小，并根据业务量大小，确定服务等级及所需的信道数。但也正是由于采用单基站制，因此基站的天线需要架设得非常高，发射机的发射功率也要很高。但即使这样做，也只可保证移动台能收到基站的信号，而无法保证基站能收到移动台的信号。因此这种大区制通信网的覆盖范围是有限的，只能适用于小容量的网络，一般用在用户较少的专用通信网中，如早期的模拟移动通信网(IMTS，Improved Mobile Telephone Service)中即采用大区制。

2. 大容量的小区制

小区制是指将整个服务区划分为若干小区，每个小区设置一个基站，该基站负责本小区内移动台的通信与控制。小区制的覆盖半径一般小于 10 km，基站的发射功率限制在一定的范围内，以减少信道干扰。

由于是多基站系统，因此小区制移动通信系统中需采用频率复用技术。在相隔一定距离的小区进行频率再用，可以提高系统的频率利用率和系统容量，但网络结构复杂，投资巨大。尽管如此，但为了获得系统的大容量，在大容量公用移动通信网中仍普遍采用小区制结构。

公用移动通信网在大多数情况下，其服务区为平面形，称为面状服务区。这时小区的划分较为复杂，最常用的小区形状为正六边形，这是最经济的一种方案。由于正六边形的网络形同蜂窝，因此称此种小区形状的移动通信网为蜂窝移动通信网。蜂窝状服务区如图8-1 所示。

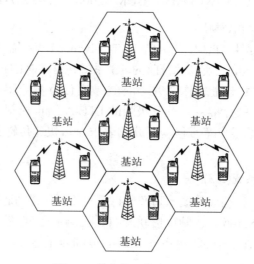

图 8-1　蜂窝状服务区示意图

8.1.4　系统构成

从 2G 到 3G、4G，移动通信网的系统组成始终处于不断发展演进中，但系统中都包含终端、无线接入网、核心网三部分。其中终端与无线接入网部分采用无线连接，无线接入网与核心网部分则采用有线方式连接。图 8-2 所示是组成移动通信系统的最基本的结构。

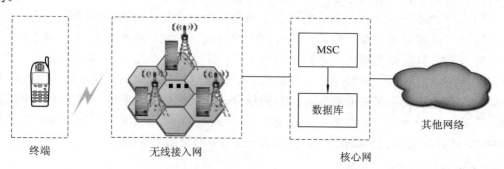

图 8-2　移动通信网的组成

1. 核心网

核心网部分至少包含实现用户移动业务的交换中心和用于存储各种数据的数据库。以 2G 系统为例，其核心网部分由移动业务交换中心(MSC，Mobile Services Switching Centre) 和 HLR、VLR、EIR 等数据库组成。

移动业务交换中心 MSC 负责本服务区内所有用户的移动业务实现，MSC 主要作用包括：(1) 信息交换功能：为用户提供各种业务的接续；(2) 集中控制管理功能：实现对无线资源的管理，移动用户的位置登记、越区切换等；(3) 通过关口 GMSC 与其他网络相连。

移动网中的用户可以自由移动，即用户的位置是变化的，要对用户进行接续，就必须掌握用户的位置及其他的信息。数据库即是用来存储用户的有关信息的，数字蜂窝移动网中的数据库有归属位置寄存器(HLR，Home Location Register)、访问位置寄存器(VLR，Visitor Location Register)、鉴权认证中心(AUC，Authentic Center)、设备识别寄存器(EIR，Equipment Identity Register)等。

2. 无线接入网

2G 系统的无线接入网由基站(BS，Base Station)构成。基站 BS 负责和本小区内的移动台之间通过无线电波进行通信，并与 MSC 相连，以保证移动台在不同小区之间移动时也可以进行通信。采用一定的多址方式可以区分一个小区内的不同用户。

3. 终端

移动通信网中的终端称为移动台(MS，Mobile Station)，即手机或车载移动台。MS 负责将用户的话音信息进行变换并以无线电波的方式进行传输。

8.1.5　多址技术与双工方式

1. 多址技术

当多个用户共享接入一个公共的传输媒质实现通信时，需要给每个用户的信号赋以不同的特征以便进行区分，这种技术称为多址技术。无线电波通过自由空间进行传播，网内任一用户均可接收到所传播的电波，用户如何从传播的信号中识别出发送给自己的信号，就成为建立连接的首要问题。在蜂窝通信系统中，移动台是通过基站进行通信的，因此必须对移动台和基站的信息加以区别，使基站能区分是哪个移动台发来的信号，移动台也能识别出哪个信号是发给自己的。这就是多址技术要解决的问题，多址技术也是移动通信所要解决的基本问题之一。

多址方式的基本类型有：频分多址(FDMA，Frequency Division Multiple Access)、时分多址(TDMA，Time Division Multiple Access)、空分多址(SDMA，Space Division Multiple Access)、码分多址(CDMA，Code Division Multiple Access)、正交频分多址(OFDMA，Orthogonal Frequency Division Multiple Access)等。目前移动通信系统中常用的是 FDMA、TDMA、CDMA、OFDMA 以及它们的组合。

1) FDMA

FDMA 是指把通信系统可以使用的总频带划分为若干个占用较小带宽的频道，这些频道在频域上互不重叠，每个频道就是一个通信信道，分配给一个用户使用，如图 8-3 所示。

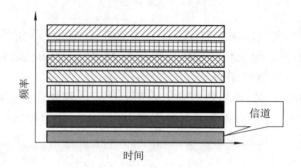

图 8-3　FDMA 示意图

　　不同的移动台占用不同频率的信道进行通信,所以相互之间不易产生干扰。分配 FDMA 信道后, 基站或移动台的发射机就会以某一频段发射信号, 在接收设备中使用的带通滤波器只允许指定频道里的能量通过, 滤除其他频率的信号, 从而将需要的信号提取出来。由于基站要同时和多个用户进行通信,因此基站必须同时发射和接收多个不同频率的信号;另外, 任意两个移动用户之间进行通信都必须经过基站的中转, 因而必须占用四个频道才能实现双向通信。

　　FDMA 是最经典的多址技术之一,在第一代蜂窝移动通信网(如 TACS、AMPS 等)中就使用了频分多址。这种方式的特点是技术成熟, 对信号功率的要求不严格。但是在系统设计中需要周密的频率规划, 基站需要多部不同载波频率的发射机同时工作, 而设备多容易产生信道间的互调干扰。现在的蜂窝移动通信网已不再单独使用 FDMA, 而是和其他多址技术结合使用。

　　2) TDMA

　　TDMA 允许多个用户分时地、周期性地使用同一频道。在时分多址中, 时间被分割成周期性的、互不重叠的时段, 称为帧, 再将帧分割成互不重叠的时隙, 每个用户使用一个时隙, 此时一个时隙相当于一个逻辑的信道, 如图 8-4 所示。

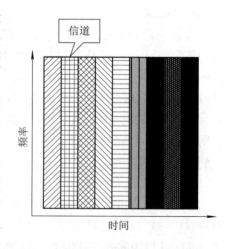

　　TDMA 方式为每个用户分配一个时隙。根据一定的时隙分配原则, 每个移动台在每帧内只能在指定的时隙向基站发射信号。在满足定时和同步的条件下, 基站可以在各时隙中接收到各移动台的信号而互不干扰。同时, 基站发向各个移动台的信号都按顺序安排在预定的时隙中传输, 各移动台只要在指定的时隙内接收, 就能在合路的信号中把发给它的信号区分出来。这样, 同一个频道就可以供几个用户同时进行通信, 且相互没有干扰。

图 8-4　TDMA 示意图

　　在 TDMA 通信系统中, 小区内的多个用户可以共享一个载波频率, 分享不同时隙, 这样基站就只需要一部发射机, 可以避免像 FDMA 系统那样因多部不同频率的发射机同时工作而产生的互调干扰问题; 但系统设备必须有精确的定时和同步来保证各移动台发送的信号不会在基站发生重叠，并且能准确地在指定的时隙中接收基站发给它的信号。

TDMA 技术广泛应用于第二代移动通信系统中。实际应用中是综合采用 FDMA 和 TDMA 的，即首先将总频带划分为多个频道，再将一个频道划分为多个时隙，形成信道。例如 GSM 数字蜂窝标准采用 200 kHz 的 FDMA 频道，并将其再分割成 8 个时隙，用于 TDMA 传输，如图 8-5 所示。

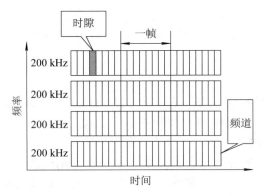

图 8-5　FDMA/TDMA 示意图

3) CDMA

CDMA 技术采用了扩频通信的概念，是在扩频技术的基础上实现的，因此在介绍 CDMA 之前，先介绍扩频的概念。

(1) 扩频的概念。

脉冲信号的宽度越窄，频谱就越宽。所谓扩频调制，就是指用所需要传送的原始信号去调制窄脉冲序列，使信号所占的频带宽度远大于原始信号本身的带宽，这个窄脉冲序列称为扩频码。其逆过程称为解扩。扩频之后，信号扩展在较宽的频带上，来自同一无线信道的用户干扰将减小，使得多个用户可以同时共享同一无线信道。

(2) CDMA 中的码序列。

在信息传输过程中，各种信号之间的差别越大越好，这样相互之间不易发生干扰。要实现这一目标，最理想的信号形式是类似白噪声的随机信号，但真正的随机信号或白噪声不能重复和再现，实际应用中是用周期性的码序列来逼近它的性能的。CDMA 采用伪随机序列(称为 PN 码)作为扩频码，因为 PN 码具有近似白噪声的特性，具有良好的相关性。CDMA 系统中采用的伪随机码有 m 序列、Walsh 函数等。

(3) CDMA。

CDMA 通信系统中，所有用户使用的频率和时间是重叠的，系统用不同的正交编码序列来区分不同的用户，如图 8-6 所示。

小区内所有的移动台共用一个频率，但是每个移动台都被分配带有一个独特的、唯一的码序列。

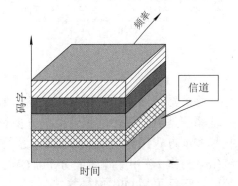

图 8-6　CDMA 示意图

发送时，信号信息和该用户的码序列相乘进行扩频调制，在接收端，接收器使用与发端同样的码序列对宽带信号进行解扩，恢复出原始信号，而其他使用不同码型的信号因为和接收机本地产生的码型不同而不能被解扩。这种多址技术靠不同的码序列来区分不同的移动台，所以叫做码分多址技术。

实际应用中，也是综合采用 FDMA 和 CDMA 技术的，首先将总频带划分为多个频道，再将每个频道按码字分割，形成信道。例如窄带 CDMA 中，采用 1.25 MHz 的 FDMA 频道，将其再进行码字的分割，形成 CDMA 信道。

CDMA 具有系统容量大、话音质量好以及抗干扰、保密等优点，因而在 3G 系统中，得到了广泛应用。

4) OFDMA

正交频分多址 OFDMA 技术是在正交频分复用(OFDM，Orthogonal Frequency Division Multiplex)技术的基础上发展起来的一种新型多址方式。

(1) 正交频分复用 OFDM。

OFDM 是一种多载波调制技术，其主要思想是在可用频段内，将信道分成许多正交的子信道，每个子信道上使用一个子载波进行调制，从而将高速数据信号转换成并行的低速子数据流，调制到每个子信道上并行传输，再在接收端采用相关技术来分开正交信号。

(2) 正交频分多址接入 OFDMA。

由于 OFDM 调制中子载波之间的正交性及相对独立性，使每一个子载波都可以以一个特定的调制方式和发射功率为特定用户传输数据。OFDMA 就是通过为每个用户分配这些子载波组中的一组或几组来区分用户并传输数据的。

按照子载波的组合方式，OFDM 子信道的分配分为集中式和分布式两种方式。集中式是通过频域调度选择较优的子信道和对应用户进行传输，从而获得多用户分集增益，同时也可以降低信道估计的难度。分布式是将分配给一个子信道的子载波分散到整个频段内，各子信道的子载波交替排列，从而获得频率分集增益。OFDMA 系统实现如图 8-7 所示。

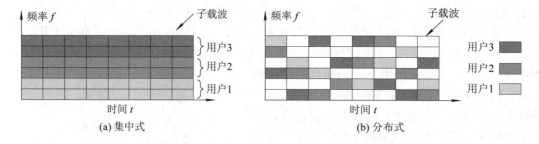

图 8-7　OFDMA 示意图

蜂窝结构通信系统的特点是通信资源的重用。频分多址系统是频率资源的重用；时分多址系统是时隙资源的重用；码分多址系统是码型资源的重用。在实际应用中，一般是将几种多址方式结合使用。如 GSM 系统中，是 FDMA/TDMA 的结合使用；窄带 CDMA 系统(IS-95)和 3G 中的宽带码分多址(WCDMA)中，采用的则是 FDMA/CDMA 方式；LTE 系统中，下行采用 OFDMA 方式，上行采用单载波 SC-FDMA 方式。

2. 双工方式

移动通信系统的工作方式可以分为单工方式、半双工方式和全双工方式。

1) 单工方式

单工方式是指通信双方在某一时刻只能处于一种工作状态：或接收或发送，而不能同时进行收发，通信双方需要交替进行收信和发信。单工方式示意如图 8-8 所示。单工方式一般用于点对点通信，如对讲系统。

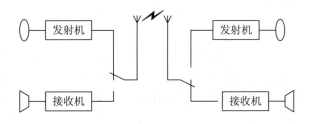

图 8-8　单工方式示意图

2) 半双工方式

半双工方式是指通信中有一方(常指基站)可以同时收发信息，而另一方(移动台)则以单工方式工作。半双工方式示意如图 8-9 所示。半双工方式常用于专用移动通信系统，如调度系统。

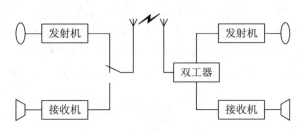

图 8-9　半双工方式示意图

3) 全双工方式

全双工方式是指通信双方均可同时接收和发送信息。这种方式适用于公用移动通信系统，是应用最广泛的一种方式，如图 8-10 所示。

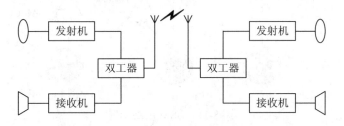

图 8-10　全双工方式示意图

在双工通信中，需要有一定的技术来区分双向的信道。换句话说，凡是双向通信，总需要一定的双工制式。蜂窝移动通信网使用的有两种双工制式：频分双工(FDD，Frequency Division Duplex)和时分双工(TDD，Time Division Duplex)。

(1) 频分双工 FDD。FDD 利用两个不同的频率来区分收发信道。即对于发送和接收两种信号，采用不同的频率。如移动台到基站采用一种频率(称为上行信道)，基站到移动台采用另一种频率(称为下行信道)。

(2) 时分双工 TDD。TDD 方式中上下行使用相同频率，但在两个不同的时间段来进行收发信号。即对于发送和接收两种信号，采用不同的时间。

8.1.6　移动通信网络结构及号码

1. 移动通信网络结构

不同技术的移动通信网，其网络的拓扑结构是不同的。第一代移动通信采用模拟技术，其网络是依附于公用电话网的，是电话网的一个组成部分；从 2G 开始，移动通信网络结构单独组网，不再依附于公用电话网。随着移动通信体制从 2G 到 3G、4G 的演进，移动通信网络也在逐步扁平化。

GSM 是多级结构的复合型网络。为了在网络中均匀负荷，合理利用资源，避免在某些方向上产生话务拥塞，在网络中设置了移动汇接中心(TMSC，Tandem Mobile Switching Center)，在移动网和固定网之间、移动网与其他运营商的固网或移动网之间的通信通过移动关口局 GMSC 来进行转接。

以中国移动 GSM 网为例，根据网中设置的各种节点所负责疏通呼叫的类型，国际部分将由设置在北京、上海、广州的三个国际局组成，国内部分网络分为省际网络、省内网络以及本地网络三个层面，如图 8-11 所示。省际网络层面由一级汇接中心(TMSC1)组成，负责省际业务的汇接；省内网络层面由二级汇接中心(TMSC2)组成，负责省内业务的汇接；本地网络层面由移动业务交换中心(MSC 及关口 GMSC)组成，负责移动终端业务。

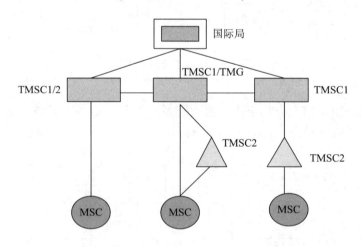

图 8-11　GSM 网络示例

全国移动 GSM 网络结构为二/三级混合网结构，如图 8-12 所示。一级汇接中心 TMSC1 设置在各省会城市/自治区/直辖市，一般成对设置。省内 GSM 移动通信网由省内的各移动业务本地网构成。采用三级网络结构的省由一级汇接中心 TMSC1、二级汇接中心 TMSC2 和移动端局 MSC 组成；采用二级网结构的省则由一级汇接中心兼做二级汇接中心 TMSC1/TMSC2 和移动端局 MSC 组成。TMSC1 之间网状网相连，TMSC2 与相应的 TMSC1 相连，各移动端局与省内一级/二级汇接中心相连。

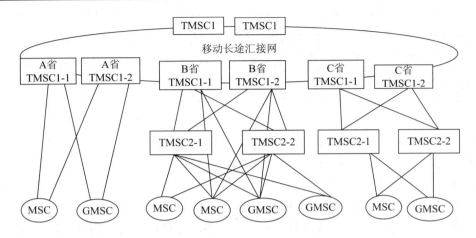

图 8-12 某运营商移动网长途网络汇接示意图

2. 移动通信网中的号码

移动通信中，由于用户的移动性，需要有多种号码对用户进行识别、登记和管理。下面介绍几种常用的号码。

1) 移动台国际 ISDN 号码 (MSISDN，Mobile Station International ISDN Number)

MSISDN 即通常人们所说的手机号码，其编号结构为

$$CC + NDC + SN$$

其中 CC 为国家码(如中国为 86)，NDC 为国内地区码，SN 为用户号码，号码总长不超过 15 位数字。

2) 国际移动用户标识号(IMSI，International Mobile Subscriber Identification)

IMSI 是网络唯一识别一个移动用户的国际通用号码，对所有的移动网来说它是唯一的，并尽可能保密。移动用户以此号码发出入网请求或位置登记请求，移动网据此查询用户数据。此号码也是数据库(如 HLR 和 VLR)的主要检索参数。IMSI 最大长度为 15 位十进制数字。具体分配如下：

$$MCC \qquad + MNC \qquad + \qquad MSIN/NMSI$$
$$3 \text{ 位数字} \qquad 1 \text{ 或 } 2 \text{ 位数字} \qquad 10\sim11 \text{ 位数字}$$

MCC：移动国家码，3 位数字，如中国的 MCC 为 460。

MNC：移动网号，最多 2 位数字，用于识别归属的移动通信网。

MSIN：移动用户识别码，用于识别移动通信网中的移动用户。

NMSI：国内移动用户识别码，由移动网号和移动用户识别码组成。

IMSI 编号计划国际统一，由 ITU-T E.212 建议规定，以适应国际漫游的需要。它和各国的 MSISDN 编号计划互相独立，这样使得各国电信管理部门可以随着移动业务类别的增加独立发展其自己的编号计划，不受 IMSI 的约束。

每个移动台的 IMSI 只有一个，由电信经营部门在用户开户时写入移动台的 ROM，移动网据此受理用户的通信或漫游登记请求，并对用户计费。当主叫按 MSISDN 拨叫某移动用户时，终接 MSC 将请求 HLR 或 VLR 将其翻译成 IMSI，然后用 IMSI 在无线信道上寻呼该移动用户。

3) 国际移动台设备标识号(IMEI, International Mobile Equipment Identification)

IMEI 是唯一标识移动台设备的号码, 又称移动台电子串号。该号码由制造厂家永久性地置入移动台, 用户和网络运营部门均不能改变它, 其作用是防止有人使用非法的移动台进行呼叫。

根据需要, MSC 可以发指令要求所有的移动台在发送 IMSI 的同时发送其 IMEI, 如果发现两者不匹配, 则确定该移动台非法, 应禁止使用。在 EIR 中建有一张"非法 IMEI 号码表", 俗称"黑表", 用以禁止被盗移动台的使用。

ITU-T 建议 IMEI 的最大长度为 15 位。其中, 设备型号占 6 位, 制造厂商占 2 位, 设备序号占 6 位, 另有 1 位保留。

4) 移动台漫游号码(MSRN, Mobile Station Roaming Number)

MSRN 是系统分配给来访用户的一个临时号码, 供移动交换机路由选择使用。移动台的位置是不确定的, 它的 MSISDN 中的 NDC 只反映它的移动网号和原籍地。当移动台漫游进入另一个移动交换中心业务区时, 该地区的移动系统必须根据当地编号计划赋予它一个 MSRN, 经由 HLR 告知 MSC, MSC 据此才能建立至该用户的路由。当移动台离开该区后, 访问位置寄存器(VLR)和归属位置寄存器(HLR)都要删除该漫游号码, 以便再分配给其他移动台使用。MSRN 由被访地区的 VLR 动态分配, 它是系统预留的号码, 一般不向用户公开。

5) 临时移动用户识别码(TMSI, Temporary Mobile Subscriber Identities)

TMSI 是由 VLR 给漫游用户临时分配的, 为了对 IMSI 保密, 在空中传送用户识别码时用 TMSI 来代替 IMSI。TMSI 只在本地有效, 即在该 MSC/VLR 区域内有效。

8.2　第二代移动通信系统

第二代移动通信系统(2G)为数字移动通信系统, 由于克服了 1G 模拟移动通信系统通话质量差、保密性差、标准互不兼容、不能提供自动漫游等缺点, 使得 2G 系统在 20 世纪 90 年代后期得到了广泛采用。最初的 2G 系统主要进行语音通信, 其带宽有限, 不利于数据业务的通信, 在后期的发展中, 各制式的 2G 系统都增加了数据业务的实现方式。2G 系统主要包括 D-AMPS、GSM、PDC、窄带 CDMA 等, 其中以 GSM 和窄带 CDMA 为典型代表, 本节将介绍这两种系统。

8.2.1　GSM 系统

GSM 即全球移动通信系统(Global System for Mobile Communication), 最开始的标准制定准备工作由欧洲邮政电信会议(CEPT, Conference Europe of Post and Telecommunications)负责管理, 具体工作由 1982 年起成立的一系列移动专家组负责。1989 年, 欧洲电信标准协会(ETSI, European Telecommunications Standards Institute)从 CEPT 接手标准的制定工作。1990 年, 第一版 GSM 标准完成。GSM 标准对该系统的结构、信令和接口等给出了详细的描述, 而且符合公用陆地移动通信网(PLMN, Public Land Mobile Network)的一般要求, 能适应与其他数字通信网(如 PSTN 和 ISDN)的互联。1991 年 GSM 系统正式在欧洲问世, 网络开通运行。我国于 1992 年在嘉兴建立和开通第一个 GSM 演示系统，并于 1993 年 9 月正式开放业务。GSM 系统是第二代移动通信系统的两大技术体制之一，也成为 2G 时代最成熟和市场占有量最大的一种数字蜂窝移动通信系统。

GSM 包括两个并行的系统：GSM900 和 DCS1800，这两个系统功能相同，主要是频率不同。GSM900 工作在 900 MHz，DCS1800 工作在 1800 MHz。

1. 系统结构及接口

GSM 数字蜂窝通信系统的主要组成如图 8-13 所示。无线接入网部分称为基站子系统(BSS，Base Station Subsystem)，由基站收发台(BTS，Base Transceiver Station)和基站控制器(BSC，Base Station Controller)组成；核心网部分称为网络子系统(NSS，Network SubSystem)，由移动交换中心(MSC)和操作维护中心(OMC，Operation & Maintenance Center)以及归属位置寄存器(HLR)、访问位置寄存器(VLR)、鉴权认证中心(AUC)和设备标志寄存器(EIR)等组成。

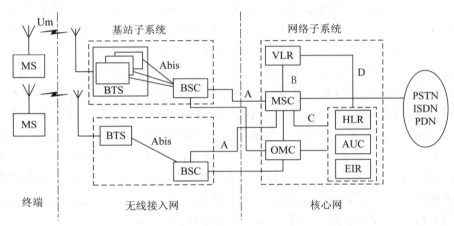

图 8-13 GSM 系统结构

1) 移动台 MS

移动台即手机，为移动网中的用户终端，包括移动设备(ME，Mobile Equipment)和用户识别模块(SIM，Subscriber Identity Module)，通常称为 SIM 卡。

2) 基站子系统 BSS

基站子系统(BSS)是 GSM 网络的无线接入部分，负责在一定区域内与移动台之间的无线通信。一个 BSS 包括一个基站控制 BSC 和一个或多个基站收发台 BTS 两部分组成。

(1) BTS。BTS 是 BSS 的无线部分，受控于基站控制器 BSC，包括无线传输所需要的各种硬件和软件，如发射机、接收机、天线、连接基站控制器的接口电路以及收发台本身所需要的检测和控制装置等。BTS 完成 BSC 与无线信道之间的转换，实现 BTS 与 MS 之间通过空中接口的无线传输及相关的控制功能。

(2) BSC。BSC 是 BSS 的控制部分，处于基站收发台(BTS)和移动交换中心(MSC)之间。一个基站控制器通常控制几个基站收发台，主要功能是进行无线信道管理、实施呼叫和通信链路的建立和拆除，并为本控制区内移动台越区切换进行控制等。

3) 网络子系统 NSS

网络子系统(NSS)是 GSM 网络的核心网部分，主要功能有 GSM 系统的交换功能和有关用户数据与移动性管理、安全性管理所需的数据库功能，它对 GSM 移动用户之间的通信和 GSM 移动用户与其他通信网用户之间的通信起着管理作用。NSS 由一系列功能实体构成，各功能实体之间和 NSS 与 BSS 之间都通过 No.7 信令系统互相通信。

(1) 移动交换中心(MSC)是蜂窝通信网络的核心，为本 MSC 区域内的移动台提供所有的交换和信令功能。

(2) 网关 MSC(GMSC，Gateway MSC)是完成路由功能的 MSC，它在 MSC 之间完成路由功能，并实现移动网与其他网的互联。

(3) 归属位置寄存器(HLR)是一种用来存储本地用户位置信息的数据库。在移动通信网中，可以设置一个或若干个 HLR，这取决于用户数量、设备容量和网络的组织结构等因素。每个用户都必须在归属地的 HLR 中登记。登记的内容主要有：

① 用户信息：如用户号码、移动设备号码等。

② 位置信息：如用户的漫游号码、VLR 号码、MSC 号码等，这些信息用于计费和用户漫游时的接续。这样可以保证当呼叫任一个不知处于哪一个地区的移动用户时，均可由该移动用户的 HLR 获知它当时所处地区，进而建立起通信链路。

③ 业务信息：用户的终端业务和承载业务信息、业务限制情况、补充业务情况等。

(4) 访问位置寄存器(VLR)是一个用于存储进入其覆盖区的用户位置信息的数据库。当移动用户漫游到新的 MSC 控制区时，由该区的 VLR 来控制。当移动台进入一个新的区域时，首先向该地区的 VLR 申请登记，VLR 要从该用户的 HLR 中查询，存储其有关的参数，并要给该用户分配一个新的漫游号码 MSRN，然后通知其 HLR 修改该用户的位置信息，准备为其他用户呼叫此移动用户时提供路由信息。移动用户一旦由一个 VLR 服务区移动到另一个 VLR 服务区时，则需重新在新的 VLR 上登记，原 VLR 将取消临时记录的该移动用户数据。一般地，一个 MSC 对应一个 VLR，记作 MSC/VLR。

(5) 鉴权认证中心(AUC)与 HLR 相关联，是为了防止非法用户接入 GSM 系统而设置的安全措施。AUC 可以不断为用户提供一组参数(包括随机数 RAND、符号响应 SRES 和加密键 Kc 三个参数)，该参数组可视为与每个用户相关的数据，每次呼叫时检查系统提供的和用户响应的该组参数是否一致，以此来鉴别用户身份的合法性，从而只允许合法用户接入网络并获得服务。AUC 只与它相关的 HLR 之间进行通信。

(6) 设备识别寄存器(EIR)是存储移动台设备参数的数据库，用于对移动设备的鉴别和监视，并拒绝非法移动台入网。

(7) 操作和维护中心(OMC)对全网中每个设备实体进行监控和操作，实现对 GSM 网内各种部件的功能监视、状态报告、故障诊断、话务量的统计和计费数据的记录与传递等功能。

4) 接口

GSM 系统的主要接口有 A 接口、Abis 接口和 Um 接口等。

(1) A 接口为 NSS 与 BSS 之间的通信接口，从系统的功能实体来看，就是 MSC 与 BSC 之间的互联接口，传递的信息包括移动台管理、基站管理、移动性管理和接续管理等。

(2) Abis 接口为基站子系统的两个功能实体 BSC 和 BTS 之间的通信接口，用于二者之间的远端互连。

(3) Um 接口(空中接口)为 MS 与 BTS 之间的通信接口，用于移动台与 GSM 系统固定部分之间的互通，其物理链接通过无线方式实现。此接口传递的信息包括无线资源管理、移动性管理和接续管理等。

此外还有网络子系统内部接口，这里只作简单叙述。B 接口为 MSC 和与他相关的 VLR 之间的接口；C 接口为 MSC 和 HLR 之间的接口；D 接口为 HLR 和 VLR 之间的接口；E 接口为 MSC 之间的接口；G 接口为 VLR 之间的接口；H 接口为 HLR 和 AUC 之间的接口。

2. 信道类型及时隙结构

1) 物理信道

GSM 系统采用时分多址/频分多址/频分双工方式(TDMA/FDMA/FDD)方式。GSM900 所采用频段为上行 890～915 MHz，下行 935～960 MHz；双工间隔 45 MHz。首先在 25 MHz 的频段内进行频分复用，将其分为 125 个载频，载频间隔为 200 kHz，上下行载频是成对的；再在每个载频上进行时分复用，将其分为 8 个时隙，每个时隙为一个物理信道。这样，上下行各有 1000 个物理信道，可根据需要分给不同的用户使用。移动台在特定的频率和时隙内，向基站传输信息，基站也在相应的频率上和相应的时隙内，以时分复用方式向各个移动台传输信息。

下面给出 GSM 系统的时隙结构，如图 8-14 所示。GSM 中基本的无线资源单位是一个时隙(Slot)，每个时隙含 156.25 个码元，占 15/26 ms (576.9 μs)。GSM 的帧结构分为帧、复帧、超帧、超高帧。

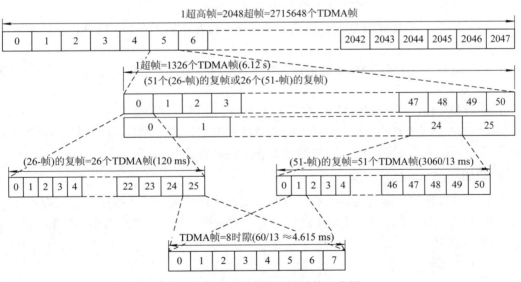

图 8-14　GSM 系统的时隙结构示意图

每个 TDMA 基本帧(Frame)含 8 个时隙，共占 60/13≈4.615 ms。多个 TDMA 基本帧构成复帧(Multiframe)，其结构有如下两种：

(1) 26 帧的复帧，即含 26 帧的复帧，其周期为 120 ms，这种复帧主要用于承载业务信息。

(2) 51 帧的复帧，即含 51 帧的复帧，其周期为 3060/13 ≈ 235.385 ms，用于承载控制信息。

多个复帧又构成超帧(Super Frame)，它是一个连贯的 51×26 TDMA 帧，即一个超帧可以包括 51 个 26 帧的复帧，也可以包括 26 个 51 帧的复帧。超帧的周期均为 1326 个 TDMA 帧，即 6.12 秒。

多个超帧构成超高帧(Hyper Frame)。它是帧结构最长的重复周期，包括 2048 个超帧，周期为 12 533.76 秒，即 3 小时 28 分 53 秒 760 毫秒。超高帧用于加密的话音和数据，每周期包含 2 715 648 个 TDMA 帧，按序编号，依次从 0 至 2 715 647。

2) 逻辑信道

逻辑信道是根据信道上所传输信息的类型所定义的，用来传递数据或信令信息。逻辑信道是一种人为定义，在传输过程中要映射到某个物理信道上才能实现信息传输。GSM 通信系统中，根据所传输的信息不同，将逻辑信道分为业务信道(TCH，Traffic Channel)和控制信道(CCH，Control Channel)。

(1) 业务信道 TCH。业务信道传输编码的话音或用户数据，按速率的不同分为全速率业务信道(TCH/F)和半速率业务信道(TCH/H)。

(2) 控制信道 CCH。控制信道传输各种信令信息。控制信道分为以下三类：

① 广播信道(BCCH)：点到多点的单方向控制信道，用于基站向移动台的下行方向。BS 在 BCCH 中向所有 MS 广播一系列的信息，用于移动台入网、位置登记和呼叫建立(如同步信息)。

② 公共控制信道(CCCH)：点对多点的双向控制信道，用于传送呼叫接续阶段所必需的各种信令信息。其中，CCCH 又可以分为以下三种：

a. 随机接入信道(RACH)：上行信道，用于移动台在申请入网时，向基站发送入网请求信息。

b. 接入允许信道(AGCH)：下行信道，用于基站向移动台发送指配专用控制信道 DCCH 的信息。

c. 寻呼信道(PCH)：下行信道，传送基站对移动台的寻呼信息。

③ 专用控制信道(DCCH)：点对点的双向控制信道，其用途是在呼叫接续阶段和在通信进行当中，在移动台和基站之间传输必需的控制信息。

3. 呼叫接续与移动性管理

与固定网络相同，移动通信网最基本的作用是为用户进行呼叫接续；但与固定网不同的是，移动网络还需要进行一些与用户移动有关的操作，称为移动性管理，包括位置登记、越区切换、漫游等。

1) 呼叫接续

图 8-15 给出了一次移动用户呼出的接续过程，可以概括为以下的步骤：

(1) 首先移动台与基站之间建立专用控制信道。MS 在随机接入信道(RACH)上，向 BS 发出"信道分配请求"信息，申请入网；若 BS 接收成功，就给这个 MS 分配一个专用控制信道(DCCH)，用于在后续接续中 MS 向 BS 传输必需的控制信息；在准许接入信道(AGCH)上，向 MS 发送"立即分配指令"消息。

(2) 完成鉴权和有关密码的计算。MS 收到"立即分配指令"消息后，利用专用控制信道(DCCH)和 BS 建立起信令链路，经 BS 向 MSC 发送"业务请求"信息。MSC 向有关的

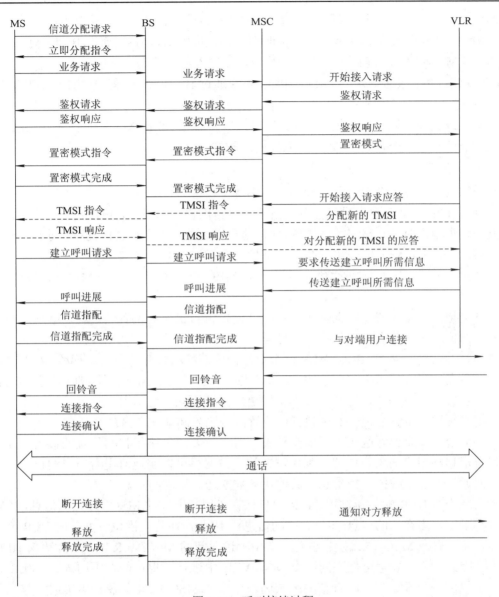

图 8-15 呼叫接续过程

VLR 发送"开始接入请求"信令。VLR 收到后,经过 MSC 和 BS 向 MS 发出"鉴权请求",其中包含一随机数,MS 按规定算法对此随机数进行处理后,向 MSC 发回"鉴权响应"信息。若鉴权通过,承认此 MS 的合法性,VLR 就给 MSC 发送"置密模式"命令,再由 MSC 向 MS 发送"置密模式"指令。MS 收到后,要向 MSC 发送"置密模式完成"的响应信息。同时 VLR 要向 MSC 发送"开始接入请求应答"信息。VLR 还要给 MS 分配一个 TMSI 号码。

(3) 呼叫建立过程。MS 向 MSC 发送"建立呼叫请求"信息,MSC 收到后,向 VLR 发出"要求传送建立呼叫所需信息"指令。如果成功,MSC 即向 MS 发送"呼叫进展"的信令,并向 BS 发出分配无线业务信道的"信道指配"指令,要求 BS 给 MS 分配无线信道。

(4) 建立业务信道。如果 BS 找到可用的业务信道(TCH),即向 MS 发出"信道指配"指令,当 MS 得到信道时,向 BS 和 MSC 发送"信道指配完成"的信息。MSC 把呼叫接续到被叫用户所在的 MSC 或固定网的交换局，并和对方建立信令联系。若对方用户可以接受呼叫，则通过 BS 向 MS 送回铃音。当被叫用户摘机应答后，MSC 通过 BS 向 MS 送 "连接" 指令，MS 则发送 "连接确认" 进行响应，即进入通话状态。

(5) 话终挂机。通话结束，当 MS 挂机时，MS 通过 BS 向 MSC 发送 "断开连接" 消息，MSC 收到后，一方面向 BS 和 MS 发送 "释放" 消息，另一方面与对方用户所在网络联系，以释放有线或无线资源；MS 收到 "释放" 消息后，通过 BS 向 MSC 发送 "释放完成" 消息，此时通信结束，BS 和 MS 之间的无线链路释放。

2) 位置登记

在介绍具体的位置登记过程之前，先介绍两个概念：

① 位置区：移动台不用进行位置更新就可以自由移动的区域，可以包含几个小区。当呼叫某一移动用户时，由 MSC 可以追踪到移动台究竟处于所在位置区的哪个小区。位置区标识(LAI，Location Area Identifier)是在广播控制信道 BCCH 中广播的。

② MSC 区：由该 MSC 所控制的所有基站的覆盖区域组成。一个 MSC 区可以包含几个位置区。

位置登记过程是指移动台向基站发送报文，报告自己所处位置的过程，移动台在开机或进入新的位置区时都会执行位置登记过程。

移动台的信息存储在 HLR、VLR 两个存储器中。移动台开机后，就搜寻 BCCH 信道，从中提取所在位置区标识(LAI)。如果该 LAI 与原来存储的 LAI 相同，则意味着移动台还在原来的位置区，只需要进行周期性的位置更新；若不同，意味着移动台已离开原来的位置区，则必须进行位置登记，其中包括旧位置区的删除和新位置区的登记。

当移动台从一个位置区进入另一个位置区时，就要向网络报告其位置的移动，使网络能随时登记移动用户的当前位置。利用位置信息，网络可以实现对漫游用户的自动接续，将用户的通话、分组数据、短消息和其他业务数据送达漫游用户。

为了减少对 HLR 的更新过程，HLR 中只保存了用户所在的 MSC/VLR 的信息，而 VLR 中则保存了用户更详细的信息(如位置区的信息)。因此，在每一次位置变化时 VLR 都要进行更新，而只有在 MSC/VLR 发生变化，即用户进入新的 MSC/VLR 区时，才更新 HLR 中的信息。因此，位置登记可能在同一个 MSC/VLR 中进行，也可能在不同 MSC/VLR 之间进行。用户由一个 MSC/VLR 管辖的区域进入另一个 MSC/VLR 管辖的区域时，移动用户可能用 IMSI 来标识自己，也可能用 TMSI 来标识自己。这些不同情况的处理过程均有所不同。这里给出比较典型的两种位置登记过程。

(1) 移动台用 IMSI 来标识自己时的位置登记和删除。

当移动台用 IMSI 来标识自己时，位置登记过程仅涉及用户新进入区域的 VLR 和用户所注册的 HLR。具体过程如图 8-16 所示。当移动台进入某个 MSC/VLR 控制的区域时，MS 通过 BS 向 MSC 发出 "位置登记请求" 消息。若 MS 用 IMSI 标识自己，则新的 VLR 在收到 MSC "更新位置区" 的消息后，可根据 IMSI 直接判断出该 MS 的 HLR 地址。VLR 给该 MS 分配漫游号码 MSRN，并向该 HLR 发送 "更新位置区" 的消息。HLR 收到后，将该 MS 的当前位置记录在数据库中，同时用 "插入用户数据" 消息将该 MS 的相关用户数据发送给 VLR。当收到 VLR 发来的 "用户数据确认" 消息后，HLR 回送 "位置更新确认"消息，然后 VLR 通过 MSC 和 BS 向 MS 回送确认消息，位置更新过程结束。

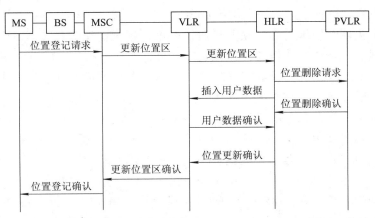

图 8-16　移动台用 IMSI 来标识自己时的位置登记和删除过程

在上述过程的同时，HLR 还向原来的 VLR(图中的 PVLR)发送"位置删除请求"，要求 PVLR 删除该用户的用户数据，PVLR 完成删除后，发送"位置删除确认"消息给 HLR。

(2) 移动台用 TMSI 来标识自己时的位置登记和删除。

当移动台进入一个新的 MSC/VLR 区域时，若 MS 用原来的 VLR(PVLR)分配给它的临时号码 TMSI 来标识自己，则新的 VLR 在收到 MSC"更新位置区"的消息后，不能直接判断出该 MS 的 HLR。如图 8-17 所示，新的 VLR 要求原来的 PVLR"发送身份识别信息"消息，要求得到该用户的 IMSI，PVLR 用"身份识别信息响应"消息将该用户的 IMSI 发送给新的 VLR，VLR 再给该用户分配一个新的 TMSI，其后的过程与图 8-16 一样。

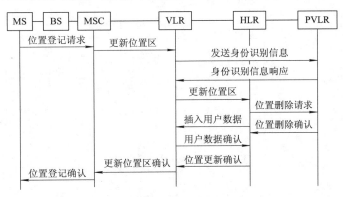

图 8-17　移动台用 TMSI 来标识自己时的位置登记和删除过程

3) 越区切换

越区切换是指当通话中的移动台从一个小区进入另一个小区时，网络能够把移动台从原小区所用的信道切换到新小区的某一信道，且保证用户的通话不中断。保证用户的成功切换是移动通信网的基本功能之一，也是移动网和固定网的重要不同点之一。

GSM 系统中，越区切换可能有以下两种不同的情况：

(1) 同一 MSC 内基站之间的切换，称为 MSC 内部切换(Intra-MSC)。这又分为同一 BSS 内不同小区之间(Intra-BSS)的切换和不同 BSS 间(Inter-BSS)小区之间的切换。

(2) 不同 MSC 的基站之间的切换，称为 MSC 间切换(Inter-MSC)。

越区切换是由网络发起，移动台辅助完成的。MS 周期性地对周围小区的无线信号进行测量，及时报告给所在小区，并发送给 MSC。网络会综合分析移动台送回的报告和网络所监测的情况，当网络发现符合切换条件时，就进行越区切换的有关信令交换，然后释放原来所用的无线信道，在新的信道上建立连接并进行通话。

一个成功的 Intra-MSC 切换过程如图 8-18 所示。MS 周期性地对周围小区的无线信号进行测量，并及时报告给所在小区。当信号强度过弱时，该 MS 所在基站(BSS A)向 MSC 发出"越区切换请求"消息，该消息中包含了 MS 所要切换的小区列表。MSC 收到该消息后，开始向新基站(BSS B)转发该消息，要求新基站 BSS B 分配无线资源。

BSS B 若成功分配无线信道，则给 MSC 发送"切换请求应答"消息。MSC 收到后，通过 BSS A 向 MS 发"切换命令"，该命令中包含了由 BSS B 分配的一个切换参考值，包括所分配信道的频率等信息。MS 将其频率切换到新的频率点上，向 BSS B 发送"切换接入"消息。BSS B 检测 MS 的合法性，若合法，BSS B 发送"切换检测"消息给 MSC。同时，MS 通过 BSS B 发送"切换完成"给 MSC，MS 与 BSS B 正常通信。

当 MSC 收到"切换完成"消息后，通过"清除命令"释放 BSS A 上的无线资源，完成后，BSS A 发送"清除完成"消息给 MSC。至此，一次切换过程完成。

MSC 之间切换的基本过程与 Intra-MSC 的切换基本相似，所不同的是，由于是在 MSC 之间进行的，因此，移动用户的漫游号码要发生变化，要由新的 VLR 重新进行分配。这里不再给出详细的过程。

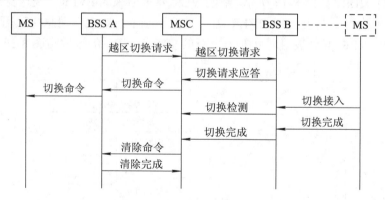

图 8-18　Intra-MSC 切换过程

4) 漫游过程

漫游过程是指当用户离开其归属的 MSC 区，到另一个 MSC 区时仍然能够使用移动通信服务，这包括系统内的漫游和系统间的漫游。系统内漫游是指两个 MSC 属于同一个运营商网络，用户在国内范围的移动一般属于系统内漫游；系统间漫游是指在不同运营商网间的漫游，例如用户出国的情况。

漫游的实现包括三个过程：位置登记、转移呼叫、呼叫建立。其具体流程这里不再赘述。

4. 通用分组无线业务 GPRS

GSM 系统在全球取得了超乎想象的成功，但对于传送数据业务而言，其效率和速率都很低。GSM 采用电路交换方式实现数据业务，独占一个业务信道，但最高数据传输速率仅为 9.6 kb/s。另外，由于数据业务具有突发性强的特点，独占信道的电路交换方式信道利用率很低, 对有限的无线资源是一种浪费。基于此需求和背景, 欧洲电信标准委员会 ETSI 推出了通用分组无线业务(GPRS, General Packet Radio Service)技术。GPRS 是在 GSM 系统上引入的基于分组传送的移动数据业务, 是 GSM 的升级与延续, 属于 2.5G 的技术。

GPRS 的信道分配方式十分灵活, 可以多个用户共享一条无线信道同时进行通信; 当某用户的数据量很大, 而信道也有空闲的情况下, 可同时占用同一载波的多个信道进行通信。因此 GPRS 可以满足数据业务的突发性要求, 提高信道利用率。

GPRS 网络可传送不同速率的数据及信令。当一个载频的 8 个时隙同时提供给一个用户使用时, 最高理论速率可达 171.2 kb/s。但由于 GPRS 仅使用 GSM 的空闲信道来提供服务, 其传输速率取决于 GSM 为其预留的信道数, 因此 GPRS 的实际速率比理论值要慢得多, 大约低于 50 kb/s 左右。

1) GPRS 网络结构

GPRS 的网络结构如图 8-19 所示。在原有 GSM 网络的基础上, GPRS 增加了 GPRS 业务支持节点(SGSN, Service GPRS Support Node)、GPRS 网关支持节点(GGSN, Gateway GPRS Support Node)、分组控制单元(PCU, Packet Control Unit)等网络单元, 与 GSM 共用原有的 BS 系统, 但要对 BS 软硬件进行相应的更新。另外, 移动台也要提供对 GPRS 业务的支持。

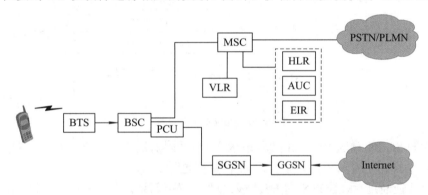

图 8-19　GPRS 网络系统结构

(1) SGSN。GPRS 业务支持节点 SGSN 是 GPRS 网中最主要的网元, 类似 GSM 中的 MSC/VLR, 主要功能是对 MS 进行鉴权、移动性管理和路由选择等。SGSN 记录 MS 当前位置信息, 建立移动终端到 GGSN 的传输通道, 接收从 BSS 送来的 MS 分组数据, 再通过 GPRS 骨干网传送给 GGSN, 或将分组发送到服务区内的 MS。同时 SGSN 还负责收集计费信息和业务统计。

(2) GGSN。GPRS 网关支持节点 GGSN 是连接 GPRS 网络与外部数据网络(如 Internet)的节点, 主要起网关作用。对于外部数据网络而言, GGSN 相当于一个路由器, 负责存储已经激活的 GPRS 用户的路由信息。GGSN 通过 GPRS 骨干网接收到 MS 发送来的数据时, 会进行协议转换并将其转发至外部数据网络。当收到来自外部数据网络的数据时, 将通过隧道技术, 传送给相应的 SGSN。另外, GGSN 还具有计费、防火墙和地址分配功能。

GGSN 对外部数据网络 “隐藏” 了 GPRS 网络结构, 使 GPRS 网络成为外部网络的一个子网, 而 MS 就是该子网中的普通主机, 可通过 IP 地址进行识别。

(3) PCU。分组控制单元(PCU)负责处理无线信道的数据业务, 一般位于 BSC 中。PCU

将分组数据业务在 BSC 处与 GSM 语音业务分离，传送给 SGSN。PCU 还负责无线数据信道的管理和分配，允许多个用户接入同一无线资源。

2) GPRS 业务实现方式

支持 GPRS 的手机类似于 Internet 中的 PC，不仅要有识别码，还要有一个连接到数据网络的 IP 地址。当 GPRS 手机进行数据业务时，需要完成手机和数据网络之间的连接控制管理，该过程包括两个阶段：GPRS 附着过程和 PDP 上下文激活过程。

(1) GPRS 附着过程。

为了访问 GPRS 业务，MS 首先需要执行 GPRS 接入过程，在 MS 和 SGSN 之间建立逻辑链路，以告知网络它的存在，该过程称为"附着(Attach)"。在附着过程中，SGSN 根据移动终端的签约数据确定是否允许移动终端进行数据业务访问。附着流程如图 8-20 所示。

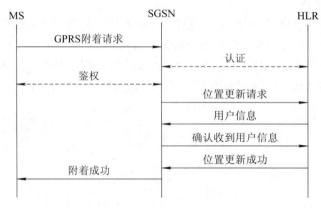

图 8-20　GPRS 附着过程

① MS 向 SGSN 发送"GPRS 附着请求"，启动附着过程。

② SGSN 收到附着请求后，启动认证和鉴权过程。

③ MS 认证通过后，SGSN 向 HLR 发送"位置更新请求"。

④ HLR 向 SGSN 返回查询到的用户信息，该信息包括 MS 的 GPRS 签约数据。

⑤ 若 MS 的 GPRS 签约数据允许在当前路由区内附着，SGSN 将向 HLR 返回"确认收到用户信息"。HLR 给 SGSN 返回"位置更新成功"消息进行回应。

⑥ SGSN 向 MS 发送"附着成功"消息。

MS 附着成功后，就建立了 MS 与 GPRS 网络之间的通信通道，SGSN 就可以跟踪 MS 在 PLMN 中的位置了。此时，MS 可以收发短消息，但还不能收发其他数据。

(2) PDP 上下文激活过程(PDP Context Activation)。

附着成功后，MS 要想接入外部数据网，还必须获得一个 IP 地址，并建立与外部数据网的数据通路，这个过程称为"PDP 上下文激活"，流程如图 8-21 所示。

① 移动台向 SGSN 发送"PDP 上下文激活请求"消息，信息中包含接入点名称(APN，Access Point Name)、PDP 地址、QoS 参数等。SGSN 检查 MS 登记时从 HLR 传送过来的用户数据，或者向 HLR 查询用户数据，包括 APN、是否采用动态地址等。MS 的地址可以是静态的，即该 IP 地址固定分配给一个用户，用户每次上网都使用同一个地址；也可以是动态的，每次开始新的会话时，网络随机为用户分配 IP 地址。

图 8-21　PDP 上下文激活流程

②　SGSN 向 GGSN 发送"建立 PDP 上下文请求"消息,消息中包含 PDP 类型、IP 地址参数、APN、服务质量等,GGSN 为移动台分配 IP 地址。

③　GGSN 向 SGSN 发送"建立 PDP 上下文响应"消息,确认成功激活 PDP 上下文。

④　SGSN 向移动台发送"PDP 上下文激活完成"消息,消息中包含 IP 地址等参数。

此时 MS 可以上网浏览了,SGSN 负责在 GGSN 和 MS 之间传送业务 IP 分组,GGSN 负责将 IP 分组路由至外部数据网络。

3) 增强型 GPRS

增强型 GPRS(EGPRS,Enhanced GPRS)是 GPRS 业务的进一步发展,其采用了增强数据速率 GSM 演进(EDGE,Enhanced Data Rate for GSM Evolution)技术。EDGE 可以有效提高 GPRS 信道编码效率,当 8 个信道全被使用时,其理论最高速率可达 473.6 kb/s,实测的数据速率最高达到 384 kb/s,而 GPRS 使用 8 个时隙时,最高理论速率只有 171.2 kb/s。

EGPRS 采用了 8PSK 调制技术、递增冗余传输技术、链路自适应机制等,以上技术/机制的应用主要体现在对无线接入部分性能的增强。EDGE 主要影响网络的 BTS、BSC,对基于电路交换和分组交换访问的应用和接口基本无影响,因此 MSC 和 SGSN 均可保留使用原有的网络接口。

EDGE 是 2G 系统向 3G 系统演进的一个过渡技术方案,其主要特点是能够充分利用原有的 GSM 资源,不需要大量改动或增加硬件,只需对软件及硬件做一些较小的改动,就能够使运营商向移动用户提供高速率的数据业务。相对于 2.5G 的 GPRS,EDGE 通常被认为是 2.75G 的技术。

8.2.2　CDMA 系统

采用 CDMA 技术的数字蜂窝移动通信系统,简称 CDMA 系统,该系统是在扩频通信技术上发展起来的。由于扩频技术具有抗干扰能力强、保密性能好的特点,20 世纪 80 年代在军事通信领域获得了广泛的应用。为了提高频率利用率,在扩频的基础上,人们又提出了码分多址的概念,利用不同的地址码来区分无线信道。

2G 移动通信系统中的 CDMA 系统属于窄带 CDMA(N-CDMA),以区别于 3G 系统。第一个真正在全球得到广泛应用的 CDMA 标准是 IS-95A,支持 8 kb/s 和 13 kb/s 话音编码;IS-95B 是 IS-95A 的进一步发展,除提供语音外,还可支持 64 kb/s 数据业务。IS-95A 和 IS-95B 均有一系列标准,其总称为 IS-95。IS-95 建议的 CDMA 技术扩频带宽约为 1.25 MHz,信息数据速率最高为 13 kb/s。

与 FDMA 和 TDMA 相比，CDMA 具有许多独特的优点，其中一部分是扩频通信系统所固有的，另一部分是由软切换和功率控制等技术所带来的。CDMA 移动通信网具有抗干扰性好、抗多径衰落、保密安全性高和同频率可在多个小区重复使用等优点。

1. 系统结构及接口

CDMA 系统网络结构如图 8-22 所示。从图中可看出 CDMA 网络结构与 GSM 网相似，这里不再赘述其各部分的功能。

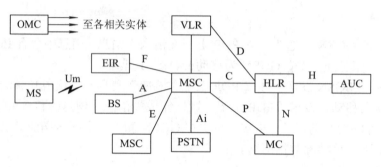

图 8-22　CDMA 系统结构

2. 信道类型

1) 物理信道

CDMA 系统采用频分双工 FDD 方式，即收发采用不同的载频。从基站到移动台方向的链路称为正向链路或下行链路，从移动台到基站方向的信道称为反向链路或上行链路。所采用频段为上行 824～849 MHz，下行 869～894 MHz，双工间隔为 45 MHz，载频间隔为 1.25 MHz。下行链路中，每个载频在一个小区内以 64 个正交 Walsh 码区分信道，可提供 64 个码分信道，然后由 1.2288 Mchip/s 的伪随机序列扩频。上行链路的码分物理信道是由周期为 $2^{42} - 1$ 的不同相位偏移量的长 PN 序列构成的。

2) 逻辑信道

由于 CDMA 上下行链路传输的要求不同，因此上下行链路上信道的种类及作用也不同。正向链路中的逻辑信道包括正向业务信道(F-TCH)、导频信道(PiCH)、同步信道(SyCH)和寻呼信道(PaCH)等，反向链路中的逻辑信道由反向业务信道(B-TCH)和接入信道(AcCH)等组成。同样地，逻辑信道需要映射在物理信道中进行传输。

① 导频信道(PiCH，Pilot Channel)：基站在此信道发送导频信号(其信号功率比其他信道高 20 dB)，供移动台识别基站并引导移动台入网。

② 同步信道(SyCH，Synchronization Channel)：基站在此信道发送同步信息供移动台建立与系统的定时和同步。一旦同步建立，移动台就不再使用同步信道。

③ 寻呼信道(PaCH，Paging Channel)：基站在此信道寻呼移动台，发送有关寻呼指令及业务信道指配信息。当有用户呼入移动台时，基站就利用此信道来寻呼移动台，以建立呼叫。

④ 正向业务信道(F-TCH，Forward Traffic Channel)：用于基站到移动台之间的通信，主要传送用户业务数据，同时也传送随路信令。例如功率控制信令信息、切换指令等就是插入在此信道中传送的。

⑤ 反向业务信道(B-TCH，Backward Traffic Channel)：供移动台到基站之间通信，它与正向业务信道一样，用于传送用户业务数据，同时也传送信令信息，如功率控制信息等。

⑥ 接入信道(AcCH，Access Channel)：一个随机接入信道，供网内移动台随机占用，移动台在此信道发起呼叫或对基站的寻呼信息进行应答。

3. CDMA 系统的关键技术

CDMA 系统中的关键技术包括同步技术、Rake 接收、功率控制、软切换等。

1) 同步技术

PN 码序列同步是扩频系统特有的，也是扩频技术中的重点。CDMA 系统要求接收机的本地伪随机码 PN 序列与接收到的 PN 码在结构、频率和相位上完全一致，否则就无法准确可靠地获取所发送的信息数据。因此，PN 码序列的同步是 CDMA 扩频通信的技术关键。CDMA 系统中的 PN 码同步过程分为 PN 码捕获和 PN 码跟踪两部分。

PN 码捕获是指接收机在开始接收扩频信号时，先选择和调整接收机的本地 PN 序列相位，使它与发送端的扩频 PN 序列相位基本一致(码间定时误差小于 1 个码片间隔)，也称为扩频 PN 序列的初始同步。捕获的方法有多种，如滑动相关法、序贯估值法及匹配滤波器法等，滑动相关法是最常用的方法。

PN 码跟踪则是自动调整本地码相位，进一步缩小定时误差，使之小于码片间隔的几分之一，达到本地码与接收 PN 码频率和相位的精确同步。

2) Rake 接收技术

移动通信信道是一种多径衰落信道，Rake 接收技术就是分别接收每一路的信号并进行解调，然后叠加输出达到增强接收效果的目的。这里多径信号不仅不是一个不利因素，反而在 CDMA 系统中变成了一个可供利用的有利因素。

3) 功率控制

功率控制是 CDMA 系统的核心技术之一。CDMA 系统是一个自扰系统，所有移动用户都占用相同的带宽和频率，"远近效应"问题特别突出。CDMA 功率控制的目的就是克服"远近效应"，使系统既能维持高质量通信，又不对其他用户产生干扰。功率控制分为正向功率控制和反向功率控制，反向功率控制又可分为仅有移动台参与的开环功率控制和移动台与基站共同参与的闭环功率控制。

(1) 反向开环功率控制。移动台接收并测量基站发来的导频信号，根据导频信号的强弱估计路径传输损耗，并根据这种估计来调节移动台的反向发射功率。若接收信号很强，表明移动台距离基站很近，移动台就降低其发射功率，否则就增强其发射功率。小区中所有的移动台都有同样的过程，因此，所有移动台发出的信号在到达基站时都有大致相同的功率。开环功率控制有一个很大的动态范围，根据 IS-95 标准，它可达到正负 32 dB 的动态范围。

反向开环功率控制方法简单、直接，不需要在移动台和基站之间交换信息，因而控制速度较快并节省开销。对于某些情况，例如车载移动台快速驶入或驶出地形起伏区或高大建筑物遮蔽区而引起的信号强度变化是十分有效的。

(2) 反向闭环功率控制。对于信号因多径传播而引起的瑞利衰落变化，反向开环功率控制的效果并不好。因为正向传输和反向传输使用的频率不同，IS-95 标准中，上下行信道的频率间隔为 45 MHz，大大超过信息的相干带宽，使得上行信道和下行信道的传播特性成为相互独立的过程，因而不能认为移动台在前向信道上测得的衰落特性，就等于反向信道上的衰落特性。为了解决这个问题，可以采用反向闭环功率控制。

闭环功率控制的设计目标是使基站对移动台的开环功率估计迅速做出纠正，以使移动台保持最理想的发射功率。由基站检测来自移动台的信号强度，并根据测得的结果，形成功率调整指令，通知移动台增加或减小其发射功率，移动台根据此调整指令来调节其发射功率。实现这种方式的条件是传输调整指令的速度要快，处理和执行调整指令的速度也要快。一般情况下，这种调整指令每毫秒发送一次就可以了。

(3) 正向功率控制。正向功率控制是指基站调整每个移动台的发射功率。其目的是对路径衰落小的移动台分配较小的前向链路功率，而对那些远离基站的和误码率高的移动台分配较大的前向链路功率，使任一移动台无论处于小区中的什么位置，收到基站发来的信号电平都恰好达到信干比所要求的门限值。在正向功率控制中，移动台监测基站送来的信号强度，并不断地比较信号电平和干扰电平的比值，如果小于预定门限，则给基站发出增加功率的请求。

4) 软切换

CDMA 系统中越区切换可分为软切换和硬切换。

(1) 软切换。软切换是 CDMA 系统中特有的。在软切换过程中，移动台与原基站和新基站都保持着通信链路，可同时与两个(或多个)基站通信。在软切换中，不需要进行频率的转换，而只有导频信道 PN 序列偏移的转换。软切换在两个基站覆盖区的交界处起到了业务信道的分集作用，这样可大大减少由于切换造成的通话中断，因此提高了通信质量。同时，软切换还可以避免小区边界处的"乒乓效应"(在两个小区间来回切换)。

(2) 更软切换。更软切换是指在一个小区内的扇区之间的信道切换。因为这种切换只需通过小区基站便可完成，而不需通过移动业务交换中心的处理，故称之为更软切换。

(3) 硬切换。硬切换是指在载波频率不同的基站覆盖的小区之间的信道切换。在 CDMA 系统中，一个小区中可以有多个载波频率。例如在热点小区中，其频率数要多于相邻小区。因此，当进行切换的两个小区的频率不同时，就必须进行硬切换。在这种硬切换中，既有载波频率的转换，又有导频信道 PN 序列偏移的转换。在切换过程中，移动用户与基站的通信链路有一个很短的中断时间。

4. 呼叫处理及移动性管理

1) 呼叫处理

移动台是通过业务信道和基站之间互相传递信息的。但在接入业务信道时，移动台要经历一系列的呼叫处理状态，而基站的处理则相对简单。

移动台呼叫处理如图 8-23 所示，包括系统初始化状态、系统空闲状态、系统接入状态，最后进入业务信道控制状态。

(1) 初始化状态。移动台接通电源后就进入"初始化状态"，此时移动台不断地检测周围各基站发来的导频信号。各基站使用相同的引导 PN 序列，但其偏置各不相同，移动台只要改变其本地 PN 序列的偏置，就能很容易测出周围有哪些基站在发送导频信号。移动台通过比较这些导频信号的强度，即可捕获导频信号。此后，移动台要捕获同步信道，同步信道中包含有定时信息，当对同步信道解码之后，移动台就能和基站的定时同步。

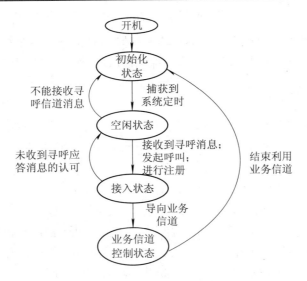

图 8-23　移动台呼叫处理过程

(2) 空闲状态。在完成同步和定时后，移动台即由初始化状态进入"空闲状态"。在此状态中，移动台要监控寻呼信道。此时，移动台可接收外来的呼叫或发起呼叫，还可进行登记注册，接收来自基站的消息和指令。

(3) 系统接入状态。如果移动台要发起呼叫、接收呼叫，或者进行注册登记时，即进入"系统接入状态"，在接入信道上向基站发送有关的信息。这些信息可分为两类：一类属于应答信息(被动发送)；一类属于请求信息(主动发送)。

(4) 业务信道控制状态。当接入尝试成功后，移动台进入业务信道状态，此时移动台和基站之间进行连续的信息交换。移动台利用反向业务信道发送语音和控制数据，通过正向业务信道接收语音和控制数据。

基站呼叫处理比较简单，主要包括以下处理：

(1) 导频和同步信道处理。在此期间，基站发送导频信号和同步信号，使移动台捕获和同步到 CDMA 信道，此时移动台处于初始化状态。

(2) 寻呼信道处理。基站发送寻呼信号。同时移动台处于空闲状态，或系统接入状态。

(3) 接入信道处理。基站监听接入信道，以接收来自移动台发来的消息。同时，移动台处于系统接入状态。

(4) 业务信道处理。基站用正向业务信道和反向业务信道与移动台交换信息。同时，移动台处于业务信道状态。

2) 越区切换

CDMA 系统中可能同时有软切换、更软切换和硬切换。当移动台处于一个基站的两个扇区和另一个基站交界的区域内，这时将发生软切换和更软切换。若处于三个基站交界处，又会发生三方软切换。上面两种软切换都是基于具有相同载频的各方容量有余的条件下，若其中某一相邻基站的相同载频已经达到满负荷，MSC 就会让基站指示移动台切换到相邻基站的另一载频上，这就是硬切换。在三方切换时，只要另两方中有一方的容量有余，都优先进行软切换。也就是说，只有在无法进行软切换时才考虑使用硬切换。当然，若相邻基站恰巧处于不同的 MSC，这时即使是同一载频，也要进行硬切换。

CDMA 软切换是移动台辅助的切换。移动台要及时了解各基站发射的信号强度来辅助基站决定何时进行切换，并通过移动台与基站的信息交换来完成切换。下面给出在同一个 MSC 内的切换过程。

(1) 移动台首先搜索所有导频信号并测量它们的强度，以及信号中的 PN 序列偏移，当某一导频强度大于某一特定值(上门限)时，移动台就认为此导频的强度已经足够大，能够对其进行正确解调。若尚未与该导频对应的基站相联系时，它就通过原基站向 MSC 发送一条导频强度测量消息，报告高于上门限的导频信号强度信息，并将这些导频信号作为候选导频。MSC 指示新基站分配一个前向业务信道给移动台。

(2) MSC 通过原小区基站向移动台发送一个切换导向的消息。

(3) 移动台依照切换导向的指令跟踪新的目标小区的导频信号,将该导频信号作为有效导频，开始对新基站和原基站的正向业务信道同时进行解调。同时，移动台在反向信道上向新基站发送一个切换完成的消息。这时，移动台除仍保持与原小区基站的链路外，与新小区基站也建立了链路。此时移动台同时与两基站进行通信。

(4) 随着移动台的移动，当原小区基站的导频信号强度低于某一特定值(下门限)时，移动台启动切换定时器开始计时。

(5) 当切换定时器超时，移动台向基站发送一个导频强度测量消息。

(6) 基站接收到导频强度测量消息后，将此消息送至 MSC，MSC 再返回相应切换指示消息，基站将该切换指示消息发给移动台。

(7) 移动台依照切换指示消息拆除与原基站的链路，保持与新基站的链路。而原小区基站的导频信号由有效导频变为邻近导频。这时，就完成了越区软切换的全过程。

更软切换是由基站完成的，并不需要 MSC 的参与。

3) 位置登记

位置登记又称为注册(Register)，是移动台向基站报告自己的位置、状态、身份等特性的过程。通过登记，当要建立一个移动台的呼叫时，基站能有效地寻呼移动台并发起呼叫。CDMA 系统中可以支持多种注册。CDMA 系统位置登记的基本处理过程与 GSM 系统基本类似，故不再详述。

8.3　第三代移动通信系统

从上世纪 60 年代以来，公用移动通信网的发展经历了从大区制到蜂窝制、从模拟系统到数字系统的发展。在 1G、2G 系统中，主要的业务需求是语音，因此通信系统的设计目标也是提供语音通信。但随着社会经济和网络的发展，人们对通信的需求越来越多样化，不再满足于单一的话音通信，用户还希望得到更高速率、更丰富的数据业务和多媒体业务。同时，由于 2G 系统中各种模式不能互相兼容，因此不能实现全球漫游。以上这些因素推动了移动通信的进一步发展，从上世纪 80 年代中期开始，第三代移动通信技术(3G)逐渐发展起来。

8.3.1　第三代移动通信系统概述

1. 3G 的概念及目标

第三代移动通信的标准由 ITU 命名为 IMT-2000，意为该系统工作在 2000 MHz 频段，最高业务速率可达 2000 kb/s，在 2000 年左右实现商用，欧洲电信标准协会 ETSI 称其为通用移动通信系统(UMTS，Universal Mobile Telecommunication System)。

根据 IMT-2000 标准，3G 系统在室内环境下传输速率至少为 2 Mb/s，室内外步行环境下能提供至少 384 kb/s 的速率，而车载环境下传输速率至少达到 144 kb/s。系统还可以向公众提供 1G、2G 移动通信系统所不能提供的各种宽带信息业务，如图像、音乐、网页浏览、视频会议等。

2. 3G 的系统结构

图 8-24 为 ITU 定义的 IMT-2000 的功能子系统和接口。从图中可以看到，IMT-2000 系统由用户设备(UE，User Equipment)、无线接入网(RAN，Radio Access Network)和核心网(CN，Core Network)三部分构成。

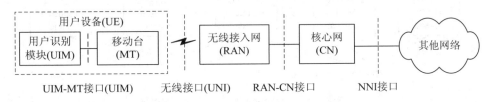

图 8-24　IMT-2000 的功能子系统与接口

用户设备包括用户识别模块(UIM，User Identifier Module)和移动台(MT，Mobile Terminal)，UIM 的作用相当于 GSM 中的 SIM 卡，MT 即为手机。无线接入网 RAN 完成用户接入业务的全部功能，包括所有与空中接口相关的功能，作用相当于 GSM 系统中的 BSS。核心网 CN 相当于 GSM 中的 NSS，完成呼叫及承载控制的所有功能，以及移动性管理的相关功能。

用户网络接口(UNI，User Network Interface)为移动台与基站之间的无线接口，该接口的标准化能够使各种类型的终端接入；RAN-CN 接口为无线接入网与核心网之间的接口，相当于 GSM 系统的 A 接口，该接口的标准化可以保证不同厂家设备的互通与兼容；网络网络接口(NNI，Network-Network Interface)为核心网与其他网络之间的接口。

3. 3G 的标准

3G 标准化分为无线传输技术(RTT，Radio Transmission Technology)的标准化和核心网 CN 的标准化。无线接口和核心网络的标准化工作对 IMT-2000 整个系统和网络来说，是非常重要的。

1) 无线接口的标准化

1999 年 10 月 25 日到 11 月 5 日在芬兰召开的 ITU-T G8/1 第 18 次会议通过了 IMT-2000 无线接口技术规范建议，最终确立了 IMT-2000 所包含的无线接口技术标准，包括 CDMA 和 TDMA 两大类共五个标准，如表 8-1 所示。

表 8-1　IMT-2000 RTT 标准

CDMA 技术	FDD	CDMA DS, 对应 WCDMA, 采用直接序列扩频技术
		CDMA MC, 对应 CDMA2000, 只含多载波方式
	TDD	CDMA TDD, 对应 TD-SCDMA(低码片速率)和 UTRA TDD(高码片速率)
TDMA 技术	FDD	TDMA SC, 对应 UWC-136
	TDD	FDMA/TDMA, 对应 DECT

上述五个名称, ITU 又进一步简化为 IMT-DS、IMT-MC、IMT-TD、IMT-SC 和 IMT-FT, 如图 8-25 所示。其中, 美国电信工业协会(TIA, Telecommunications Industry Association) 提交的 CDMA2000、欧洲电信标准化协会(ETSI)提交的 WCDMA、中国电信科学技术研究 院(CATT)提交的 TD-SCDMA 成为 3G 的三大主流标准。

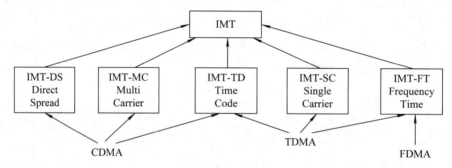

图 8-25　IMT-2000 地面无线接口标准

2) 核心网 CN 的标准化

3G 的核心网是从 2G 两大系统的核心网演进而来的, 其演进过程分为两个阶段: 第一 阶段主要在 2G 两大核心网 GSM MAP 和 ANSI-41 的基础上演进, 通过电路交换和分组交 换并存的网络实现电路型话音业务和分组数据业务, 充分体现了网络平滑演进的思想; 第 二阶段则是建立全 IP 的核心网。

3GPP 主要制定基于 GSM MAP 核心网、WCDMA 和 TD-SCDMA 无线接口的标准。 3GPP2 主要制定基于 ANSI-41 核心网、CDMA2000 无线接口的标准。GSM MAP 和 ANSI-41 与 IMT-2000 的三种主流无线传输标准之间的对应关系如图 8-26 所示。

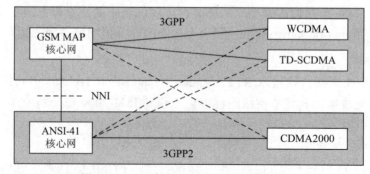

图 8-26　3G 系统 CN 与 RTT 的对应关系

限于篇幅, 本节将重点介绍 WCDMA 系统, CDMA2000 和 TD-SCDMA 系统只做简要 介绍。

8.3.2　WCDMA 移动通信系统

欧洲电信标准协会 ETSI 提出的第三代移动通信系统称为 UMTS,其空中接口采用宽带码分多址(WCDMA, Wideband Code Division Multiple Access)技术,因此通常将 UMTS 系统称为 WCDMA 移动通信系统。WCDMA 是 3G 三大主流系统之一,其主要是在 GSM 的基础上进行演进的。WCDMA 无线接入采用了直接序列扩频码分多址(DS-CDMA)技术,将信息扩频到 3.84 Mchip/s 的码片速率上,在 5 MHz 的带宽内进行传送,可支持频分双工 FDD 和时分双工 TDD 方式。

WCDMA 最初的标准是 3GPP 在 1999 年 12 月发布的,称为 R99(Release99)版本,之后又经历了一系列的演进,业界一般用 3GPP 的标准号进行区分。

R99 版本系统结构如图 8-27(a)所示,其中核心网继承了 GSM/GPRS 的网络结构,最大限度地保护了 GSM 网络在电路域的投资,保证 GSM 网络向 WCDMA 网络的平滑演进。而无线接口则不再使用 GSM 中的 TDMA 方式,而是采用了宽带 CDMA 技术。

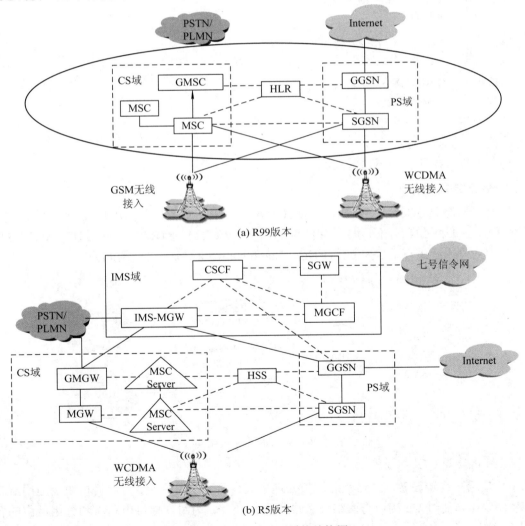

图 8-27　WCDMA 系统结构图

之后 WCDMA 的版本经过了 R4、R5、R6、R7 版本的演进(从 R8 开始的后续版本是关于 LTE 的标准)。R4 版本在核心网电路域引入了软交换的概念，实现承载与控制分离的开放式网络结构。R5 版本在无线接口上引入高速下行分组接入技术(HSDPA，High Speed Downlink Packet Access)，使下行速率理论上可达到 14.4 Mb/s，且在核心网的分组域增加了 IP 多媒体子系统(IMS，IP Multimedia Subsystem)，可实现实时和非实时的多媒体业务，如图 8-27(b)所示。R6 版本在无线接口上引入了高速上行分组接入(HSUPA，High Speed Uplink Packet Access)技术，用于对上行分组域数据速率的增强。R7 版本进一步完善了无线接入网络、核心网、空中接口和业务。

从 R99 到 R5，再到 R6、R7 的演进过程可以看出，无论是无线接入网 RAN 部分，还是核心网 CN 部分，WCDMA 都逐步从电路方式向 IP 方式演进，这种全 IP 的演进方式符合通信网络的发展趋势。

1. 系统参数

WCDMA 的主要系统参数如下：

载波带宽：5 MHz

接入方式：宽带直接序列扩频 CDMA

双工方式：FDD/TDD

语音编码：AMR 语音编码

码片速率：3.84 Mchip/s

基站同步方式：异步/同步

帧长：10 ms

功率控制：闭环、开环功率控制

2. 系统结构及接口

与所有 3G 家族的其他成员相同，WCDMA 移动通信系统主要由用户设备 UE、无线接入网 RAN、核心网 CN 三部分组成，如图 8-28 所示。WCDMA 的 RAN 又称为 UTRAN(UMTS RAN)，包括 Node B 和无线控制器(RNC，Radio Network Controller)两部分。

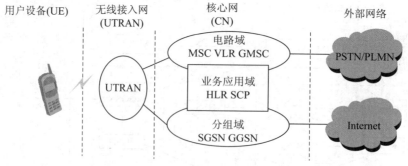

图 8-28　WCDMA 系统结构

1) 用户设备 UE

UE 是用户终端设备，主要包括射频处理单元、基带处理单元、协议栈模块及应用层软件模块等。UE 通过 Uu 接口与网络设备进行数据交互，为用户提供电路域和分组域内的各种业务功能。

2) 无线接入网 UTRAN

UTRAN 处理所有与无线通信有关的功能，它的基本功能就是提供无线接入通路。UTRAN 包括无线网络控制器 RNC 和基站 Node B 两种物理实体，分别对应 2G 系统中的基站控制器 BSC 和基站收发器 BTS。

Node B 是 WCDMA 系统的基站部分，通过 Iub 接口与 RNC 互连，接收来自 RNC 的无线资源控制命令，完成 Uu 接口物理层协议的处理。Node B 包括无线收发信机和基带处理部分，主要完成扩频、调制、信道编码及解扩、解调、信道解码，还包括基带信号和射频信号的相互转换等功能，并参与无线资源管理。

RNC 通过 Iu 接口与 CN 连接，通过 Iub 接口与 Node B 连接，通过 Iur 接口与其他 RNC 连接。RNC 拥有和控制其管辖区内的无线资源，是 UTRAN 提供给 CN 所有业务的接入点，主要完成连接建立与断开、切换、宏分集合并、无线资源管理控制等功能。具体包括执行系统信息广播与系统接入控制功能、切换和 RNC 迁移等移动性管理功能、宏分集合并、功率控制、无线承载分配等无线资源管理和控制功能。

3) 核心网 CN

CN 负责与其他网络的连接和对 UE 的通信和管理，对语音及数据业务进行交换和路由查找。以 R99 版本为例，CN 主要包括 MSC/VLR、GMSC、SGSN、GGSN、HLR 等功能实体。

MSC/VLR 是 WCDMA 核心网 CS 域的功能节点，主要提供对 CS 域的呼叫控制、移动性管理、鉴权和加密等功能。

GMSC 是 WCDMA 移动网 CS 域与外部网络之间的网关节点，是可选功能节点。GMSC 的主要功能是充当移动网和其他网络之间的移动关口局，实现网间用户呼入或呼出时的路由功能，承担路由分析、网间接续、网间结算等重要功能。

SGSN 是 WCDMA 核心网 PS 域的功能节点，提供 PS 域的路由转发、移动性管理、会话管理、鉴权和加密等功能。

GGSN 也是 WCDMA 核心网 PS 域的功能节点，主要是提供同外部 IP 分组网络的接口功能。GGSN 需要提供 UE 接入外部分组网络的关口功能，从外部网的观点来看，GGSN 就是可寻址 WCDMA 移动网络中所有用户 IP 的路由器，需要同外部网络交换路由信息。

HLR 是 WCDMA 核心网 CS 域和 PS 域共有的功能节点，主要提供用户的签约信息存放、新业务支持、增强的鉴权等功能。

4) 接口

WCDMA 系统的主要接口有 Uu 接口、Iu 接口、Iur 接口、Iub 接口等。

(1) Uu 接口。Uu 接口是 WCDMA 的空中接口，类似于 GSM 系统的 Um 接口。UE 通过 Uu 接口接入到 UMTS 系统的固定部分，Uu 接口是 UMTS 系统中最重要的开放接口。

(2) Iu 接口。Iu 接口是连接 RNC 和 CN 的接口，类似于 GSM 系统的 A 接口和 Gb 接口，用于传输 RNC 和 CN 之间的用户信息和控制信息。由于 WCDMA 的核心网存在电路域和分组域两部分，因此一个 RNC 和 CN 之间存在两个接口：面向电路交换域的 Iu-CS 接口和面向分组交换域的 Iu-PS 接口。

(3) Iur 接口。Iur 接口是连接 RNC 之间的接口，用于传送 RNC 之间的控制信令和用户数据。Iur 接口用于对 RAN 中移动台的移动管理,例如在不同的 RNC 之间进行软切换时,移动台所有数据都是通过 Iur 接口从正在工作的 RNC 传送到候选 RNC。

(4) Iub 接口。Iub 接口是连接 Node B 与 RNC 的接口,用于传送 RNC 和 Node B 之间的信令及来自无线接口的数据。

3. UTRAN

1) UTRAN 的结构

如图 8-29 所示,UTRAN 的结构包含一个或几个无线网络子系统(RNS,Radio Network SubsyStem),一个 RNS 由一个无线网络控制器 RNC 和一个或多个基站 Node B 组成。RNC 用来分配和控制与之相连或相关的 Node B 的无线资源,Node B 则完成 Iub 接口和 Uu 接口之间的数据流的转换,同时也参与一部分无线资源管理。

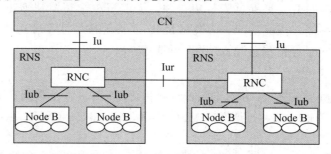

图 8-29　UTRAN 无线接入网络的构成

2) UTRAN 协议结构

UTRAN 各个接口的协议结构是按照一个通用的协议模型设计的,设计原则是使层和面在逻辑上相互独立。如图 8-30 所示,UTRAN 接口协议结构包括两层、两平面。

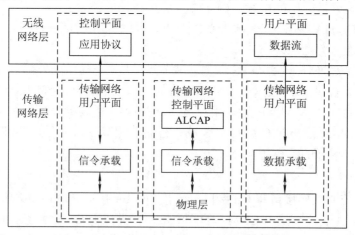

图 8-30　UTRAN 接口的通用协议模型

从协议分层来看,UTRAN 通用模型包含无线网络层和传输网络层。所有与无线接入网有关的协议都包含在无线网络层,传输网络层是指 UTRAN 所选用的标准传输技术,例如 ATM 或 IP,与 UTRAN 特定的功能无关。

从数据流来看,UTRAN 通用模型包括控制面和用户面,每个接口的信息也都分为控制面和用户面。

对于无线网络层，控制面包括应用协议及用于传输这些应用协议的信令承载。应用协议用于建立到 UE 的承载(例如 Iu 中的无线接入承载及 Iur、Iub 中的无线链路)。用户面包括数据流和用于承载这些数据流的数据承载，用户发送和接收的所有信息都是通过用户面来进行传输的。

传输网络层实际上是承载 UTRAN 信息的标准传输技术，例如早期版本中是 ATM 技术，后续版本中是 IP 技术，与 UTRAN 的功能是完全无关的，因此其控制面并无任何无线网络控制平面的信息，包括接入链路控制协议(ALCAP)和 ALCAP 所需的信令承载。传输网络用户面用于承载无线网络层的数据信息和应用协议，数据承载由传输网络控制面实时控制，信令承载由操作维护功能控制完成。

可以看出，UTRAN 的设计遵循以下原则：① 将控制面与用户面分离，使信令信息和用户数据信息实现分离；② 将 UTRAN 功能与传输层分离，使得无线网络层不依赖于特定的传输技术。

4. 无线接口分层与信道类型

1) 无线接口分层模型

如图 8-31 所示，无线接口 Uu 协议分为三层，分别称为物理层(L1)、数据链路层(L2)和无线资源控制层(RRC，Radio Resource Control)(L3)，其中数据链路层又分为无线链路控制层(RLC，Radio Link Control)和媒体接入控制层(MAC)两个子层。

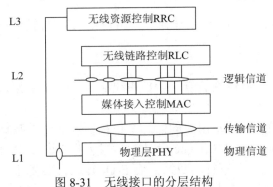

图 8-31　无线接口的分层结构

RRC 位于无线接口的第三层，主要处理 UE 和 UTRAN 间的控制信令。RRC 实现控制接口管理和对低层协议实体的配置，主要功能有接入层控制、RRC 连接管理、无线承载控制、RRC 移动性管理、无线资源管理寻呼和通知、功率控制以及测量控制和报告等。

数据链路层使用物理层提供的服务，并向第三层提供服务。MAC 子层位于物理层之上，向高层提供无确认的数据传送、无线资源重分配和测量等服务，通过物理层提供的传输信道并借助逻辑信道与上层交换数据。RLC 子层位于 MAC 子层之上，主要功能包括数据分段与重组、用户数据传输和纠错、流量控制等功能。

物理层位于空中接口协议模型的最低层，提供了在物理介质上传输比特流所需的操作，为高层提供所需的数据传输业务。

2) 信道类型

在 WCDMA 的无线接口中，从不同协议层次上讲，承载用户各种业务的信道被分成三类，分别是逻辑信道、传输信道和物理信道，如图 8-31 所示。高层信息以逻辑信道的形式传递到 MAC 层，逻辑信道再映射到传输信道。然后信息从 MAC 层传到物理层，传输信道又映射到物理信道。在从逻辑信道到传输信道再到物理信道的映射过程中，存在着多次复用和解复用。多个逻辑信道可能映射到同一个传输信道上，多个传输信道也可能映射到同一个物理信道上。

(1) 逻辑信道。

与 GSM 中逻辑信道的概念一样，逻辑信道直接承载业务，根据所承载的是控制平面业务还是用户平面业务可将其分为两大类：控制信道和业务信道。MAC 子层通过逻辑信道与 RLC 子层进行数据交互，在逻辑信道上提供不同类型的数据传输业务。

控制信道通常用来传输控制平面信息，主要包括：

① 广播控制信道(BCCH)：传输广播系统控制信息的下行链路信道。

② 寻呼控制信道(PCCH)：传输寻呼信息的下行链路信道。

③ 专用控制信道(DCCH)：在 UE 和 RNC 之间传送专用控制信息的点对点双向信道，在 RPC 连接建立过程中建立此信道。

④ 公共控制信道(CCCH)：在网络和 UE 之间发送控制信息的双向信道，这个逻辑信道总是映射到传输信道 RACH/FACH。

业务信道用来传输用户平面信息，主要包括：

⑤ 专用业务信道(DTCH)：专为一个 UE 传输用户信息的专用点对点信道，该信道在上行链路和下行链路都存在。

⑥ 公共业务信道(CTCH)：向全部或者一组特定 UE 传输专用用户信息的点对多点的下行链路信道。

(2) 传输信道。

传输信道主要映射信息传输的方式，是物理层对 MAC 层提供的服务。传输信道通常分为两类：公共传输信道和专用传输信道。

专用传输信道传递面向特定用户的信息，包括实际业务的数据和高层控制信息，可分为专用信道(DCH，Dedicated Channel)和增强型专用信道(E-DCH，Enhanced Dedicated Chanel)。DCH 可传输上行和下行的数据，而 E-DCH 仅能传输上行数据，用来提高容量和数据吞吐量，减少专用信道在上行链路的延迟。

公共传输信道是指该信道为整个小区或小区中的某一组用户所公用，主要包括：

① 随机接入信道(RACH)：上行传输信道，用于传送来自 UE 的控制信息，也可传输少量的用户数据。

② 广播信道(BCH)：下行传输信道，用于广播系统或小区的相关信息。

③ 寻呼信道(PCH)：下行传输信道，用于在小区中广播与寻呼过程相关的信息。

④ 公用分组信道(CPCH)：上行传输信道，用于传送用户的分组数据。

⑤ 前向接入信道(FACH)：下行传输信道，在系统知道 UE 所处的小区时，用于传送给 UE 的控制信息。

⑥ 下行共享信道(DSCH)：下行传输信道，可由多个 UE 共享，用于传输专用控制或业务数据。

(3) 物理信道。

物理信道是无线接口物理层的承载信道，物理层的基本传输单元为无线帧，帧长为 10 ms，对应于 38400 chip，每一帧又划分为 15 个时隙，每个时隙为 2560 chip。每一帧的容量和每一时隙的容量与信道的类型相关。

物理信道是各种信息在无线接口传输时的最终体现形式，例如一个特定的载频、扩频码、扰码、载波相对相位等，包括专用物理信道和公共物理信道。

专用物理信道包括专用物理数据信道(DPDCH)、专用物理控制信道(PDCCH)等。公共物理信道主要包括：公用导频信道(CPICH)、公用控制物理信道(CCPCH)、物理下行共享信道(PDSCH)、寻呼指示信道(PICH)、捕获指示信道(AICH)、同步信道(SCH)、物理随机接入信道(PRACH)、物理公共分组信道(PCPCH)。

5. WCDMA 典型业务接续流程

1) CS 域基本业务流程

以下以终端 UE 与 PSTN 用户通话过程为例分析 WCDMA 电路域的基本业务流程。

(1) UE 主叫流程。

UE 作为主叫的呼叫流程如图 8-32 所示。

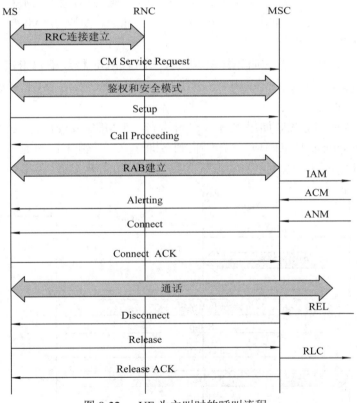

图 8-32　UE 为主叫时的呼叫流程

① UE 与 RNC 之间建立 RRC(Radio Resource Control)连接。所谓 RRC 连接，是指 UE 与 UTRAN 的 RRC 协议层之间建立的双向点到点的连接，用于 UE 与 UTRAN 之间传输无线网络信令，如进行无线资源的分配等。RRC 连接在呼叫建立之初建立，在通话结束后释放，并在期间一直维持。

② UE 与 UTRAN 建立了 RRC 连接之后，开始互传高层消息，UE 向 CN 的 CS 域发

起 CM 业务请求(Connection Management Service Request)，表明所需要的服务。

③ 鉴权和加密。MSC 发起对 UE 的鉴权和安全模式过程。若安全模式完成，UE 会收到 Security Procedure Success 消息，若无安全模式过程，UE 将收到 CM 业务接受消息(CM Server Accept)。

④ UE 发送呼叫建立(Call Setup)消息给 MSC，该消息中包含了被叫用户号码以及此次呼叫所需要的传输承载能力等。

⑤ MSC 回送呼叫进展消息(Call Proceeding)消息，表明该呼叫已经被接受，正在处理当中。

⑥ MSC 发送分配信道消息给 RNC，要求 RNC 建立相应的无线接入承载 RAB(Radio Access Bearer)，分配业务信道给 UE。

⑦ 在主叫侧 RAB 建立的同时，CN 将向被叫所在的局端(被叫 MSC 或 PSTN)发送 ISUP 初始地址消息 IAM，被叫局回送 ISUP 地址完成消息 ACM。

⑧ MSC 发送 Alert 消息给主叫 UE，表明被叫 UE 正在被振铃，同时给主叫送回铃音。

⑨ 被叫用户应答后，被叫局发送 ISUP 应答消息 ANM 给主叫 MSC，主叫 MSC 发送 Connect 消息给主叫 UE。主叫回送连接确认消息 Connect ACK 给 MSC。至此，主叫和被叫之间的通话建立。

⑩ 通话过程结束后，若被叫先挂机，MSC 收到 ISUP 释放消息 REL 后，向 UE 发送 Disconnect 消息发起释放流程，主叫 UE 释放后，主叫 MSC 发送 ISUP 释放监护信令 RLC。

(2) UE 被叫流程。

MSC 收到 IAM 消息后，如果允许该呼叫建立，则 MSC 要使用无线接口信令寻呼 UE。UE 以 Paging Response 消息回应，MSC 收到后即建立一个到 UE 的通信信道。UE 作为被叫的呼叫流程与移动用户作为主叫的流程大致类似，如图 8-33 所示，不再详细解释。

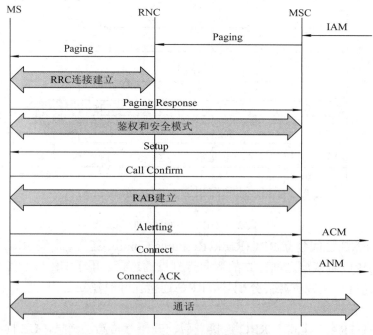

图 8-33　UE 为被叫的呼叫流程

2) PS 域基本业务流程

以终端 UE 进行网页访问为例，分析 PS 域的业务流程。如 GPRS 介绍的一样，UE 进行网页访问时，在网络附着之后需要进行 PDP 上下文激活过程。PS 域的业务流程如图 8-34 所示。

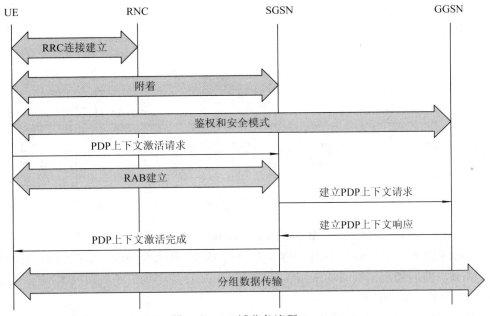

图 8-34 PS 域业务流程

PS 域的业务流程有以下几个基本过程：

① 建立 RRC 连接。

② 附着过程。与 GPRS 中介绍的相同，UE 首先需要附着过程以接入 WCDMA 的分组域，在 UE 和 CN 分组域之间建立逻辑链路。

③ UE 的鉴权和安全模式控制。

④ PDP 上下文激活请求。UE 发送 PDP 上下文激活请求消息到 SGSN。

⑤ 建立 RAB。UE 业务请求被网络接收后，CN 将分配无线接入承载(RAB)，在空中接口建立相应的无线承载(RB)。

⑥ 创建 PDP 上下文。SGSN 发送 PDP 上下文建立请求给 GGSN，GGSN 为用户分配 IP 地址等信息，并发送 PDP 上下文建立响应消息给 SGSN。

⑦ PDP 上下文激活完成。UE 接收到激活 PDP 上下文确认消息，则可以发送接收 IP 数据包。

WCDMA 系统的分组业务是"实时在线"的，即用户和网络始终连接。通常在用户终端开启时，便进行附着操作，与 SGSN 建立逻辑连接。在需要进行分组业务数据传输时，直接激活 PDP 就可以了。

8.3.3 CDMA2000 移动通信系统

CDMA2000 是基于 IS-95 CDMA 发展而来的 3G 标准，其选择和设计最大限度地考虑了和 IS-95 的后向兼容，很多基本参数和特性都与 IS-95 相同，并在无线接口进行了增强。

　　CDMA2000 体系是从最初的窄带 CDMA，即 IS-95 演进的，分为两个技术阶段。第一阶段称为 CDMA2000 1x RTT，简称 CDMA2000 1x。这里 1x 指 CDMA2000 的频带与窄带 CDMA 系统的频带宽度一样，也是 1.25 MHz，采用单载波。此时的系统数据传输速率低于 2 Mb/s，被称为 2.75G 系统。第二阶段分为 CDMA2000 3x RTT、CDMA2000 1x EV-DO 和 CDMA2000 1x EV-DV 三种方式。3x 表示系统的频带是窄带 CDMA 系统频带宽度的 3 倍，采用 3 载波。图 8-35 给出了 CDMA2000 系统的演进过程。

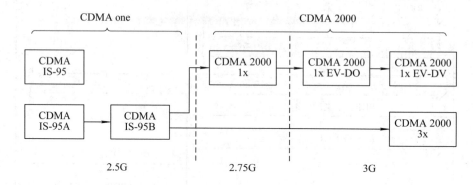

图 8-35　CDMA2000 系统演进图

　　CDMA2000 1x 与 IS-95 标准兼容，并可与 IS-95 系统的频段共享或重叠，载波带宽为 1.25 MHz，前向和反向链路均采用 1.2288 Mchip/s 直接序列扩频单载波来实现；数据业务最高速率可达 230.4 kb/s。

　　CDMA2000 1x 系统的演进称为 CDMA2000 1x EV，其中 EV 是指演进(Evolution)。CDMA2000 1x EV 又分为两个阶段：CDMA2000 1x EV-DO 和 CDMA2000 1x EV-DV，其中 DO 是指 Data Only 或 Data Optimized，DV 是指 Data and Voice。

　　CDMA2000 1x EV-DO 的码片速率、链路预算、网络设备和终端设备的射频设计均与 IS-95 相同或兼容，其特点是在 CDMA 技术的基础上引入了 TDMA 技术的一些特点，从而提高了数据业务的性能。但 CDMA2000 1x EV-DO 不支持语音，数据业务独占一个 1.25 MHz 带宽，前向链路数据速率最高可达 2.4 Mb/s，平均数据速率约为 650 kb/s，反向链路数据速率最高可达 153.6 kb/s。

　　CDMA2000 1x EV-DV 可以同时支持高速分组数据业务和实时的语音业务，在同一载波上可传输实时、非实时和混合业务。前向链路数据速率最高可达 3.1 Mb/s，反向链路数据速率最高可达 1.8 Mb/s。对语音业务采用功率控制分配资源，对数据采用速率控制和调度分配资源。

　　CDMA2000 3x 的技术特点是前向信道为 3 个载波的多载波调制方式，每个载波均采用码片速率为 1.2288 Mchip/s 的直接序列扩频，反向信道使用码片速率为 3.6864 Mchip/s 的直接序列扩频，其信道带宽为 3.75 MHz。

1. 系统参数

多址技术：CDMA(多载波和直接序列扩频)
信道带宽：N × 1.25 MHz，N = 1，3，6，9，12
码片速率：1.2288 Mchip/s

双工方式：FDD

基站间同步方式：同步

帧长：5 ms、20 ms

功率控制：开环结合快速闭环功率控制

2. 系统结构

CDMA2000 的系统结构如图 8-36 所示，MSC/VLR、HLR、EIR 等一起构成了核心网的电路域，可实现传统电路域的话音业务和短信业务，与窄带 CDMA(IS-95)并无差异。BSC 处增加了分组控制功能(PCF)，分组数据服务节点(PDSN)、AAA、归属代理(HA)、外部代理(FA)等构成了核心网的分组域，实现分组域的数据业务。可以看到，与窄带 CDMA 相比，PCF、AAA 和 PDSN 是新增的网元，通过支持移动 IP 的 A_{10}、A_{11} 接口互联，可以支持分组数据业务传输。

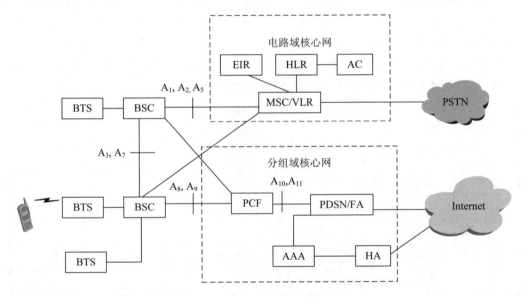

图 8-36　CDMA2000 系统结构图

(1) 基站子系统。基站子系统由 BSC、BTS 和分组控制功能(PCF，Packet Control Function)模块组成。PCF 一般与 BSC 合设，完成与分组数据业务有关的无线信道控制功能，通过 A_{10}、A_{11} 接口与 PDSN 进行通信。

(2) 电路域核心网。电路域核心网与窄带 CDMA IS-95 无差异，不再详细介绍。

(3) 分组域核心网。鉴权认证服务器 AAA 是执行接入鉴权和对用户进行授权的逻辑实体，负责管理分组网用户的权限、开通的业务、认证信息和计费数据等内容。由于 AAA 采用的主要协议是 RADIUS，因此也常被称为 RADIUS 服务器。

分组数据服务节点(PDSN，Packet Data Service Node)作为无线数据接入网关，提供 IP 接入，为 CDMA2000 移动台提供访问数据网络的服务。

CDMA2000 分组核心网采用了基于移动 IP(Mobile IP)的结构。为了适应移动 IP 业务的需求，分组域核心网首先要满足简单 IP(Simple IP)业务，进而实现真正的移动 IP 业务。当使用简单 IP 时，分组域核心网包含 PDSN 及 AAA 等功能实体；当使用移动 IP 时，还应增加归属代理(HA，Home Agent)和外地代理(FA，Foreign Agent)等功能实体。

简单 IP 方式是用户接入分组网的基本方式。移动终端的 IP 地址可由 PDSN 动态接入，也可由所接入分组网络动态分配。用户在同一个 PDSN 管辖范围内移动时可保持其 PPP 连接而不改变 IP 地址；在跨越 PDSN 时，用户的 PPP 连接需重新建立，业务将中断。

HA 也叫本地代理，是一种路由器，它能维护移动节点的位置信息。主要负责接受来自移动终端的移动 IP 注册、动态分配归属 IP 地址、将来自网络的 IP 包以隧道方式发送到 FA、接收 AAA 服务器向用户发送的信息、进行数据加密等，用以建立、保持和终止至 PDSN 的通信。

FA 也叫外地代理，是移动节点的外地链路上的路由器。在 CDMA2000 网络系统中，由 PDSN 来实现 FA 的功能。FA 提供的主要功能包括移动 IP 的注册、FA-HA 反向隧道 (Reverse Tunneling)的协商以及数据分组的转发等。

移动 IP 使真正的移动接入成为可能。移动终端在通信期间需要在网络上移动时，移动 IP 方式可使移动节点采用固定不变的 IP 地址，一旦接入即可实现在任意位置上保持 IP 地址不改变，IP 传输不中断的功能。

(4) 接口。如图 8-35 所示，CDMA2000 的 A 系列接口主要包括四类：A1/A2/A5 接口、A3/A7 接口、A8/A9 接口、A10/A11，各接口功能如表 8-2 所示。

表 8-2　A 系列接口功能

接口	主　要　功　能
A1	用于传输 MSC 和 BSC 之间的信令消息
A2/A5	用于传输 MSC 与 BSC 间的话音信息
A3/A7	用于传输 BSC 之间的信令或数据业务
A8	传输 BSC 和 PCF 之间的用户信息
A9	传输 BSC 和 PCF 之间的信令信息，维护 BSC 和 PCF 之间的 A8 数据连接
A10	传输 PCF 和 PDSN 之间的用户信息
A11	传输 PCF 和 PDSN 之间的信令信息，维护 PDSN 到 PCF 之间的 A10 数据连接

3. 呼叫流程

CDMA2000 电路域的呼叫与 IS-95 基本相同，这里不再分析，以下分析 CDMA2000 的数据业务流程。

1) 用户状态

在 CDMA2000 1x 数据业务流程中，无线数据用户存在以下三种状态：

激活态(ACTIVE)：手机和基站之间存在空中业务信道，两边可以发送数据，A1、A8、A10 连接保持；

休眠状态(Dormant)：手机和基站之间不存在空中业务信道，但是两者之间存在 PPP 连接，A1、A8 连接释放，A10 连接保持；

空闲状态(NULL)：手机和基站不存在空中业务信道和 PPP 链接，A1、A8、A10 连接均释放。

2) 接入流程示例

以移动台发起的数据业务为例进行分析，如图 8-37 所示。

① MS 在空中接口的接入信道上向 BSS 发送起呼消息，BSS 收到后向 MS 发送基站证实指令；

② BSS 发送 CM 业务请求消息给 MSC，MSC 向 BSS 发送指配请求消息，指示 BSS 分配无线资源；

③ MS 和 BSS 之间建立无线业务信道；

④ BSS 向 PCF 发送 A9-Setup-A8 消息，请求建立 A8 连接；

⑤ PCF 和 PDSN 之间建立 A10 连接；

⑥ PCF 向 BSS 返回 A9-Connect-A8 消息，A8 连接建立成功；

⑦ BSS 向 MS 发送业务连接消息，以指定用于呼叫的业务配置；MS 开始根据指定的业务配置处理业务，并以业务连接完成消息进行响应。

⑧ 信道建立并互通后，BS 向 MSC 发送指配完成消息；

⑨ MS 与 PDSN 之间协商建立 PPP 连接，若是移动 IP 接入方式还要建立移动 IP 连接；

⑩ PPP 连接建立完成后，数据业务进入连接状态。

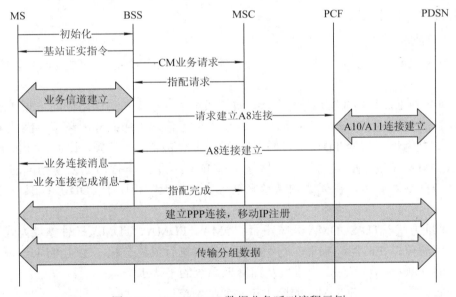

图 8-37 CDMA2000 数据业务呼叫流程示例

8.3.4 TD-SCDMA

TD-SCDMA 的全称为时分同步码分多址接入(Time Division-Synchronization Code Division Multiple Access)，是由我国提出的 3G 标准，并被 ITU 接纳为国际移动通信标准。

1998 年 6 月原电信科学技术研究院代表我国向 ITU 正式提交了 TD-SCDMA 标准提案，1999 年 11 月，该标准成为 ITU 认可的第三代移动通信无线传输主流技术之一，并于 1999 年 12 月开始与 UTRAN TDD 在 3GPP 融合。2001 年 3 月 3GPP 将 TD-SCDMA 列为 3G 标准之一，包含在 3GPP R4 版本中。2006 年 1 月 20 日，原信息产业部正式颁布 TD-SCDMA 为我国的行业标准。

TD-SCDMA 系统由 3GPP 组织制订、维护标准，与 WCDMA 具有一致的系统架构，采用 UMTS 的结构，无线接入采用 UTRAN 结构。其高层结构及功能与 WCDMA 相同，包括核心网络结构及 Iu、Iub、Iur 等多种接口，而二者的空中接口物理层则采用不同的技术。因此本小节简单介绍 TD-SCDMA 的系统参数和关键技术，其余内容则不再赘述。

1. 系统参数

TD-SCDMA 采用了 FDMA、TDMA、CDMA、SDMA 等多种多址技术的结合，通过综合使用智能天线、联合检测技术，以提高传输容量方面的性能，同时降低小区间频率复用所产生的干扰，并通过更高的频率复用率来提供更高的话务量。TD-SCDMA 的双工方式采用 TDD 模式，它在相同的频带内通过在时域上划分不同的时段(时隙)给上、下行进行双工通信，可以方便地实现上/下行链路间的灵活切换。其具体的技术参数包括：

双工方式：时分双工 TDD

信号带宽：1.6 MHz

关键技术：软件无线电、同步、智能天线等

多址方式：时分多址、码分多址、频分多址、空分多址

频段：1880~1920 MHz、2010~2025 MHz、2300~2400 MHz

码片速率：1.28 Mchip/s

2. 关键技术

TD-SCDMA 系统采用了时分双工、智能天线、联合检测等关键技术，以提高系统性能。

(1) 时分双工。采用 TDD 模式的无线通信系统中，接收和传送是在同一频道的不同时隙，用保护时间间隔来分离上下行链路。由于上下行信道采用同样的频率，因此上下行信道之间具有互惠性，这给 TDD 模式的无线通信系统带来许多优势。比如，智能天线技术在 TD-SCDMA 系统中的成功应用。另外，TDD 模式下上下行信道采用相同的频率，不需要为其分配成对频率，在无线频谱越来越宝贵的今天，相比于 FDD 系统具有更加明显的优势。

(2) 多址方式。TD-SCDMA 系统集合 CDMA、FDMA、TDMA 三种多址方式于一体，使得无线资源可以在时间、频率、码字这三个维度进行灵活分配，也使得用户能够被灵活分配在时间、频率、码字这三个维度从而降低系统的干扰水平。

(3) 同步技术。TD-SCDMA 的同步技术包括网络同步、初始化同步、节点同步等。其中网络同步选择高稳定度、高精度的时钟作为网络时间基准，以确保整个网络的时间稳定，是其他各同步的基础。初始化同步的目的是使移动台成功接入网络。

(4) 联合检测。联合检测可估计所有用户的信道冲激响应，然后利用已知用户的扩频码、扰码和信道估计，对所有用户的信号同时检测，消除符号间干扰(ISI)和用户间干扰(MAI)，从而达到提高用户信号质量的目的。

(5) 智能天线。智能天线采用空分多址(SDMA)技术，利用信号在传输方向上的差别将同频率或同时隙、同码道的信号区分开来，最大限度地利用有限的信道资源。没有智能天线时，功率将分配至所有的蜂窝区域内，相互干扰较大。使用智能天线，可将能量仅指向小区内处于激活状态的移动终端，降低多用户干扰，降低蜂窝间的干扰，可提高系

统容量。

(6) 接力切换。由于采用智能天线可大致定位用户的方位和距离，因此 TD-SCDMA 中采用接力切换方式。根据用户的方位和距离信息，判断用户是否进入切换区。如果进入切换区，便通知基站做好切换准备，以达到接力切换，从而达到减少切换时间，提高切换成功率、降低切换掉话率的目的。

(7) 动态信道分配。在终端接入和链路持续期间，对信道进行动态分配和调整。在通信系统运行过程中，根据当前的网络状态、系统负荷和业务的 QoS 参数，动态地将信道分配给某个用户。当同小区内或相邻小区间用户发生干扰时可以将其中一方移至干扰小的其他无线单元(不同的载波或不同的时隙)上，达到减少相互间干扰的目的。

8.4　第四代移动通信系统

为了满足人们宽带移动互联的需求，第四代移动通信技术(4G)由 ITU-R 于 2005 年 10 月正式命名为 IMT-Advanced(International Mobile Telecommunications Advanced)，其系统性能要求对慢速移动用户下行峰值速率能够达到 1 Gb/s，对快速移动用户能够达到 100 Mb/s，从而为移动用户提供更高级的服务和应用。2008 年 3 月 ITU 开始征集 IMT-Advanced 标准。

在 3G 系统发展的同时，为了和全球微波接入互操作(WiMAX，World interoperability for Microwave Access)技术相抗衡，3GPP 提出了第三代移动通信的长期演进技术(LTE，Long Term Evolution)和系统架构演进(SAE，System Architecture Evolution)两大计划的标准化工作，分别侧重无线接入技术和网络架构。

LTE 指的是 3GPP 无线网络的长期演进，即演进的 UTRAN，被称为 E-UTRAN；SAE 指的是 3GPP 核心网的演进，现在一般称为演进分组核心网(EPC，Evolved Packet Core)，SAE 在标准化术语中已不再使用。目前人们一般用 LTE 网络或 LTE 系统代表完整的长期演进系统，包括无线接入部分和核心网，本书中也采用这种方式。

LTE 技术是基于正交频分复用和多入多出天线技术所开发的，在 20MHz 频谱带宽下能够提供下行 100 Mb/s、上行 50 Mb/s 的峰值速率，被认为是准 4G 系统。在 LTE 的基础上，3GPP 提出了 LTE-Advanced，是 LTE 技术的升级版，能够满足 ITU-R 的 IMT-Advanced 技术征集的需求，因此成为候选标准之一。2012 年 1 月 18 日，ITU 在 2012 年无线电通信全会上，正式审议通过将 LTE-Advanced 和 WirelessMAN-Advanced(802.16m)技术规范确立为 IMT-Advanced，即 4G 国际标准，我国主导制定的 TD-LTE-Advanced 同时成为 IMT-Advanced 国际标准。本书只介绍 LTE 和 LTE-Advanced 系统。

8.4.1　LTE 概述

1. LTE 设计目标

3GPP 对 LTE 网络的总体设计目标是具有高数据率、低时延和基于全分组化的移动通信系统，包括两个方面：一是性能提高，提供更高的用户数据速率，提升系统容量和覆盖率，减小时延，并减少运营成本；二是实现能够支持多种接入技术的无线接入网、基于全

IP 的分组核心网络，并保证业务的连续性。主要设计目标包括：

(1) 频谱带宽可灵活配置：支持 1.4 MHz、3 MHz、5 MHz、10 MHz、15 MHz、20 MHz 等带宽设置。

(2) 数据传输速率比 3 G 有大幅提升：UMTS 的系统带宽为 5 MHz，而 LTE 系统在 20 MHz 的带宽下，实现下行速率 100 Mb/s，上行速率 50 Mb/s。

(3) 更高的频谱利用率：频谱利用率为 HSPA 的 2～4 倍。

(4) 明显降低系统时延：实现控制平面时延小于 100 ms，用户平面时延小于 5 ms。

(5) 支持全面分组化：实现纯分组结构，核心网中取消 CS 域，所有业务在 PS 域实现。

(6) 扁平化的网络架构：相比之前的 2G、3G 系统，系统结构简单，网络节点尽量压缩。

(7) 支持多种接入技术到统一的核心网：支持与 3GPP 网络的互操作，同时支持非 3GPP 网络的接入。

2. LTE 关键技术

相对于 UMTS 技术，LTE 在空中接口的无线传输能力有了很大的提高，是因为 LTE 在无线传输技术方面，采用了 OFDM、MIMO、链路自适应等技术。

1) OFDM

LTE 系统中，多址接入方案在下行方向采用正交频分多址接入(OFDMA)，以提高频谱效率；上行方向采用单载波频分多址接入(SC-FDMA)，以降低系统的峰均功率比，从而减小终端体积和成本。

如 8.1.5 小节所介绍，OFDM 系统中各子载波相互交叠，相互正交，可以消除或减小信号波形间的干扰，大大提高了频谱利用率，且抗衰落能力强，适合高速数据传输。但其缺点是峰均功率比 PAPR(Peak to Average Power Ratio)较大，导致放大器的功率转换效率较低，不适用于电池电量受限的上行链路。因此 LTE 上行采用了 SC-FDMA，其特点是在每个传输时间间隔内，基站给每个 UE 分配一个独立的频段，以便发射数据，从而降低上行发射信号的 PAPR。

2) MIMO

多输入多输出技术(MIMO，Multiple-Input Multiple-Output)是指利用空间中的多径因素，在发射端和接收端采用多副天线同时发送和接收信号，可以实现分集增益或复用增益，从而提高小区容量，扩大覆盖范围，提升数据传输速率等性能指标。LTE 系统下行 MIMO 通常配置为 2×2，即 2 发 2 收，上行 MIMO 通常配置为 1×2，即 1 发 2 收。

3) 链路自适应技术

链路自适应技术是指系统根据当前获取的信道信息，自适应地调整无线资源和无线链路，以克服或者适应当前信道变化带来的影响。链路自适应技术主要包括动态功率控制、自适应调制编码、混合自动请求重传等技术。

8.4.2　系统结构

与 UMTS 相同，LTE 的系统结构也包括移动终端(UE)、无线接入网(E-UTRAN)、核心网(EPC)三部分，如图 8-38 所示。可以看出，LTE 的无线接入网中只有 eNode B 一种网元，取消了 UTRAN 中的 RNC，结构更加扁平化。核心网中取消了电路域，而由纯分组域构成。

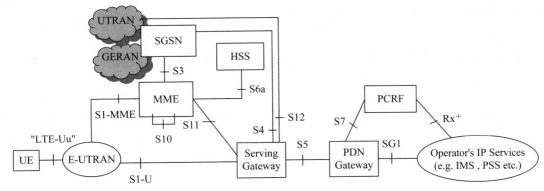

图 8-38 LTE 系统结构

1. 无线接入网 E-UTRAN

LTE 的接入网 E-UTRAN 由 eNode B 一种网元构成，如图 8-39 所示。eNode B 间底层通过 IP 传输，在逻辑上通过 X2 接口相互连接，支持数据和信令的直接传输。这样的设计可以有效地支持 UE 在整个网络内的移动，保证用户的无缝切换。每个 eNode B 通过 S1 接口连接到核心网 EPC 的 MME/S-GW，S1-MME 是 eNode B 连接 MME 的控制面接口，S1-U 是 eNode B 连接 S-GW 的用户面接口。

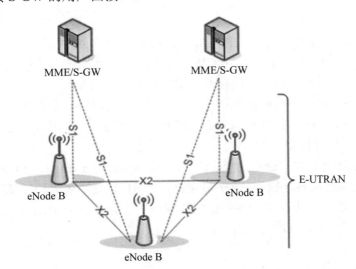

图 8-39 E-UTRAN 的网络架构

eNode B 完成 UMTS 中 Node B 的全部和 RNC 大部分的功能，包括：无线资源管理功能，即实现无线承载控制、无线许可控制和连接移动性控制，在上下行链路上完成 UE 的动态资源分配和调度；用户数据流的 IP 报头压缩和加密；UE 附着状态时 MME 的选择；实现 S-GW 用户面数据的路由选择；执行由 MME 发起的寻呼信息和广播信息的调度和传输；完成有关移动性配置和调度的测量和测量报告。

2. 核心网 EPC

核心网 EPC 负责对用户终端的全面控制和有关承载的建立，主要由移动性管理实体

(MME, Mobility Management Entity)、服务网关(S-GW, Serving Gateway)和分组数据网关 (P-GW, Packet Data Network Gateway)组成。

1) MME

MME 是 EPC 的主要控制单元, 负责处理 UE 和 EPC 间的信令交互, 实现移动性管理。MME 的主要功能包括: ① 负责 UE 的接入控制: 通过与 HSS 交互获取用户的签约信息, 对 UE 进行鉴权认证; ② UE 附着、位置更新和切换过程中, MME 需要为 UE 选择 S-GW/P-GW 节点; ③ UE 处于空闲状态时, MME 需对 UE 进行位置跟踪, 当下行数据到达时进行寻呼; ④ UE 发起业务连接时, MME 负责为 UE 建立、维护和删除承载连接; ⑤ UE 发生切换时, MME 执行控制功能; ⑥ 信令的加密、完整性保护、安全控制。

2) S-GW

S-GW 是 UE 附着到 EPC 的 "锚点", 主要负责 UE 用户平面的数据传送、转发以及路由切换等。当用户在 eNode B 之间移动时, S-GW 作为逻辑的移动性锚点, E-UTRAN 内部的移动性管理以及 E-UTRAN 与其他 3GPP 网元之间的移动性管理和数据包路由都通过 S-GW 实现。当用户处于空闲状态时, S-GW 将保留承载信息并临时把下行分组数据进行缓存, 以便当 MME 开始寻呼时建立承载。对每一个 UE, 同一时刻只存在一个 S-GW。

3) P-GW

P-GW 提供与外部分组数据网络的连接, 是 EPC 和外部分组数据网间的边界路由器, 是用户数据出入外部 IP 网络的节点。P-GW 负责执行基于用户的分组过滤、UE 的 IP 地址分配和 QoS 保证、执行计费功能、根据业务请求进行行业务限速等。

P-GW 将从 EPC 收到的数据转发到外部 IP 网络, 并将从外部 IP 网络收到的数据分组转发至 EPC 的承载上。接入到 EPC 系统的 UE 至少需连接一个 P-GW, 对于支持多分组数据连接的 UE, 可同时连接多个 P-GW。

此外, EPC 中还有策略与计费功能(PCRF, Policy and Charging Rule Function)和归属用户服务器(HSS, Home Subscriber Server)等实体。PCRF 是策略决策和计费控制的实体, 用于策略决策和基于流的计费控制。HSS 是 LTE 的用户设备管理单元, 完成 LTE 用户的认证鉴权等功能, 相当于 2G、3G 中的 HLR。

4) 接口

LTE 系统中定义了一系列接口, 包括 S1~S12、X2 等接口, 这里介绍最主要的 S1 接口和 X2 接口。

(1) X2 接口。X2 接口是 eNode B 之间相互连接的接口, 支持数据和信令的直接传输。X2 接口用户平面提供 eNode B 之间的用户数据传输功能, 其网络层基于 IP 传输, 传输层则使用 UDP 协议, 高层协议使用 GTP-U 隧道协议。X2 接口控制平面在 IP 层之上采用流控制传输协议(SCTP, Stream Control Transmission Protocol)作为其传输层协议。

(2) S1 接口。S1 接口是 E-UTRAN 与 EPC 之间的接口, 其中, S1-MME 是 eNode B 连接 MME 的控制面接口, S1-U 是 eNode B 连接 S-GW 的用户面接口。

针对 LTE 的系统架构, 各实体网络功能划分如图 8-40 所示。

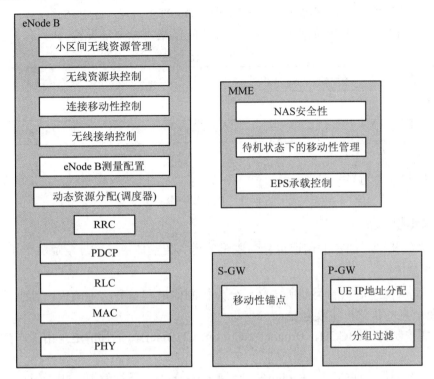

图 8-40 LTE 系统架构中各实体功能划分

8.4.3 帧结构与信道类型

1. 帧结构

LTE 系统支持 FDD 和 TDD 两种双工模式，其帧结构也分为两种，分别支持 FDD 模式和 TDD 模式。

1) FDD 帧结构

该类型帧适用于全双工或半双工的 LTE FDD 系统，其结构如图 8-41 所示，FDD 类型的无线帧长 10 ms，包含 10 个子帧，每个子帧含有 2 个时隙，每时隙为 0.5 ms。对于 FDD 而言，上下行的传输是通过成对频谱实现的，因此下行载波中全部子帧都进行下行传输，上行载波则全部用于上行传输。

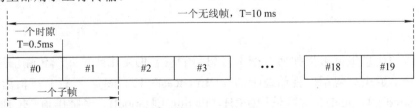

图 8-41 FDD 帧结构

2) TDD 帧结构

该类型帧适用于 TDD 模式，帧结构如图 8-42 所示。与 FDD 帧类似，每帧 10 ms，分为 2 个 5 ms 的半帧，每个半帧含 5 个 1 ms 的子帧。子帧分为普通子帧和特殊子帧，普通子帧由 2 个时隙组成，特殊子帧由 3 个特殊时隙(DwPTS、GP、UpPTS)组成。TDD 方式的上下行采用相同频率，因此每个子帧的上下行分配策略可以灵活设置。

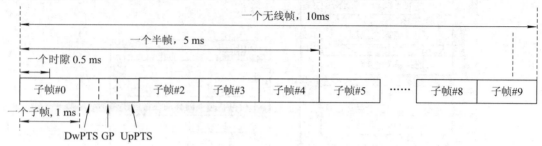

图 8-42　TDD 帧结构

2. 信道类型

同 3G 系统相同，LTE 的信道也分为逻辑信道、传输信道、物理信道三个不同的层次。

1) 逻辑信道

逻辑信道由传递信息的类型所定义，分为控制信道和业务信道两类。其中控制信道负责控制平面信息的传输，主要包括：

① 广播控制信道(BCCH，Broadcast Control CHannel)，下行信道，用于广播系统控制信息。

② 寻呼控制信道(PCCH，Paging Control CHannel)，下行信道，用于发送寻呼信息或通知系统改变信息。

③ 公共控制信道(CCCH，Common Control CHannel)，双向信道，用于 UE 与 eNodeB 之间连接建立过程中传输控制信息。

④ 多播控制信道(MCCH，Multicast Control CHannel)，下行信道，用于传输与 MBMS 业务相关的控制信息。

⑤ 专用控制信道(DCCH，Dedicated　Control　CHannel)，双向信道，用于传输 UE 与 eNodeB 之间的专用控制信息。

业务信道负责用户平面信息的传输，LTE 业务信道主要包括：

① 专用业务信道(DTCH，Dedicated Traffic CHannel)，点到点信道，专用于一个 UE 传输用户信息，可以是上下行双向的。

② 多播业务信道(MTCH，Multicast Traffic CHannel)，发送点到多点业务用户数据的下行信道。

2) 传输信道

逻辑信道的信息根据数据如何在空中接口传输将它们复用到特定的传输信道上。

下行传输信道类型包括广播信道(BCH，Broadcast CHannel)、下行共享信道(DL-SCH，Downlink Shared CHannel)、寻呼信道(PCH，Paging CHannel)、多播信道(MCH，Multicast CHannel)。

上行传输信道类型主要有：上行共享信道(UL-SCH，Uplink Shared CHannel)，用于传输上行用户数据或控制信息；随机接入信道(RACH，Random Access CHannel)，用于传输随机接入前导、发射功率等信息。

3) 物理信道

LTE 物理信道分为上行物理信道和下行物理信道。

LTE 下行物理信道包括物理下行共享信道(PDSCH,Physical Downlink Shared Channel)、物理广播信道(PBCH,Physical Broadcast CHannel)、物理多播信道(PMCH,Physical Multicast CHannel)、物理下行控制信道(PDCCH,Physical Downlink Control CHannel)、物理控制格式指示信道(PCFICH,Physical Control Format Indicator CHannel),以及物理 HARQ 指示信道 (PHICH,Physical HARQ Indicator CHannel)。

LTE 上行物理信道包括物理上行共享信道(PUSCH,Physical Uplink Shared CHannel)、物理上行控制信道(PUCCH,Physical Uplink Control CHannel),以及物理随机接入信道 (PRACH,Physical Random Access CHannel)。

8.4.4 LTE-Advanced

LTE-Advanced 是 LTE 的演进,其目的是为满足无线通信市场的更高需求和更多应用,满足和超过 ITU 所定义的 IMT-Advanced 的需求,同时保持对 LTE 较好的后向兼容性。3GPP 从 2008 年 3 月开始进行 LTE-Advanced 标准的研究和制定,并于 5 月确定,形成欧洲 IMT-Advanced 技术提案的重要来源,并完全兼容 LTE。2009 年 9 月,我国向 ITU 提交了 TD-LTE-Advanced 标准,是 LTE-Advanced 的 TDD 分支,也是 TD-LTE 的升级演进,并于 2010 年正式确立为 4G 国际标准之一。

LTE-Advanced 是 LTE 在 Release10 及之后的技术版本。2008 年 3 月,ITU 开始了 IMT-Advanced 候选技术的征集和标准化进程。响应 ITU 关于 4G IMT-Advanced 技术的征集,3GPP 将正在研究的 LTE Release 10 以及之后的技术版本称为 LTE-Advanced,并且向 ITU 进行了候选技术的提交。LTE R10 不需要改变 LTE 标准的核心,只需在 R8、R9 的基础上进一步扩充、增强和完善即可。

1. LTE-Advanced 主要指标

① 带宽灵活部署:通过频谱聚合技术,最大可支持 100 MHz 的系统带宽,各子载波可连续,也可非连续;

② 峰值速率进一步提高:下行峰值速率超过 1 Gb/s,上行峰值速率达到 500 Mb/s;

③ 控制面时延进一步降低:从驻留状态到连接状态的时延小于 50 ms,从休眠状态到激活状态的时延小于 10 ms;

④ 频谱效率进一步提高:下行峰值频谱效率可达 30 b/s/Hz,上行达到 15 b/s/Hz。

2. LTE 主要关键技术

为了满足 3GPP 为 LTE-Advanced 制定的技术需求,LTE-Advanced 引入了上/下行增强 MIMO(Enhanced UL/DL MIMO)、协作多点传输(CoMP,Coordinated multi-point Transmission)、中继(Relay)、载波聚合(CA,Carrier Aggregation)、增强型小区间干扰协调 (EICIC,Enhanced Inter-cell Interference Coordination)等关键技术。MIMO 技术扩展了天线端口数量并同时支持多用户发送/接收,可充分利用空间资源,提高 LTE-Advanced 系统的上下行容量;CoMP 技术通过不同基站/扇区的相互协作,有效抑制小区间干扰,可提高系统的频谱利用率;Relay 技术通过无线回传有效解决覆盖和容量问题,摆脱了对有线回传链路的依赖，增强部署灵活性；CA 可提供更好的用户体验，提升业务传输速率；干扰协调增强可重点解决异构网络下控制信道的干扰协调问题，保证网络覆盖的同时有效满足业务QoS 需求。

LTE-Advanced 系统引入上述增强技术，可显著提高无线通信系统的峰值数据速率、峰值谱效率、小区平均谱效率以及小区边界用户性能，有效改善小区边缘覆盖和平衡上下行业务性能，提供更大的带宽。

8.5 第五代移动通信技术

面向 2020 年及未来，移动通信技术和产业将迈入第五代移动通信(5G)的发展阶段。5G将满足人们超高流量密度、超高连接数密度、超高移动性的需求，能够为用户提供高清视频、虚拟现实、增强现实、云桌面、在线游戏等极致业务体验。

2015 年 6 月的 ITU-R WP5D 第 22 次会议上，ITU 确定了 5G 的名称、愿景和时间表等关键内容。ITU-R 命名 5G 为 IMT-2020，作为 ITU 现行移动通信全球标准 IMT-2000 和IMT-Advanced 的延续，标准将在 2020 年制定完成，国际频谱将于 2019 年开始分配。

事实上，早在 2013 年 2 月，我国就由工业和信息化部、国家发改委、科技部联合推动成立了"IMT-2020(5G)推进组"，致力于推动我国第五代移动通信技术研究和开展工作。

8.5.1　5G 愿景与需求

与以往移动通信系统相比，5G 需要满足更加多样化的场景和极致的性能挑战。IMT-2020(5G)推进组归纳了未来主要场景和业务需求特征，提炼出连续广域覆盖、热点高容量、低时延高可靠和低功耗大连接四个主要技术场景。5G 的主要性能指标包括：0.1～1 Gb/s 的用户体验速率，数十 Gb/s 的峰值速率，每平方公里数十 Tb/s 的流量密度，每平方公里百万的连接数密度，毫秒级的端到端时延。表 8-3 描述了不同场景下的性能指标需求。

表 8-3　5G 典型场景下的性能指标需求

场　　景	性能需求
连续广域覆盖	100 Mb/s 用户体验速率
热点高容量	用户体验速率：1 Gb/s 峰值速率：数十 Gb/s 流量密度：数十 Tb/s/km^2
低功耗大连接	连接数密度：10^6/km^2 超低功耗，超低成本
低时延高可靠	空口时延：1 ms 端到端时延：ms 量级 可靠性：接近 100%

用户体验速率、连接数密度和时延为 5G 最基本的三个性能指标。同时，5G 还需要大幅提高网络部署和运营的效率，相比 4G，频谱效率提升 5～15 倍，能效和成本效率提升百倍以上。

性能需求和效率需求共同定义了 5G 的关键能力，犹如一株绽放的鲜花，见图 8-43 所示。花瓣代表了 5G 的六大性能指标，体现了 5G 满足未来多样化业务与场景需求的能力，其中花瓣顶点代表了相应指标的最大值；绿叶代表了三个效率指标，是实现 5G 可持续发展的基本保障。

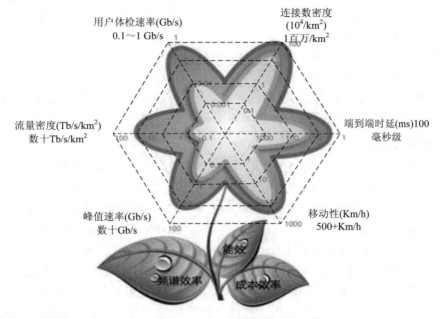

图 8-43　5G 的关键能力

总之，5G 将以可持续发展的方式，满足未来超千倍的移动数据增长需求，将为用户提供光纤般的接入速率，"零"时延的使用体验，千亿设备的连接能力，超高流量密度、超高连接数密度和超高移动性等多场景的一致服务，业务及用户感知的智能优化，同时将为网络带来超百倍的能效提升和超百倍的比特成本降低，并最终实现"信息随心至，万物触手及"的 5G 愿景。

8.5.2　5G 研究进展

按照 IMT-2020 的工作计划，2015 年完成 5G 标准前期研究，2017 年底启动 5G 候选提案征集，2020 年底完成标准制定。除用于跨地域测试的小规模部署之外，目前尚未有建成商用的 5G 网络。

1. 无线技术领域

5G 将基于统一的空口技术框架，沿着 5G 新空口及 4G 演进两条技术路线，依托新型多址、大规模天线、超密集组网和全频谱接入等核心技术，通过灵活的技术与参数配置，形成面向连续广域覆盖、热点高容量、低时延高可靠和低功耗大连接等场景的空口技术方案，从而全面满足 2020 年及未来的移动互联网和物联网发展需求。

大规模天线阵列：在现有多天线基础上通过增加天线数可支持数十个独立的空间数据流，将数倍提升多用户系统的频谱效率，对满足 5G 系统容量与速率需求起到重要的支撑作用。

超密集组网：通过增加基站部署密度，可实现频率复用效率的巨大提升，考虑到频率干扰、站址资源和部署成本，超密集组网可在局部热点区域实现百倍量级的容量提升。

新型多址技术：通过发送信号在空/时/频/码域的叠加传输来实现多种场景下系统频谱效率和接入能力的显著提升。此外，新型多址技术可实现免调度传输，将显著降低信令开销、缩短接入时延、节省终端功耗。目前业界提出的技术方案主要包括 SCMA、MUSA、PDMA 和 NOMA 等技术。

全频谱接入：通过有效利用各类移动通信频谱资源来提升数据传输速率和系统容量。6 GHz 以下频段因其较好的信道传播特性可作为 5G 的优选频段，6～100 GHz 高频段具有更加丰富的空闲频谱资源，可作为 5G 的辅助频段。此外，FBMC、F-OFDM、全双工、灵活双工、D2D、多元 LDPC 码、网络编码、极化码等也被认为是 5G 重要的潜在无线关键技术。

2. 网络架构领域

5G 网络需要架构创新，并构建优质、灵活、智能和友好的综合网络服务平台，从而满足 2020 年及未来的移动互联网和物联网的业务要求。5G 网络是以信息技术 IT 与通信技术 CT 深度融合为基础，在全新型的基础设施平台和网络架构两个方面相互促进不断发展的。

实现 5G 新型设施平台的基础是网络功能虚拟化(NFV, Network Function Virtualization) 和软件定义网络(SDN, Software Defined Network)技术。NFV 技术通过软件与硬件的分离，使网元功能与物理实体解耦，采用通用硬件取代专用硬件，可以方便快捷地把网元功能部署在网络中任意位置，同时对通用硬件资源实现按需分配，以达到最优的资源利用率。SDN 技术实现控制功能和转发功能的分离。控制功能的抽象和聚合，有利于通过网络控制平面从全局视角来感知和调度网络资源，实现网络连接的可编程。

为了满足业务与运营需求，5G 接入网与核心网功能需要进一步增强。接入网和核心网的逻辑功能界面清晰，但是部署方式却更加灵活，甚至可以融合部署。新型 5G 网络架构包含接入、控制和转发三个功能平面。控制平面主要负责全局控制策略的生成，接入平面和转发平面主要负责策略的执行。

总之，5G 网络的发展需要在满足未来新业务和新场景需求的同时，充分考虑与现有 4G 网络演进路径的兼容。网络架构和平台技术的发展会表现为由局部变化到全网变革的分步骤发展态势，通信技术与信息技术的融合也将从核心网向无线接入网逐步延伸，最终形成网络架构的整体改变。

习　　题

1. 移动通信中为什么要采用复杂的多址接入方式？多址方式有哪些？它们是如何区分每个用户的？

2. GSM 中控制信道的不同类型有哪些？它们分别在什么场合使用？

3. CDMA 通信系统中为什么可以采用软切换？软切换的优点是什么？

4. GSM 中，移动台是以什么号码发起呼叫的？

5. 假设 A、B 都是 MSC，其中与 A 相连的基站有 A1、A2，与 B 相连的基站有 B1、B2，那么把 A1 和 B1 组合在一个位置区内，把 A2 和 B2 组合在一个位置区内是否合理？

为什么?

6．构成一个数字移动通信网的数据库有哪些? 分别用来存储什么信息?

7．简述 GPRS 网络的系统结构，并分析 SGSN、GGSN 的功能。

8．CDMA 中的关键技术有哪些?

9．画出 WCDMA 的系统结构，并说明各部分功能。

10．简述 WCDMA 的呼叫接续流程。

11．查阅资料，对比 UMTS R99、R4、R5、R6、R7 的系统结构图，说明其标准演进过程。

12．简述 TD-SCDMA 中的关键技术。

13．描述 CDMA2000 的系统结构图，并说明其演进过程。

14．什么是 CDMA2000 lx EV-DO、CDMA2000 lx EV-DV?

15．比较 WCDMA、CDMA2000、TD-SCDMA 三种 3G 制式。

16．LTE 核心网的功能实体有哪些? 各自完成什么功能?

17．LTE 上行和下行为什么采用不同的多址技术?

18．为什么说 LTE 网络架构是扁平的?

19．相对于 3G 来说，LTE 采用了哪些关键技术?

20．LTE 有哪些上行和下行逻辑信道? 其各自传递什么信息?

21．比较 LTE TDD 与 LTE FDD 的帧结构，并说明它们分别是如何区分上下行数据的。

22．请描述 LTE 的系统结构，并与 GSM、WCDMA 的系统结构进行比较。

23．与 LTE 相比，LTE-Advanced 在哪些关键技术方面进行了改进或加强?

24．查找资料，分析 5G 当前的发展及研究现状。

第9章　宽带接入网

近年来，由于互联网和无线通信技术的迅速普及，各国电信市场的逐渐开放，网络融合的步伐加快，以及各种新业务需求和新网络架构的迅速出现，接入网趋于宽带化、IP 化及无线化。

本章主要讨论接入网及主要宽带接入技术，内容有：接入网的基本概念；宽带有线接入网技术，包括 ADSL 接入网、光纤接入网、HFC 接入网等；宽带无线接入网技术，目前主要指宽带移动无线接入技术，按照覆盖区域又分为无线局域网(WLAN，Wireless Local Area Network)、无线城域网(WMAN，Wireless Metropolitan Area Network)和无线广域网(WWAN，Wireless Wide Area Network)等。

9.1　接入网的基本概念

9.1.1　接入网的发展背景

接入网在传统电信网上被称为用户环路，其接入方式以铜双绞线为主，这种方式只能解决电话或低速数据业务的接入，其特点是业务单一，针对用户到本地交换机的点到点连接。从 20 世纪 90 年代开始，电信网由单一业务的电话网逐步演变为多业务综合网，因此电信网的接入部分必须相应地具备数字化、宽带化、综合化的特征。接入部分的传统做法是每一种业务网都需要单独的接入设施，即电话业务需要双绞线等电话接入设施，数据业务需要五类线等接入设施，图像业务需要同轴电缆等入户线路，这样既增加了建设成本，又加大了维护难度。因此必须设计一种独立于具体业务网的基础接入平台，它对上层所有业务流都透明传送，我们称这个基础接入平台为接入网(AN，Access Network)。接入网在整个电信网中的位置如图 9-1 所示。

图 9-1　接入网在电信网中的位置

从电信全网协调发展的角度来看，一方面由于固定移动网络的融合以及宽带 IP 化技术、PTN 技术和 WDM 技术的成功引入，骨干网已具备了宽带化、综合化、IP 化的能力。另一方面，用户侧 CPN/CPE 的速率也在突飞猛进，其 CPU 的性能每 18 个月就翻一番，千兆比特以太网将局域网的速率提高了一个数量级。随着 10 Gb/s 以太网标准的出台，相关产品迅速投入使用。在 2010 年 6 月，40/100 G 以太网标准 IEEE 802.3ba 正式获批，这是以太网发展的新里程碑。面对核心网和用户侧带宽的快速增长，中间的接入网也开始向多业务宽带化承载方向发展，各种接入技术综合应用，如光缆与电缆、无线与有线互相渗透、融合。作为网络接入的最后一公里，接入网的宽带化、IP 化、无线化将成为 21 世纪接入网发展的大趋势。

在标准化方面，ITU-T 第 13 工作组于 1995 年 7 月通过了关于接入网框架结构等方面的建议 G.902，以及其他一系列相关标准；随着 Internet 的迅猛发展，在 2000 年 11 月，ITU-T 第 13 工作组又发布了基于 IP 网的接入网建议 Y.1231。虽然至今尚无一种接入技术可以满足所有应用的需要，但技术的多元化是接入网的一个基本特征。

根据所使用的传输媒介和传输技术的不同，宽带接入网可分为有线接入网和无线接入网两大类。宽带有线接入网技术主要包括基于双绞线的 xDSL 技术、基于 HFC 网(光纤和同轴电缆混合网)的 Cable Modem 技术、光纤接入网技术等。宽带无线接入网技术主要包括无线局域接入、无线城域接入、无线广域接入等。

9.1.2　接入网的定义和定界

1. 接入网的定义

根据 ITU-T 建议 G.902 的定义可知：接入网(AN)是由业务节点接口(SNI，Service Node Interface)和用户网络接口(UNI，User Network Interface)之间的一系列传送实体所组成的为传送电信业务而提供所需传送承载能力的实施系统，并可通过 Q3 接口进行配置和管理。它通常包含用户线传输系统、复用设备、数字交叉连接设备和用户网络接口设备。其主要的功能包括交叉连接、复用、传输，但一般不包括交换功能，并且独立于交换机。另外，接入网对用户信令是透明的，不做解释和处理，相应的信令处理由业务节点(SN)完成。

ITU-T 接入网的主要设计目标如下：

(1) 支持综合业务接入。将接入网从具体的业务网中剥离出来，使其成为一种独立于具体业务网的基础接入平台，以支持综合业务接入，这有利于降低接入网的建设成本。

(2) 开放、标准化 SNI 接口。将接入网与本地交换设备之间的接口，即 SNI 接口由专用接口定义为标准化的开放接口，这样 AN 设备和交换设备就可以由不同的厂商提供，为大量企业参与接入设备市场的竞争提供了技术保证，有利于设备价格的下降。

(3) 独立于 SN 的网络管理系统。该网管系统通过标准化的接口 Q3 连接电信管理网(TMN，Telecommunication Management Network)，由 TMN 实施对接入网的操作、维护和管理。

以上对接入网的定义，既包括了窄带接入网又包括了宽带接入网。通常宽带与窄带的划分标准是用户网络接口上的速率，即以分组交换方式为基础，把用户网络接口上的最大接入速率超过 4 Mb/s 的用户接入系统称为宽带接入，对最小接入速率则没有限制；窄带接入系统是基于传统的 64 kb/s 的电路交换方式发展而来的，对基于 IP 的高速数据业务支持能力差。

2. 接入网的定界

接入网覆盖的范围由三个接口界定，如图 9-2 所示。网络侧经 SNI 与业务节点(SN)相连。用户侧经 UNI 接口与用户驻地设备(CPE)相连。CPE 可以是简单的一个终端，也可以是一个复杂的局域网或其他任意的用户专用网。TMN 侧可通过标准管理接口 Q3 对接入网设备进行配置和管理。其中 SN 是提供业务的实体，可以是本地交换机、IP 路由器、租用线业务节点或特定配置的视频点播(VOD，Video on Demand)等。接入网允许与多个 SN 相连，既可以接入多个支持不同业务的 SN，也可以接入支持相同业务的多个 SN。

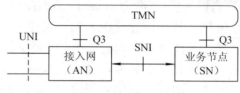

图 9-2　接入网的定界

3. 一般物理结构

接入网在拓扑结构上可以包括总线型、星型、环型以及树型等，从物理上可分为馈线区、配线区和引入线区。图 9-3 为接入网的一般物理结构。

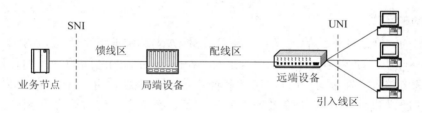

图 9-3　接入网的一般物理结构

连接业务节点和局端设备之间的部分称为馈线区。接入网的局端设备既可以放在机房内，和业务节点放在一起，也可以放在机房外，如某个小区中心、马路边或写字楼内。如果局端设备与业务节点放在一起，则局端设备一般通过电接口与业务节点直连；如果局端设备没有与业务节点放在一起，则馈线区一般采用有源光接入技术，如 SDH、OTN 等，其网络拓扑结构可以是环型或星型。连接局端设备和远端设备之间的部分称为配线区。远端设备一般放在马路边、小区中心、大楼内、用户办公室或用户家中。局端设备和远端设备之间可采用无源光纤、无线或铜线方式传输，网络拓扑结构可以是星型或树型。引入线区的传输媒介一般为铜线、光纤或无线。

9.1.3　功能和协议参考模型

1. 功能模型

接入网的功能结构分为五个基本功能组：用户口功能(UPF，User Port Function)、业务口功能(SPF，Service Port Function)、核心功能(CF，Core Function)、传送功能(TF，Transport Function)和接入网系统管理功能(AN-SMF，AN-system Management Function)，其结构如图 9-4 所示。

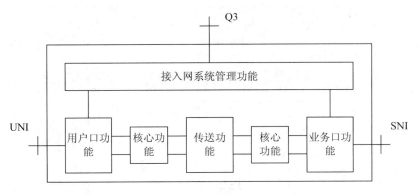

图 9-4　接入网的功能结构

(1) 用户口功能。用户口功能的主要作用是将特定 UNI 的要求与核心功能和管理功能相适配。它完成的主要功能有终结 UNI 功能、A/D 转换和信令转换、UNI 的激活与去激活、UNI 承载通路/承载能力的处理、UNI 的测试。

(2) 业务口功能。业务口功能的主要作用是将特定 SNI 规定的要求与公用承载通路相适配，以方便核心功能处理，也负责选择有关的信息以便在 AN-SMF 中进行处理。其主要功能有终结 SNI 功能、将承载通路的需要和即时的管理及操作需要映射进核心功能、对特定的 SNI 所需的协议进行协议映射，以及测试 SNI。

(3) 核心功能。核心功能的主要作用是负责将个别用户承载通路或业务口承载通路的要求与公用传送承载通路相适配。核心功能可以在接入网内分配，具体包括接入承载通路的处理、承载通路集中、信令和分组信息的复用、ATM 传送承载通路的仿真及管理和控制。

(4) 传送功能。传送功能的主要作用是为接入网中不同地点之间公用承载通路的传送提供通道，也为所用传输媒介提供媒介适配功能。其主要功能有复用功能、交叉连接功能、管理功能、物理媒介功能等。

(5) 接入网系统管理功能。接入网系统管理功能的主要作用是协调接入网内 UPF、SPF、CF 和 TF 的指配、操作和维护，也负责协调用户终端(经 UNI)和业务节点(经 SNI)的操作功能。其主要功能有配置和控制功能、指配协调功能、故障监测和指示功能、用户信息和性能数据收集功能、安全控制功能、资源管理功能、对 UPF 和 SN 协调的即时管理和操作功能。

2. 参考模型

接入网的功能结构实际是以 ITU-T G.803 建议的分层模型为基础的，而分层模型则定义了构成接入网的各实体之间的相互配合关系。接入网的通用协议参考模型如图 9-5 所示。接入网分为 4 层，即接入承载处理功能层(AF，Access Bearing Processing Functions Layer)、电路层(CL，Circuit Layer)、传输通道层(TPL，Transmission Path Layer)和传输媒介层(TML，Transmission Media Layer)，其中后三层又构成传送层。在传送层，每一层又包含三个基本功能：适配、终结和矩阵连接。

电路层提供面向电路层接入点之间信息的承载模式，例如电路模式、分组模式、帧中继模式等。

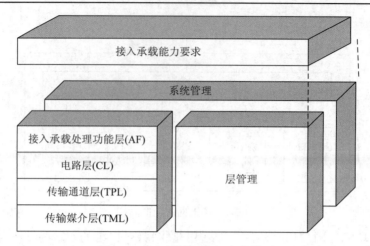

图 9-5　接入网通用协议参考模型

传输通道层定义了通道层接入点之间信息的传递方式，并为电路层提供透明的通道，如 PDH、SDH、以太网及其他类型的通道。

传输媒介层则与具体的传输媒介相关，相当于 OSI 的物理层，它可以是铜线系统 (xDSL)、光纤接入系统、无线接入系统、混合接入系统等，而具体的传输媒介可以是双绞线、光纤、无线或同轴光纤混合方式等。

接入承载处理功能层位于电路层之上，主要用于用户业务承载、用户信令及控制与管理。

9.1.4　接入网的主要接口

接入网有三种主要接口，即业务节点接口、用户网络接口和维护管理接口。

1. 业务节点接口(SNI)

SNI 是接入网和 SN 之间的接口，可分为支持单一接入的 SNI 和综合接入的 SNI。传统支持单一接入的 SNI 主要有模拟 Z 接口和数字 V 接口两大类。其中，Z 接口对应于 UNI 的模拟 2 线音频接口，可提供模拟电话业务或模拟租用线业务；数字 V 接口主要包括 ITU-T 定义的 V1～V4，主要用于窄带数字接入。支持综合接入的标准化接口包括基于 E1 的 V5 窄带接口和支持宽带综合接入的 VB5 接口。V5 窄带接口包括 V5.1 和 V5.2 两类，V5.1 接口支持单一 2.048 Mb/s 链路，V5.2 接口支持 1～16 条 2.048 Mb/s 链路。

2. 用户网络接口(UNI)

UNI 在用户侧，接入网经由用户网络接口与用户驻地设备(CPE)或用户驻地网(CPN)相连。用户网络接口主要有传统的模拟电话 Z 接口、ISDN 基本速率接口、ISDN 基群速率接口、E1 接口、以太网接口以及其他接口。用户终端可以是计算机、普通电话机或其他电信终端设备。用户驻地网可以是局域网或其他任何专用通信网。

3. 维护管理接口(Q3)

维护管理接口是电信管理网与电信网各部分之间的标准接口。接入网也是经 Q3 接口与电信管理网(TMN)相连的，以方便 TMN 管理功能的实施。

9.1.5　IP 接入网

20 世纪 90 年代中后期，随着 Internet 的飞速发展，ITU 开始将全球信息基础设施(GII，Global Information Infrastructure)和 IP 技术引入传统电信网络，并在 2000 年制定出 IP 接入网的总体建议 Y.1231，推动了整个接入网的 IP 化发展，也对接入网的总体结构产生了重大影响。这也是基于 IP 的下一代电信网演进过程中值得关注的方面。

1. IP 接入网的定义

Y.1231 建议即"IP 接入网体系结构"，它对 IP 接入网从定义、体系结构、功能模型、承载能力、接入方式分类等方面都做了详细描述，比 G.902 建议更为简洁、抽象、统一。

IP 接入网的定义：由网络实体组成的一个实现，为 IP 用户和 IP 业务提供者之间的 IP 业务提供所需接入能力。其中"IP 用户"和"IP 业务提供者"是指终结 IP 层、与 IP 有关功能或低层功能的逻辑实体。术语"IP 业务提供者"并不仅指 ISP 或 IP 网络运营商，也可以是一个服务器或服务器群。

IP 接入网与传统接入网的差别为：

(1) 具备交换和选路功能。IP 接入网不仅能参与信息的传输过程，还可以处理 IP 包，解释用户信令并动态切换业务提供商，调整 IP 包的传输路径，实现接入网络的优化。

(2) 具有接入管理和控制功能。IP 接入网可以对用户接入进行认证和控制，对 IP 用户进行授权、认证、计费(AAA，Authentication Authorization Accounting)，非常有利于接入网的独立运营。

(3) IP 业务的提供不需要事先建立关联，用户可及时动态获取各类业务。

(4) IP 用户可选择不同地址的 IP 终端。IP 接入网具有网络地址翻译 NAT 的功能。

2. IP 接入网的定界

图 9-6 描述了 IP 接入网在 IP 网络中的位置，即位于用户驻地网(CPN)和 IP 核心网之间。IP 接入网与用户驻地网和 IP 核心网之间的接口均为参考点(RP，Reference Point)。参考点是统一的逻辑上的参考连接，在特定网络中，并不对应特定的物理接口。

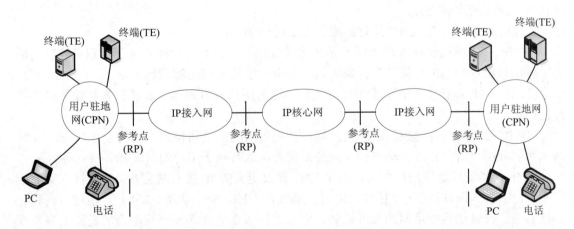

图 9-6　IP 接入网的定界

3. IP 接入网功能模型

IP 接入网功能模型如图 9-7 所示，总体结构包括三大功能：接入网传送功能、IP 接入功能和 IP 接入网系统管理功能。其中，接入网传送功能与 IP 业务无关；IP 接入功能是新增加的部分，指对 IP 业务提供者的动态选择、IP 地址动态分配、NAT 以及 AAA 等功能，可以由一个实体完成，也可以在 IP 接入网中分布完成。

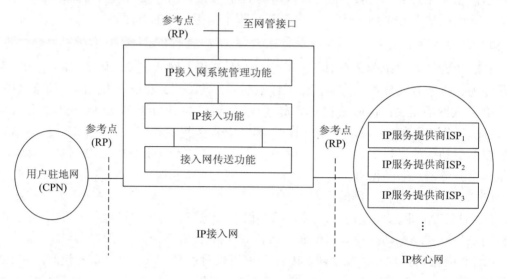

图 9-7　IP 接入网功能结构

9.1.6　G.902 与 Y.1231 比较

G.902 接入网标准定义了传统电信接入网，传统接入网只有传送功能，包括复用、交叉连接和传输等，一般不包括交换和控制功能，接入网与业务节点不能完全分开，UNI 与 SNI 通过相关的静态指配建立连接，用户不能动态选择业务提供者；而 Y.1231 定义的 IP 接入网包含交换功能和 IP 接入(控制)功能，并且独立于业务提供传送功能，其传送、业务、控制三者相对独立，参考点(RP)表示逻辑上的接口，并不对应特定网络的物理实体，更符合现代电信网络的发展趋势。

Y.1231 总体标准与 G.902 总体标准的主要比较如下：

(1) IP 接入网提供接入能力而不是传送承载能力，即对用户接入进行管理和控制的能力，可以对用户接入进行认证和控制，这十分有利于接入网的独立运营。

(2) 提供 IP 业务并不需要事先建立关联，这为用户及时和动态地获得各种业务提供了方便。

(3) IP 接入网具有交换功能。用户端口功能可以动态地切换到不同的业务节点，即 IP 接入网解释用户信令并可以动态切换业务提供者，这有利于用户随时选择各种业务。

在 IP 技术被广泛应用的今天，由 Y.1231 建议定义的 IP 接入网弥补了传统接入网的很多不足。IP 接入网使用统一的接口 RP 替代传统的 UNI、SNI 以及 Q3 接口，使接入网独立于核心网，符合现代电信网的发展趋势，它在支持多业务接入和网络融合的道路上将发挥重要的作用。

9.2 宽带有线接入网技术

9.2.1 铜线接入网

1. 背景

传统有线接入介质多采用双绞线，这种广泛应用于早期电信网的介质满足了当时用户的话音业务承载需求。20世纪80年代中期，美国 Bellcore 提出了 DSL(Digital Subscriber Line)技术，或称 xDSL 技术，即基于普通双绞线进行高速数据传输的数字用户环路系统。该系统既可以延长双绞线的寿命，尽可能利用其可用带宽，又可以降低接入成本，提供传统电话业务以外的其他宽带业务。随着大规模集成电路以及高速数字信号处理(DSP)技术的快速发展，xDSL 技术也逐渐发展，其中的 VDSL2 技术使得在普通双绞线上也可以提供 100 Mb/s 以及更高速的短距离信号传输。

2. xDSL 技术分类

xDSL 包含多种不同的 DSL 系统，如 HDSL(High-speed DSL)、SDSL(Symmetric DSL)、VDSL(Very High Speed DSL)、ADSL(Asymmetric DSL)和 RADSL(Rate Automatic adapt DSL)等。它们的主要区别在于信号传输速率、信号传输距离以及上行与下行速率对称性的不同等方面。

HDSL 与 SDSL 支持对称模式的 T1/E1 传输。其中，HDSL 的有效传输距离为 3～4 km，需要 2～4 对双绞线；SDSL 的有效传输距离为 3 km，需要 1 对双绞线。对称型 DSL 适合于企业点对点连接应用，如文件传输、视频会议等收发数据量均等的网络应用。

VDSL、ADSL 和 RADSL 属于非对称传输模式。其中，VDSL 是 xDSL 技术中传输速率最高的一种，它使用一对双绞线，下行数据速率为 13～52 Mb/s，上行数据速率为 1.5～2.3 Mb/s，但传输距离仅有几百米，是光纤入户的高性价比替代方案；ADSL 在一对双绞线上提供上行速率为 640 kb/s～1.5 Mb/s、下行速率为 1.5～8 Mb/s 的传输模式，有效传输距离为 3～5 km，是传统电话线提供宽带接入的基础改造方案；RADSL 提供的速率范围与 ADSL 基本一致，但它可以根据双绞线质量优劣和传输距离远近来动态调整用户访问速率，这些特点使得 RADSL 成为视频点播 VOD、局域网访问的理想技术。

不同 DSL 技术在传输速率、带宽使用、调制技术、应用场景等方面均有差异，其中 ADSL 技术作为最常见的宽带铜线接入技术，是早期大多数传统电信运营商从铜线接入到宽带光纤接入的首选过渡技术。

3. 数字调制技术

在数字用户环路系统中，为了提高数字信道的频谱利用率，使得高于话带的高频信道可以传输数据，常采用高效的编码和调制技术来实现信号的频带传输。其传输过程为：发送方使用调制技术，将待传送的信号频谱搬移到指定的信道频带内进行传输，接收方使用对应的解调技术，从接收信道频带内恢复出原始信号。

常见的数字调制技术主要有正交调幅(QAM，Quadrature Amplitude Modulation)、无载

波幅度相位调制(CAP，Carrierless Amplitude and Phase Modulation)和离散多音调制(DMT，Discrete Multi-Tone Modulation)。

QAM 中常见的为多电平正交调幅技术(MQAM，Multiple Quadrature Amplitude Modulation)，该技术把两种调幅信号组合到同一信道中，因此理论上可将信道有效带宽增加 1 倍。具体实现方法是：将发送的数据流经过串并电路分成两路，将每路每比特为一组形成 n(n = 2^i)个电平，分别对两个正交载波进行 n 电平载幅调制，叠加形成 MQAM 信号(M = n^2)。其主要应用于早期的传统拨号 Modem 系统。

CAP 使用不同的振幅与不同的相位组合来表示不同的数值。采用 CAP 编码的一个波特可以携带 2～9 个比特，因此在相同的传输速率下，其所需的频带比其他调制技术更窄，可以传输的距离也更远。CAP 的上、下行信号调制在不同的载波上，可应用于速率对称型和非对称型的 xDSL 系统中，一般常用在 HDSL、SDSL、RADSL 中。

DMT 是多载波调制技术，它将传输带宽分成等宽的子频带，每个子频带独立采用 QAM 调制，并根据各子频带的信噪比来分配各子频带可以承载的调制数据量，因而能有效减少分配到高噪频带内的数据量，所以 DMT 方式具有很好的抗噪声能力。DMT 主要应用于 ADSL 系统中，ITU-T G.992.1 标准中推荐使用 DMT 技术作为 ADSL 的标准调制技术。

4. ADSL 接入网

非对称数字用户线 ADSL 是 xDSL 家族中的一个重要成员，它的提出最初是为了支持视频点播 VOD 业务。由于 VOD 信息流具有上、下行不对称的特点，而普通电话双绞线的传输能力有限，为了把这有限的传输能力尽可能地用于视频信号的传输中，接入技术也应具备上、下行不对称的传输能力，即传输视频流的下行速率要远大于传输点播命令的上行速率。

在 20 世纪 90 年代中期，Internet 迅速发展，网上的信息量急剧膨胀，使得传统的窄带接入难以满足大量信息传送的要求，而 ADSL 作为一种宽带接入技术，其具有的不对称性恰好与个人用户和小型企事业用户信息流的特征一致。因此，ADSL 技术快速市场化，成为了最基础的宽带铜线接入技术。

1) ADSL 标准

ADSL 最初的标准由 ITU-T 在 G.992.1 中定义，为 ADSL 的全速版本。为了加快 ADSL 技术的应用，使得 ADSL Modem 的使用像传统的话音频带 Modem 一样简单，即将电话线插入即可使用，ITU-T 于 1998 年 10 月制定了无需分离器的 G.992.2 标准，又称 G.lite，其中下行速率范围为 64 kb/s～1.5 Mb/s，上行速率范围为 32～512 kb/s。

ADSL 应用于宽带用户接入环境的过程中，其间暴露出一些难以克服的缺陷：较低的下行速率；线路诊断能力较弱，线路质量成为制约发展的瓶颈。后期 ITU-T 于 2002 年 7 月推出了 ADSL2(G.992.3 标准)和无分离器 ADSL2(G.992.4 标准)。其中无分离器 ADSL2 是对 G.lite 的增强，它比第一代 ADSL 增强了传输距离、抗线路损伤、抗噪声性能，使线路速率有所提高。ITU-T 又于 2003 年 5 月推出 ADSL2+(G.992.5 标准)，进一步提高了上、下行速率。2014 年 12 月，ITU-T 正式批准 G.fast(G.9701)宽带标准，该技术在实验环境中可在一对铜线上实现高达 1 Gb/s 的传输速率，后续也将推出相关的技术和产品。

ADSL 系列标准如表 9-1 所示。

表 9-1　ADSL 系列标准

名称	含义	速率	至交换机 的距离/km	应用领域
ADSL	Asymmetric Digital Subscriber Line	下行：1.5～8 Mb/s； 上行：128～768 kb/s	3～6	Internet 接入、VOD、 远程局域网接入、交互 多媒体
ADSL2	Asymmetric Digital Subscriber Line 2	下行：1.5～12 Mb/s； 上行：128kb/s～1Mb/s	3～5	Internet 接入、企业用 户接入
ADSL2+	Asymmetric Digital Subscriber Line 2+	下行：1.5～24 Mb/s； 上行：128kb/s～1.2Mb/s	3～6	企业用户接入、专线 接入
G.fast	Gigabit fast	上下行速率由运营商 自定义	—	—

2) 工作原理

为实现在普通双绞线上互不干扰地同时执行电话业务与高速数据传输，ADSL 采用了频分复用(FDM)和离散多音调制(DMT)技术。

传统电话通信仅利用了双绞线 20 kHz 以下的传输频带，20 kHz 以上频带的传输能力处于空闲状态。ADSL 采用 FDM 技术，将双绞线上的可用频带划分为三部分：上行信道频带为 25～138 kHz，主要用于发送数据和控制信息；下行信道频带为 138～1104 kHz；传统话音业务仍然占用 20 kHz 以下的低频段。采用这种方式，ADSL 实现了全双工数据通信。

ADSL2 与 ADSL 的可用频带相同，ADSL2+ 的可用频带加倍，从 1104 kHz 扩展至 2208 kHz。ADSL 与 ADSL2 中下行信道频带均为 138～1104 kHz，但 ADSL2 采用了更高效的调制技术，从而获得更高的下行速率；ADSL2+ 中下行信道频带扩展为 138～2208 kHz。ADSL/ADSL2/ADSL2+ 频谱安排如图 9-8 所示。

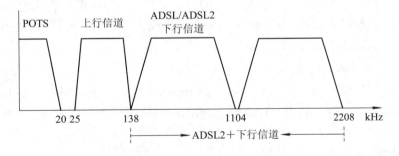

图 9-8　ADSL/ADSL2/ADSL2+频谱安排参考方案

为了提高频带利用率，适应处于变化中的较复杂的线路情况，ADSL 将可用频带分为多个子信道，每个子信道的频宽为 4.315 kHz。基于 DMT 调制技术，根据信道的性能，输入数据可以自适应地分配到每个子信道上，每个子信道上调制数据信号的效率由该子信道在双绞线中的传输效果决定。背景噪声低、串音小、衰耗低，调制效率就越高，传输效果越好，传输的比特数也就越多；反之调制效率越低，传输的比特数也就越少。如果某个子信道上背景干扰或串音信号太强，ADSL 系统则可以关掉这个子信道，因此 ADSL 具有较强的适应性，可根据传输环境的好坏来改变传输速率。传统 ADSL 下行传输速率最高为 6～8 Mb/s，上行最高为 768 kb/s，在 ADSL2 中增强了抗噪音能力，在 ADSL2+ 中减少了中心局与远程终端之间的线路串扰，使接入性能得到了大幅度提升。

3) 接入参考模型

ADSL 系统的接入参考模型如图 9-9 所示。

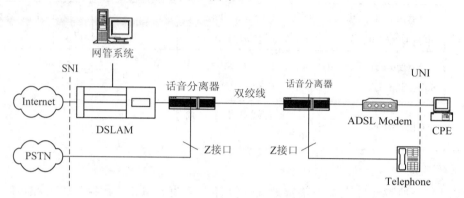

图 9-9　ADSL 系统接入参考模型

基于 ADSL 技术的宽带接入网主要由局端设备和远端设备组成。局端设备分为局端 ADSL 终端单元 ATU-C 和局端分离器 S-C，远端设备分为远端 ADSL 终端单元 ATU-R 和远端分离器 S-R。ATU-C 和 ATU-R 都属于 ADSL Modem 设备，主要完成上、下行数据的调制解调处理，分别设置在局端和用户端。图 9-9 中局端设备(DSLAM，DSL Access Multiplexer)是一个 DSL 接入复用器，相当于多个 ATU-C，远端 ADSL Modem 相当于 ATU-R。ADSL 通过 ATU-C 与 ATU-R 完成 ADSL 不同频带数据传输、调制解调工作；局端设备还完成多路 ADSL 信号的复用，并与骨干网相连。分离器由高通和低通滤波器组成，主要工作是将高频段的 ADSL 数据与低频段的话音信号进行分路和合路，以避免互相干扰。分离器可以是有源或者无源器件，目前常见的是无源器件，停电期间普通电话可照样工作。目前远端设备一般将话音分离器和 ADSL Modem 集成在一起，不再设单独的分离器。网管系统用来实现对 ADSL 设备的管理。

4) ADSL 应用领域及特点

ADSL 的应用领域主要是个人住宅用户的 Internet 接入，也可用于远端 LAN、小型办公室/企业 Internet 接入等，随着 ADSL2+ 技术的应用，用户覆盖范围逐渐扩大，高带宽增值业务不断面向更多的用户。

ADSL 主要特点如下：

(1) 传输速率和距离不断提高，覆盖距离延伸至 6 km 左右，传输性能大大改善。

(2) 引入了精密的速率自适应技术——无缝速率适配技术(SRA，Seam-less Rate Adaptation)，这是 ADSL2 在提高线路抗噪声性能方面的一大革新。

(3) 多线对绑定的高速数据传输。ADSL2 支持绑定两条甚至更多线对的物理端口，从而实现光纤级的高速数据接入。

(4) 强大的实时线路故障诊断能力。

9.2.2　光纤接入网

1. 概述

光纤接入网(OAN，Optical AN)指采用光纤传输技术的接入网，一般指本地交换机与用户之间采用光纤或部分采用光纤通信的接入系统。按照用户端的光网络单元(ONU，Optical Network Unit)放置位置的不同，光纤接入网又划分为光纤到路边(FTTC，Fiber to The Curb)、光纤到楼(FTTB，Fiber to The Building)、光纤到户(FTTH，Fiber to The Home)等，如图 9-10 所示。因此光纤接入网又称为 FTTx 接入网。

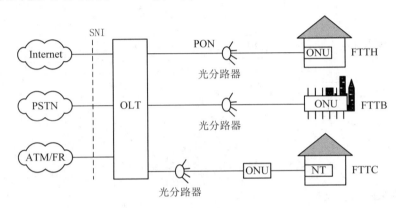

图 9-10　FTTx 的接入结构

光纤接入网的产生，一方面是由于互联网的飞速发展催生了市场迫切的宽带需求，另一方面得益于光纤技术的成熟和设备成本的下降，这些因素使得光纤技术的应用从广域网延伸到接入网。基于 FTTx 的接入网是目前宽带接入网络的核心技术。

1) 光纤接入网的参考配置和基本结构

光纤接入网一般由局端的光线路终端(OLT，Optical Line Terminal)、用户端的光网络单元(ONU)以及光配线网(ODN，Optical Distribution Network)和光纤组成，其参考配置如图 9-11 所示。

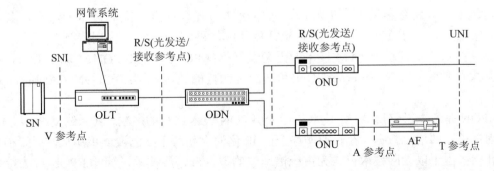

图 9-11　光纤接入网的参考配置

各部分功能如下：

OLT：具有光电转换、传输复用、数字交叉连接及管理维护等功能，实现接入网到 SN

的连接。

ONU：具有光电转换、传输复用等功能，实现与用户端设备的连接。

ODN：具有光功率分配、复用/分路、滤波等功能，它为 OLT 和 ONU 提供传输手段。

国际电信联盟(ITU-T)定义了光纤接入网的基本结构，如图 9-12 所示。光纤接入网的结构包括点到点和点到多点两类，点到多点是目前最常见的光纤接入网的网络结构。

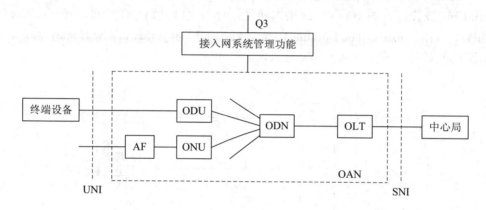

图 9-12　ITU-T 定义的光纤接入网结构

2) 光纤接入网的类型

按照 ODN 采用的技术，光网络一般可分为两类：有源光网络(AON，Active Optical Network)和无源光网络(PON，Passive Optical Network)。

有源光网络(AON)是指光配线网(ODN)中含有有源器件(电子器件、电子电源)的光网络，该技术主要用于长途骨干传送网。

无源光网络(PON)是指 ODN 中不含有任何电子器件及电子电源，全部由光分路器(Splitter)等无源器件组成，不需要贵重的有源电子设备。但在光纤接入网中，OLT 及 ONU 仍是有源的。由于 PON 具有可避免电磁和雷电影响、设备投资和维护成本低的优点，因此 PON 成为光纤接入网的主要应用技术。

3) 光纤接入网的特点

光纤接入网具有容量大、损耗低、防电磁能力强等优点。随着技术的进步，其成本变得非常低廉，应用范围更加广泛。光纤接入网的网络结构主要采用点到多点方式，具体的实现技术主要有基于 ATM 技术的无源光网络(APON，ATM PON)、基于 Ethernet 技术的无源光网络(EPON，Ethernet PON)和基于吉比特的无源光网络(GPON，Gigabit-capable PON)。

APON 是数据链路层 ATM 技术与物理层 PON 技术结合的产物，其系统复杂、成本高、传送固定长度的信元数据，在目前网络全面 IP 化的大趋势下，已被逐步淘汰，后续小节将不再介绍；由于以太网技术已成为占统治地位的数据链路层技术，因此 EPON 成为接入网的主流，其遵循 IEEE 802.3 以太网协议，传送可变长度的数据包，且传输 IP 数据时无需协议转换和格式转换，简化了开销，非常适于携带 IP 业务；GPON 作为 APON 技术的改进，可以实现各种业务的统一封装处理，也逐渐成为宽带光纤接入市场的主流技术。

2. EPON

1) 背景

EPON 是在 ITU-T G.983 APON 标准的基础上提出的。近年来，千兆比特 Ethernet 技术的成熟和后续 10G 比特 Ethernet 标准的推出，以及 Ethernet 对 IP 天然的适应性，使得 EPON成为接入网的主流之一。

2) 基本网络结构

EPON 是一个点到多点的光接入网，它利用 PON 的拓扑结构来实现以太网的接入，通过 PON 来传送 Ethernet 帧，为用户提供高带宽的话音、数据、多媒体等多种业务，而 10G、100G 等以太城域环网的出现也使得 EPON 的应用越来越广泛。

EPON 网络结构如图 9-13 所示。按照光纤接入网参考配置，OLT 位于局端，面向下行方向提供无源光网络的光纤接口，面向上行方向提供高速以太接口，同时作为主要控制中心，实现网络管理的功能；ODN 由无源光纤分路器(POS，Passive optical splitter)和光纤组成，实现下行数据分发和上行数据集中的功能，通常 POS 的分线率为 8、16、32 或 64，还可以实现多级连接；ONU 位于用户驻地侧，接入用户终端，实现用户 EPON接入功能。

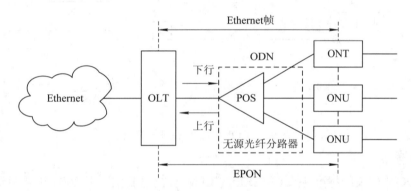

图 9-13　EPON 网络结构图

在实际网络环境中，OLT 与 ONU 之间可以灵活选择树型、环型、总线型以及混合型等多种拓扑结构。OLT 和用户端设备的最大距离为 20 km。EPON 技术结构简单、成本低，但带宽能力和使用效率不高，以一级分光比 1∶64 为例，入户带宽约为 20 M，仅能满足一般城市的建设需求。

3) 工作原理

图 9-14 描述了 EPON 的工作原理。

EPON 技术的关键所在：EPON 中数据传输采用 IEEE 802.3 Ethernet 的帧格式，其分组长度可变，最大为 1518 字节；在物理层，使用 1000Base 以太物理子层，通过新增的 MAC控制命令来控制和优化各 ONU 与 OLT 之间突发性数据通信和实时的 TDM 通信；在第二层，使用全双工以太技术，不需要 CSMA/CD，带宽利用充分。

EPON 帧是定时长帧，分为上行和下行两种帧结构。每帧固定时长为 2 ms，可携带多个可变长度的数据包(时隙)，上、下行数据传输速率均为 1.25 Gb/s。

在 EPON 中，OLT 到 ONU 的下行数据流采用广播方式发送，下行信道为百兆/千兆广播式信道，OLT 将来自骨干网的数据转换成可变长的 EPON 帧格式，发往 ODN，光分路器以广播方式将所有帧发给每一个 ONU，ONU 根据 Ethernet 帧头中 ONU 标识接收属于自己的信息。

ONU 到 OLT 的上行数据流采用 TDMA 发送。EPON 的上行信道为用户共享的百兆/千兆信道，OLT 为每个 ONU 分配一个时隙。

EPON 采用双波长方式实现单纤上的全双工通信，其中下行信道使用 1510 nm 波长，上行信道使用 1310 nm 波长。

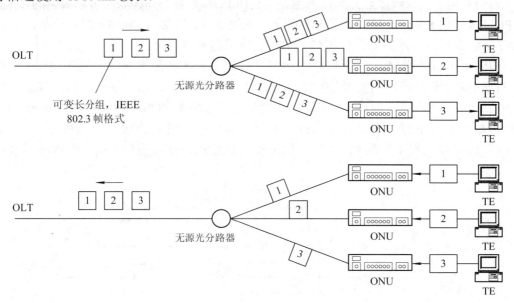

图 9-14　EPON 工作原理示意图

4) 工作标准

目前 EPON 相关的标准主要由 IEEE 的 EFM 研究组制定。于 2004 年 4 月通过的 IEEE 802.3ah 标准定义了 EPON 的两种光接口：1000Base-PX10-U/D 和 1000Base-PX20-U/D，工作范围分别是 10 km 和 20 km。

2009 年 9 月，IEEE 通过了 10G EPON 的工作标准 IEEE 802.3av，该标准具有对称和非对称两种模式。非对称模式的数据传输速率为上行 1 Gb/s 和下行 10 Gb/s，对称模式的数据传输速率上下行均为 10 Gb/s。非对称模式是对称模式的一种过渡，主要用于对上行带宽需求较小和对成本较为敏感的场合。

2013 年 9 月，IEEE 批准了针对更高密度更长传输距离的新 EPON 标准 IEEE 802.3bk，标准全名为"针对以太网修订的标准：适应扩展的 EPON 的物理层规范和管理参数"。该标准解决了由于 EPON 的迅速普及所带来的很多问题，如 EPON 在低用户密度的乡村地区的部署、中心局设备每端口的用户密度有待提高、高集中度的用户中需要分享现有链路、超过原有标准规定的传输距离的用户需要提供服务等。IEEE 802.3bk 针对这些问题修正了原来的 IEEE 802.3 以太网标准，除了延长传输距离、降低每用户成本外，新标准还致力于降低每用户的中心局设备的分布密度和功耗，降低光纤部署成本，提高每中心局的用户密度。

3. GPON

1) 背景

GPON 是专门针对 APON 的缺点提出的, 相对于 APON 有较大的改进, 同时也保留了 APON 的许多优点。GPON 可以同时支持 ATM 数据封装和新的数据分装格式, 在各种用户信号原有格式的基础上进行封装, 能够高效、通用、简单地支持各种业务。GPON 提供从 622.080 Mb/s 到 2.5 Gb/s 的可升级框架结构, 且具有电信级的网络监测和业务管理能力, 是新一代宽带无源光综合接入标准。

GPON 采用 GEM(GPON Encapsulation Mode)封装机制, 适配来自传送网中的高层客户业务, 可以对 Ethernet、TDM 等多种业务进行封装映射, 并具有强大的 OAM 功能。

2) 网络结构

GPON 由 OLT、ONU 和环型或者树型结构的 PON 组成, 在某些情况下, 采用环型结构可以提供有效的业务保护和通道保护功能。GPON 网络结构中, 下行数据采用广播方式, 上行数据采用基于统计时分复用的接入技术, 上、下行传输方式可以在一根光纤中通过波分复用(WDM)实现全双工通信, 也可以选择在两根光纤中分别实现。图 9-15 描述了 GPON 的基本网络结构。

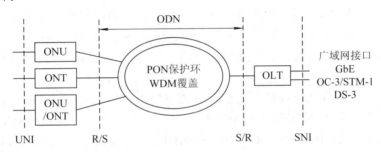

图 9-15 GPON 基本网络结构

OLT 位于中心机房, 向上提供 GbE、OC-3/STM-1、DS-3 等广域网接口, 向下面向 PON 提供 1.244 Gb/s、2.488 Gb/s 等光接口; ONU 位于用户侧, 面向 PON 可以有 155.520 Mb/s、622.080 Mb/s、1.244 Gb/s、2.488 Gb/s 等多种光接口选择, 提供包括 10/100Base-T、T1/E1、DS-3 等多种用户网络接口, 有效满足传统电信业务、各种数据业务以及未来出现的新业务对光纤接入的传输需求。

3) 工作原理

如图 9-16 所示, 在 GPON 中, 采用 125 μs 长度的帧结构, 可以更好地适配 TDM 业务。在上行方向由多个 ONU 共享干线信道容量和信道资源, 由于无源光合路器的方向属性, 从 ONU 来的数据帧只能到达 OLT, 不能到达其他 ONU, GPON 的上行是通过 TDMA 方式传输数据, 上行链路被分成不同的时隙, 由下行帧携带的上行带宽映射字段(US BW Map, Up Stream Band Width Map)完成上行时隙的分配, 来自不同 ONU 的上行数据帧使用分配好的上行时隙完成数据传输, 每帧共有 9120 个时隙, 帧长为 19 440 字节; 在下行方向 GPON 是一个点到多点的网络, OLT 以广播方式将数据包组成的帧经由无源光分路器发送到各个 ONU, 每个 ONU 通过 ONU ID 来区分不同的 ONU 数据, 每帧长为 38 880 字节。

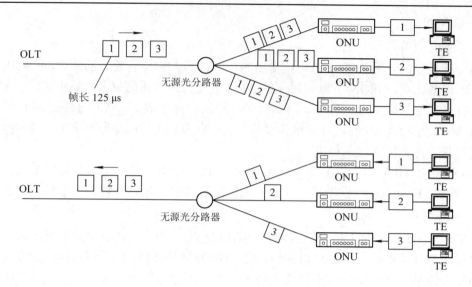

图 9-16 GPON 工作原理示意图

4) 工作标准

基于吉比特的无源光网络(GPON)是 ITU 于 2003—2004 年发布的 G.984.x 系列接入标准,其下行数据传输速率为 2.5 Gb/s,上行数据传输速率为 1.25 Gb/s,最大分光比为 1∶128。OLT 和用户终端设备的最大距离为 20 km,具有业务支持能力强、带宽使用效率高、分光能力高等特点,但存在系统实现复杂、成本相对较高等不足。

在 2009 年 10 月,ITU-T SG15 通过了 10G GPON 的总体需求(G.987.1)和物理层规范(G.987.2),这两个规范于 2010 年 1 月正式对外公布,从此开启了 NG PON(Next-Generation PON)标准时代的大门。10G GPON 有 NG PON1(NG PON Stage 1)和 NG PON2(NG PON Stage 2)两个标准,其中 NG PON1 可与 GPON 共存并重用 GPON ODN,NG PON2 需要完全新建 ODN。

通常所说的 10G PON 指的是 NG PON1,其技术基于 G.987 系列标准,也称为 XG PON。XG PON 可分为非对称系统(XG PON1)和对称系统(XG PON2),其中非对称系统的数据传输速率为上行 2.5 Gb/s 和下行 10 Gb/s,对称系统的上、下行数据传输速率均为 10 Gb/s。10G GPON 光线路终端和用户端设备的最大距离至少为 20 km,分光比至少可扩展到 1∶256,具有全业务支持能力、高分光比、大容量等特点,不足之处是技术标准尚未彻底完善,具有良好互通性的用户端设备还在研发阶段。

5) 与 EPON 接入方式的比较

表 9-2 列出了在不同参考指标下 GPON 与 EPON 的比较情况。

表 9-2 GPON 与 EPON 的比较

指标	GPON	EPON
标准	ITU.T G.984.x	IEEE 802.3ah
速率/(b/s)	2.488G/1.244G	1.25G/1.25G
分光比	1∶64～1∶128	1∶16～1∶32
承载	ATM, Ethernet, TDM	Ethernet

续表

指标	GPON	EPON
带宽效率	92%	72%
QoS	非常好，包括 Ethernet, TDM, ATM	较好，仅支持 Ethernet
光预算	Class A/B/B+/C	Px10/Px20
DBA	标准格式	厂家自定义
ONT 互通	OMCI	无
OAM	ITU-T G.984 (强)	Ethernet OAM(弱，厂家扩展)

4. 光纤接入的融合

随着下一代网络技术的发展，现有的 IPv4 需要平滑过渡到 IPv6。IP 业务的无连接特性使得基于以太网的 EPON 不能提供有效的 QoS 保证机制，而 GPON 的传输汇聚子层(GTC，GPON Transmission Convergence)包括成帧子层和传输汇聚适配子层，可以完成对用户业务的安全、OAM 特性的控制管理，还可实现对多种业务的有效适配，提供面向连接和无连接特性的两种数据封装格式，为每个业务流提供独立的 QoS，从而实现对不同业务的 QoS 保障。

GPON 的设计目标是满足现有各种业务和新业务的接入，其接入方式可以实现对现有 PON 接入方式的融合，同时也可满足 DSL 等光纤、铜线混合方式的统一接入。随着光纤接入设备成本的下降和接入技术的不断成熟，GPON 将对下一代无源光纤宽带综合业务接入方式的融合起到深远的影响。

9.2.3 HFC 接入网

1. 背景

光纤和同轴电缆混合网(HFC，Hybrid Fiber/Coax)是从传统的有线电视网络发展而来的。进入 20 世纪 90 年代后，随着光传输技术的成熟和设备价格的下降，光传输技术逐步进入有线电视分配网，形成了 HFC 网络，但 HFC 网络只用于模拟电视信号的广播分配业务，浪费了大量的空闲带宽资源。

随着 20 世纪 90 年代中期全球电信业务经营市场的开放，以及 HFC 本身巨大的带宽和相对经济性，基于 HFC 网的 Cable Modem 技术吸引了有线电视网络公司的目光。1993 年初，Bellcore 最先提出在 HFC 上采用 Cable Modem 技术，同时传输模拟电视信号、数字信息、普通电话信息，即实现一个基于 HFC+Cable Modem 全业务接入网(FSAN，Full Service Access Network)。由于 CATV 在城市很普及，因此该技术是宽带接入技术中最先成熟和进入市场的。

所谓 Cable Modem，就是通过有线电视 HFC 网络实现高速数据访问的接入设备。Cable Modem 的通信和普通 Modem 一样，都是数据信号在模拟信道上交互传输的过程，但也存在差异。普通 Modem 的传输介质在用户与访问服务器之间是点到点的连接，即用户独享传输介质，而 Cable Modem 的传输介质是 HFC 网，将数据信号调制到某个传输带宽与有线电视信号共享介质；另外，Cable Modem 的结构较普通 Modem 复杂，它由调制解调器、调谐器、加/解密模块、桥接器、网络接口卡、以太网集线器等组成，它的优点是无需拨号上网，不占用电话线，可提供随时在线连接的全天候服务。

　　Cable Modem 产品主要有两大标准体系，分别是 MCNS 定义的北美标准 DOCSIS 和 DAVIC 定义的欧洲标准 DVB/DAVIC。其中 DOCSIS 标准以 IP 为中心，比较简单和明确，即在有线网络上透明传输 IP 数据包，它对 IP 的支持最好，广泛应用于 IP 语音、IPTV 领域；DAVIC 主要目的是给用户提供交互式数字音视频服务，并提供数据传输，它对数字视频的支持最佳。IEEE 802.14 的目标是建立一个基于 HFC 的城域网，可支持综合业务。目前北美的 OpenCable 标准就是 MCNS 和 DAVIC 相结合的产物，欧洲的 Eurobox 和 Euromodem 实质上采用的是 DAVIC 标准。

2. 工作原理及接入参考模型

　　在 HFC 上利用 Cable Modem 进行双向数据传输时，须对原有 CATV 网络进行双向改造，主要包括：配线网络带宽要升级到 860 MHz 以上，网络中使用的信号放大器要换成双向放大器，同时光纤段和用户段也应增加相应设备用于话音和数据通信。

　　Cable Modem 采用副载波频分复用方式将各种图像、数据、话音信号调制到相互区分的不同频段上，再经电光转换成为光信号，经馈线网光纤传输到服务区的光节点处，再经光电转换成电信号，经同轴电缆传输后，送往相应的用户端 Cable Modem，以恢复成图像、数据、话音信号。反方向执行类似的信号调制解调的逆过程。

　　这里以我国 HFC 频带划分为例来说明。为支持双向数据通信，Cable Modem 将同轴带宽分为上行信道和下行信道，其中上行数据信道占用 5～65 MHz 频带，为了有效抑制上行噪音积累，一般采用抗噪声能力较强的 QPSK 调制方式；下行数据信道占用 65～1000 MHz 频带，其中 65～550 MHz 频带用于传输现有模拟 CATV 信号，每路带宽为 8 MHz，总共可以传输各种不同制式的 60 路电视信号，550～750 MHz 频带用来传输附加的模拟 CATV 信号或者下行数字信号，高端的 750～1000 MHz 频带已经明确用于传输双向通信业务，其中两个 50MHZ 频带用于个人通信业务，其他未分配频带可以用于各种应用及未来出现的新业务。下行信道一般采用 64/256 QAM 调制方式，信道利用率较高。HFC 频谱安排参考方案如图 9-17 所示。

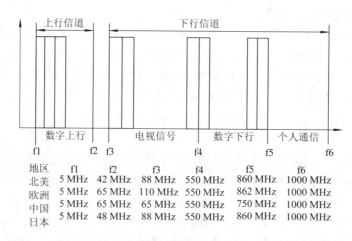

图 9-17　HFC 频谱安排参考方案

采用 Cable Modem 技术的宽带接入网主要由前端设备 CMTS(Cable Modem Termination System)和用户端设备 CM(Cable Modem)构成。CMTS 是一个位于前端的数据交换系统,它负责将来自用户端 CM 的数据转发至不同的业务接口,同时,它也负责接收外部网络到用户群的数据,通过下行数据调制(调制到一个 6 MHz 带宽的信道上)后与有线电视模拟信号混合送入到 HFC 网络传输至用户端接收。用户端 CM 将计算机等终端设备接入 HFC 网络,其基本功能就是将用户上行数字信号调制成 5~42 MHz 的信号后以 TDMA 方式送入 HFC 网的上行通道,同时,CM 还将下行信号解调为数字信号送给用户计算机。通常 CM 加电后,首先自动搜索前端的下行频率,找到下行频率后,从下行数据中确定上行通道,与 CMTS 建立连接,并通过动态主机配置协议(DHCP),从 DHCP 服务器上获得分配给它的 IP 地址。图 9-18 所示为 HFC 系统接入配置图。

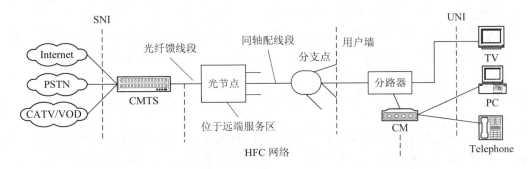

图 9-18 HFC 系统接入配置图

3. 应用领域及缺点

基于 HFC 的 Cable Modem 技术主要依托于有线电视网,目前提供的主要业务有 Internet 访问、IP 电话、视频会议、VOD、远程教育、网络游戏等。此外,电缆调制解调器没有 ADSL 技术的严格距离限制,采用 Cable Modem 在有线电视网上建立数据平台,已成为有线电视公司接入电信业务的首选方案。

Cable Modem 速率虽快,但也存在一些问题,比如 CMTS 与 CM 的连接是一种总线方式。Cable Modem 用户之间是共享带宽的,当多个 Cable Modem 用户同时接入 Internet 时,数据带宽就由这些用户均分,从而使速率下降。另外,共享总线式的接入方式,使得在进行交互式通信时必须注意安全性和可靠性问题。

9.3 宽带无线接入网技术

无线传输技术以其可自由移动的优越性成为无线接入领域中不可替代的组成部分,在移动终端高度智能化的今天,无线接入技术得到了广泛应用。宽带无线接入目前主要指移动接入方式,按照覆盖范围主要包括无线局域网(WLAN)、无线城域网(WMAN)和无线广域网(WWAN)。

无线广域技术包括第 8 章所介绍的蜂窝移动通信技术和卫星通信技术,这里不再介绍。本节只介绍无线局域网和无线城域网。

9.3.1　无线局域网(WLAN)

1. 背景

无线局域网(WLAN)是 20 世纪 90 年代初无线射频(RF，Radio Frequency)通信技术与计算机技术结合的产物，目的是为了满足有限距离内固定的、便携式的和可移动节点之间的快速无线连接和通信要求。在 1987 年第一个实验 WLAN 问世之后，其在零售、医疗、商业区就逐渐普及。无线局域网中信道控制主要采用载波侦听多路访问/冲突避免(CSMA/CA，Carrier Sense Multiple Access with Collision Avoidance)协议实现无线信道多路访问机制，单跳拓扑方式也更具便捷性，信道访问控制、纠错、编码、调制等核心技术也趋于成熟，但各厂商生产的设备之间出现了不能互联互通的问题。1990 年 IEEE 802.11 标准委员会成立后就着重致力于无线局域网标准的制定。

无线局域网的典型技术标准是 IEEE 802.11x 系列标准和 HiperLAN 标准，其中 IEEE 802.11x 系列标准包括 IEEE 802.11、802.11b、802.11a、802.11g、802.11n 等。在 2003 年年底，我国信息产业部制定并颁布了 WLAN 的行业配套标准，主要包括《公众无线局域网总体技术要求》和《公众无线局域网设备测试规范》，保证了 WLAN 在我国实施过程中的安全性和兼容性。

在 WLAN 的标准制定和实施推广过程中，802.11 系列标准的应用在全球范围最为广泛，因此后续的内容主要围绕 802.11 标准展开。802.11x 系列标准的基本特性如表 9-3 所示。

表 9-3　802.11x 系列标准的基本特性

协议	发布日期	标准频段	标准速率	最大速率	范围(室内)	范围(室外)
802.11a	1999	5.15~5.35 GHz 5.47~5.725 GHz 5.725~5.8755 GHz	25 Mb/s	54 Mb/s	约 30 m	约 45 m
802.11b	1999	2.4~2.5 GHz	6.5 Mb/s	11 Mb/s	约 30 m	约 100 m
802.11g	2003	2.4~2.5 GHz	25 Mb/s	54 Mb/s	约 30 m	约 100 m
802.11n	2009	2.4 GHz/5 GHz	300 Mb/s (20 MHz × 4MIMO)	600 Mb/s (40 MHz × 4MIMO)	约 70 m	约 250 m

2. 802.11 的层次模型

802.11 标准定义了单一的媒体访问控制层(MAC)和多样的 PHY 层，物理层标准包括 802.11b、802.11a、802.11g 等，如图 9-19 所示。

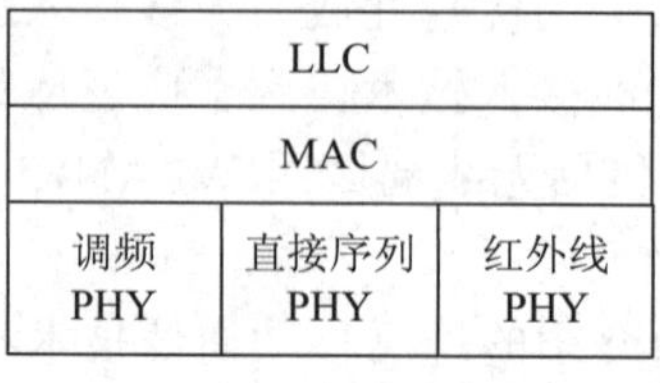

LLC		
MAC		
调频 PHY	直接序列 PHY	红外线 PHY

图 9-19　IEEE 802.11 标准层次模型

1) MAC 层

MAC 层的主要功能是在逻辑链路控制层(LLC)的支持下，实现对共享介质的访问控制(包括寻址方式、访问协调、帧校验序列生成的检查、LLC 帧定界等)、网络连接、数据加密和认证，以及在共享介质的对等实体之间交换 MAC 协议数据单元(MPDU，MAC Sublayer Protocol Data Unit)。

MAC 层采用 CSMA/CA 协议控制每个站点的接入，定义了两种无线介质访问控制方式：分布协调功能(DCF，Distributed Coordination Function)和点协调功能(PCF，Point Coordination Function)。DCF 是 IEEE 802.11 最基本的介质访问方式，其核心为 CSMA/CA 分布式接入算法，每个站均通过信道争用获取发送权，属于竞争式服务，适用于对时间不敏感的数据业务，主要应用于 Ad hoc 和 Infrastructure 网络结构；PCF 采用集中控制的接入算法，用类似轮询的方式实现各站的数据发送，属于无竞争式服务，适用于对时间敏感的语音、视频业务，主要应用于 Infrastructure 网络结构。

2) PHY 层

无线局域网物理层由三部分组成。其中两个子层由上向下依次为：物理层汇聚子层(PLCP，Physical Layer Convergence Procedure)，它将 MPDU 进一步封装成物理层协议数据单元(PPDU，Physical Protocol Data Unit)，增加诸如同步、帧起始、帧长度、帧头部校验等字段，使 PPDU 适于物理层的发送和接收；物理介质相关子层(PMD，Physical Medium Dependent)，该子层的信号收/发器实现在信道上接收和发送物理信号，对于无线信道，主要功能是调制、解调和探测介质状态(CCA，Clear Channel Assessment)。

第三个组成部分为物理层管理(PLM，Physical layer Management)，提供对两个子层的管理功能，它与 MAC 层管理相连。

3) MAC 层帧结构

802.11 标准分别定义了控制帧、管理帧、数据帧，各种帧类型均采用通用的帧格式，即 802.11 标准的 MAC 协议数据单元格式，如图 9-20 所示。不同类型的帧在字段内容上会有所区别。

2	2	6	6	6	2	6	0~2312	2
帧控制	持续ID	地址1	地址2	地址3	序列控制	地址4	帧体	FCS

图 9-20　通用帧格式

通用帧格式包括三部分：MAC 帧头、帧体和校验序列。不同类型的帧在帧控制字段进行区分。

(1) 帧控制字段(frame control)。帧控制字段包括协议版本、帧类型和子类型、帧传输方向等信息。

(2) 持续时间/ID 字段(duration/ID)。持续时间字段记录下一个帧发送持续的时间，网络中的工作站点通过监视这个字段完成虚拟载波侦听(在无线环境中除了使用物理层的载波检测方式外，还使用逻辑方法对信道占用情况进行预测)。

持续时间字段为 16 位，小于 32 768 的值为有效的持续时间值，单位是 μs。

(3) 地址字段(address)。地址字段包括基本服务组标识(BSSID，Basic Service Set

Identification)、源地址(SA，Source Address)、目的地址(DA，Destination Address)、发送站地址(TA，Transmitter Address)和接收站地址(RA，Receiver Address)。

这些地址的长度均为 6 字节。不同类型的帧地址类型不同，个数也可能不同。地址类型有单目地址、组播地址和广播地址。

(4) 序列控制字段(sequence control)。序列控制字段包括一个序列号和一个分段号。MAC 业务数据单元(MSDU，MAC Service Data Unit)是 MAC 层的服务数据单元，表示 MAC 层的载荷。当 MSDU 被 MAC 层分段后，同一个 MSDU 的分段具有同一序列号，不同的分段有不同的分段号。

序列号对于应答、重传和错误恢复机制非常有用；分段号则用于重装 MSDU。

(5) 帧体字段(frame body)。在控制帧中，该字段不存在；在数据帧中，该字段被装入 MSDU；在管理帧中，该字段包含管理信息。

(6) 帧校验序列字段(FCS)。FCS 采用 32 位循环冗余校验 CRC，校验范围是整个帧。

3. 网络结构

构成 WLAN 的设备一般有三类：移动站(STA，Mobile Station)，作为基本的移动通信终端设备；接入点(AP，Access Point)，作为基本服务域的中继，实现位于同一服务区的各 STA 间的通信及服务区间的通信；门桥 AP，作为特殊 AP，实现 WLAN 与其他 IEEE 802.x 局域网的连接通信。

802.11 标准中定义了基本服务组(BSS，Basic Service Set)作为 WLAN 的组网基本单元，每一个 BSS 具有一个基本服务域(BSA，Basic Service Area)，位于同一个 BSS 的多个移动站 STA 间具有直接或者经过一跳中继 AP 的通信关系；在连接多个 BSS 时常采用以太网方式构成分布式通信系统(DS，Distribution System)，这样就形成了一个扩展服务组(ESS，Extended Service Set)，也称为 Infrastructure 网络模式，而每个 BSS 内增加一个 AP 节点，完成 BSS 内及 BSS 间的数据通信任务，并实现无线局域网到有线网络的连接。图 9-21 描述了 802.11 拓扑结构。

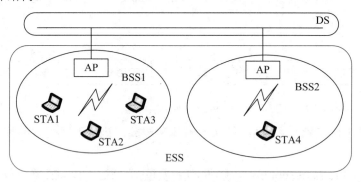

图 9-21　802.11 拓扑结构

在 802.11 标准中规定 WLAN 有两种组网结构来接入有线网络，分别是对等方式和基于 AP 方式，二者所遵循的协议体系也有所不同。

1) 对等方式接入

在对等方式中，常采用无固定 AP 的组网方式，多个 STA 以自组织方式实现直接通信。这种结构没有中心点，组网设施简单，又称为 Ad Hoc 方式，其组网方式属于基本服务组

BSS 独立工作。各 STA 实体的协议体系是均等的,也可通过无线路由器(WR,Wireless Router)连接主干分配系统与有线网络通信, 如图 9-22 所示。

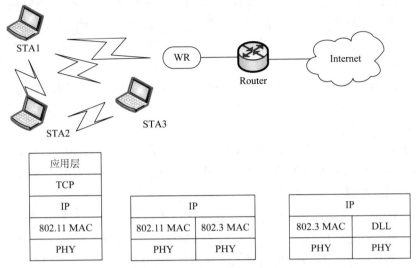

图 9-22　对等方式接入的协议体系

　　采用对等方式时，其组网方式结构灵活，但 STA 之间的直接通信对于网络接入来说将导致不可控状态，即用户通信将占用网络信道，但网络无法对用户的接入进行控制或者计费。

　　2) AP 方式接入

　　AP 方式接入指多个基本服务组(BSS)通过 AP 进行互相通信，构成扩展服务组(ESS)，STA 用户的接入完全受到 AP 控制，通过相应的认证(见 802.11 系列标准)可对各无线用户进行身份识别和接入管理，如图 9-23 所示。

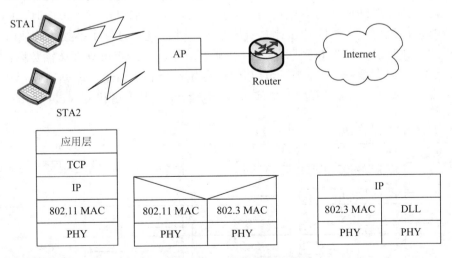

图 9-23　AP 方式接入的协议体系

　　传统方式下 AP 仅工作在数据链路层，完成 STA 用户到分布式系统(DS)的连接，但不能灵活选择 DS 系统中的 IP 服务提供者，也无法实现动态分配 IP 地址、地址转换 NAT 等 IP 接入网功能。增强型的 AP 网络级接入方式具备大部分网络功能，在无线信道上可对用户进行有效控制，且具有 IP 地址，并可作为 DHCP 服务器对用户分配 IP 地址，同时可设置链路级或网络级访问控制表，还可实现 IP 路由方式，既对用户进行管理，也接受被管理。

在基于 AP 的无线网络中，用基本服务组标识符(BSSID，Basic Service Set Identifier)来标识一个 BSS。BSSID 面向设备内部使用，其长度是 48 位，通常指所处网络中无线接入点 AP 的 MAC 地址；服务组标识符(SSID，Service Set Identifier)是面向用户提供的 BSS 网络标识，最多不超过 32 个字符，通常由 AP 广播发送，当移动站 STA 进行网络接入扫描时，就可以通过 SSID 选择连接到相应的无线网络。SSID 可以重复，一般用于无线局域网扩展情况，可将多个 AP 设置为具有相同的 SSID，这样 STA 扫描时就可以检测到多个可连接的无线网络。

扩展服务组标识符(ESSID，Extended Service Set Identifier)是 Infrastructure 的应用，用于对规模比较大且复杂的无线网络 ESS 的标识。

4. CSMA/CA 协议

CSMA/CD 协议在有线局域网 LAN 中取得了巨大成功，其以竞争方式共享传输信道，组网灵活、方便，为无线局域网领域提供了可借鉴的经验。IEEE 802.11 研究组建议在无线局域网中采用类似技术，即具有冲突避免的载波侦听多路访问协议 CSMA/CA。

无线收发器不能在同一个频率上既发送信号又同时接收信号，所以 WLAN 的物理层无法在传输数据过程中同时检测冲突，也就不能像 CSMA/CD 技术那样在检测到冲突后立即停止传输，这样因冲突而造成的持续时间将会增加，因此 CSMA/CA 采用冲突避免技术来降低冲突概率。由于无线信道由忙转闲时最容易发生冲突，因此在 CSMA/CA 中引入了一种随机回退规程，各站点在信道空闲后的竞争窗口里以时间片为单位进行随机回退。

1) 随机回退规程

每个站点都有一个回退计时器，记录时间片的个数。当站点准备传输但发现介质忙时，会取一个随机数放在回退计时器里。当介质空闲后，即站点可以竞争信道时，回退计时器开始倒计时，每经过一个时间片，计时器值减一，并在这个过程中持续载波侦听。

如果回退计时器倒计为 0(到期)，并且介质始终空闲，站点可立即传输数据；如果回退计时器未到期，但介质变为忙，表示有其他站点先竞争到了信道，本站点停止计时，但计时值没有清零，等到下一次又开始竞争信道时，继续计时。整个随机回退过程如图 9-24 所示。

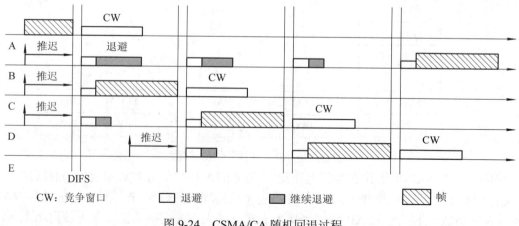

图 9-24　CSMA/CA 随机回退过程

回退计时基本原则是只要开始计时，将会一直计时直到为零，中途停止计时也不会重置为新的随机数。在图 9-24 中，A 站在最后一次竞争中，回退计时值减到最小，因此优先获得数据发送机会。这种方式可以有效避免出现某站点运气不好，总是无法发送数据的现象。而 CSMA/CD 不同之处在于，每次冲突后都会重置计时值。

2) 冲突避免机制(CA)

依靠载波侦听技术，CSMA/CA 可以避免与正在传输的站点发生冲突，但在无线环境中，载波侦听也并不可靠。如图 9-25 所示，在隐藏站点的情况下，B 和 C 之间互相听不到对方，当 B 和 C 同时向中间的 AP 发送数据时，会出现 AP 收到的是 B 和 C 叠加后的冲突数据的现象。

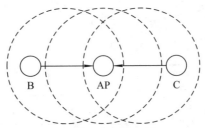

图 9-25　隐藏站点产生的冲突

这种情况如果经常发生，那么即使进行了载波侦听，其效果和没有载波侦听的 ALOHA 技术也差不多，因此在 CSMA/CA 协议中使用了一种 RTS/CTS(Ready to Send/Clear to Send) 机制来避免这种冲突问题。

如图 9-26 所示，采用 RTS/CTS 机制的无线局域网工作原理如下：

(1) 站点 B 在发送数据之前首先发送一个"请求发送"控制帧 RTS 给 AP。

(2) AP 可以同时听到站点 B 和 C，但 B 听不到 C 的载波。如果 AP 认为信道空闲，即 C 没有正在发送数据，则 AP 发送"清除待发送"控制帧 CTS 作为应答给 B，允许 B 发送数据。

(3) 站点 B 收到应答的 CTS 帧，确认信道处于空闲，随后可以向 AP 发送数据。在 AP 向 B 发送 CTS 帧时，周围站点(包括 C)都根据这个 CTS 帧抑制各自的发送行为，直到 B 的数据发送完毕，从而避免冲突。

(4) 如果 AP 认为信道忙，比如 C 正在向 AP 发送数据，或者 C 也同时发送了 RTS 给 AP，此时 AP 均不会发送 CTS。

(5) B 发送 RTS，但没有收到应答 CTS，或者收到的 CTS 不是对本站发出的 RTS 的应答，则站点 B 就要抑制数据的发送，随机回退后，再次尝试发送 RTS。

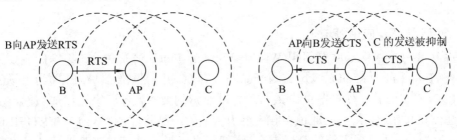

图 9-26　RTS/CTS 原理

3) CSMA/CA 介质访问流程

CSMA/CA 的介质访问流程如图 9-27 所示。

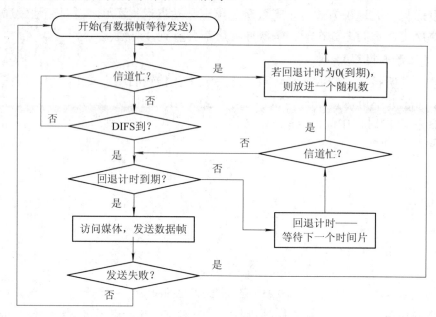

图 9-27　CSMA/CA 介质访问流程

基本工作原理如下：

(1) 各站点有数据帧需要发送，当检测到信道空闲，需要等待一段时间即分布帧间间隔(DIFS，Distributed Interframe Space)后，执行回退计时。若回退计时器减小到 0(到期)且信道空闲，则发送整个数据帧，并等待确认；否则，源站点执行 CSMA/CA 协议的回退算法，停止回退计时器计时，一旦检测到信道空闲，回退计时器开始继续计时，当回退计时器减小到 0(到期)，且信道处于空闲时，源站点发送整个帧并等待确认。

(2) 目的站点若正确收到此帧，则经过短帧间间隔(SIFS，Short Interframe Space)时间后，向源站点发送确认帧 ACK，其他所有站点都设置网络分配向量(NAV，Network Allocation Vector)，表明这段时间信道忙，不能发送数据。

(3) 当发送站点收到确认帧 ACK，知道发送的帧已经被目的站点正确收到时，如果需要发送下一个帧，则从步骤(1)重新开始。

(4) 当确认帧 ACK 结束时，NAV 也就结束。在经历了 DIFS(分布帧间间隔)之后，会出现一段空闲时间，即竞争窗口(CW，Contention Window)，在这段时间内有可能出现各站点争用信道的情况。

5. Wi-Fi 认证及应用领域

1999 年 8 月无线保真联盟组织(Wi-Fi，Wireless-Fidelity)成立，该组织的主要目的是认证基于 IEEE 802.11 标准的无线局域网产品的兼容性，并着重推广 Wi-Fi 作为市场领域内的全球 WLAN 产品标准，使产品能有效再现标准制定的要求，各厂家无线局域网产品能够无失真地进行互联互通，其中已通过 Wi-Fi 组织认证的产品将注明"Wi-Fi CERTIFIED"标识。

Wi-Fi 认证包括一套完整的测试方案，详细定义了被测试产品与其他已认证产品的兼容性测试流程。该测试方案由北美和欧洲的独立测试实验室进行测试，测试时间一般需要两到四天，已通过测试的产品生产厂商也将被授予 Wi-Fi 兼容性证书。Wi-Fi 组织自成立之初到现在，已陆续开展了对 802.11b、802.11i、802.11g 等产品的认证工作，同时基于 WLAN 技术的"Wi-Fi 热点"也在大规模部署中。

在实际应用中，根据用户的接入方式的不同，无线局域网的应用场合可以覆盖到公共服务、大型会展中心、商业办公区域、工业控制、医疗处理、旅游服务等各种通信领域。由于无线局域网无需布线、构建方便且支持移动通信，因此在目前的用户无线接入方式中占据了大部分市场。

9.3.2　无线城域网(WMAN)

1. 背景

在致力于 WLAN 标准制定的同时，IEEE 802 标准委员会下属的 IEEE 802.16 工作组也推出了关于无线城域网(WMAN)接入的系列技术规范 IEEE 802.16，其目标是解决"最后一公里"的固定和慢移动用户接入。该标准下无线接入覆盖范围可达 50 km，是在继 LMDS 技术之后发展而来的新的固定宽带无线接入(FBWA, Fixed Broadband Wireless Access)规范。

WMAN 的系列标准如下：

(1) IEEE 802.16 工作组的第一个标准 802.16 于 2001 年 12 月批准通过，后续在 2002 年 12 月和 2003 年 4 月分别发布和通过了修订标准 802.16c 和 802.16a，在 802.16a 标准中增加了 2～11 GHz 频段的技术规范，提出了 OFDM 和 OFDMA 的物理实现，在传统的 PMP(Point-to-Multipoint)拓扑结构基础上新增了可选的网状 Mesh 拓扑结构。

(2) IEEE 802.16d 是相对成熟且比较实用的标准，对 2～66 GHz 无线接口的物理层和 MAC 层进行了规范，简化了系统部署，增加了部分功能以支持用户的移动性。

(3) IEEE 802.16e 属于增强版本，可同时支持固定和移动宽带无线接入系统，工作于 2～6 GHz 频段，采用 FDD 或者 TDD 工作方式，支持移动用户在 802.16 基站之间自由切换。

(4) 由全球著名通信设备及器件公司组成的微波接入全球互操作性联盟(Wimax, World Interoperability for Microwave Access)，将致力于实现基于 IEEE 802.16 标准和 ETSI HiperMAN 标准的宽带无线设备的兼容性和互操作性认证，加速 802.16 产品的市场推广。目前，802.16 网络也称为 Wimax 网络。

(5) 后续标准包括 IEEE 802.16f、IEEE 802.16g、IEEE 802.16h、IEEE 802.16j、IEEE 802.16k 等，在 2011 年 4 月，IEEE 正式批准 IEEE 802.16m 成为下一代 Wimax 标准。

2. 802.16 系统结构

如图 9-28 所示，Wimax/802.16 网络体系结构包括用户基站(SS)、基站(BS)、中继站(RS) 和网管。

(1) 核心网：核心网通常指传统电信网或 Internet。Wimax 提供核心网与基站(BS)间的连接接口，但 Wimax 系统中不包括核心网。

(2) 基站(BS)：提供用户基站 SS 与核心网间的连接，通常采用扇形/定向天线或全向天线，可提供灵活的子信道部署与配置功能，并根据用户群体状况不断升级与扩展网络。

(3) 用户基站(SS)：属于基站的一种，提供基站 BS 与用户终端设备(TE)间的中继连接，一般采用固定天线，放置在建筑物顶部。基站(BS)与用户基站(SS)间采用动态自适应信号调制模式。

(4) 中继站(RS)：用于无线接力，可以提高基站(BS)的覆盖能力，可作为一个基站(BS)和多个用户基站(SS)(或用户终端设备(TE))间信息的中继传输。

(5) 用户终端设备(TE)：Wimax 系统定义用户终端设备(TE)与基站(BS)间的连接接口，提供用户终端设备的接入，但 Wimax 系统中不包括用户终端设备 TE。

(6) 网管：用于监视和控制 Wimax 系统内所有的基站和用户基站，提供查询、状态监控、软件下载、系统参数配置等功能。

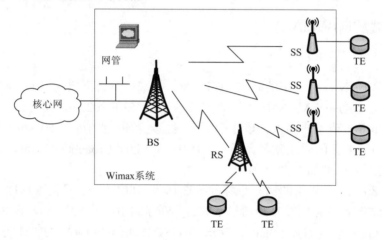

图 9-28　Wimax 网络体系结构

3. 协议模型

Wimax/802.16 网络的协议参考模型如图 9-29 所示，包括数据/控制平面和管理平面。数据/控制平面的主要功能是保证数据的正确传输，除了定义必要的传输功能以外，还定义了一些控制机制来保障传输的可靠性。管理平面中定义的管理实体，分别与数据/控制平面的功能实体相对应，通过与数据/控制平面中的实体交互，管理实体可以协助外部的网管系统完成有关的管理功能。

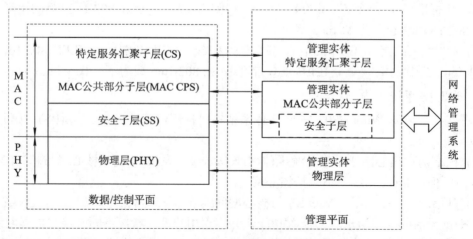

图 9-29　IEEE 802.16 网络的协议参考模型

1) 物理层

物理层主要涉及频率带宽、调制模式、纠错技术、发射机与接收机之间的同步、数据传输速率和时分复用结构等方面，负责 MAC 层协议数据单元(PDU)的汇聚、编码和调制，组成无线帧格式，在物理层信道进行传送。

在 IEEE 802.16 标准中，定义了物理层实现的 5 种方式，即 WMAN-SC、WMAN-SCa、WMAN-OFDM、WMAN-OFDMA 和 Wireless HUMAN。使用频段主要分为 10～66 GHz 和小于 11 GHz(2～11 GHz)两大类，基本情况如表 9-4 所示。

表 9-4　IEEE 802.16 物理层概况

物理层实现方式	使用频段	基本特点
WMAN-SC	10～66 GHz 许可频段	单载波调制方式，视距传输，FDD 和 TDD 双工方式，上行采用 TDMA 和 DAMA 结合方式
WMAN-SCa	2～11 GHz 许可频段	单载波调制方式，非视距传输，FDD 和 TDD 双工方式，上行采用 TDMA 和 DAMA 结合方式
WMAN-OFDM	2～11 GHz 许可频段	采用 256 个子载波的 OFDM 调制方式，非视距传输，FDD 和 TDD 双工方式
WMAN-OFDMA	2～11 GHz 许可频段	采用 2048 个子载波的 OFDMA 调制方式，非视距传输，FDD 和 TDD 双工方式
Wireless HUMAN	5～6 GHz 免许可频段	采用 SCa、OFDM 或 OFDMA 调制方式，双工方式为 TDD

2) MAC 层

MAC 层提供基于连接的 QoS 机制，每个连接由连接标识符(CID，Connection Identifier)进行唯一标识，并且定义了灵活的上行带宽调度模式，可针对不同业务进行调度，实现动态的带宽分配。MAC 层具体分为三个子层：特定服务汇聚子层(CS，Service-Specific Convergence Sublayer)、公共部分子层(CPS，Common Part Sublayer)和安全子层(SS，Security Sublayer)。

CS 子层的主要功能是将高层的不同业务进行分类和映射，以便 MAC CPS 子层根据不同类型建立连接。其具体功能包括：完成外部网络数据的映射和转换，将网络数据单元(SDU)进行分类，并与 MAC 层服务流标识符(SFID，Service Flow Identifier)和连接标识符(CID)进行关联。

CPS 子层主要解决的问题包括：一个基站或用户站如何和何时开始在信道中发送信息；如何向上层提供有质量保证的服务；如何对上行方向的传输提供带宽请求、带宽分配以及竞争分解机制等。具体功能包括 MAC 层的系统接入、带宽分配、连接管理等。

SS 子层提供加密和认证功能，以保证通信的安全性。

4. 网络结构

网络结构分为点到多点结构(PMP)和网格结构 Mesh。在点到多点网络结构中，一个基站面向多个用户提供无线接入服务，用户业务只在基站和用户站之间传输；在网格结构中，用户业务可以不通过基站而在其他用户站之间进行传送。网络结构如图 9-30 所示。

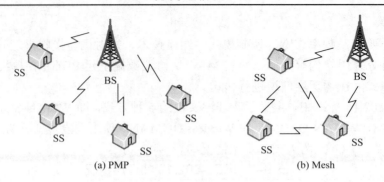

图 9-30　802.16 网络结构

1) PMP 结构

PMP 是一种集中式的网络结构，即由一个 BS 控制多个 SS 的接入。PMP 的结构特点是：SS 只能直接接入 BS 或通过 RS 接入 BS，而 SS 之间没有直接互联接口，不能通过无线链路直接通信，所有 SS 发送的信息都必须通过 BS 或 RS 进行转发，SS 也只接收来自 BS 或 RS 的信息，即 SS 没有中继功能，不转发其他 SS 的信息。

2) Mesh

PMP 是一种单跳无线网结构，而 Mesh 结构是一种网状的多跳无线网结构。在 IEEE 802.16 标准中，通过扩展 SS 的功能实现 Mesh。

具体思路是让一部分 SS 具有中继转发功能，这些 SS 除了具有与 TE 的接口和 BS 的无线接口外，还增加了与其他 SS 的无线接口，可以为其他 SS 进行中继，这样 SS 之间通过无线链路组成了网状 Mesh 结构。这种结构增强了网络的鲁棒性，有效避免了 PMP 结构中有时可能出现的 SS 孤点情况。

习　　题

1．接入网与传统用户环路有什么区别？其特点是什么？

2．接入网的定义是什么？它可以由哪些接口来定界？

3．接入网可分为几层？它们之间的关系是什么？

4．接入网按照类型可分为哪几类？它们各自的基本组成包括哪些类型？

5．简述 ADSL 系统的基本结构和各部分的主要功能。它适用于哪些应用场合？

6．HFC 技术有什么特点？说明其频谱是如何划分的。

7．简述 PON 技术中常用的多址接入技术，并说明其工作原理。

8．简述 PON 的主要分类和技术差异。

9．说明 CSMA/CA 的基本工作原理。

10．说明 WLAN 的分层模型和各层主要功能。

11．简述组成 WLAN 的基本网络设备和主要网络结构。

12．简述 Wi-Fi 和 WLAN 之间的关系。

13．简述 WMAN 的分层协议模型和网络结构。

14．Wi-Fi 与 Wimax 的基本差异体现在哪些方面？请分别简单说明。

第10章　网络管理

网络管理是保障现代通信网正常、高效运行的关键技术之一。本章介绍目前通信工业界在网络管理领域两个主要的实现标准：ITU/OSI 架构下的电信管理网(TMN，Telecommunications Management Network)，以及 IETF 架构下的简单网络管理协议(SNMP，Simple Network Management Protocol)，讨论网络管理系统的体系结构、网络管理协议，以及管理信息库。上述两种标准都是在 ISO 网络管理模型的基础上实现的，但随着电信网的IP 化，SNMP 已经成为最重要的网络管理协议。

10.1　概　　述

网络管理是指对硬件、软件以及人员的设置、集成和协调，监视、测试、配置、分析和控制网络和网元的性能和使用，以合理的成本有效运行网络，为用户提供一定质量水平的通信业务。

通过前面章节的学习，可以看到现代通信网是由许多复杂的、交互密集的软件和硬件通信实体组成的。随着网络规模的不断扩大、设备异构性、业务多样化等因素的介入，网络的管理变得越来越复杂。对运营商而言，实现一个高效的网管系统，面临的挑战甚至大于建设一个新的网络。网络管理的基本目标就是提高网络的性能和利用率，最大限度地增加网络的可用性，改进服务质量和网络的安全、可靠性，简化多厂商设备在网络环境下的互联、互通，降低网络的运营、维护、控制成本。

在 ISO/IEC7498-4 中，定义了网络管理系统的基本模型，该模型定义了网络管理必须实现的 5 个基本功能，见表 10-1。

表 10-1　网络管理的基本功能域

功能域	说　　明
故障管理	允许对网络中的不正常运行状况或环境条件进行检测、分隔、纠正，如告警监视、故障定位、故障校正等
账务管理	允许对网络业务的使用建立记账机制，主要是收集账务记录、设立使用业务的计费参数，并基于以上信息进行计费
配置管理	配置管理涉及网络的实际物理结构的安排，主要实现对网元 NE 的控制、识别、数据交换，以及为传输网增加、删除 NE 和通路/电路等操作
性能管理	提供有关通信设备状况、网络或网元通信活动效率的报告和评估，主要作用是收集各种统计数据用于监视和校正网络、网元的状态和效能，并协助进行网络规划和分析
安全管理	提供授权机制、访问机制、加密/密钥机制、验证机制、安全日志等

网络管理系统的体系结构一般包含 4 个主要组件：管理者进程、代理进程、管理信息库，以及网络管理协议。

(1) 管理者进程：运行在集中式网管中心的计算机上，控制网络管理信息的收集、处理、分析和显示等。它是网络管理者与网络设备交互的接口，是网络管理系统中的客户。

(2) 代理进程：运行在网络中的被管设备上(即网元)，通过网络管理协议与管理者进程通信，在管理者进程的指令控制下，执行对被管设备的本地管理功能。

(3) 管理信息库：即 MIB(Management Information Base)，用来存放被管设备对象的状态和信息的数据库。

(4) 网络管理协议：运行在管理者和代理进程之间的通信协议。管理者通过该协议可以查询被管设备的状态和信息，通过代理进程间接控制设备，代理进程则通过该协议主动向管理者进程通知异常事件。

在现代电信网中，一般网络管理和业务运营功能是通过 OSS 系统(Operations Support Systems)在集中式的网管中心来实现的。例如，向网络基础设施发布指令、部署新业务、检测和修复网络故障、为新客户开通业务等，均是通过 OSS 来执行的。由于客户服务的重要性，除了 OSS，当前的电信运营商还构建了一个业务支撑系统(BSS，Business Support Systems)，BSS 主要支撑计费、营账等业务，习惯上将两个系统合起来简称为 OSS/BSS 或 BOSS。

10.2　电信管理网

10.2.1　TMN 简介

TMN 是 ITU-T 定义的一个网络管理的协议模型，它以 ITU-T 的 X.700 系列定义的 OSI 管理规范为基础制定，其主要协议在 ITU-T M.3000 系列建议中定义。

在 ITU-T M.3010 建议中指出：TMN 为异构的、不同厂商的操作系统、电信设备之间，以及电信网之间的互联和通信提供了一个框架，以支持对网络、网元、业务的动态配置和管理。为实现这个目标，TMN 为网络设备定义了一组标准管理接口。这样，对由不同厂商的设备组成的网络，只要这些设备都实现了标准的管理接口，运营商就可以通过一个统一的管理平台来对它们进行监控、管理。

TMN 的一个主要指导思想就是将管理功能与具体电信功能分离，使管理者可以用有限的几个管理节点管理网络中分布的电信设备。在设计时，则借鉴了 OO(Object-Oriented)方法和 OSI 网络管理模型已有的成果。如管理者/代理模型、MIB、被管对象等的使用。

简而言之，TMN 是负责收集、传送、处理和存储有关电信网运营、维护和管理的信息，为电信运营商提供管理电信网的支撑平台。TMN 与电信网的关系如图 10-1 所示。

图 10-1 中操作系统(OS)代表实现各种网络管理功能的处理系统，工作站代表实现人机交互的界面装置，数据通信网(DCN)代表管理者与被管理者之间的数据通信能力，DCN 应配有标准的 Q3 接口，它可以采用 MPLS/FR/ATM/DDN/IP 等方式实现 OSI 规定的第三层通信能力。

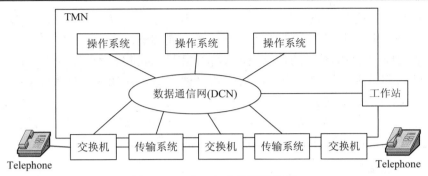

图 10-1　TMN 与电信网的关系

TMN 的管理功能参照了 OSI 关于开放系统中管理功能的分类,并进行了适当的扩展以适应 TMN 的需要。管理功能也包括五大功能域:故障管理、账务管理、配置管理、性能管理和安全管理。

10.2.2　标准

与 TMN 相关的标准主要有 ITU-T M.3000 系列建议,它们定义了 TMN 的结构和标准接口,TMN 系列建议基于已有的 OSI 管理规范,与 TMN 相关的主要 OSI 协议有:

(1) CMIP(Common Management Information Protocol):定义对等层之间管理业务的通信协议。

(2) GDMO(Guideline for Definition of Managed Objects):基于 ASN.1 标准,提供 TMN 中所需的被管对象的分类和描述模版。

(3) ASN.1(Abstract Syntax Notation One):ISO 定义的国际标准的数据描述语言,ASN.1 用于描述数据的类型,并允许通过基本的数据类型定义复合数据类型。通常,使用 ASN.1 定义协议数据单元、数据类型、属性等。

除 ITU-T、ISO 外,NMF(Network Management Forum)、ETSI(European Telecommunications Standards Institute)、Bellcore、SIF(Sonet Interoperability Forum)等组织和机构也积极致力于 TMN 标准的制定和推广工作。

TMN 采用 OO 方法(属性和操作),将相关网络资源看成一个个对象,其信息和状态等表示成被管理对象的属性。管理实体可以执行的管理功能在 CMIS(Common Management Information Service)中定义。

网络管理所需的管理信息保存于 MIB 中。负责信息管理的进程就是管理实体,一个管理实体可以担任 Manager 和 Agent 两个角色,Manager 和 Agent 进程之间通过 CMIP 协议发送和接收管理指令和信息。

10.2.3　TMN 的体系结构

TMN 具有支持多厂商设备、可扩展、可升级和面向对象的特点。运营商通过 TMN 可以管理复杂的、动态变化的网络和业务,维护服务质量、扩展业务、保护旧有投资等。

TMN 要完成的目标决定了它的整个体系结构具有相当的复杂度,为易于理解和方便实现这样一个复杂的系统,ITU-T M.3000 系列建议从三个角度全面描述了 TMN 的结构,它们中的每一个都非常重要,并且相互依赖:

(1) 信息结构：定义描述被管对象属性和行为的方法，以及为了实现对被管对象的监视、控制等管理功能，管理者和被管者之间消息传递的语法语义。

(2) 功能结构：主要用不同的功能块，以及功能块之间的参考点说明了一个TMN的实现。

(3) 物理结构：物理结构对应功能结构的物理实现。在物理结构中，一个功能块映射到对应的一个物理块，参考点则映射成物理接口。其中 OS 是一个重要的物理块，它配置了实施各类管理操作的业务逻辑；最重要的接口是 Q3 接口(OS 与被管资源之间，以及同一管理域内 OS 之间)和 X 接口(不同管理域 OS 之间)。

1. TMN 功能结构

TMN 的功能结构描述了在 TMN 内部管理功能如何分布，引入了一组标准的功能块，并定义了功能块之间的接口(Qx、Q3、x 等参考点)，利用这些功能块和参考点在逻辑上可以构成任意规模和复杂度的电信管理网。

TMN 的基本功能块有五种：操作系统功能 OSF、中介功能 MF、网元功能 NEF、工作站功能 WSF 和 Q 适配器功能 QAF。各功能简介如下：

(1) 操作系统功能：负责电信管理功能的操作、监视和控制。

(2) 中介功能：主要负责根据本地 OSF 的要求，对来自 NEF 或 QAF 的信息进行过滤、适配和压缩处理，使之变成符合本地 OSF 要求的信息模型。

(3) 网元功能：NEF 中包含有管理信息 MIB，使得 TMN 的 OSF 可以对 NE 进行监控。网元功能大致分两类，一类是维护实体功能，如交换、传输和交叉连接等；另一类为支持功能，如故障定位、计费、保护倒换等。

(4) Q 适配器功能：负责将不具备标准 Q3 接口的 NEF 和 OSF 连到 TMN，执行 TMN 接口与非 TMN 接口之间的转换。

(5) 工作站功能：提供 TMN 与管理者之间的交互能力，完成 TMN 信息格式和用户终端显示格式之间的转换，为管理者提供一种解释 TMN 信息的手段。功能包括：终端用户的安全接入和登录，格式化输入输出等。

2. TMN 的参考点和标准接口

为区分不同的管理功能块，引入了参考点的概念，参考点表示两个功能块之间信息交换的边界点，图 10-2 描述了 TMN 的功能结构和参考点。

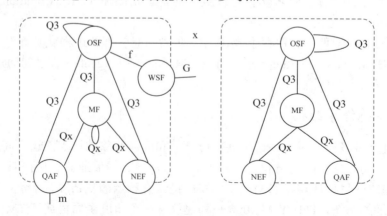

图 10-2   TMN 的功能块和参考点

TMN 包含三类参考点，即 q 参考点、f 参考点和 x 参考点，主要功能如表 10-2 所示：

表 10-2 TMN 的参考点

参考点	功 能
q	q 参考点位于同一个 TMN 管理域内的两个功能实体之间。通常将连接 MF 与 NEF、QAF 之间的参考点称为 qx，而将 OSF 与 NEF、QAF、MF 以及 OSF 之间的参考点称为 q3 参考点
f	指 OSF 与 WSF 间的参考点。
x	指位于不同 TMN 管理域中的两个 OSF 间的参考点

与 TMN 有关的参考点还有 g 参考点和 m 参考点，但他们已不属于 TMN 范畴之内了。

当互连的功能块分别嵌入到不同的设备中时，参考点就变成具体的接口了，一般情况下，并不区分这种细微的差别，只要知道具体实现中一个参考点会对应一个接口：q3 参考点对应 Q3 接口，f 参考点对应 F 接口等。

在 TMN 中最重要的接口就是与 q3 参考点对应的 Q3 接口，Q3 接口是一个跨越了 OSI 七层模型的协议集合，其中 1～3 层 Q3 接口协议由 Q.811 定义，称为低层协议，4～7 层由 Q.812 定义，称为高层协议。Q.812 中应用层的两个协议是 CMIP 和 FTAM，前者用于面向事务处理的管理业务，后者主要用于文件的传输、访问和管理，与 Internet 上常用的文件传输协议 FTP 相比，ISO 的 FTAM 更加安全可靠，并支持自动的断点续传功能。

在 TMN 中，Q3 接口被称为操作系统接口，OSF 实施监控必须通过 Q3，同时 NEF、QAF、MF 与 OSF 间进行直接通信也必须通过 Q3 接口进行，否则必须进行接口的转换。图 10-3 描述了 Q3 接口在相关功能块间的位置。

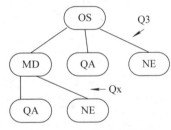

图 10-3 Q 接口的位置

10.2.4 TMN 的信息结构

TMN 的信息结构以 OO 方法为基础，主要描述了功能模块之间交换的管理信息的特性。信息结构的主要内容包括逻辑分层模型、信息模型和组织模型。

1. 逻辑分层模型

逻辑分层模型定义和建议了在不同的管理层应该实现哪些功能组。同一范畴的管理功能可能在不同的层次实现，但管理的目标和范围不同，在高层主要实现企业一级目标的管理，在低层主要实现一个具体网络、一个网元的管理。从低到高，逻辑分层模型将 TMN 的管理功能分成五个层次：网元层(NEL)、网元管理层(EML)、网络管理层(NML)、业务管理层(SML)和事务管理层(BML)。图 10-4 给出了 TMN 功能模块与逻辑分层结构的一个对应关系。

(1) 网元层(NEL)：NEL 负责为 TMN 提供单个网元 NE 中的管理信息，通常 NE 就位于该层，换句话说，NEL 就是电信网中可管理的信息与 TMN 之间的接口。

(2) 网元管理层(EML)：负责每一个网元的管理，EML 包含 EML-OSF 和 MF 功能块。EML-OSF 通常负责控制和协调一组网元，管理和维护网元数据、日志、动作等，通过 Q3 接口向 NML-OSF 提供 NE 管理信息。

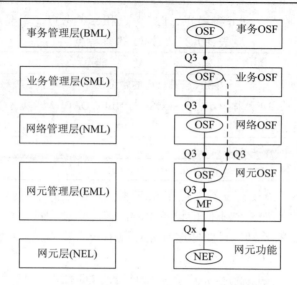

图 10-4　TMN 功能模块与逻辑分层结构的对应关系

(3) 网络管理层(NML)：利用 EML-OSF 提供的 NE 信息对辖区内所有网元实施管理功能，从全网的角度出发控制和协调所有 NE 的动作，并通过 Q3 接口向 SML-OSF 提供管理信息，支持 SML 管理功能的实现。

(4) 业务管理层(SML)：利用 NML 提供的数据实现与已有用户和潜在用户之间的合同业务的管理，包括业务提供、计费、服务质量、故障管理等，是用户与业务提供者之间主要的联系点。SML 同时也负责维护网络统计数据以帮助改善服务质量。在 SML 层，SML-OSF 通过 X 接口与其他管理域相连，通过 Q3 接口与 BML-OSF 相连。因此 SML 也是不同 TMN 管理域之间的联系点。

(5) 事务管理层(BML)：负责总的业务与网络事务，主要涉及经济方面，例如：预算编制、网络规划、制定业务目标、商业协定等。该层不属于 TMN 标准化的内容。

需要注意的是，TMN 逻辑分层结构的提出是为了提供一个灵活的 OSF 功能组合，是一个逻辑上的概念，并不要求每一个管理网都严格实现这种分层结构。目前实际的 TMN 系统都只实现了网络管理层的以下功能，即网络和网元的管理，相应的 SML、BML 层功能，目前还缺乏深入的研究，相关标准也未涉及，这也是 TMN 的主要缺陷之一。

2. 信息模型

TMN 信息模型描述被管对象(MO，Management Object)及其特性，规定管理者可以使用什么样的消息来管理被管对象，以及这些消息的语法和语义。模型包含四个关键部分：管理者 Manager、代理 Agent、管理信息库 MIB 和网管协议 CMIP，其中 Manager 和 Agent 是网管系统中的活跃进程。两者通过网管协议连接起来，被管对象的信息则存放在 MIB 中。

1) 基本思想

OSI 管理的基本思想是：将网络管理使用的信息和知识与执行管理动作的功能模块分离；OSI 管理基于管理应用之间的交互来实现特定的管理业务，即 manager 与 agent 之间的交互，两者之间的交互抽象成管理操作和通知，通过对被管对象(MO)的操纵来实现相应的管理动作。

一个 agent 管理本地系统环境中的 MO，它对 MO 执行管理操作以响应 manager 发出的管理操作，一个 agent 也可以将 MO 发出的通知转发给管理者。agent 维持 MIB 的一部分，MIB 是一个动态数据库，它由组织成树型结构的 MO 实例组成。

在 agent 和 manager 之间使用服务交换信息(CMISE，Common Management information service element)，而 CMISE 则使用 CMIP 或 ROSE(支持分布处理)的通信能力。

在这一指导思想下，TMN 将电信网中任何要管理的设备和资源都抽象为 MO，MO 的集合构成一个 MIB。每个 MO 定义了相应的属性，通过 CMIP/Agent 可以对 MO 施加各种操作，主要的操作包括：

(1) Get 操作：允许管理者取得代理方 MO 的属性值。

(2) Set 操作：允许管理者设定代理方 MO 的属性值。

(3) Notify 操作：允许代理方向管理者通知重要的事件。

还有对 MO 整体的操作：

(1) Create 操作：允许创建一个 MO。

(2) Delete 操作：允许删除一个 MO。

2) 管理信息模型

实现不同厂商设备的统一管理，关键是要采用统一的信息模型，详细地规范被管设备应该提供哪些信息以及信息提供的格式。TMN 管理信息模型定义了与厂商无关的信息描述和组织方式，它分为两部分，即通用信息模型和专用信息模型。通用信息模型是被管对象的集合，它描述了存在于网络中的一般资源和相关的属性类型、事件、行为等，以及管理这些不同的资源和属性的统一方法。通用信息模型与具体的网络无关，因而不同的网络系统需根据自身特征在此模型基础上进行扩展，扩展时可以使用 OO 方法中的对象继承和对象组合机制得到自身的专用信息模型。

通用信息模型主要在 ITU-T 的 X.720 建议 GDMO 中定义，GDMO 为信息模型的定义提出了一组通用的规则，以统一的方式表示 MO 的命名、属性、操作和通知。GDMO 模版实际上是在 ASN.1 基础上的宏扩展。

3. 组织模型

在 TMN 中，组织模型主要描述管理者和代理者的能力以及它们之间的信息交互方式。其中管理者的任务是发送管理命令和接收代理发出的通知，代理者的任务是管理有关的 MO，响应管理者的管理命令、向管理者发送反映 MO 异常行为的事件通知。

图 10-5 反映了管理者(Manager)、代理(Agent)和被管对象(MO)之间的相互关系。

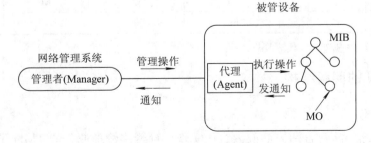

图 10-5　Manager、Agent 和 MO 之间的关系

在该模型中 Manager 和 Agent 之间进行两个开放系统之间点到点的通信。被管系统中的资源抽象成 MO，MO 类实例的集合组成 MIB，这种抽象屏蔽了具体设备的相关性，在 Manager 和 Agent 之间采用一致的 CMIP 协议进行通信，保证了 TMN 对资源的透明管理。

10.2.5 TMN 的物理结构

将 TMN 的功能块分布到物理实体上就构成了 TMN 的物理结构。TMN 中基本的物理块有：操作系统 OS、中介设备 MD、Q 适配器、工作站 WS、网元 NE 和数据通信网 DCN。图 10-6 给出了 TMN 的基本物理结构。

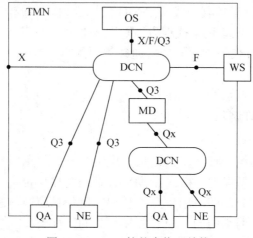

图 10-6　TMN 的基本物理结构

TMN 物理结构中各基本块之间的接口必须是标准的，以保证各部分之间的互操作，这些接口有 Q 系列、F 系列和 X 系列等。

功能块与物理块之间并不一定是一一对应的，例如 NE 主要完成 NEF 功能，但实际系统中，但往往也具备 OSF 和 MF、QAF 功能。

表 10-3 描述了 TMN 物理块与功能块之间的关系。

表 10-3　TMN 物理块与功能块之间的关系

	NEF	MF	QAF	OSF	WSF
NE	M	O	O	O	O
MD	—	M	O	O	O
QA	—	—	M	—	—
OS	—	O	O	M	O
WS	—	—	—	—	M

注：表中 M 代表必选，O 代表任选。

10.2.6 TMN 的网络结构

1. 网络结构

TMN 的网络结构包含两方面的内容：实现不同网络管理业务的 TMN 子网之间的互联方式和完成同一管理业务的 TMN 子网内部各 OS 之间的互联方式。至于采用何种网络结构，通常与电信运营公司的行政组织结构、管理职能、经营体制、网络的物理结构、管理性能等因素有关。

我国电信运营企业组织结构大体上分为三级：总公司、省公司和地区分公司；同时网络结构也可粗略地分为三级：全国骨干网、省内干线网和本地网，基于此，目前我国的特定业务网的管理网的网络结构一般都采用三级结构，如图 10-7 所示。

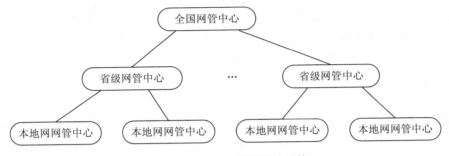

图 10-7　TMN 的分级网管结构

TMN 的目标是将现有的固定电话网、传输网、移动通信网、信令网、同步网和分组网等不同业务网的管理都纳入到 TMN 的管理范畴中，实现综合网管。由于目前各个业务网都已建起了相应的管理网，因此采用分布式管理结构，用分级、分区的方式构建全国电信管理网，实现各个管理子网的互联是合理的选择。图 10-8 描述了一种逻辑上的子网互联结构。

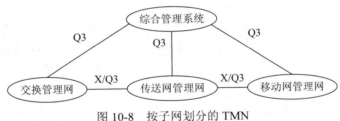

图 10-8　按子网划分的 TMN

2. 网络设备的配置

由 TMN 的物理结构可知，构成 TMN 的物理设备主要有五种，即 OS、MD、WS、QA 和 NE。另外还有为构成 TMN 专用的 DCN 所需的网络互联设备。

通常，OS、MD、WS 采用通用计算机系统来实现，对实现 OS 的计算机系统，主要要求有高速处理能力和 IO 吞吐能力；对实现 WS 的计算机系统，侧重要求 F 接口功能的实现，并具有图形用户接口(GUI)以方便管理操作；对实现 MD 的计算机系统则强调通信服务能力，同时要具备 QAF 功能；QA 则主要实现不同管理协议的转换；NE 如前所述，主要指各种电信设备，如交换设备、传输设备、智能设备和业务控制设备等，它主要实现相应的电信业务，但 NE 中相应 TMN 接口硬件和实现 Agent 功能的软件系统则属于 TMN 范畴。

在 TMN 中，DCN 负责为 OS、QA、NE、MD 之间管理信息的传递提供物理通道，它完成 OSI 参考模型中的低三层功能，为保证可靠性，DCN 应具有选路、转接和互连功能。

从可靠性、安全性、可扩展性等方面，以及数据通信和计算机网络技术的发展趋势和我国电信网地域辽阔等特点出发，DCN 的组网方案以计算机广域网技术为基础，网络设备主要由路由器、广域网通信链路和各级网管中心的局域网组成。因此从网络物理结构来看，

TMN 实际是一个广域计算机通信网。

10.3　简单网络管理协议

简单网络管理协议(SNMP，Simple Network Management Protocol)是 IETF 在 1990 年发布的一个基于 TCP/IP 协议的应用层协议，它是目前互联网中实际的网管标准。在互联网中支持 SNMP 协议的典型设备包括路由器、交换机、服务器、打印机和 Modem 等，SNMP 目前已被扩展为可以在各种网络环境中使用。

10.3.1　SNMP 的体系结构

SNMP 以简单的请求/响应模式为基础，发出请求的 Client 通常被称为 Manager，而响应请求的 server 则被看做 Agent。Manager 与 Agent 之间基于 UDP 传输 SNMP 消息，其中 Agent 使用端口号 161，而 Manager 使用端口号 162。

如图 10-9 所示为 SNMP 的体系结构，其基本组件包括：Manager、Agent、MIB/SMI 和 SNMP 协议。

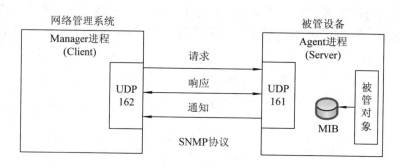

图 10-9　SNMP 的体系结构

(1) Manager：运行在一个单独的网管工作站，它通常要完成网络的监测和数据的采集功能、数据的分析和故障的恢复功能等。

(2) Agent：运行在被管设备(又称网元)中的管理软件。在互联网中，被管设备包括路由器、网桥、交换机、主机、打印机和终端服务器等设备。Agent 负责对来自 Manager 的信息和请求进行响应，也可以主动地向 Manager 提供重要的设备信息。

(3) MIB/SMI：每一个 Agent 都维持一个本地数据库 MIB，Manager 可以通过 SNMP 协议访问保存在 MIB 中的信息。在 MIB 中，每一个被管设备维持一个或多个变量以记录其状态信息，这些信息以层次化的树形结构进行保存。在 SNMP 的术语中，这些变量被称为对象(Object)。MIB 就是一个网络中所有可能的对象组成的一个树形结构的数据库。SMI(Structure of Management Information)定义 MIB 数据库的结构、对象的命名规则，以及对象的类型编码方式等。

(4) SNMP 协议：是 Manager 与 Agent 之间的通信协议，通信可以采用两种方式进行：Manager 主动去查询一个 Agent 管理的本地对象状态信息，并根据需要修改它们，又称为 Polling 方式；Agent 在重要事件发生时，也可以向 Manager 主动上报事件，该方式又称为

Push 方式。

SNMP 目前为止发布了三个版本，版本 1 定义在 RFC 1157 中，是目前设备支持最广泛的 SNMP 实现。SNMPv1 主要的缺点是功能简单、缺乏安全机制，为解决该问题，IETF 于 1993 年发布了 SNMP v2(RFC1441-RFC1452)，它的主要扩展有以下几点：

(1) 为支持分布式网络管理，SNMPv2 增加了一个 Inform 操作和一个 Manager 到 Manager 的 MIB。Inform 操作允许一个管理者向另一个管理者发送 trap 消息，通告异常事件。而 Manager 到 Manager 的 MIB 则定义了一个表，来说明哪些事件会触发一个通知。

(2) 增加了 get-bulk 消息、get-bulk 消息支持 Manager 和 Agent 之间的批量数据传递。

(3) 在安全机制方面，增加了 Manager 到 Agent 之间的社团(Community)名的传送，采用加密和认证的方式传送，而在 SNMPv1 中则是采用明文传送。

SNMPv3(RFC3411-RFC3418)发布于 2002 年，其主要改进了安全功能，SNMPv3 提供了三项重要的安全服务功能：认证、加密和访问控制。前两项是基于用户的安全模型(USM，User-Based Security)的一部分，访问控制则在 VACM(View-Based Access Control Model)中定义。SNMP v3 有效地解决了在 Internet 普及的情况下，SNMP 用户关心的安全性问题。

10.3.2　SNMP 消息

SNMP 定义了以下八种消息，用于 Manager 与 Agent 之间的信息交换：

(1) get-request：请求一个或多个变量的值。

(2) get-next-request：请求指定变量的下一个或多个变量的值，用于对树型结构的 MIB 的遍历。

(3) set-request：管理员用该消息设置一个或多个 Agent 中变量的值。

(4) response：返回一个或多个变量的值。

(5) trap：当 Agent 侧有重要事件发生时，通知 Manager。

(6) get-bulk-request：请求指定的一批数据。

(7) inform-request：向另一个管理者发送 trap 消息，通告异常事件。

(8) report：暂未定义。

SNMP 消息的发送如图 10-10 所示。

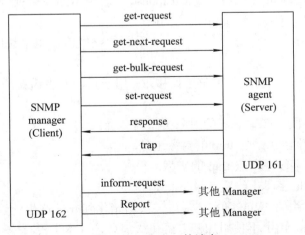

图 10-10　SNMP 的消息

前 4 个消息是由 Manager 向 Agent 发出的，后两个则是 Agent 向 Manager 发出的。由于 SNMP 采用不可靠的 UDP 协议传送 Manager 和 Agent 之间的请求/响应消息，因此为保证消息传递的可靠性，Manager 必须自己实现相应的超时和重传机制，以防止消息在传送过程中的意外丢失。从图 10-10 中可以看到，请求/响应消息在 UDP 的 161 端口收发，而 Agent 发出的 trap 消息则在 UDP 的 162 端口被接收，这样做的好处是一个系统可以同时担当 Manager 和 Agent 两种角色。

图 10-11 描述了 SNMP 消息的格式，这些消息都被封装在 UDP 分组中传送，其中 get-request、get-next-request、set-request 和 get-response 这四种消息的格式相同，并且 error-status 和 error-index 这两个字段总是置为零。

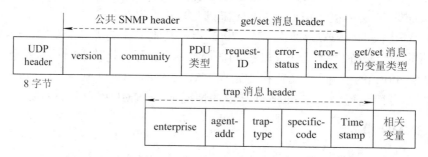

图 10-11　SNMP 的消息格式

由于 SNMP 消息中的变量部分采用 ASN.1 和 BER 编码方式，其长度可变，由相应变量的类型和它的值决定，这里只介绍公共控制字段的含义，而变量的编码方式(即被管对象)则在 SMI 和 MIB 中介绍。

(1) version 字段：指明 SNMP 协议的版本号，对于 SNMP v1，该字段为 0。

(2) community 字段：它是一个字符串，指明本次消息传递的社团，它由一个 SNMP Agent 集构成，community 字段表示该社团的名称，实际是一个 Manager 和 Agent 之间的口令。

(3) PDU 类型字段：在 SNMP v1 中，如上所述有五种 PDU 类型。

(4) request-ID 字段：在 get-request、get-next-request 和 set-request 消息中，该字段由 Manager 分配，并由 Agent 在相应的 get-response 消息中返回。通过该字段，Manager 可以区分不同的响应消息是对哪一个请求消息的响应。

(5) error-status 字段：它是一个由 Agent 返回的整型值，用来说明发生了什么类型的错误。

(6) error-index 字段：它是一个整数偏移量，用于指明发生错误的变量是哪一个，该值也是由 Agent 设定的。

(7) enterprise 字段：产生 trap 的对象类型。

(8) Agent-addr 字段：产生 trap 的对象地址。

(9) generic-trap 字段：一般 trap 的类型。

(10) specific-code 字段：给定的 trap 代码。

(11) timestamp 字段：从网络实体最近一次初始化到 trap 产生的这段时间。

在 SNMP v1 中，由于不使用加密方式传送消息，基本上没有安全性保证，SNMP v2

和 SNMP v3 在这方面进行了很大的改进。

10.3.3 SMI/MIB

SMI 是 Structure and identification of management information for TCP/IP-based internets 的简称，其规范定义在 RFC1155、RFC1212 和 RFC1215 中。

SMI 定义了 MIB 中被管对象的组织、命名以及描述方式，它主要基于 ISO 的 ASN.1 和 BER(Basic Encoding Rules)标准。

网络中大多数情况下，设备均来自不同的制造商，为使不同制造商设备间的通信成为可能，SNMP 需要精确地定义每一类 Agent 必须提供的管理信息以及这些信息必须以何种格式提供。在 SNMP 中，这些描述被管设备状态和属性的信息变量通称为对象，一个被管设备通常包含多个被管对象。

在 SNMP 中，对象数据类型的定义采用 SMI，SMI 中对象数据类型的定义主要是基于 ASN.1，相应的编码规则采用 BER。但 SMI 只使用了 ASN.1 基本数据类型的一个子集，并相应扩展了一些在 SNMP 中使用频繁的数据类型。表 10-4 是 SMI 定义的在 SNMP 中允许使用的数据类型。

表 10-4 SNMP 中使用的数据类型

类型名	长度	含　义
INTEGER	4 字节	32 bit 的整型数
OCTET STRING	≥0 字节	可变长字节串
DisplayString	≥0 字节	可变长字符串，字符编码采用 NVT ASCII
OBJECT IDENTIFIER	>0	SNMP 中一个对象的唯一标识，它是一个由小数点分割的整型数序列
IpAddress	4 字节	表示 32bit 的 IPv4 地址
PhysAddress	6 字节	设备的物理地址，例如 Ethernet 地址
Counter	4 字节	32bit 非负整型循环计数器
Gauge	4 字节	32bit 非负整型数，其值可递增或递减
TimeTicks	4 字节	以百分之一秒递增的时间计数器
SEQUECE	>0 字节	由不同类型的对象组成的一个列表，类似于 C 中的 struct 类型
SEQUECE OF	>0 字节	由同种类型的对象组成的一个列表，类似于 C 中的数组类型

SMI 规定 MIB 中的每个被管对象(MO)由三部分组成：

(1) 名字：也叫对象标识 OID，是一个被管对象在 MIB 中的唯一标识。

(2) 语法：定义被管对象的数据类型，采用 ASN.1 描述。

(3) 编码：描述信息在两台网络设备间如何传输，采用 BER 描述传输语法。

为确保每个被管对象的名字在管理域中的唯一性，被管对象的域名空间设计成与 DNS 域名空间类似的分层树形结构。在这个树上，每个对象的 OID 表示成一个用圆点分割的整数序列。

如图 10-12 所示，为 Internet 保留的子树 OID 前缀为 1.3.6.1，该名空间也是由 IANA 负责管理。从树上可以看到，所有基于 Internet 的 MIB 分支都包含在 mgmt(2) 之下，也就是说 MIB-II 中的对象 OID，都拥有相同的前缀 1.3.6.1.2。

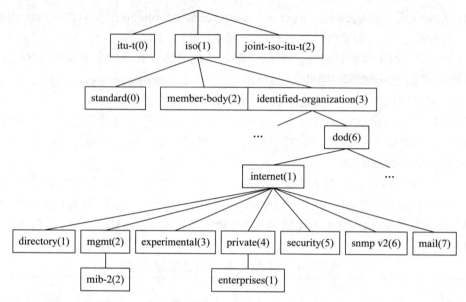

图 10-12　SNMP 对应的 OID 子树

MIB 是由 Agent 维护的、可以被 Manager 查询和修改的对象的集合，其中的对象按照 SMI 规定的方式定义。RFC1156 中描述了 MIB 中应该包括的可以被 Manager 访问的被管对象集合。发布于 1991 年的 RFC1213 定义了 MIB II，MIB II 取代了 MIB。

为方便管理，MIB 中的对象被分成 10 个群，这 10 个群包含的对象是 Manager 执行网管的基础。表 10-5 是 MIB-II 中定义的 10 个对象群。

表 10-5　MIB-II 中定义的 10 个对象群

群	对象数目	描　　述
System	7	设备的名字、位置和描述
Interface	23	网络接口和它们的标准的业务流量
AT	3	地址翻译
IP	42	IP 分组统计
ICMP	26	接收到的 ICMP 消息统计
TCP	19	TCP 算法、参数和统计
UDP	6	UDP 业务量统计
EGP	20	EGP 业务量统计
Transmission	0	为专用介质 MIB 保留
SNMP	29	SNMP 业务量统计

如图 10-13 所示，在一个树形的结构上，Manager 通过查询 System 群，就可以知道一个设备叫什么、由谁制造的、包含哪些硬件和软件、位于哪儿等信息。

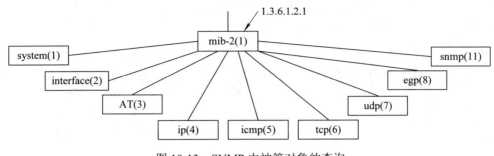

图 10-13　SNMP 中被管对象的查询

习　　题

1．说明 TMN 体系结构中，功能结构、信息结构和物理结构各自的功能和相互之间的关系。

2．举例说明 TMN 中，管理者、代理、被管对象的涵义、物理分布，以及它们之间的关系。

3．在 TMN 中，为什么 Q3 接口最重要，画图说明 Q3 接口在 TMN 中的位置。

4．在 TMN 体系结构中，如何实现对不具有 Q3 接口的旧有 NE 设备的管理。

5．在 TMN 中，一个网络的管理信息以及管理信息的提供方式和管理规则统称为 MIB，MOs 在其中以什么方式组织？Manager 如何实现对 MIB 的访问？代理访问 MIB 的接口是否需要标准化？

6．SNMP 中的术语"对象"含义是什么？它与 OO 技术中的对象有什么区别？MIB 中对象是如何组织管理的？

7．要实现对网络中来自不同制造商、不同种类设备的统一管理，主要需解决几个问题？目前常用的技术、标准有哪些？

8．请描述典型的基于 SNMP 协议的管理网的网络组成、结构及功能。

9．说明 SNMP 中，ASN.1、SMI 和 MIB 三者的作用和关系。

第 11 章　网络融合与演进

　　近年来，语音业务的增长速度逐渐放缓，人们对数据、图像、多媒体等综合业务的需求不断增长。由于现存的各种网络都有各自独立的网络资源组成方式，提供的业务和功能也各不相同，形成了"一种业务，一种网络"的格局，难以实现跨网络综合业务。人们意识到试图通过一种网络技术统一所有网络的思想是不现实的，唯有采用通用的、开放的技术实现不同网络资源的融合才是网络发展的必然趋势。网络融合涉及多个层次、多个方位，传统网络向融合网络的发展也是逐步演进的。

　　本章第 1 小节介绍网络融合演进以及 NGN 的基本概念；第 2 小节介绍实现网络融合的重要技术 IMS；第 3 小节介绍固定移动融合。

11.1　概　　述

11.1.1　网络融合的基本概念

1. 网络融合的发展背景

　　在传统电信格局下，电话网、广播电视网和数据网等不同的业务网络是相互分离的，分别由独立的网络资源组成，每种业务网只提供特定的功能和业务。这种格局在电信网发展的一定阶段下是合理和有效的，但随着网络技术的进步与业务需求的提高，其固有的缺陷逐渐暴露：多种复杂的网络体系共存，使得网络管理和维护成本很高；不利于网络资源的有效共享；不便于提供跨网络的综合业务实现，也不利于快速引进新业务；网络之间的互联互通十分复杂。

　　人们逐渐认识到未来网络技术的发展并不是由某一种技术取代另一种技术，而是通过引入具有融合异构网络能力的新的网络体系结构，使得现有各种网络能够相互渗透融合，资源共享。随着各种网络的逐步演进，它们在功能上逐渐趋于一致，在业务范围上趋于相近，各种网络业务能够以统一的方式来提供，各种用户能够以任意的方式享受无缝统一的通信服务。即网络的发展将以融合演进为主要趋势。

　　网络的融合发展是业务需求、技术发展、网络结构、IP 竞争力、网络管理与控制、政策与运营等多种因素驱动的结果。

2. 网络融合的概念与内涵

　　网络融合是指从分离的网络、分离的业务演进到统一的网络来提供各种综合的业务服务。从通信网络角度看，融合涉及网络自身各个层面的融合，包括业务层、控制层、承载层、接入/终端层和运维管理层等。

(1) 业务层的融合：业务融合初级阶段主要体现为业务捆绑，即将固话、宽带接入和移动业务等多种分离的业务简单地捆绑在一起，并提供一定的资费优惠。但当业务融合上升到一定层次，则不再是简单意义上的业务合并，进一步体现为在融合网络基础上衍生出的新型业务。

(2) 控制层的融合：主要是指通过统一的核心网络为各种多媒体用户和终端提供统一的呼叫和会话控制。目前的控制层技术主要有两种：软交换和 IMS。

(3) 承载层的融合：承载网络的融合是真正实现业务层与控制层融合的重要基础。承载网络的融合包括：采用何种技术来承载融合以后的综合业务；采用何种机制来实现在一个网络平台上同时提供多种业务并保证各种业务所需要的服务质量。

(4) 接入/终端层的融合：接入网融合的核心是构建以分组化为基础的公共承载平台，实现宽带及窄带业务、有线和无线业务的融合接入，以及业务在各种接入网络之间的无缝切换。终端的融合体现为同一终端可以支持多种接入技术和业务，如同时支持有线、无线接入以及语音、数据和多媒体接入。

(5) 运维管理层面的融合：主要是指运营管理支撑系统和网管系统的融合。

11.1.2　电信网络架构的演进

1. 从传统电信网到智能网

如第 6 章所述，传统的电信网络采用的是封闭式的网络架构，由软硬件垂直一体化的交换机实现转发功能、呼叫控制功能及业务功能。智能网的出现改变了传统电话网的业务结构，将程控交换机的业务控制功能从交换机中分离出来，分别由不同的网元来实现，从而使得电信新业务的开发与提供变得快速、方便、灵活。智能网中提出的业务控制与呼叫控制分离的思想为新的网络体系结构的出现奠定了重要的基础。

然而智能网的业务开发及业务部署方式仍然是封闭的。智能网业务必须与基础承载网络绑定，且业务开发平台需要与具体的产品平台绑定，很难由第三方开发。这种方式扼杀了独立业务开发商和业务提供商的生存空间，也不利于满足对业务进行客户化定制的需求。

2. NGN 概念的提出——网络功能的进一步解耦

下一代网络(NGN，Next Generation Network)的概念最早出现于 20 世纪 90 年代末，目前泛指一个不同于前一代网络的，大量采用创新技术的，以 IP 为中心的，可以支持语音、数据、多媒体业务的融合网络，其主要特征如下：

(1) 开放、分层的网络体系结构。NGN 遵循 OSI(开放系统互联)的体系结构，它将传统交换机的功能模块分离成独立的网络部件，各个部件可以按照相应的功能进行层次划分，各层次之间的功能独立，层与层之间通过标准的协议和接口互连。这种功能层次划分实现了业务与呼叫控制分离、呼叫控制与承载分离、承载与接入分离。

(2) 业务驱动型网络。NGN 实现了业务与网络的真正分离，促使不同网络运营商、业务提供商的业务平台相互协作，灵活、有效地实现新业务的提供，从而满足人们多样化、不断发展的业务需求。用户能够自行配置和定义自己的业务特征，而不必关心承载网络的形式和终端类型，因此业务的提供比传统网络更加迅速有效，是对传统电信网络的一次彻底的变革。

(3) 基于分组交换技术。NGN 的承载平台采用分组交换技术。目前的共识是电信网络、计算机网络及有线电视网络将最终汇集到统一的 IP 网络上，以 IP 为基础的业务都能在不同的网络上实现互通。

(4) 融合异构网络。NGN 实现了计算机网络、固定电信网、移动网及有线电视网等的融合，融合包括多个层面。业务融合涉及传统电信业务与互联网业务的融合以及固定业务与移动业务的融合；呼叫控制融合主要是指软交换服务器的融合；传输网络融合主要是指以 IP 分组网为统一的传输平台；运营维护融合主要包括计费的融合与网络管理的融合。

(5) 支持服务质量。NGN 要支持多种实时业务和非实时业务，必须保证一定的服务质量。解决 NGN 服务质量的核心问题，就是在保持 IP 网络固有的无连接传输的优势下，在多接入技术和多管理域的环境中如何使有限的网络资源最优化，以支持多种业务的不同 QoS 要求。因此，网络必须在资源分配和业务传递上足够灵活和智能。

(6) 可管理性和可维护性。NGN 是一个以商业运营为目的的网络，它必须是可管理和可维护的。网络资源的管理、分配和使用应该完全掌握在运营商手中，运营商对网络有足够力度的控制，明确掌握全网资源的全部情况。运营商必须保证网络是足够安全的，用户可以安全地使用网络资源，必须保证所提供业务的服务质量。

软交换和 IMS 技术都是支撑 NGN 的核心技术，软交换体系架构和 IMS 体系架构都采用业务控制、呼叫控制、承载相分离的分层思想，但又各具特色。从总体上看，可以把软交换看作 NGN 发展的初级阶段，而 IMS 则是构造固定和移动融合网络架构的目标技术，可以认为是 NGN 发展的中级阶段。

3. 创新的网络架构——软件定义网络

软件定义网络(SDN，Software Defined Network)，是美国斯坦福大学 clean slate 研究组于 2007 年提出的一种创新网络架构，其核心是借助 OpenFlow 协议将网元控制面与数据转发面分离，利用软件编程实现网络连接、集中控制与网络资源开放等，为网络及应用的创新提供一个开放的平台。这一思路的问世很快引起业界的广泛反响，不同专业背景的人根据自己专业面临的问题开始按照自己的理解发展和充实这一概念，短短几年，业界已经从狭义的基于 OpenFlow 协议的 SDN 扩展到更加广义的不限于 OpenFlow 协议的开放、创新的网络架构，其基本目标是体系结构开放并能快速创新，最终通过创新把封闭的电信网络转变为开放的电信创新平台。

典型的 SDN 架构定义如图 11-1 所示。

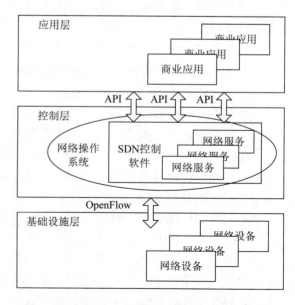

图 11-1　典型 SDN 架构

在图 11-1 中，最上层为应用层，包括各种不同的业务和应用；控制层主要负责处理数据平面资源的编排，维护网络拓扑、状态信息等；基础设施层负责基于流表的数据处理、转发和状态收集。现有的网络中，对流量的控制和转发都依赖于网络设备实现，且设备中集成了与业务特性紧耦合的操作系统和专用硬件。这些操作系统和专用硬件都是各个厂商自己开发和设计的。在 SDN 中，网络设备只负责单纯的数据转发，可以采用通用的硬件；而原来负责控制的操作系统将提炼为独立的网络操作系统，由其负责不同业务特性的适配，而且网络操作系统和业务特性以及硬件设备之间的通信都可以通过编程实现。现有网络设备形态向 SDN 设备形态的转变如图 11-2 所示。

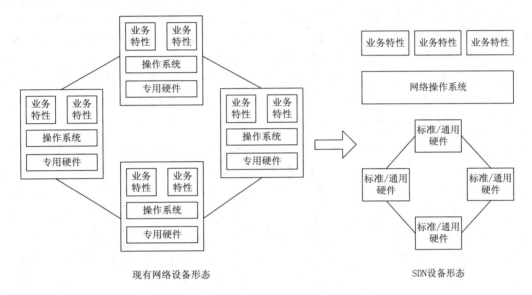

图 11-2　现有网络设备形态向 SDN 设备形态的转变

SDN 的特征有多种描述角度，其中最基本的共性特征有以下四个：

(1) 水平集成、控制与转发分离及软硬件解耦。解耦后的软件和硬件可以分别独立发展，软件可以实现灵活的控制面功能，满足用户多元化需求，还可以快速部署网络及网络功能和参数，如路由、安全、策略、流量工程等，快速调度带宽等资源，提升链路利用率，硬件成为简单哑资源，专注转发，可采用通用廉价的 IT 设备，减少设备种类和专用平台，大幅降低硬件成本，简化运维管理。

(2) 网络虚拟化。通过将转发过程抽象为流表，控制器直接控制流表，屏蔽了底层硬件，实现了网络虚拟化。物理硬件被淡化为资源池，不仅可以按需灵活和快速分配以及相互隔离，而且能够显著减少硬件数量及其连带的建设和运营成本。

(3) 逻辑上集中控制。SDN 使得运营商具有全网视野，掌握跨网、跨层、跨域、跨技术和跨厂商的全局信息，包括拓扑和网络状态等。有利于全网资源的最优利用，提升网络性能，网络的收敛速度和时延特性等，确保网络系统路由和性能的可预测，并希望能提供一些全新的网络功能。

(4) 开放性和软件编程接口，它打破了传统电信设备软硬件一体化的封闭模式，有望建立和利用更广泛开放和强壮的产业链。

　　总体上看，SDN 有利于网络和业务的持续演进和不断创新，它不仅涉及新的架构、新的应用、新的方法、新的生态系统和新的商业模式，而且将渗透到网络的各个部分。目前 SDN 已经得到了业界的广泛关注和认可，必然会成为未来网络演进过程中的重要代表。

11.1.3　NGN 简介

　　NGN 既涉及很多新的技术，又涉及传统意义上的多种网络，其内涵十分丰富，从不同的行业和领域来看则具有不同的理解和侧重。如图 11-3 所示，如果特指业务网层面，NGN 是指下一代业务网；从交换网来看，NGN 是指软交换体系；对于数据网，则指下一代互联网；对于移动网络，则指 4G、5G 等新一代移动通信网络；对于传送网，NGN 则指下一代传送网，特别是智能光网络；对于接入网，则指下一代宽带接入网。相对于广义的 NGN 概念，狭义的 NGN 一般特指以软交换为核心的体系架构。

　　NGN 不是现有电信网和 IP 网的简单延伸和叠加，也不是单项节点技术和网络技术，而是整个网络框架的变革，是一种整体解决方案。NGN 的出现与发展不是革命，而是演进，即在继承现有网络优势的基础上实现平滑过渡。

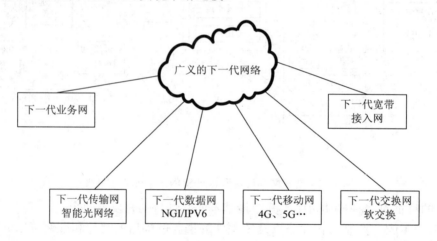

图 11-3　广义的下一代网络

　　ITU-T 于 2001 年开始 NGN 项目研究。ITU-T SG13 在其 Y.NGN-Overview 草案提出了 NGN 的准确定义：NGN 是基于分组技术的网络；能够提供包括电信业务在内的多种业务；能够利用多种宽带和具有 QoS 支持能力的传输技术；业务相关功能与底层传输相关技术相互独立；能够使用户自由接入不同的业务提供商；能够支持通用移动性，从而向用户提供一致的和无处不在的业务。

　　ETSI(欧洲电信联盟)2001 年开展了 NGN 的研究。2003 年 9 月，ETSI 从事固定网标准化的 SPAN 组织和进行 VoIP 研究的 TIPHON 组织进行合并，组成了 TISPAN(电信和互联网融合业务及高级网络协议组)，成为 ETSI 旗下从事 NGN 标准化研究的主要机构。ETSI 对于 NGN 进行了这样的定义："NGN 是一种规范和部署网络的概念，即通过采用分层、分布和开放业务接口的方式，为业务提供者和运营者提供一种能够通过逐步演进的策略，实现一个具有快速生成、提供、部署和管理新业务的平台。"

　　关于 NGN 研究的一个重点就是体系结构。不同的标准化组织提出的结构也不尽相同。

下面主要介绍 ETSI TISPAN 提出的体系结构，见图 11-4。

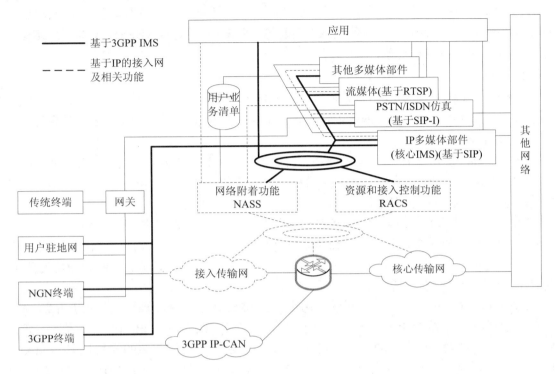

图 11-4 ETSI TISPAN 的 NGN 体系结构

如图 11-4 所示，TISAPN 定义的 NGN 体系结构包括业务层和基于 IP 的传输层。

1) 业务层

业务层包括资源与接入控制子系统(RACS)、网络附着子系统(NASS)、IP 多媒体子系统、PSTN/ISDN 仿真子系统、流媒体子系统、其他多媒体子系统和应用及公共部件。

(1) 资源接入与控制子系统，主要提供接入控制、资源预留、策略控制、关口控制等功能。RACS 根据运营商的策略对应用层的资源请求进行评估并预留相应的资源，使运营商能够执行接纳控制并设置独立的承载媒体流策略。

(2) 网络附着子系统，完成的主要功能有：动态 IP 地址分配和其他终端参数配置；IP 层的用户认证、鉴权和位置管理；根据用户业务清单进行网络接入授权；根据用户业务清单进行接入网配置。

(3) IP 多媒体子系统，由提供 IP 多媒体业务(如语音、视频、文本和聊天等)的所有构架于分组传输网上的核心网单元构成，与 IMS 相关的实体包括 CSCF(呼叫会话控制功能)、MGCF(媒体网关控制功能)和 MRF(媒体资源功能)等。

(4) PSTN/ISDN 仿真子系统，为 IP 网的传统电话终端提供 PSTN/ISDN 网络仿真，使得所有 PSTN/ISDN 业务保持可用和一致，这样终端用户并不会感觉到服务的差别。

(5) 流媒体子系统，为 NGN 终端提供实时高质量的流媒体业务，它基于 RTSP，可应用于视频广播、远程教学、交互游戏和网络电视等多种业务的开展。

(6) 其他多媒体子系统，提供其他类型灵活、个性化的多媒体业务，种类很多。如内容广播子系统,该系统为一组 NGN 终端提供多媒体内容的广播,如电影、电视等。

(7) 公共部件,指几个子系统共用的功能部件,如计费、用户清单管理和安全管理等。公共部件可以由一个或几个子系统接入,主要包括归属用户服务器(HSS)、签约用户定位功能(SLF)实体和应用服务器等。

2) 传输层

传输层在 RACS 和 NASS 的控制下,向 NGN 终端提供 IP 连接性,这些子系统隐藏了 IP 层之下使用的接入网和核心网传输技术。该层主要包括边界网关功能(BGF)实体和媒体网关功能(MGF)实体。

BGF 实体提供两个 IP 域之间的接口,它位于接入网和驻地网设备之间、接入网和核心网之间、核心网之间的边界。它主要完成接口每一侧的业务终结、IP 包过滤、标记、地址与端口翻译、资源分配和带宽预留等。

MGF 实体提供 IP 域和传统传输域之间的接口,它位于 IP 网和 PSTN/ISDN 之间、IP 网和传统接入线(如 xDSL)之间、传统终端和 IP 网之间的边界,它的主要功能是终结来自电路交换网的承载通路和来自分组网的媒体流,并支持媒体转换、承载控制和净荷处理(如编解码、回音消除和会议桥等)。

ETSI TISPAN 的 NGN 网络体系结构中,IP 多媒体子系统主要使用 3GPP IMS 作为核心控制系统,并在 3GPP 规范的基础上进行了扩展,以支持 xDSL 等固定接入方式。另外,它考虑了对 PSTN/ISDN 仿真业务、流媒体业务及其他业务的支持以及与 RACS 和 NASS 的互通,就目前而言,是一个能满足 NGN 业务和网络要求的比较完整的网络体系架构。

11.2 IMS 技术

11.2.1 IMS 的基本概念

1. IMS 的产生背景

IMS(IP 多媒体子系统,IP Multimedia Subsystem)是由 3GPP 提出的一个基于 SIP 协议的会话控制系统。目前基于 IMS 实现固定/移动网络融合的思想得到了普遍认同,IMS 已经成为 NGN 发展的一个主要趋势。

IMS 最初是 3GPP 为移动网络定义的,在 3GPP R5 标准中首次提出。其出发点是为了在移动通信网上以最大的灵活性提供 IP 多媒体业务而设计一个业务体系框架。R5 中只完成了 IMS 基本功能的定义,如核心网结构、网元功能、接口和流程等,其余工作在后续的 R6、R7 版本中进行了完善。

除 3GPP 之外,其他的标准化组织如 3GPP2、TISPAN 等也积极展开了 IMS 相关标准化工作。3GPP2 对 IMS 的研究主要以 3GPP R5 作为基础,重点解决底层分组和无线技术的差异。TISPAN 主要从固定的角度向 3GPP 提出对 IMS 的修改建议。

在 R7 版本之后,3GPP 在 R8、R9 等版本中对 IMS 规范继续进行完善增强,如提出了 Common IMS,重点解决与 3GPP2、TISPAN 等标准化组织之间的 IMS 技术的融合统一等。

2. IMS 的特点

3GPP 提出 IMS 的根本出发点是将移动通信网络技术和互联网技术有机结合起来，建立一个面向未来的通信网，从而提供融合各类网络能力的综合业务，同时提供电信级的 QoS 保证，并能对业务进行灵活有效的计费。从技术上看，IMS 具有以下特点：

(1) 实现了业务和控制的彻底分离。IMS 控制层的核心网元不再处理业务逻辑，而是完全由应用服务器完成业务逻辑处理。IMS 成为一个真正意义的控制设备，与业务的耦合性降到最低。

(2) 最大限度地重用了互联网技术和协议。IMS 在大部分网络接口上都采用了互联网协议，例如在会话控制层选用 SIP 协议、在网络层采用 IPv6 协议，并重用 DNS 协议进行地址解析。因此 IMS 不但支持 3G 用户之间通过 IP 网进行的多媒体通信，并且也能方便地支持 3G 用户和互联网用户之间的通信。

(3) 继承了移动通信网络特有的技术。IMS 沿用了归属网络和拜访网络的概念，继续采用扩展的移动性管理技术和集中设置的网络数据库来支持用户漫游和切换。因此 IMS 在灵活提供 IP 多媒体业务的同时，仍然保持移动通信系统的特点。

3. IMS 与软交换的关系

在 IMS 出现之前，软交换曾被认为是实现 NGN 的理想体系架构，而 IMS 提出以来，得到了人们的极大关注，大有取代软交换之势。关于 IMS 的研究及标准化工作迅速展开，围绕着 IMS 是否能成为 NGN 发展方向的问题，业界展开了深入的讨论。软交换与 IMS 之间的关系如下：

(1) 软交换和 IMS 是 NGN 的两种实现技术。

(2) IMS 侧重于 NGN 网络功能实体的研究，软交换侧重于 NGN 的具体物理实现。

从总体上看，在传统电信网向 NGN 演进的过程当中，软交换架构对传统语音业务继承得较好，在 VoIP、传统电路改造等方面具有优势，是电信网络向下一代网络发展的初级阶段。另一方面，IMS 在软交换技术的基础上对控制功能做了进一步的分离，其开放性更好、业务能力更强、标准化程度更高，代表了下一代网络发展的方向。基于 IMS 技术实现固定、移动网络的融合将成为下一代网络的发展趋势。随着 IMS 技术的成熟和宽带网络技术的普及，电信网络在软交换基础上演进到 IMS 将成为 NGN 发展的下一阶段。

11.2.2　IMS 体系结构

1. 3GPP IMS 分层体系结构

3GPP IMS 是基于 UMTS 核心网 PS 域的，用 PS 域来传送呼叫控制信令，并承载数据业务。它是独立于 CS 域的，但是保持与 CS 域的互通。如图 11-5 所示，3GPP IMS 采用了层次化的体系结构，分为传送与接入层、控制层、数据与应用层。

1) 传送与接入层

IMS 在设计思想上是与具体接入方式无关的，以便 IMS 服务可以通过任何 IP 接入网络来提供，如 GPRS、WLAN 和 xDSL 等。图 11-5 中主要给出了与 GPRS 特性相关的接入方式，包括 RAN、SGSN、GGSN 和 IP 网络等。

为在 IP 网中提供端到端的 QoS，IMS 在接入层和控制层之间定义了 PDF(Policy Decision

Function，策略决策功能)和 PEF(Policy Enforcement Function，策略执行功能)来提供策略服务功能。这里的策略控制是指基于 IMS 会话中的信令参数，对 IMS 承载业务媒体流的使用进行授权和控制的能力。

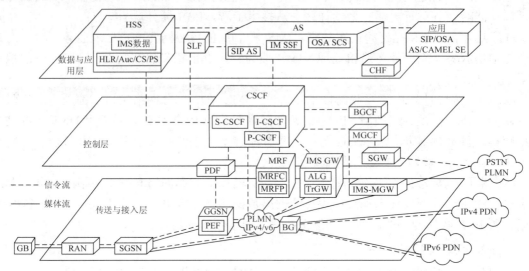

图 11-5　3GPP IMS 分层体系结构

为了完成与其他网络的互通，如 PSTN、PLMN 等，在接入层引入 IMS-MGW(IMS 媒体网关)，它与控制层的 SGW(信令网关)、MGCF(媒体网关控制功能)和 BGCF(出口网关控制功能)等实体一起来完成互通功能。

对于分组数据网，IMS 则通过 BG(边界网关)和 IMS-GW 完成互通，从而实现 IPv4 到 IPv6 的应用层网关功能、私网穿越和安全防护功能等。

MRF(Media Resource Function，媒体资源功能)位于控制层和传送与接入层之间，为 IMS 会话提供必要的支持，如会议桥、录音通知等。其中包含 MRFC(Media Resource Function Controller，媒体资源功能控制器)和 MRFP(Media Resource Function Processor，媒体资源功能处理器)。其中 MRFC 负责管理和控制媒体资源，而 MRFP 负责具体的媒体处理。

2) 控制层

控制层负责 IMS 中多媒体业务的呼叫控制，提供 QoS 保障和计费管理。该层的主要实体包括 CSCF(Call Session Control Function，呼叫会话控制功能)、MGCF(Media Gateway Control Function，媒体网关控制功能)、BGCF(Breakout Gateway Control Function，边界网关控制功能)、SGW(信令网关)等。其中最核心的功能实体是 CSCF，MGCF、BGCF、SGW 用于实现网间互通。

CSCF 根据功能不同，分为 P-CSCF(Proxy CSCF，代理 CSCF)、I-CSCF(Interrogating CSCF，问询 CSCF)和 S-CSCF(Serving CSCF，服务 CSCF)。下面简单介绍各种 CSCF 的功能。

(1) P-CSCF：P-CSCF 通常位于被访问网络，是移动台访问 IMS 的入口点，功能相当于 SIP 代理服务器，负责寻找用户的归属网络，并提供翻译、安全和认证功能。它将 UE 收到的用户注册消息和用户请求消息转发到用户的归属网络，或将 SIP 请求和 SIP 响应转发给 UE，并负责执行拜访网络的 QoS 策略，生成计费记录等。

(2) I-CSCF：I-CSCF 位于用户归属网络中，是从访问域到归属域的入口点，也是 IMS 与其他 PLMN 的主要连接点，能将归属网络的拓扑和用户信息对其他网络隐藏起来，是可选节点。可将它看做 SIP 代理，用来通过归属服务器(HSS)为每个呼叫灵活地选择相应的 S-CSCF，并将 SIP 信令路由到相关的 S-CSCF。I-CSCF 查找 HSS 中的用户属性来确定由哪个或哪些 S-CSCF 为该用户服务，若有多个 S-CSCF 来完成负载分担，I-CSCF 负责对这些 S-CSCF 进行负载分配，可基于轮询或其他机制。

(3) S-CSCF：S-CSCF 位于归属域，是整个 IMS 的控制核心，也是 IMS 会话管理的执行节点，它能够控制呼叫和业务的相关状态，与 SCP 中的应用服务器互通。S-CSCF 用来接受用户注册，进行 URI(Uniform Resource Identifier，统一资源标识)分析和重定向路由、触发应用服务器以及完成呼叫的控制和接续，维持用户位置和用户 SIP 地址的绑定。S-CSCF 在 SIP 服务注册过程中履行注册服务器的角色，而在 SIP 会话中承担 SIP 代理服务器的角色。

3) 数据与应用层

在该层，IMS 继续使用移动网络中用户集中数据库的概念，引入了归属用户服务器 (HSS)，用于用户数据存储、认证、鉴权和寻址。HSS 是从 HLR 演变而来的，除了原来的 HLR/AUC(归属位置寄存器/鉴权中心)功能外，还存储与业务相关的数据，如用户的业务签约信息和业务触发信息等。

SLF(Subscription Location Function，签约定位功能)是用来确定用户签约地的定位功能实体。当网络中存在多个独立可寻址的 HSS 时，由 SLF 来确定用户数据存放在哪个 HSS 中。作为一种地址解析机制，SLF 的引入使得 I-CSCF、S-CSCF 和 AS 能够找到拥有给定用户身份的签约关系数据的 HSS 地址。

AS(Application Server，应用服务器)是用于提供业务的实体，有三种类型，包括基于 SIP 的应用服务器(SIP AS)、基于 CAMEL 的 IP 多媒体业务交换功能(IM SSF)及基于 OSA 的业务能力服务器(OSA SCS)。可见，IMS 的业务结构综合了 SIP 技术、移动智能网技术和 Parlay/OSA 技术，能在 IP 网络上提供丰富的增值业务，并支持开放式业务环境。

2. IMS 中的主要协议

IMS 的核心功能实体之间主要采用 SIP 协议作为其呼叫和会话的控制信令，如图 11-6 所示。

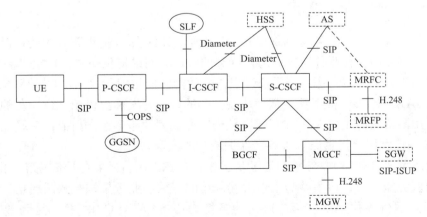

图 11-6　IMS 功能实体之间采用的协议

在 P-CSCF、I-CSCF 和 S-CSCF 之间，S-CSCF 与 AS、MRFC、MGCF、BGCF 之间，MGCF 与 BGCF 之间，以及 UE 与 P-CSCF 之间，均采用 SIP 协议。

此外，IMS 中还涉及其他的一些协议，如在 HSS 和 S-CSCF、I-CSCF 之间，使用 Diameter 协议作为 IMS 的 AAA(鉴权、授权、记账)协议；在策略决策点(PDP)和策略执行点(PEP)之间传输策略则使用 COPS 协议；在 MGCF 与 MGW 之间、MRFC 和 MRFP 等之间则使用 H.248 协议。

3. IMS 逻辑区域的划分

基于归属网络和拜访网络的概念，IMS 的功能实体可以分别位于两个逻辑区域：归属网络域和拜访网络域，如图 11-7 所示。

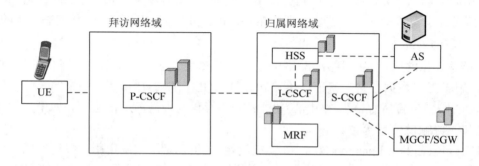

图 11-7　IMS 逻辑区域划分

(1) 拜访网络域提供 IP 连接和 IMS 接入功能，其中包含 UE、P-CSCF 以及 IP 接入网。P-CSCF 受理所有 SIP 客户端的注册和呼叫请求，根据主被叫的 SIP URI 查找归属域，完成注册过程和呼叫接续过程。在实际的网络中，可根据该区域中活动用户的数目来配置 P-CSCF 的数量，多个 P-CSCF 之间可以进行负载分担。

(2) 归属网络域提供 IMS 的会话和业务控制功能，包括 S-CSCF、I-CSCF、MRFC、MRFP、HSS 和 AS 等。归属网络和地理区域没有本质的关系，但是和 SIP URI 中的域有对应关系。一般每个域都应该有自己的归属网络域，但对于用户数目不多的域来说，几个域可以共享一套归属网络域设备。

11.2.3　3GPP IMS 业务模型

为适应下一代网络中业务与控制相分离的原则，IMS 必须提供开放的接口以接入各种业务服务器，并允许各种业务提供商通过标准的接口向网络提供服务。在定义 IMS 的业务模型时主要出于以下几点考虑：一是通过引入开放网络应用编程接口(API)的概念，如开放服务结构(OSA)或 Parlay 模型等，从而达到快捷的应用开发和提供第三方服务的目标；二是尽可能采用因特网协议如 SIP URL 等，从而获得轻型的服务控制机制；三是保证能够向注册到 IMS 的已有用户提供原有服务，保护原有的投资。

基于上述考虑，IMS 的业务模型通过基于 SIP 的 ISC(因特网业务控制)接口，由 S-CSCF 及各种应用服务器组成，该模型与当前普遍采用的开放性业务架构一致，包括三层实体：第一层为应用服务器层(AS)；第二层为业务能力服务器层(SCS)；第三层为业务控制层 (S-CSCF)，如图 11-8 所示。

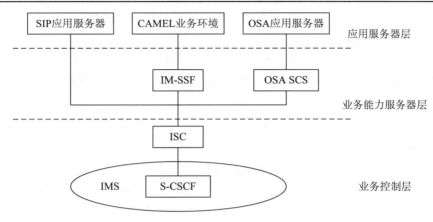

图 11-8　3GPP IMS 业务模型

1. 应用服务器层

应用服务器(AS)提供业务逻辑，用来支持用户的各种业务属性。根据其所支持的业务类型的不同分为三种：SIP 应用服务器、OSA 应用服务器和 CAMEL 业务环境。

1) SIP 应用服务器(SIP AS)

由于 ISC 采用了 SIP 协议，故 SIP 应用服务器可直接与 S-CSCF 相连。S-CSCF 能以 SIP 服务器的方式直接调用这些业务，减少了信令转换。SIP AS 主要是为因特网业务服务，这种结构使因特网业务能够直接移植到通信网中。

基于 SIP AS 的主要业务应用有即时通信、点击呼叫、Web 800、会议电话、多媒体消息、视频点播、彩铃、可视电话等实时或非实时的多媒体业务。

2) OSA 应用服务器(OSA AS)

OSA 应用服务器用于完成基于 OSA API 开发的第三方业务。UMTS 通过定义 OSA 允许第三方业务提供商进行新业务的开发，由 OSA 提供的安全 API 来接入 UMTS、使用网络的性能，而不再受限于运营商提供的业务。

基于 OSA/Parlay 标准业务接口，不仅可以提供传统的电信业务，如呼叫前转、呼叫等待、多方通话、主叫显示和呼叫限制等，而且使得第三方业务提供商可以根据标准的 API 进行增值业务开发，而不需要了解底层的网络结构，大大缩短了业务开发周期，提高了运营商的业务提供能力。

3) CAMEL 业务环境

CAMEL 业务是传统的智能网业务，在智能网中它是通过 CAP(CAMEL 应用部分)协议接入到网络的。CAMEL 通过增加智能网的功能模块，即使用户漫游出归属 PLMN，网络运营商同样可以为用户提供特定的服务。为保护运营商已有投资，IMS 提供了与传统智能网的接口，可以通过 SIP/INAP/CAMEL/WIN 接口接入 SCP，支持传统智能业务，如预付费、虚拟专网和记账卡等业务。

2. 业务能力服务器层

由于 OSA API 和 CAMEL 环境不支持基于 SIP 及 SIP 扩展的 ISC 接口，因而在这两种业务平台下需引入一个中间层，即业务能力服务层。该层主要包括两种类型：

（1）OSA SCS：主要用于完成 OSA API 与 ISC 接口的信令映射，通过 SIP 方式执行一个或多个 OSA 业务能力特征。

（2）IM-SSF：完成 CAP 与 SIP 的转换，其行为类似于传统智能网的呼叫控制功能和业务交换功能，使现有的基于 CAMEL 业务环境的增值业务能继续提供，并生成新的增值业务。

3. 业务控制层(S-CSCF)

S-CSCF 严格来说并不是业务提供者本身,而只是通过 ISC 与业务平台相连。在 S-CSCF 看来，SIP 应用服务器、OSA SCS 和 IM-SSF 都执行相同的接口行为，统一的 ISC 使得各种服务器都能接入 IMS，为 IMS 提供业务。S-CSCF 用于检测是否并如何包含业务逻辑来提供增值业务。同时，S-CSCF 使用 Cx 接口从 HSS 中提取用户配置信息，再由 S-CSCF 通过 ISC 与不同业务平台互相通信。

IMS 中的业务提供基于归属域中的业务控制，所有消息都是从归属域中的 S-CSCF 进行路由的。在其业务提供框架中，S-CSCF 根据从 HSS 下载的触发信息，直接将 SIP 消息转发给 AS，完成将业务逻辑转换成业务配置的应用。

11.2.4　IMS 基本信令流程

IMS 基本信令流程包括用户注册流程和会话呼叫流程。

1. 用户注册流程

在用户设备接入到 IMS 网络时，首先需向网络进行注册。注册之前，UE 应当获取一个 IP 连接,并且发现 IMS 系统的入口点 P-CSCF 的至少一个 IP 地址,这个过程称为 P-CSCF 发现。P-CSCF 发现可通过三种方式进行：GPRS 方式、DHCP 方式和静态配置方式。

本例中，假设用户 UE 已经通过 P-CSCF 发现过程得到了 P-CSCF 的 IP 地址。用户注册流程如图 11-9 所示。

图 11-9　用户注册流程

用户注册具体流程如下：

（1）用户 UE 通过接入网络向 P-CSCF 发送 Register 注册请求消息，该请求包含要注册的身份和归属域名称。

（2）P-CSCF 处理该 Register 请求,并使用其所提供的归属域名查询 DNS 获得归属网络的 I-CSCF 入口点，并向其转发 Register 消息。

（3）I-CSCF 查询归属域的 HSS，获得为该用户服务的 S-CSCF；如果没有，HSS 指示

I-CSCF 分配一个 S-CSCF。

(4) I-CSCF 转发 Register 消息给指定的 S-CSCF。

(5) S-CSCF 查询 HSS，下载该用户的属性文件、认证数据、储存其用户标识并进行认证测试等。如果存在相应的注册业务，则 S-CSCF 还将触发相应的 AS，提出注册请求和适当的业务控制。

(6)～(8) S-CSCF 返回注册确认响应，并沿着归属域 I-CSCF 和拜访域 P-CSCF 的路径逐级传回 UE，完成注册流程。

2. IMS 域的基本会话呼叫流程

IMS 的基本会话呼叫流程通常包括三个阶段：

(1) MO 过程：指主叫 UE 至主叫所在 S-CSCF/AS 的呼叫过程。

(2) S-S 过程：指主叫所在 S-CSCF/AS 至被叫所在 S-CSCF/AS 的呼叫过程。

(3) MT 过程：指被叫所在 S-CSCF/AS 至被叫 UE 的呼叫过程。

在本例中，假设用户 A 和用户 B 位于分别属于两个不同运营商的 IMS 网络，用户 A 向用户 B 发起一次会话，整个呼叫过程如图 11-10 所示。

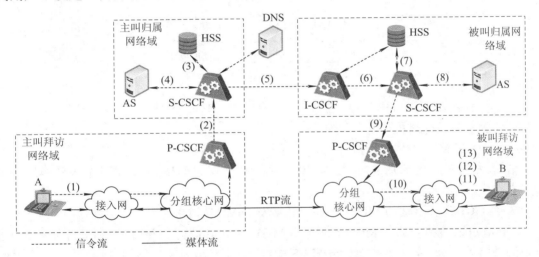

图 11-10　IMS 域间的基本呼叫流程

IMS 域间的基本呼叫流程如下：

(1) 用户 A 的 UE 向所在访问网络的 P-CSCF 发出 SIP 会话建立请求(INVITE)消息，该请求消息携带了媒体建立参数。

(2) P-CSCF 收到 INVITE 消息，并向用户 A 的归属网络 S-CSCF 转发该请求消息。

(3) S-CSCF 向 HSS 发起 Diameter 请求消息，从 HSS 下载用户数据(此步骤是可选的)。

(4) S-CSCF 触发相应的应用服务器 AS，AS 进行业务逻辑控制。

(5) S-CSCF 确定这是去向另一个网络的请求，于是查询 DNS，得到被叫所在 IMS 域的 I-CSCF 地址，并向其转发 INVITE 消息。

(6) 被叫归属域的 I-CSCF 通过查询 HSS 得到被叫用户注册的 S-CSCF 地址，并向其转发 INVITE 消息。

(7) 被叫归属域的 S-CSCF 从 HSS 查询被叫用户的用户数据。

(8) 被叫归属域的 S-CSCF 触发相应的 AS，AS 进行业务逻辑控制。

(9) 被叫归属域的 S-CSCF 将 INVITE 消息转发到被叫所在拜访网络的 P-CSCF。

(10) 被叫访问域的 P-CSCF 将 INVITE 消息转发给被叫用户 B。

(11) 主、被叫进行协商及资源预留。

(12) 对被叫振铃。

(13) 被叫用户应答，会话建立。

3. IMS 与 PSTN 之间的呼叫流程

本例中，假设用户 A 为 IMS 用户，用户 B 为 PSTN 用户，A 向 B 发起一次会话的呼叫流程如图 11-11 所示。

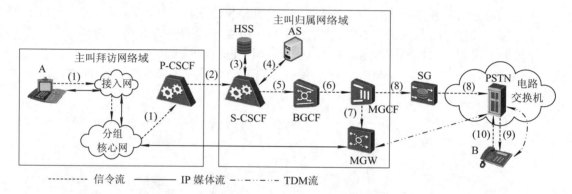

图 11-11　IMS 用户至 PSTN 用户的呼叫过程

呼叫的具体信令过程如下：

(1)～(4)与 IMS 的基本会话呼叫流程相同，不再赘述。

(5) S-CSCF 确定这是去向 PSTN 网络的请求，于是将 INVITE 请求转发给本网络的 BGCF。

(6) BGCF 选择合适的 MGCF，并向其转发 INVITE 请求。

(7) MGCF 选择合适的 MGW，并根据 MGW 的媒体能力和发端 UE 协商媒体参数、进行资源预留等。MGW 为本次会话分配 CS 中继。

(8) MGCF 将 SIP INVITE 消息转换为 ISUP IAM 消息发送给 SGW，SGW 将 IAM 消息发送给 PSTN 网络。

(9) PSTN 网络执行呼叫建立过程，向被叫用户 C 振铃。

(10) 被叫用户 C 应答，会话建立。

11.3　固定移动融合(FMC)

1. FMC 的定义

固定移动融合是一个非常广泛的概念，对于什么是 FMC，各个国际标准化组织给出了不同的定义。

ETSI TISPAN 的 FMC 特别组给出的 FMC 定义为："FMC 关注的是独立于接入技术的

网络和业务能力，并不指网络在物理层面的融合。FMC 关注融合的网络能力和相关支撑标准的发展。这些标准可以支持一系列连续的服务，而这些服务可以通过固定、移动、公共或私有的网络提供。"

ITU-T SG13 和 SG19 给出的 FMC 定义为："FMC 是在一个给定的网络环境中，运营商可以使用的一种机制，可以向终端用户提供业务和应用，而不用考虑其接入技术和位置。FMC 体现了向终端用户提供业务时不受接入技术的限制。"

固定移动融合的内涵十分丰富，从不同的角度来看则具有不同的含义。从网络技术角度看，FMC 是一种手段，关注的是与接入无关的网络和业务能力；从用户角度来看，FMC 是一种用户体验，即无缝的移动和连续的会话，不受接入限制的语音、消息和内容服务；从运营层面来看，FMC 是有效利用技术手段提供用户体验的不断发展过程。

从总体上看，FMC 涉及多个层面的融合，包括业务、网络、终端和运营等。

2. 基于 IMS 体系结构的 FMC

引入 IMS 的初衷是为了丰富移动网的多媒体业务，而目前各大国际标准化组织都将 IMS 作为构建下一代融合网络的核心控制平台和基础。在 3GPP IMS 的基础上，TISPAN IMS 用于实现 IMS 网络的固定宽带接入；而在 3GPP R7 中，也更多地考虑了固定接入的要求，加强了固定、移动融合标准的制定。IMS 具有接入不相关性、统一的会话控制、统一的业务应用平台、统一的用户数据等优点。目前已成为实现固定、移动融合的基本架构。

TISPAN 重用了 3GPP IMS 作为其核心控制系统，并在 3GPP 基础上对 IMS 系统进行扩展以支持 xDSL 等固定接入方式，希望通过解决固定接入等相关问题使 IMS 成为支持固定和移动网络融合的体系结构。在 FMC 环境中，需要区分不同的网络域以便描述不同级别的融合，如图 11-12 所示。

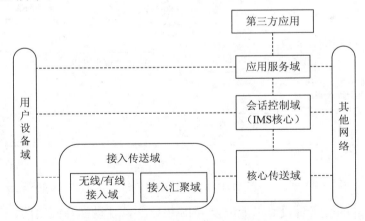

图 11-12　基于 IMS 的 FMC 网络域的划分

图 11-12 中，接入传送域提供用户设备域和独立于接入技术的核心传送域之间的连接。接入传送域可进一步划分为与物理接入媒体相关的有线/无线接入域和接入汇聚域。无线/有线接入域负责将用户设备连接到网络的接入节点，如 DSLAM、3G 基站和 RNC、WLAN 的 AP 等。接入汇聚域负责将多个无线/有线接入域的流量汇聚到核心传送域的边缘节点。此外，移动接入汇聚域还需要包含移动性管理功能。

核心传送域与接入传送域和其他网络相连，提供相应的媒体处理功能。该域也需包含移动性功能以支持跨接入传送域的移动性。接入传送域和核心传送域中都包含网络配置和资源及准入控制功能(RACF)。

会话控制域负责用户设备间连接的会话控制，同时也包含状态呈现和位置服务功能。会话控制域通过与核心传送域之间的接口来传递资源请求和 NAT(网络地址转换)绑定信息。该域也可以与接入传送域有接口，如在有线传送域的情况下传送位置信息。

应用服务域支持各种应用服务功能，如会话控制之上的消息传递和信息服务。

尽管 IMS 在实现固定移动网络融合方面具有相当大的优势，但上面基于 IMS 的 FMC 网络架构只是给出了网络框架，在具体技术实现和协议方面还有待进一步研究，如 SIP 协议的互通问题、多媒体会话的预留扩展问题、对固定智能网业务的支持问题、IMS 与固定软交换的互通问题等。

3. FMC 的演进过程

尽管固定和移动融合代表了下一代网络的发展方向，但由于当前固定和移动网络仍然是独立发展的，且有着各自的演进方式，因此 FMC 不可能一蹴而就，而是一个逐步演进的过程。从固网智能化改造用户数据库、提供与移动类似的业务，到采用软交换技术改造固网结构，再到基于 IMS 技术的网络最终融合，在每一个发展阶段，都可以提供不同级别的业务，如图 11-13 所示。

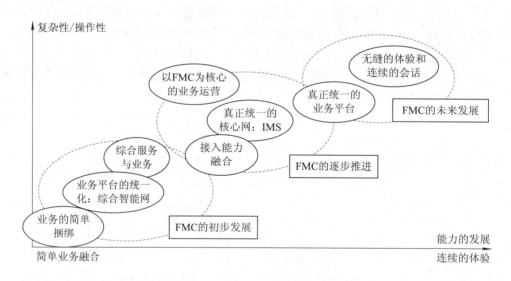

图 11-13　FMC 的演进过程

在 FMC 发展的初级阶段可以形成以 IMS 为核心，移动网、固定网、其他网络与 IMS 域互联互通的多种网络并存的架构。该阶段的融合主要是业务层面及终端层面的融合。首先可通过固定移动捆绑业务来实现融合，如固定宽带、移动电话业务捆绑销售、统一计费等；后期可建立统一业务平台，通过移动和固定网络为用户提供一些共同的业务，如语音信箱、统一邮箱和跨网短消息业务等。

FMC 发展的中级阶段将形成统一的 IP 传输网络和统一的业务控制平台，从而形成统一的核心网，使得无论何种终端、何种接入方式都可以共享同一承载网络，降低网络的复杂性，该阶段即网络融合阶段。此时的网络将以 IMS 作为主要的业务会话控制平台，为用户提供无处不在的业务体验及开放的业务能力。

FMC 发展的高级阶段将在实现运营支撑融合、终端融合、业务融合和网络融合的基础上，重点考虑用户的业务连续性和无缝覆盖方面的能力增强。通过引入统一 IMS、语音呼叫连续性(VCC)、IMS 中心化业务(ICS)和多媒体会话连续性(MMSC)等技术为用户提供高层次的融合体验，保证用户跨网络之间的业务连续性和跨终端之间的业务连续性。

习　题

1. 什么是网络融合？通信网络的融合包括哪些方面？

2. 什么是软件定义网络？它有哪些特征？

3. 3GPP IMS 分层体系结构包括哪几个层次？P-CSCF、I-CSCF 和 S-CSCF 的作用是什么？

4. 什么是 FMC？为什么 IMS 是适合实现 FMC 的较好的技术？

5. FMC 涉及哪些方面的融合？基于 IMS 的 FMC 网络域是如何划分的？

参 考 文 献

[1]　毛京丽，董跃武. 现代通信网[M]. 3 版. 北京：北京邮电大学出版社，2013.

[2]　卞佳丽. 现代交换原理与通信网技术[M]. 北京：北京邮电大学出版社，2005.

[3]　杨武军，郭娟，屈军锁，等. 现代通信网概论[M]. 西安：西安电子科技大学出版社，2004.

[4]　魏红. 移动通信技术[M]. 3 版. 北京：人民邮电出版社，2015.

[5]　黄韬，刘韵洁，张智江，等. LTE/SAE 移动通信网络技术[M]. 北京：人民邮电出版社，2009.

[6]　啜刚，王文博，常永宇，等. 移动通信原理与系统[M]. 3 版. 北京：北京邮电大学出版社，2015.

[7]　樊凯，刘乃安，李晖. 3G 移动通信理论及应用[M]. 西安：西安电子科技大学出版社，2014.

[8]　卢光跃，等. 通信专业实务考试辅导丛书[M]. 北京：清华大学出版社，2014.

[9]　姚军，毛昕蓉. 现代通信网[M]. 北京：人民邮电出版社，2010.

[10]　杨武军，郭娟，李娜，等. IP 网络技术与应用[M]. 北京：北京邮电大学出版社，2010.

[11]　张继荣，屈军锁，杨武军，等. 现代交换技术[M]. 西安：西安电子科技大学出版社，2012.

[12]　谢希仁. 计算机网络[M]. 5 版. 北京：机械工业出版社，2008.

[13]　中国通信学会. 对话第三代移动通信[M]. 北京：人民邮电出版社，2010.

[14]　穆维新. 现代通信网[M]. 北京：人民邮电出版社，2010.

[15]　罗进文. 信令网技术教程. 北京：人民邮电出版社，2003.

[16]　桂海源. IP 电话技术与软交换[M]. 北京：北京邮电大学出版社，2004.

[17]　桂海源. 程控交换与宽带交换[M]. 北京：中国人民大学出版社，2000.

[18]　陈建亚. 软交换与下一代网络[M]. 北京：北京邮电大学出版社，2003.

[19]　杨放春，孙其博. 软交换与 IMS 技术[M]. 北京：北京邮电大学出版社，2007.

[20]　徐培文. 软交换与 SIP 实用技术[M]. 北京：机械工业出版社，2007.

[21]　郎为民. 下一代网络技术原理与应用[M]. 北京：机械工业出版社，2006.

[22]　Franklin D.Ohrtman. 软交换技术[M]. 李晓东，许刚，译. 北京：电子工业出版社，2003.

[23]　陈鸣，常强林，岳振军. 计算机网络实验教程[M]. 北京：机械工业出版社，2007.

[24]　张曾科，吉吟东. 计算机网络[M]. 北京：人民邮电出版社，2009.

[25]　张传福. 网络融合环境下宽带接入技术与应用[M]. 北京：电子工业出版社，2011.

[26]　范金鹏. 三网融合大时代[M]. 北京：清华大学出版社，2012.

[27]　张智江，朱士钧，等. 基于 IMS 融合、开放的下一代网络[M]. 北京：人民邮电出版社，2007.

[28]　杨炼. 三网融合的关键技术及建设方案[M]. 北京：人民邮电出版社，2011.

[29] 王孝明. 三网融合之路[M]. 北京：人民邮电出版社，2012.

[30] 中兴通信学院. 对话下一代网络[M]. 北京：人民邮电出版社，2010.

[31] Kurose James F，Ross Keith W. 计算机网络：自顶向下的方法与 Internet 特色[M]. 北京：机械工业出版社，2005.

[32] Peterson Larry L，等. 计算机网络:系统方法[M]. 北京：机械工业出版社，2005.

[33] Walter Goralski. The Illustrated Network: How TCP/IP Works in A Modern Network[M]. Morgan Kaufmann Publishers，2009.

[34] 佛罗赞，费根. 数据通信与网络[M]. 4 版. 北京：机械工业出版社，2012.

[35] 威廉·斯大林. 数据与计算机通信[M]. 8 版. 北京：电子工业出版社，2011.

[36] 威廉·斯大林. 高速网络与互联网：性能与服务质量[M]. 2 版. 北京：电子工业出版社，2003.

[37] Douglas E Comer. 用 TCP/IP 进行网际互联：原理、协议与结构[M]. 5 版. 北京：电子工业出版社，2007.

[38] 雷维礼. 马立香，等. 接入网技术[M]. 北京：清华大学出版社，2006.

[39] 余智豪. 胡春萍，等. 接入网技术[M]. 北京：清华大学出版社，2012.

[40] 韦乐平. 光同步数字传输网[M]. 北京：人民邮电出版社，1993.

[41] 唐剑锋，徐荣. PTN-IP 化分组传送[M]. 北京：北京邮电大学出版社，2009.

[42] 李允博. 光传送网(OTN)技术的原理与测试[M]. 北京：人民邮电出版社，2013.

[43] 何一心. 光传输网络技术：SDH 与 DWDM[M]. 北京：人民邮电出版社，2008.

[44] 唐宝民，江凌云. 通信网技术基础[M]. 北京：人民邮电出版社，2009.

[45] 张海懿，赵文玉，等. 宽带光传输技术[M]. 北京：电子工业出版社，2014.

[46] 吴彦文，郑大力，等. 光网络的生存性技术[M]. 北京：北京邮电大学出版社，2002.

[47] 龚倩，邓春胜，等.PTN 规划建设与运维实战[M]. 北京：人民邮电出版社，2010.

[48] 龚倩，徐荣. 分组传送网[M]. 北京：人民邮电出版社，2009.

[49] 李健，邓宇，等. ASON 网络互联[M]. 北京：人民邮电出版社，2008.

[50] 徐荣，任磊，等. 分组传送技术与测试[M]. 北京：人民邮电出版社，2009.

[51] 张永军，张志辉，顾畹仪. MPLS-TP 的业务适配与标签转发机制[M]. 中兴通讯技术，2010，第 3 期：21-25.

[52] 吴晓峰. PTN 组网与部署[J]. 电信技术，2009(06)：27-29.

[53] 黄矽琳. 基于 10G EPON 的数字化小区 FTTD 设计[J]. 长春大学学报,2015(08):38-41.

[54] 韦乐平. SDN 的战略性思考[J]. 电信科学，2015，31(1): 1-6

[55] 韦乐平. 电信业的未来与"去电信化"的思考[J]. 电信科学，2013，29(2): 1-7.

[56] 韦乐平. 三网融合的发展与挑战[J]. 现代电信科技，2010(2): 1-5.

[57] 赵慧玲，韩苏川，霍晓莉. 三网融合下的电信网技术与网络发展[J]. 中兴通讯技术，2011，17(4): 4-6.

[58] 刘韵洁. 下一代网络的发展趋势：融合与开放[J]. 电信科学，2005，21(2): 1-6.

[59] 赵慧玲，冯明，史凡. SDN：未来网络演进的重要趋势[J]. 电信科学，2013，28(11): 1-5.

[60] 赵慧玲. 全业务运营下的网络演进与融合[J]. 信息网络，2009 (5): 5-12.

[61] OSPF Version 2. IETF RFC2328，1998.

[62] A Border Gateway Protocol 4 (BGP-4). IETF RFC4271，2006.

[63] Autonomous System Confederations for BGP. IETF RFC5065，2007.

[64] An Architecture for IP Address Allocation with CIDR. IETF RFC1518，1993.

[65] Internet Registry IP Allocation Guidelines. IETF RFC2050，1996.

[66] Requirements for Separation of IP Control and Forwarding. IETF RFC3654，2003.

[67] Internet Protocol. RFC 791，1981.

[68] Internet Protocol. Version 6 (IPv6) Specification. RFC 2460，1998.

[69] Basic Transition Mechanisms for IPv6 Hosts and Routers. RFC 4213，2005.

[70] Transmission Control Protocol. RFC 793，1981.

[71] Domain Names-Concept and Facilities. RFC 1034，1987.

[72] Domain Names-Implementation and Specification. RFC1035，1987.

[73] Hypertext Transfer Protocol/http1.1. RFC 2616，1999.

[74] World Wide Web Consortium (W3C). Architecture of the World Wide Web，Volume One. W3C Recommendation，2004.

[75] A Simple Network Management Protocol (SNMP). RFC 1157，1990.

[76] Introduction to version 2 of the Internet-standard Network Management Framework. RFC1441，1993.

[77] An Architecture for Describing Simple Network Management Protocol (SNMP) Management Frameworks. RFC3411，2002.

[78] Multi-protocol Label Switching Architecture. RFC3031，2001.

[79] LDP Specification. RFC3036，2001.

[80] http://www.3gpp.org/.

[81] http://www.ietf.org/.

[82] http://www.itu.int/.

[83] http://www.etsi.org/.

[84] http://www.iso.org/.

[85] http://www.ieee.org/.

[86] https://www.opennetworking.org/.